Université catholique de Louvain
Faculté des Sciences Appliquées
Département d'Architecture, d'Urbanisme, de Construction et d'Environnement
Unité d'Urbanisme et de Développement Territorial

Mutations spatiales et recompositions territoriales

Les processus territoriaux dans le cas de Court-Saint-Etienne (Belgique)

THESE PRESENTEE PAR

Yves Hanin

EN VUE DE L'OBTENTION DU GRADE DE DOCTEUR
EN
ARCHITECTURE
URBANISME - DEVELOPPEMENT TERRITORIAL

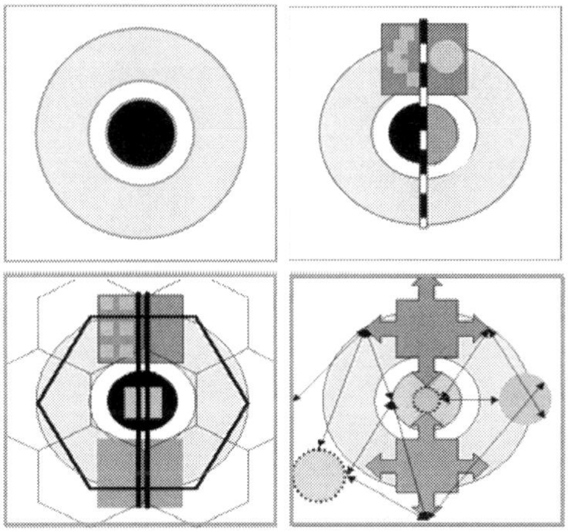

Louvain-la-Neuve
Octobre 2004

Dépôt légal : D/2004/9964/33
ISBN 2-930344-72-5
Imprimé en Belgique

Diffusion :

www.i6doc.com, l'édition universitaire en ligne

Sur commande en librairie ou à
Diffusion universitaire CIACO
Grand-Place, 7
1348 Louvain-la-Neuve, Belgique
Tél. 32 10 47 33 78
Fax 32 10 45 73 50
duc@ciaco.com

Université catholique de Louvain
Faculté des Sciences Appliquées
Département d'Architecture, d'Urbanisme, de Construction et d'Environnement
Unité d'Urbanisme et de Développement Territorial

Mutations spatiales et recompositions territoriales

Les processus territoriaux dans le cas de Court-Saint-Etienne (Belgique)

THESE PRESENTEE PAR

Yves Hanin

EN VUE DE L'OBTENTION DU GRADE DE DOCTEUR
EN
ARCHITECTURE
URBANISME - DEVELOPPEMENT TERRITORIAL

Membres du jury

J.F. Thimus (président – AUCE-UCL)
L. Voyé (co-Promoteur – ESPO-UCL)
B. Decleve (co-Promoteur – AUCE-UCL)
P. Defourny (AGRO-UCL)
P. Govaerts (AUCE-UCL)
A. Fleury (INRA-ENSAP)
M. Rey (CEAT-EPFL)

Louvain-la-Neuve
Octobre 2004

Remerciements

Béné, Jonas, Lisa et Adèle,
pour leur patience éternelle

Lucienne, Véronique, Marie et Marie-Laurence,
pour la relecture et l'œil critique

Pierre, Bernard, Pierre et Liliane,
pour leurs conseils et leur suivi

Michel Rey, André Fleury, Jean Remy et Michel Bassand,
pour leurs encouragements et leurs avis lors de rencontres chaleureuses

Toute l'équipe du CREAT et de l'Unité URBA
sans qui l'essentiel n'aurait pu être fait

Toute l'équipe de la CEAT pour son accueil.

Merci

TABLE DES MATIERES

INTRODUCTION

L'urbanisme et l'aménagement du territoire sont aujourd'hui confrontés à de multiples remises en cause : perte de légitimité face aux architectes, débats récurrents sur les modalités participatives, montée des oppositions de type Nimby, difficultés à poser des options au-delà du moyen voire même du court terme, prépondérance des enjeux environnementaux, de mobilité, de sécurité... Cette remise en question n'est pas récente puisque dès les années septante les modes d'intervention et les modèles de références furent ébranlés.

Plus fondamentalement, les dernières années ont conduit à un glissement progressif de l'urbanisme et de l'aménagement du territoire vers le développement territorial. Au-delà des interventions publiques et de la régulation des actions privées, l'avenir de la gestion et de l'organisation du territoire semble devoir être pensé de manière globale en recherchant constamment des dynamiques cumulatives à travers l'espace. Cette recherche généralisée d'économies d'agglomération est largement renouvelée du fait de la mobilité et d'un relâchement des liens traditionnels de proximité physique.

Avant de nous pencher sur les modalités de nouvelles pratiques de gestion et d'organisation du territoire, il nous semble opportun de définir les référents structurants du vivre ensemble dans une société de plus en plus incertaine. Là est l'objet de notre thèse. Deux pistes sont dès lors mises en évidence. La première vise à s'interroger sur la recomposition des territoires et la seconde sur les visions communes qui demeurent en étudiant la référence aux lieux.

Ces deux pistes ne peuvent être envisagées sans faire un détour par l'histoire des territoires. La thèse vise donc à prendre du recul par rapport au temps présent et à analyser sur une longue période les relations entre espaces et territoires. En ce sens, la thèse se fonde donc sur une approche en termes de processus territoriaux.

Cette analyse est posée dans le cadre global de notre société occidentale. Quatre périodes sont détaillées tout au long de la thèse. Elles sont envisagées sous l'angle de processus au sein desquels trois facteurs structurants ou clés sont caractérisés par des mutations. La thèse reprend donc au sein de chaque processus un descriptif de ces facteurs et de leurs mutations. Elle reprend ensuite l'analyse des liens entre facteurs, espaces et territoires. Cette partie est relativement schématique, l'essentiel étant de pouvoir établir une confrontation des processus et de pouvoir resituer notre époque. Cette approche schématique et comparative dans le temps à l'échelle globale s'appuie aussi sur l'examen systématique des développements locaux et singuliers de la Wallonie, partie sud de la Belgique. Plus particulièrement encore l'analyse se fonde sur l'évolution d'un espace entre ville et campagne à une trentaine de kilomètres au sud de Bruxelles. L'entité de Court-Saint-Etienne nous fournit en effet une situation de référence. Les processus sont donc mis en perspective selon des échelles globales et locales. Afin d'accroître la confrontation, les passages relatifs à ces deux échelles ont été entremêlés. Pour faciliter la lecture nous avons essayé de situer les échelles globales et locales de la manière la plus appropriée quitte parfois à introduire certaines redites.

Les quatre processus sont développés dans quatre chapitres qui constituent la structure principale de la thèse. Dans chaque chapitre, les approches globales et locales sont donc mises en regard afin de souligner l'absence de tout déterminisme sans pour autant occulter le poids des tendances générales sur le local. Au sein de chaque chapitre, les deux pistes objets la thèse (recomposition des territoires et influence des lieux) sont abordées afin de montrer l'évolution, les dynamiques mais aussi les héritages. Cette perspective est particulièrement importante pour mieux clarifier les phénomènes et les enjeux contemporains qui sous-tendent l'émergence d'une nouvelle discipline : le développement territorial.

Préalablement à ces quatre chapitres, un chapitre méthodologique et conceptuel permet de poser les termes utilisés dans le cadre de la thèse et d'expliciter leurs relations. Ce premier chapitre nous permet aussi de montrer d'emblée certaines réserves et limites.

Chapitre 1

CONCEPTS ET METHODE

Dans ce premier chapitre, nous présentons l'hypothèse générale, les concepts, la méthode et les sources.

1.1. Une thèse et des hypothèses

L'hypothèse centrale vise à reconnaître la période contemporaine comme une transition vers de nouveaux rapports individuels et collectifs au temps et à l'espace, ce qui induit de nouveaux territoires.

Dès lors, il est impératif de comprendre et d'analyser cette période contemporaine, avant de formuler des réponses ou des solutions aux problèmes des villes et campagnes ou encore de la mobilité auxquels nous sommes aujourd'hui confrontés. Sur la base de cette analyse, quelques pistes d'une nouvelle politique de gestion du territoire peuvent alors être dégagées.

La méthode proposée dans le cadre de la thèse combine approches rétrospective et prospective. L'approche rétrospective vise à comparer les rapports au temps et à l'espace au cours de l'histoire tout en identifiant les facteurs-clés et leur influence. L'approche prospective vise à reprendre ces facteurs-clés et à mettre en évidence les mutations contemporaines afin de dégager les nouvelles logiques structurantes.

Depuis la Renaissance, quatre grandes périodes peuvent être identifiées : le processus agraire, le processus d'industrialisation, le processus d'urbanisation et le processus de métropolisation.

1.2. Les concepts

Pour clarifier notre propos, nous proposons d'établir une distinction entre espace et territoire. S'ajoutent à cette distinction le jeu des échelles spatiales et temporelles de même que les niveaux territoriaux. Le concept de lieu et sa hiérarchie sont également détaillés. Ces concepts sont repris dans le schéma présenté à la fin de cette section. On y retrouve également les outils d'intervention et de gestion du territoire.
Ces concepts et ces outils s'inscrivent tous dans la dynamique des processus territoriaux, concept sur lequel nous reviendrons également dans le cadre de cette section.

La définition de ces concepts se base sur une alchimie personnelle fondée sur notre formation de base en tant que sociologue complétée par une formation en urbanisme mais aussi sur notre expérience professionnelle et de recherche.
Dans la quatrième section de ce premier chapitre, nous reviendrons sur les sources mobilisées dans le cadre de ce travail. Il nous est en effet apparu particulièrement périlleux de mentionner systématiquement l'ensemble de nos références notamment lors de la définition de nos concepts. Cette alchimie peut donc apparaître comme l'une des limites de la thèse puisqu'en effet nous nous sommes écarté des débats classiques autour des références et des positionnements face aux courants de pensée. La thèse ne répond donc pas une volonté épistémologique. Ce travail pourrait d'ailleurs être approfondi lors de nos prochains travaux.

1.2.1. L'espace, le territoire et le lieu

Le schéma présenté à la fin de cette section permet de positionner ces trois premiers concepts clés sur lesquels s'appuie la thèse.

1.2.1.1. L'espace

L'espace est de l'ordre du donné : il est caractérisé par le milieu physique, biologique, bâti... Il peut être observé et objectivé : on peut le mesurer, le comparer à d'autres. Selon l'angle de la description, des experts comme le géomètre, le biologiste, l'urbaniste peuvent l'évaluer et en indiquer le degré de qualités ou de potentialités. Le diagnostic de l'espace renvoie notamment à une description du relief, de la composition du sous-sol ou encore des occupations.

1.2.1.2. Le territoire

Lorsque l'homme souhaite utiliser et maîtriser l'espace, nous devons recourir à un autre concept : le territoire. La maîtrise de l'espace est un acte physique qui conduit à modifier le relief, l'occupation... pour le faire sien. Mais cette maîtrise est aussi sociale, économique et culturelle car la maîtrise de l'espace se fait pratiquement toujours dans un rapport de force avec l'occupant de l'espace.

L'espace est alors perçu comme une ressource ou une contrainte que l'on va utiliser, modifier, exploiter voire même enrichir. Le territoire, c'est ce processus qui peut être compris comme l'interaction de différents projets implicites ou explicites. Le projet d'aménagement de l'espace se fonde sur divers critères comme les goûts, les intérêts, les valeurs, les moyens techniques et financiers dont on dispose. Ces facteurs permettent de prendre possession de l'espace et de le projeter dans un territoire souhaité. C'est sans doute une autre distinction importante qui peut exister entre territoire et espace. Le territoire est l'espace maîtrisé mais dans une perspective nouvelle au sens de jamais accomplie. Le territoire est un projet, nous y reviendrons souvent.

1.2.1.3. De l'espace au territoire et le(s) lieu(x)

Dans le schéma présenté en fin de section, les concepts d'espace et de territoire sont repris au travers de la distinction qui peut être faite entre le terrain qui correspond à un espace, et la parcelle qui est la maîtrise que l'on peut exercer sur ce terrain. La manière d'aménager mon terrain est en soi une forme d'expression de ma personnalité mais aussi une forme d'identification. En d'autres mots, le terrain est un lieu car il exprime ma maîtrise en fonction de codes collectifs qui permettent de reconnaître ce droit de maîtrise tant aujourd'hui que demain. Cette expression renvoie naturellement à un contexte social et culturel. Nous y reviendrons.

De plus en plus souvent, « mon » territoire ne se limite pas à mon terrain. En effet, si l'on observe les espaces maîtrisés par les individus on s'aperçoit que « leur » territoire est composé de multiples « terrains » mis en relation dans l'espace et le temps. Chaque individu accorde dès lors un sens, une spécificité, une finalité à chacun de ses terrains. Pour préciser cette diversité nous recourrons donc aussi au concept de lieu. Le lieu est en quelque sorte l'expression de ma maîtrise et dans le même temps il permet une certaine identité.

Ainsi, le lieu est à la fois une expression identitaire et les espaces maîtrisés au sein d'une étendue plus vaste constituant mon territoire. Le territoire individuel, c'est-à-dire le territoire vécu, concept sur lequel nous reviendrons, est donc une sorte de réseau de lieux. Entre ces lieux s'étendent des espaces interstitiels, c'est-à-dire des espaces que je ne maîtrise pas.

Parmi les lieux constitutifs du territoire, certains sont fréquentés quotidiennement alors que d'autres le sont plus occasionnellement. Les lieux quotidiens, c'est-à-dire les espaces que je maîtrise chaque jour, sont par exemple mon domicile, mon bureau, ma salle de sport... Contrairement à certains auteurs comme M. Augé nous considérons également d'autres espaces comme des lieux. A notre sens il n'existe pas de non-lieu car chaque espace peut être chargé de sens et expression identitaire. Ainsi par exemple le centre commercial est un lieu car cet espace est marqué par un ensemble de codes que les usagers qui le fréquentent respectent ou violent, ce qui conduit à des formes de répressions.

Une troisième dimension doit être avancée pour caractériser le concept de lieu : une certitude relative. En effet la maîtrise individuelle renvoie à une organisation collective ce qui permet de définir le lieu comme une espace aux modalités d'usages balisés. Cette certitude est en outre aussi le fruit de la logique spatiale qui implique des capacités c'est-à-dire des potentialités et contraintes de l'espace. Nous y reviendrons au travers du rôle fédérateur du lieu. Notons déjà que dans le schéma repris en fin de section, les lieux sont présentés comme le produit dialectique de l'espace et du territoire.

Enfin notre conception du lieu s'écarte de celle proposée par M. Castells car nous ne limitons pas notre concept de lieu aux espaces de l'ancrage face aux espaces des flux. Selon notre perspective, l'automobile peut-être comprise comme un lieu. En effet de nos jours, l'automobile devient un espace maîtrisé au cours de la journée afin non seulement de se déplacer mais aussi de s'informer via la radio, de travailler... voire même de prendre son petit déjeuner, de se raser... Cet espace maîtrisé n'est pas pour autant mon territoire, il est un moyen pour connecter les lieux constitutifs du territoire personnel. Toutefois le temps et les possibilités de personnalisation permettent de faire de ce mode un lieu. L'automobile est ainsi une expression de la personnalité et de l'identité, ce qui permet d'être vu comme un individu selon les caractéristiques du véhicule (marque, prix, couleur, personnalisation...) mais aussi un individu relevant d'un certain groupe d'automobilistes.

1.2.1.4. Un approfondissement de la dimension sociale du territoire et du lieu

Mais revenons à la question de la maîtrise de la parcelle comme terrain et donc territoire. La définition présentée ci-dessus de « mon » territoire doit être complexifiée à nouveau car le processus d'appropriation de l'espace est généralement collectif et rarement individuel.

En effet, même lorsqu'un individu fait l'acquisition d'un terrain pour construire une maison, il va le plus souvent devoir partager l'élaboration du projet avec les membres de sa famille. Le territoire est donc généralement le fruit d'une négociation entre différentes personnes qui établissent un projet. Le territoire est donc pensé comme une maîtrise collective et dynamique. Il y a débats voire conflits sur la manière de le maîtriser, de l'améliorer, de l'adapter car les besoins, les goûts et les valeurs des partenaires ne sont pas strictement identiques et en outre ils changent avec le temps. En un mot le territoire est co-produit.

En outre, il faut également tenir compte du fait que la maîtrise de l'espace est le plus souvent liée à une appropriation par un groupe au sens d'une collectivité. Ce transfert de maîtrise s'opère selon des règles fixées par la société soit entre générations soit entre vendeur et acquéreur. Parfois ce transfert de maîtrise est plus belliqueux puisque nombre de conflits notamment militaires ont visé à asseoir la maîtrise sur de nouveaux espaces.

Il convient aussi de prendre en compte que la société permet différents degrés de maîtrise. En effet la maîtrise de l'espace n'est pas similaire si l'on est propriétaire ou locataire. Le choix de maîtrise entre l'acquisition ou la location dépend des intérêts, des projets et des moyens de chacun. Ce choix est conditionné par la mise à disposition par l'actuel propriétaire des lieux. Il y a un rapport qui se construit entre le locataire et le propriétaire des lieux qui est disposé à louer le terrain en imposant certaines conditions : un loyer, devoir lui restituer le bien à une échéance déterminée et en l'état. A l'inverse, notre degré de maîtrise est plus important si nous pouvons faire l'acquisition du terrain. Toutefois dans notre société cette maîtrise en tant que propriétaire est également tributaire des règles d'urbanisme ou plus simplement du code civil. Cette maîtrise relativisée renvoie donc à des formes de servitudes voire, lorsque ces dernières ne sont pas encore reconnues, des formes de droit d'ingérence.

Le lieu est donc compris comme un espace chargé de code, en d'autres mots il s'agit d'un cadre de signes permettant la mise à disposition de l'espace dans un cadre social et culturel déterminé. Dès lors, à côté des experts qui décrivent l'espace en fonction d'indicateurs, nous pouvons aussi lire l'espace en fonction de notre expérience et plus largement de notre culture. Cette lecture culturelle qui est étroitement liée à un rapport commun à l'espace qui se traduit en termes de territoire et nous permet de reconnaître à un espace certains usages ou certains modes d'appropriation, au même titre que l'expérience nous permet de reconnaître le maître des lieux. Plus les personnes sont étrangères au territoire plus elles méconnaissent les référents du lieu. A contrario, les mutations culturelles induisent une reformulation des lieux soit dans le temps long entre générations soit dans le temps court entre groupes sociaux ou éthiques. Toutefois comme nous le verrons l'héritage territorial et les capacités de l'espace orientent largement la redéfinition des lieux.

1.2.2. Les échelles spatiales, les niveaux territoriaux et la hiérarchie des lieux

1.2.2.1. Les échelles spatiales

La description qui peut être faite d'un espace peut être très précise ou au contraire plus générale. Ce degré de détail renvoie à la notion d'échelle qui permet pratiquement de déterminer de manière échelonnée, c'est-à-dire continue et selon une métrique spécifique, le degré avec lequel la description ou l'évaluation est posée. Cette échelle oscille entre le local et le global comme représenté dans le schéma repris en conclusion de cette section.

La description du terrain peut être assez précise, relever la composition et la pente du sol, le type de couvert végétal, la présence d'un arbre, etc. et déterminer sa superficie avec précision ce qui permettra peut être d'identifier des sous-espaces. Mais lorsque nous voulons décrire ce terrain dans son contexte, nous constatons que le couvert enherbé peut être différent à certains endroits et qu'il s'étend sur une certaine superficie jusqu'à des haies, un bois, une route. Ces éléments apparaissent comme des lignes physiques et permettent précisément l'identification des espaces selon leur degré d'homogénéité en lien avec l'échelle décrite. K. Lynch a largement mis en évidence l'identification des points de repères, des limites... Mais ces limites ne constituent en rien une frontière ; cette notion relève en fait de la territorialité et des lieux.

Mais retournons à la description du terrain dans son contexte. Si nous souhaitons le décrire dans un espace plus vaste, nous ne pouvons plus conserver le même degré de détail. Nous décrivons dès lors une campagne selon les éléments prédominants : prairies, terres de culture, maisons, etc. Plus l'échelle de description est large, moins la description est précise. Elle devient schématique. Le recours à des codes de représentation permet de rendre intelligible une réalité de plus en plus vaste et complexe.

Les échelles spatiales peuvent être classées par degré : le terrain, l'ensemble de terrains, les villes et les campagnes, les sous-régions, les régions, les continents et la planète. Cette description est habituellement effectuée par les géographes qui mettent en relation le milieu physique, naturel et ses occupations pour déterminer des entités spatiales spécifiques.

La description de la Wallonie en sous-régions agro-géographiques relève très clairement de cette démarche d'analyse spatiale. Dans cette géographie, on peut comparer trois grands types de sous-régions : à dominante bâtie, agricole et boisée. Parmi les sous-régions agricoles on peut distinguer celles d'openfields et de celles de bocages. Et ainsi de suite, de manière à identifier des espaces de plus en plus petits et de plus en plus précis.

1.2.2.2. Les échelles et les niveaux territoriaux

La notion d'échelle est donc utilisée pour déterminer l'étendue de l'espace et son degré de description.

Comme figuré dans le schéma repris en fin de section, il convient d'introduire, en regard de l'échelle spatiale, le niveau territorial. La notion d'échelle est ambiguë sur le plan du territoire car celui-ci n'est pas de facto compris comme un ensemble continu et métrique. Comme nous l'avons vu, un individu peut maîtriser des espaces plus ou moins éloignés l'un de l'autre sans pour autant maîtriser tous ceux qui peuvent exister entre les eux. Dans ce cas, le territoire est composé d'espaces distincts, de taille, de nature et de temporalité spécifiques.

En outre, il existe différents types de territoire (vécus, économiques et institutionnels) qui se chevauchent partiellement ou totalement. Nous y reviendrons par la suite.

De manière simplifiée nous pouvons donc admettre dans un premier temps qu'à certaines échelles spatiales correspondent un niveau territorial. Ainsi le terrain équivaut au territoire de la parcelle. Ce territoire est reconnu collectivement car l'individu y exerce une certaine maîtrise de droit de propriété ou de locataire.
La seconde échelle spatiale permet d'identifier un ensemble de terrains et de rues, elle renvoie au territoire du voisinage. Le voisinage est l'espace que l'individu ou le groupe ne maîtrise pas totalement. Le degré de maîtrise est moindre, mais néanmoins une certaine connaissance permet de reconnaître les autres propriétaires, leurs habitudes... Bref, le voisinage est fondé sur une certaine familiarité. Comme J. Remy et L. Voyé l'ont clairement démontré, cette familiarité était synonyme de contrôle social dont la forme et l'intensité étaient différentes selon que l'on était dans un contexte urbain ou rural. En outre, classiquement, on attribuait la familiarité aux espaces proches. Mais cette territorialité a largement évolué au cours de l'histoire. C'est ainsi qu'hier, au cours du processus d'urbanisation, nous pouvions disposer de deux ou trois espaces de familiarité : le quartier du lieu de résidence, le quartier des commerces et le quartier de l'industrie ou des affaires où se trouve le lieu de travail. Aujourd'hui, le voisinage est encore plus complexe car les lieux d'activité et de vie se multiplient et sont de plus en plus éclatés dans l'espace.

Nous voyons ainsi que les niveaux de territoire ne sont pas une simple transposition mécanique des échelles spatiales.

Mais poursuivons l'examen des échelles spatiales et des niveaux de territoire de manière schématique. Après le territoire du voisinage, nous pouvons déterminer l'échelle spatiale des villes, villages et campagnes qui renvoie habituellement au territoire de la collectivité comme la commune. Ce niveau de territoire correspond au champ de la territorialité institutionnelle qui tend à être plus ou moins couplé avec la territorialité vécue, cette dernière concernant davantage les terrains et des territoires du voisinage.

Toujours dans le cadre des territoires institutionnels, à l'échelle sous-régionale, la territorialité s'apparente à l'arrondissement ou au canton, tandis qu'à l'échelle régionale, nous trouvons en France les départements ou les régions alors qu'en Belgique, nous avons le territoire des régions et des communautés. L'échelle spatiale supérieure correspond à un ensemble de régions formant le pays dont la territorialité est la Nation, l'Etat ou l'Union européenne.

La territorialité ainsi détaillée permet de mettre en évidence des territoires aux fondements différents. Nous avons d'abord évoqué les territoires vécus des individus dans leurs relations familiales, d'amis... bref le territoire des relations sociales, puis nous avons abordé le territoire de la collectivité au sens du territoire institutionnel. Il faut encore souligner l'existence d'une territorialité économique au sens de l'espace des relations de travail, comme le bassin d'emploi, ou plus fondamentalement au sens des liens entre entreprises ou entre les entreprises et leurs clients.

Au cours des processus que nous analysons ci-après, les territoires vécus, institutionnels et économiques entretiennent des relations complexes, ils sont parfois imbriqués et agencés selon une seule même logique dominante. En outre au cours des processus certaines échelles spatiales connaissent la disparition ou l'apparition d'un niveau de territoire. Nous reviendrons sur ce double aspect à travers le concept de recomposition territoriale.

1.2.2.3. Les territoires et la hiérarchie des lieux

Avant d'aborder la question du temps avec les mutations et les recompositions, revenons à ce stade sur le concept de lieu. La maîtrise territoriale charge l'espace de normes, de symboles ou encore de codes. Comme nous l'avons vu l'appartenance à la collectivité permet de comprendre les signifiants accordés à l'espace. Le lieu est précisément l'espace chargé de sens et un ensemble de lieux composent le territoire. Nous pouvons donc identifier des lieux personnels qui ont du sens pour moi, et des lieux collectifs dont les individus d'une collectivité connaissent les modalités d'usage. De même que les lieux personnels détaillés ci-avant, les lieux collectifs sont multiples et certains peuvent remplir un rôle identitaire pour la collectivité. Par ailleurs comme nous l'avons dit le lieu est le fruit de la logique spatiale. De la sorte on peut conclure que le lieu est le produit dialectique du territoire et de l'espace.

En référence aux échelles spatiales et aux niveaux territoriaux, une classification des lieux peut également être établie. On peut reconnaître des lieux plus individuels ou des lieux collectifs qui l'un comme l'autre, mis en réseau, constituent le territoire. Mais cette classification se double d'une « valeur » associée au lieu, une forme d'attachement, pas seulement symbolique. Cette « valeur » attribuée au lieu permet de distinguer les lieux ordinaires des hauts lieux.

P. Sansot a, sur cette base, analysé la pratique et l'usage de certains lieux publics comme les parcs et les jardins des villes. Ainsi, lorsque qu'un individu entre dans un jardin public, son comportement s'adapte car il respecte les règles du lieu qui y sont affichées (heures d'ouverture, panneau précisant qu'il est interdit de marcher sur les pelouses). Sa manière d'être se modifie aussi de façon inconsciente, car ses références culturelles lui ont appris à prendre plaisir au calme et au charme du jardin public (il ralentit le pas). Inversement, le non-respect du lieu peut être connoté comme une attitude incongrue voire proche de la profanation. En d'autres mots, il y a un sens social, c'est-à-dire une certaine normalité.

A - Les lieux et leur force fédératrice

On peut donc reconnaître à travers les lieux, un pouvoir que nous qualifierons de fédérateur. Comme nous l'avons déjà esquissé, le lieu s'appuie sur la logique de l'espace au sens des potentialités et des contraintes. En effet selon que les espaces sont vallonnés, montagneux, désertiques, inondés... la capacité de maîtrise varie. Certains espaces sont plus facilement maîtrisables ou adaptés à tel ou tel projet territorial. Ces potentialités de l'espace ne sont pas que naturelles puisque au cours de l'histoire les espaces furent remodelés par la création des villes, des campagnes ou des réseaux de transport. Cet héritage est compris comme la logique structurante de l'espace. En outre, la capacité de maîtrise évolue en fonction des facteurs socio-démographiques, technico-économiques ou culturelles, nous y reviendrons.

Le lieu est à la fois une fraction du territoire et un produit du territoire au sens des espaces maîtrisés par une civilisation. En d'autres mots le lieu renvoie à une certaine civilité pour reprendre les mots de P. Sansot. Autrement dit, une alchimie entre culture et espace permet un usage partagé ou la reconnaissance sociale d'une vocation de l'espace. Le lieu est précisément la vision collective la plus largement partagée. Comme on le verra plus loin, cette vision commune repose sur un héritage parfois ancestral dont bénéficie le lieu. Reconnaître cette force constituante ou fédératrice est un point central dans la thèse.

La force fédératrice est d'autant plus importante à mettre en évidence que le lieu place les individus dans une vision commune dynamique qui va au-delà de la simple contemplation ou du simple respect du lieu car, comme nous le verrons, les lieux ne sont pas figés dans le temps.

Cette perspective du lieu est intéressante car elle pose la question de la perception collective qui est particulièrement complexe dans une société de plus en plus marquée par l'individuation mais aussi par le brassage de populations et de cultures. Elle est également instructive car les lieux sont modifiés de plus en plus rapidement. Comme dit précédemment, cette production de nouveaux espaces, comme les centres commerciaux, a conduit certains auteurs à conclure à la production de non-lieux au sens d'espaces banals ayant perdu le sens et la symbolique du lieu de commerce que pouvaient avoir la place du marché ou la rue commerçante. Or rappelons que nous ne suivons pas cette piste car nous pensons au contraire qu'il y a sans cesse un sens nouveau, une normalité qui est portée. Nous aurons donc une lecture non pas idyllique mais empirique, qui vise à comprendre l'usage et les codes collectifs en vigueur dans le lieu.

Dans le cadre de la thèse, nous voulons cerner les éléments fédérateurs qui permettent de reconstruire du vivre ensemble. Nous nous interrogeons ainsi sur les logiques spatiales et sur les codes communs qui sont à l'œuvre et nous posons notamment comme hypothèse que la société de l'image, le tourisme et l'environnement contribuent à générer un sens commun à certains espaces. En ce sens, nous posons comme hypothèse que l'identification de la logique du lieu permet de comprendre sa force fédératrice. Pour le dire autrement, il y a une acceptation collective de certaines vocations à certains espaces. L'objectif est de pouvoir décoder cette attribution de sens à l'espace.

B - La force intégrative du territoire et les outils d'intervention

Complémentairement au lieu, on peut reconnaître à travers le territoire une capacité à édicter des règles explicites ou implicites afin d'organiser l'espace et les comportements voire même d'accroître la perspective commune.

Au travers de la thèse nous démontrons que cette force intégrative a pris des formes fort différentes et a radicalement évolué. Les règles d'urbanisme de même que es politiques douanières ou fiscales, l'imposition de l'usage des langues voire les équipements, les infrastructures de transports, les administrations liées au pouvoir furent certains des éléments utilisés pour accroître l'intégration au sein de territoires tantôt religieux, tantôt civils et tantôt militaires.

La recomposition des territoires intervient en raison non seulement de nouvelles perceptions de l'espace et du temps ou de nouvelles techniques de maîtrise de l'espace mais aussi au travers de l'organisation des territorialités. Les relations entre territorialités ont évolué selon les périodes de même les outils d'interventions, comme moyens pour organiser le territoire, ont été adaptés. L'utilité et l'efficacité de ces outils sont d'autant plus élevées s'ils permettent d'atteindre une solution à des problèmes multiples. Au sein de notre schéma les outils d'intervention sont figurés en regard du concept de territoire.

1.2.3. La question du temps

Les concepts présentés ci-dessus l'ont été dans une perspective dynamique limitée car principalement fondée sur la question du transfert. Cette perspective dynamique peut être élargie si l'on y intègre la question du temps long, c'est-à-dire des évolutions spatiales, des recompositions territoriales et des héritages des lieux.

1.2.3.1. L'espace et le temps

L'espace peut être décrit dans le temps en relevant ses évolutions comme la modification des occupations voire même des composantes comme le relief ou le climat.

Ainsi par exemple, l'espace ardennais était au 9ème siècle principalement boisé de feuillus, avec quelques maisons dans la vallée, à proximité d'une rivière. Cette vallée était partiellement occupée par des cultures et des prairies. Par contre, au 20ème siècle, cet espace a radicalement évolué, avec une réduction importante des étendues boisées au profit des occupations agricoles, des infrastructures de transport et du bâti. L'observation de l'espace dans le temps peut démontrer que cette évolution ne s'est pas opérée selon un rythme constant et que certaines occupations apparues ont ensuite disparu. C'est ainsi qu'au 18ème siècle, les bois étaient nettement plus limités qu'au 20ème siècle au profit essentiellement de landes ou bruyères et d'un pâturage extensif.

1.2.3.2. Le territoire et le temps

Le territoire est également pris dans une dynamique temporelle au-delà de la question de la réappropriation et des transferts. Nous cherchons à comprendre comment le territoire se recompose à travers le temps en fonction d'une part des mutations des facteurs d'appropriation (mutation des facteurs socio-démographiques, technico-économiques et culturels) mais aussi d'autre part dans les liens qui peuvent exister entre territoires.

Les facteurs d'appropriation sont analysés tout au long de l'histoire en référence davantage à l'idée de mutation plutôt que de révolution même si des innovations techniques peuvent être observées. Nous préférons l'approche en termes de mutation car les modes et les capacités d'appropriation font rarement l'objet de ruptures et laissent davantage place à des transformations. Toutefois, comme on le verra, certains phénomènes comme les révolutions ou les guerres peuvent induire une accélération des changements.

1.2.3.3. Le lieu et le temps

Enfin les lieux peuvent changer de sens au cours du temps. Toutefois nous tentons de démontrer dans la thèse qu'il y a toujours un héritage social et des logiques spatiales qui marquent le lieu et qui vont orienter sa vocation future. Ainsi au-delà des caractéristiques physiques de l'espace, la culture, l'économie ou les rapports sociaux ont conduit à doter le lieu de caractéristiques spécifiques. Nous démontrons notamment que même lors de longues périodes, certains lieux ont acquis une vocation. Face à l'éclatement des repères, la recherche de ces logiques spatiales et ces traces sociales peut aider à reconstruire le vivre en commun. La thèse vise donc principalement à cerner ce point.

1.2.3.4. Les dynamiques temporelles et les processus territoriaux

Les mutations des facteurs structurant de même que les recompositions des territoires et les héritages des lieux peuvent être analysés en fonction de processus territoriaux. Ces processus correspondent à des temps longs.

A - Les processus territoriaux

Pour clarifier notre démarche, nous distinguons dans l'analyse trois aspects du processus.

Le premier est celui des facteurs-clés ou des facteurs structurant. Trois facteurs sont analysés. Le premier est socio-démographique et couvre le champ de l'évolution des populations, des familles et des rapports sociaux (les groupes sociaux). Le second reprend les aspects technico-économiques, c'est-à-dire les innovations techniques, scientifiques et leur inscription dans le cadre de secteurs d'activités et de marchés. Enfin le troisième facteur correspond à la culture et recouvre aussi des modes de représentation des relations à la nature. Ces trois facteurs possèdent leur propre évolution et dynamique. Leur interaction conduit à des mutations dans les valeurs, les intérêts, les moyens des rapports au temps et à l'espace.

Le second aspect du processus est celui de la territorialité au sens des productions de territoires et des dynamiques induites. Pour caractériser les transformations de ces territoires, nous utilisons la notion de recomposition territoriale. Nous avons déjà abordé cet aspect. Pour rappel, les recompositions territoriales correspondent tantôt aux relations entre les territorialités vécues, institutionnelles et économiques, tantôt au lien entre échelle spatiale et niveau territorial. La recomposition équivaut au couplage soit de territorialités l'une avec l'autre, soit d'échelle et de niveau.

Le troisième aspect concerne les héritages des lieux que nous abordons au travers de quatre lieux génériques : les bourgs, les plateaux, les versants et les vallées.

Les liens entre les trois aspects peuvent déjà être évoqués pour le processus de métropolisation : les mutations de la famille, les innovations en matière de génétique dans le cadre du post-fordisme, l'accélération de l'individuation mais aussi la prise en compte d'une culture écologique conduisent à la recomposition de territoires, notamment à l'échelle des espaces sous-régionaux. Le territoire vécu s'étend au travers de multiples lieux mis en connexion. Certains tendent alors de redéfinir les territoires au-delà de relations classiques entre centre et périphérie au profit d'une toile au sein d'un vaste bassin de vie à l'échelle métropolitaine. Dans ce contexte, les territoires institutionnels hérités du processus d'urbanisation comme l'arrondissement, le canton, la province sont actuellement remis en question car ils sont jugés peu pertinents pour répondre aux enjeux de la mobilité, des paysages ou de la cohésion sociale. Les recompositions à l'œuvre visent alors à coupler les territoires vécus à de nouveaux territoires institutionnels à l'échelle des sous-régions notamment au travers de territoires de communautés de communes comme les agglomérations, les communautés urbaines ou encore les communautés de pays. Cette recomposition des territoires institutionnels dans le cadre du processus de métropolisation se marque également par l'émergence de plus en plus évidente de l'Union européenne au détriment des territoires des Etats-membres. Nous posons donc l'hypothèse que ces mouvements de recomposition expriment de nouveaux rapports au temps et à l'espace.
Enfin, dans ce processus les brassages culturels se multiplient alors que dans le même temps des attitudes de résistances apparaissent. Pour clarifier ces tensions dans lesquelles les lieux sont de plus en plus ébranlés, nous proposons d'analyser des lieux fédérateurs comme les plateaux et les vallons ou les versants.

B - Les processus territoriaux, les phases de développement et les outils d'intervention

Quatre grands processus sont identifiés dans le cadre de la thèse : le processus agraire qui débute avec la Renaissance et s'achève au début du 19ème siècle ; ensuite le processus d'industrialisation, depuis 1820 jusqu'à la première guerre mondiale ; puis le processus d'urbanisation aux lendemains de la première guerre jusqu'aux années quatre-vingt ; et enfin, depuis les années nonante, le processus de métropolisation.

Au sein de chacun de ces processus, on peut identifier des phases de développement qui sont caractérisées par des discours mobilisateurs, des périodes de croissance ou de ralentissement et des outils d'intervention.

Des phases de transition peuvent également être définies afin de montrer l'émergence d'innovations ou de nouveaux rapports sociaux mais qui ne permettent pas encore des mutations des rapports au temps et à l'espace et des recompositions territoriales. Il faut une convergence de facteurs innovants pour atteindre un effet de seuil qui rend le cours de l'histoire pratiquement irréversible même si des phases de restauration apparaissent lors du processus suivant. L'effet de seuil peut être objectivé lorsque les rapports au temps et à l'espace sont modifiés et que les territoires se recomposent.

Les outils d'intervention et les discours caractérisent chacune des phases de développement. Nous reprenons les interventions publiques et les outils comme l'urbanisme et l'aménagement du territoire voire les infrastructures comme moyens de structuration des territoires institutionnels.

Le processus agraire est présenté comme un processus hérité, marqué par la Renaissance et le siècle des Lumières. Nous nous limitons à identifier deux phases : avant 1760 et entre 1760 et 1820. Cette seconde période correspond à une phase de transition marquée par les révolutions française et nationale.

Le processus d'industrialisation est marqué par quatre grandes phases. La phase d'instauration est caractérisée par l'alliance de l'aristocratie et de la bourgeoisie pour asseoir l'Etat-nation. Il y a ensuite une phase de triomphe de la bourgeoise libérale, entre 1850 et 1870. A ce moment, une profonde crise économique ébranle le processus d'industrialisation et ce n'est que vers la fin du 19ème siècle que commencent à émerger des innovations technologiques et culturelles qui se concrétiseront lors du processus d'urbanisation.

Le processus d'urbanisation commence aux lendemains de la première guerre mondiale ; il est composé de cinq phases. La première phase concerne l'entre-deux-guerres, avec l'apparition de l'Etat-providence qui va triompher après la seconde guerre mondiale. La seconde phase débute dans les années cinquante et va jusqu'aux années soixante, avec la reconstruction et l'émergence des territoires multinationaux. Ensuite, nous présentons des phases de plus en plus courtes pour mieux déceler les changements : la phase du développement exogène entre 1960 et 1970, puis la phase de l'ébranlement entre 1970 et 1980, marquée par le développement intégré, et enfin la phase du développement endogène entre 1980 et 1990.

Remarquons ici d'emblée que notre conception de l'Etat-nation et de l'Etat-providence est largement différente de celle présentée habituellement. Si nous nous rapprochons de la définition développée par J. Habermas, qui considère l'Etat-nation comme une entité territoriale, par contre nous nous en écartons lorsqu'il est considéré que l'Etat-providence est l'Etat-social au sein de l'Etat-nation. Nous entendons donc limiter l'Etat-nation au processus d'industrialisation comme territorialité de la Nation bourgeoise s'imposant aux autres classes sociales au travers d'interventions intégratives. La thèse démontre ces multiples formes d'intégration. L'Etat-nation laisse selon nous la place à l'Etat-providence lors du processus d'urbanisation en raison de l'autonomie croissante de l'Etat vis-à-vis des groupes sociaux notamment par l'émergence de la technocratie et de la « classe politique ». Le suffrage universel et le rôle régulateur de l'Etat dans l'économie s'imposent. Comme on le verra, la France a pu sans doute compter sur un Etat-nation très structuré et très intégrateur à l'inverse de la Belgique où l'Etat-providence s'est largement imposé dès la fin de la première guerre mondiale, effaçant les tentatives de la bourgeoisie francophone d'établir un Etat-nation tout au long du 19ème siècle. Nous reviendrons naturellement sur cette conception certes très personnelle.

Le processus de métropolisation débute vers les années nonante, avec pour première phase le développement durable.

Avant d'aborder en détail chacun des processus, nous pouvons déjà tracer les grandes caractéristiques des facteurs-clés. Nous pourrons de la sorte déjà expliquer le choix de certaines dénominations des processus qui sont quelque peu différentes de celles habituellement utilisées. En effet, classiquement les processus territoriaux sont balisés par des notions strictement spatio-temporelles comme urbanisation et métropolisation. Plus fondamentalement, la notion d'industrialisation n'est utilisée que pour traduire l'évolution socio-économique, alors que l'urbanisation lui est associée comme processus territorial. Pour notre part, nous souhaitons utiliser la notion d'industrialisation comme dénomination d'un processus territorial car la période de la première industrialisation induit un exode rural sans pour autant introduire de nouveaux rapports au temps et à l'espace de type urbain. J. Remy et L. Voyé l'ont largement mis en évidence. A l'inverse, la seconde révolution industrielle va permettre, dès la fin de la première guerre mondiale, un processus d'urbanisation qui sera amplifié lors de la troisième révolution industrielle. Ce processus se caractérise par des dynamiques d'individuation qui produisent des territoires sur la base de la complémentarité entre le lieu de travail et le lieu d'habitat au sens de la vie hors-travail.

Mais passons brièvement à l'examen des principaux facteurs pour chacun des processus.

Au cours des processus agraire et d'industrialisation, on enregistre une poussée démographique mais qui est limitée vu que l'espérance de vie demeure faible. A l'inverse, les processus d'urbanisation et de métropolisation sont caractérisés par une progression démographique soutenue par l'immigration et surtout par l'allongement de la durée de vie.

Pour les facteurs technico-économiques, le processus agraire se caractérise par la production, la commercialisation de produits agricoles et accessoirement par leur transformation dans une société de la proximité. A l'inverse, comme le signale M. Beaud, dans le processus d'industrialisation, la richesse est principalement issue non plus de la production agricole mais de la transformation qui conduit à une production de masse grâce à l'utilisation de la vapeur et à l'économie du chemin de fer. Le processus d'urbanisation, lui, est davantage caractérisé par une société de consommation de masse basée sur le fordisme et la société de la maison individuelle et de l'automobile alors que le processus de métropolisation se caractérise par le post-fordisme, avec le renversement du rapport entre l'offre et la demande au profit de cette dernière.

Le facteur culturel caractérise le processus agraire comme étant basé sur l'héritage divin, les forces naturelles et leurs aléas. Par contre, le processus d'industrialisation est marqué par la maîtrise de la nature au travers de la modernité ; dès lors, l'espace naturel est redéfini de manière mythique, de l'ordre du rêve et de la conquête.

C - Les processus territoriaux

Dans le cadre de cette thèse, nous essayons d'adopter une approche compréhensive de la recomposition des territoires. L'une des hypothèses est dès lors de savoir si certains espaces évoluent et se transforment, tout en conservant des caractéristiques spécifiques, et si ces caractéristiques ne sont pas traduites sous forme de lieux composant des territoires.

La thèse vise donc à reconnaître différentes échelles spatiales et différents niveaux territoriaux afin de mettre en évidence leur poids lors de chaque processus. Elle cherche aussi à démontrer que pour chaque processus ces différentes échelles et niveaux sont pertinents. En d'autres termes, nous souhaitons rappeler que la mondialisation trouve ses traces bien avant le processus de métropolisation ou encore que la dispersion du bâti est un héritage et une dynamique spécifiques de la structure territoriale de la Wallonie.

Par ailleurs, nous nous interrogeons sur les mutations de différents lieux qui peuvent être considérés comme structurants au cours des quatre processus : les plateaux ou les plaines, les vallées ou les vallons, les coteaux et les bourgs.
L'analyse des facteurs de mutation et des recompositions territoriales lors de chacun des processus permet de comprendre comment ces espaces-lieux conservent ou au contraire perdent leurs spécificités.

Ainsi, sans entrer à ce stade dans l'analyse, on observera que les plateaux ont pratiquement conservé tout au long de ces quatre processus une relativement forte unité foncière, que les bourgs ont connu par contre des formes diverses au départ des villages et des cités pour, dans certains cas, évoluer vers des villes industrielles ou des villes bourgeoises. Mais les villes industrielles ne se sont pas limitées aux enceintes des bourgs puisqu'elles se sont largement constituées tout au long des vallées ou des lignes de chemin de fer. Enfin, la métropole ne se limite plus aujourd'hui à ces villes, elle repose au contraire autant sur les bourgs hérités que sur les coteaux, les vallées ou encore les plateaux et les vastes plaines.

1.2.3.5. L'articulation schématique des concepts et des processus

A - Le schéma d'articulation des concepts

Comme annoncé, la présente section relative aux concepts se conclut par un schéma présentant leur articulation. On retrouve en haut à gauche le concept d'espace avec les échelles allant du local au global. Ces espaces sont maîtrisés en fonction des facteurs structurants afin de définir des projets territoriaux dont les niveaux sont repris en haut à droite du schéma. La force intégrative du territoire s'appuie sur les relations entre les niveaux de territoire mais aussi sur les liens entre territorialités figurant en bas du schéma et des outils d'intervention. La force des outils est mentionnée dans le schéma. Le schéma reprend aussi les lieux en tant que parties constitutives du territoire mais aussi en tant que produits dialectiques de la territorialité et de la logique spatiale. Cette production dialectique du lieu est mentionnée au travers des plateaux, des bourgs, des vallons et des coteaux, sur lesquels nous reviendrons dans le cadre de la thèse. Enfin le schéma reprend en son centre le modèle de développement propre au processus. Comme on l'a dit, ce modèle peut être nuancé selon les phases de développement des processus territoriaux. Ces derniers sont mentionnés au-dessus du schéma sous la forme d'une ligne du temps.

Au terme de chaque processus, le schéma conceptuel est repris afin de préciser les éléments récurrents et ceux en mutation ou en recomposition.

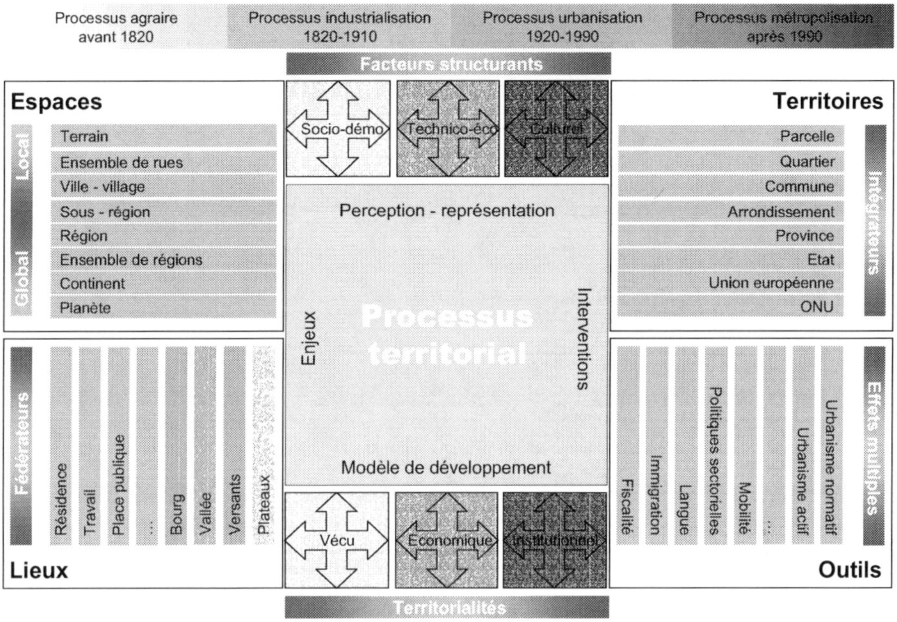

B - Les principales caractéristiques des processus

Enfin le schéma relatif au concept est complété par un tableau reprenant les éléments caractéristiques de chacun des processus.

	AGRAIRE AVANT 1820	INDUSTRIALISATION 1820-1910	URBANISATION 1920-1990	METROPOLISATION 1990-...
VILLE	Cité	Ville industrielle-bourgeoise	Urbain	Métropole et métapole
CAMPAGNE	Villages et domaines	Villages fermiers	Rural et agriculture	Rurbain et périurbain
FACTEUR SOCIO-DEMOGRAPHIQUE	Famille élargie Disettes et famines Familles paysans, aristocratiques, commerçants-artisans	Famille nucléaire élargie Exode rural et épidémies Familles prolétaires - bourgeoises	Famille nucléaire Exode urbain et soin de santé Familles classes moyennes	Famille recomposée Eclatement spatial selon les phases de la vie Dualisation sociale
FACTEUR TECHNICO-ECONOMQIUE	Houille blanche Charbon de bois Maîtres artisans Manufactures Patronat-familial	Minerais de charbon Vapeur Génie civil Industries Groupes industriels	Pétro-chimie Moteur à explosion et nucléaire Génie électro-chimique Tertiaires Multinationales	Energies renouvelables Pile à combustible Génie génétique Flexibles Réseaux d'entreprises
	Domaines agricoles et paysans	Fermiers	Exploitants agricoles	Gestion-production espaces ouverts
FACTEURS CULTURELS	Siècle des lumières	Maîtrise de la nature	Centre-périphérie	Individuation
MODELE	Propriétaire (maintien) Etat républicain Adam Smith Ville radioconcentrique Von Thünen	Taylorisme (action) Etat nation Marx Ville tentaculaire Fourrier-Howard-Haussmann	Fordisme (répétition) Etat providence Keynes Hiérarchie urbaine Christaller	Post-fordisme (réflexion) Economie monde Néolibéralisme Ville archipel Polycentrisme
SYSTEME POLITIQUE	Droit divin et allégeance	Système censitaire	Suffrage universel	Participation des usagers
SOCIETE	Communauté	Production de masse	Consommation de masse	Connaissance
GESTION TERRITORIALE	Prince et Etat Jacobin	Empereur et Pré-urbaniste	Urbaniste-Aménageur	Management territorial

1.3. La méthode

La méthode s'est construite progressivement dans le cadre d'études réalisées au Centre d'études en aménagement du territoire de l'Université de Louvain-la-Neuve. Ces études concernaient principalement la Wallonie et Bruxelles. Elles avaient pour objets les mutations dans les campagnes suite à la réforme de la Politique agricole commune ou encore l'évaluation des outils d'intervention en matière d'urbanisme, de rénovation et de planification par les plans d'affectation du sol. Plus récemment, les travaux ont porté sur la recomposition des quartiers de gare.

Au cours de ces travaux, une méthode d'observation et d'analyse s'est progressivement construite en équipe multidisciplinaire. Progressivement cette méthode a été éprouvée. Elle n'est pas encore aboutie, mais un seuil d'expérience semble atteint. La construction de la méthode, la précision progressive des concepts sont le résultat de ce travail qui doit donc être poursuivi notamment pour pouvoir établir la confrontation face aux théories développées par ailleurs. C'est sans doute là pour l'instant l'une des principales limites de la thèse.

Notre démarche vise à comprendre le développement territorial, non seulement en fonction des temps longs, en se référant notamment aux grandes mutations des facteurs (rétrospective et prospective), mais aussi en se référant constamment à des observations de terrain. La thèse articule ces deux niveaux.

La méthode vise systématiquement à croiser et à confronter les observations issues de plusieurs cas locaux. Elle cherche non pas à prendre connaissance de manière détaillée et fine des particularités de chaque cas d'étude, mais au contraire à collecter un spectre d'informations pour pouvoir dresser un diagnostic précis et synthétique de chacun des cas. Cette synthèse est ensuite confrontée aux hypothèses générales des mutations et recompositions en lien avec les processus territoriaux.

Une seconde phase de la méthode vise alors à confronter les cas pour mettre en relief leurs singularités. Cette phase est importante car elle permet de valider ou non certaines hypothèses. Elle permet aussi de démontrer le caractère non mécanique des mutations des facteurs à travers l'espace. Enfin, elle permet de dresser une typologie fine des grandes situations locales et ainsi de schématiser les dynamiques communes.

L'intérêt de cette méthode est donc de pouvoir faciliter la compréhension des singularités locales et leur dynamique de transformation. La typologie permet dès lors de mettre en exergue les logiques structurantes.

1.4. Les sources

Les concepts développés et les analyses reprises dans la thèse se fondent sur la bibliographie reprise en annexe, sur les travaux menés dans le cadre des études au Centre d'études en aménagement du territoire complétées dans le cadre de la thèse par l'analyse du cas de Court-Saint-Etienne.

Les références à ce cas s'appuient sur plusieurs publications mais aussi sur des entretiens avec les membres de l'association du Patrimoine stéphanois.

La référence aux sources dans le cadre de la thèse n'est pas établie de manière systématique. La démarche adoptée vise au contraire à brasser les diverses informations glanées ci et là et à les reformuler au regard de notre objectif. Le parti pris à donc été de limiter les mentions et les références. A ce stade, l'essentiel n'est en effet pas de confronter notre analyse aux théories mais simplement de poser des jalons.

1.5. Court-Saint-Etienne, un exemple local en lien avec l'analyse globale

Comme présenté dans le cadre de la méthode, la thèse vise à articuler approche globale et approche locale. Contrairement à la méthode que nous avons développée ces dernières années et qui vise à confronter plusieurs situations locales dans une dynamique globale, nous nous limitons dans le cadre de la thèse à une situation locale : Court-Saint-Etienne

Cette entité est située pratiquement au centre de la Belgique, à une trentaine de kilomètres au sud de Bruxelles en direction de Namur. Le village de Court est implanté au confluent de l'Orne et la Thyle. L'entité s'étend aussi dans la vallée de la Dyle au sein de laquelle les Usines Henricot assurèrent le développement de la commune jusque dans les années quatre-vingts. Les plateaux agricoles s'étendent à l'est vers Gembloux et Namur.

Après avoir traversé la commune du sud vers le nord, la Dyle s'écoule vers Ottignies qui constitue un nœud ferroviaire par le croisement des lignes Bruxelles-Luxembourg et Louvain-Charleroi. Ces axes traversent également la commune de Court-Saint-Etienne mais seule la ligne Louvain-Charleroi y joue un rôle structurant puisqu'elle est ponctuée de nombreuses haltes et gares. Un réseau autoroutier dédouble pratiquement ces axes ferroviaires.

En aval d'Ottignies, sur la Dyle, la ville de Wavre est l'actuel chef-lieu de la province du Brabant wallon.

Enfin, on ne peut brièvement caractériser cette sous-région de la Wallonie sans évoquer le développement de la ville nouvelle de Louvain-la-Neuve (centre universitaire, de recherches et d'industries, sportif, culturel et bientôt commercial) sur le plateau qui s'étend entre Court-Saint-Etienne, Ottignies et Wavre.

Les trois cartes ci-dessous permettent de situer la commune à la fois au sein de la Belgique et en fonction des axes de transports et des pôles voisins.

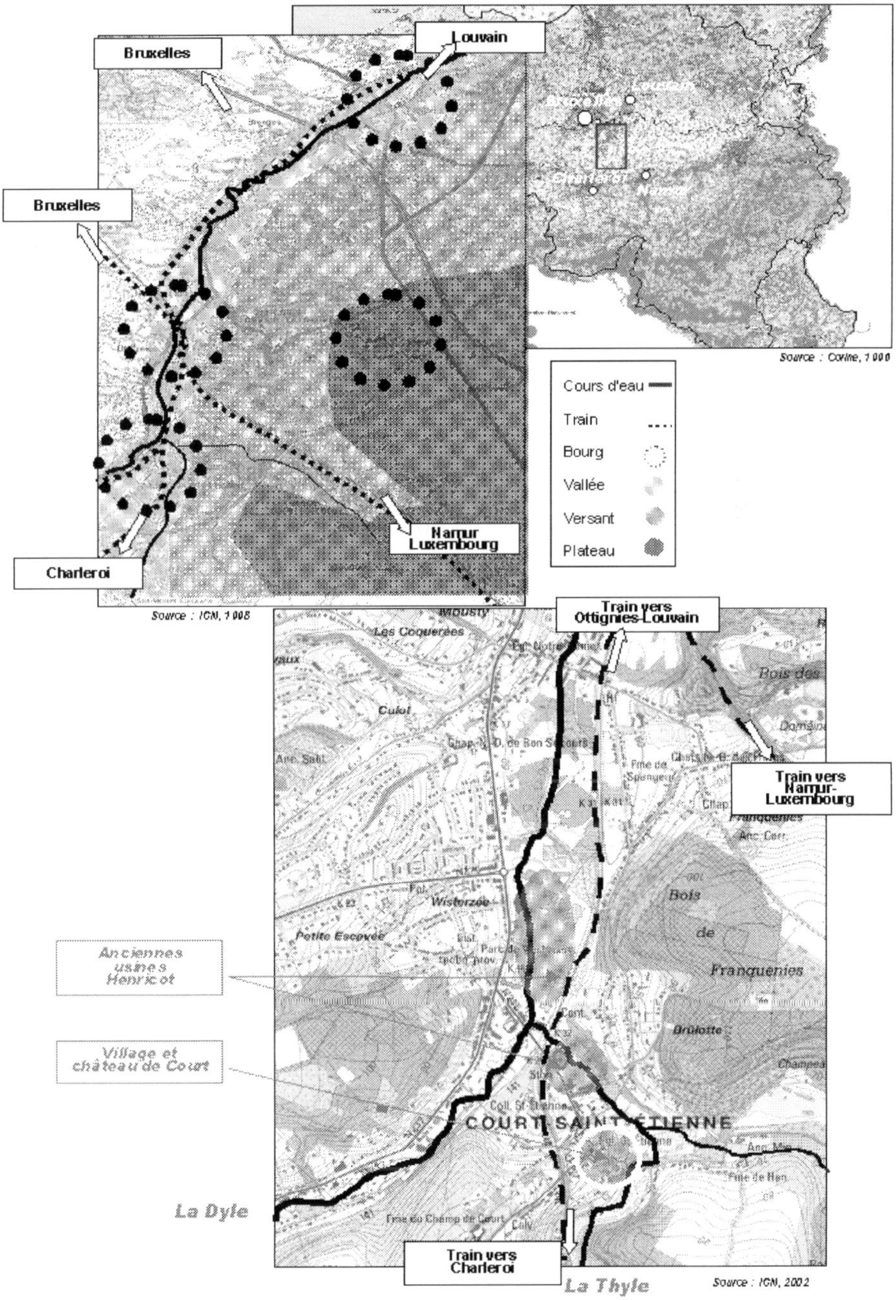
Bruxelles
Louvain
Bruxelles
Charleroi
Namur
Luxembourg
Source : Corine
Source : ICN
Cours d'eau
Train
Bourg
Vallée
Versant
Plateau
Train vers
Ottignies-Louvain
Train vers
Namur-
Luxembourg
Anciennes
usines
Henricot
Village et
château de Court
COURT SAINT-ETIENNE
La Dyle
Train vers
Charleroi
La Thyle
Source : ICN, 2002

A la fin de la première guerre mondiale, Court-Saint-Etienne comptait quelque 4.000 habitants pour atteindre aujourd'hui plus de 8.000 résidents. Cette population avait déjà presque doublé au cours du 19ème siècle, puisque à la Révolution française on dénombrait quelque 1.300 habitants.

L'évolution chiffrée de la population de Court-Saint-Etienne
(registre national et recensement ministère des affaires économiques)

	1770	1820	1920	1945	1960	1970	1980	1990	2000
Nombre d'habitants	1.100	1.900	4.250	4.700	5.400	5.500	7.000	7.700	8.500
Taux par rapport à 2000	12,9	22,4	50,0	55,3	63,5	64,7	82,4	90,6	100,0
Augmentation sur la période		800	2.350	450	700	100	1.500	700	800
Augmentation en pourcentage		9,4	27,6	5,3	8,2	1,2	17,6	8,2	9,4
Augmentation par an		8	23	23	47	10	150	70	80
Nombre de logements			900	1.420	1.900	2.150	2.570	2.820	3.395
Taux par rapport à 2000			26,5	41,8	56,0	63,3	75,7	83,1	100,0
Augmentation sur la période				520	480	250	420	250	575
Augmentation en pourcentage				15,3	14,1	7,4	12,4	7,4	16,9
Augmentation par an				26	33	24	42	24	57,5
Nbr d'habitants par logement			4,8	3,3	2,8	2,6	2,7	2,7	2,5

Outre les vallées de l'Orne, de la Thyle et de la Dyle qui découpent et concentrent le village et les principaux noyaux bâtis de la commune, Court-Saint-Etienne est largement composé de plateaux agricoles et de versants boisés.

La thèse vise à montrer l'évolution de ces quatre grands types de structures spatiales en fonction des quatre processus territoriaux. Les vallées ont été, dès le processus agraire, marquées par l'implantation de plusieurs moulins à eau tandis que les plateaux étaient largement agricoles et que les versants furent longtemps boisés. Ces espaces sont aujourd'hui pris dans le processus de métropolisation avec des espaces périurbains et de centralités secondaires dans l'aire métropolitaine de Bruxelles. La fermeture des anciennes usines Henricot, dont nous retraçons ci-après l'évolution, place désormais le bourg dans une situation de restructuration.

La commune de Court-Saint-Etienne nous permet donc de « mettre en situation » les quatre processus mais aussi de montrer l'intérêt de poser un regard sur le long terme pour répondre aux questions et aux choix d'urbanisation actuels. En d'autres termes, cet exemple démontre en quoi l'approche par processus permet d'orienter la réflexion sur l'urbanisme local et plus globalement sur l'avenir du développement de l'entité. Enfin le cas de Court-Saint-Etienne permet d'établir nombres d'analogies avec des mutations et des recompositions au sein d'autres entités en Belgique comme à l'étranger. A ce titre, Court-Saint-Etienne doit être davantage compris dans notre approche comme une illustration et une mise en perspective de la singularité du local au sein de tendances globales comme nous l'avons déjà souligné.

Chapitre 2

PROCESSUS AGRAIRE

2.1. Introduction

Ce premier processus sera étudié en fonction de deux phases de développement. La première phase nous permet de poser le contexte général du processus agraire. Nous abordons donc la période antérieure à 1770 qui est principalement marquée par l'Ancien régime. La seconde phase de développement couvre la période entre 1770 et 1830 soit la transition vers le processus d'industrialisation. Cette seconde phase se caractérise essentiellement par le renforcement des dynamiques centralisatrices et les révolutions nationales.

2.2. Les origines du processus agraire avant 1770

2.2.1. Les facteurs de mutations comme clé structurante

2.2.1.1. Les mutations du facteur socio-démographique

A - Augmentation de l'espérance de vie

L'analyse du facteur socio-démographique met en évidence une augmentation de la population par l'augmentation du nombre de naissances et une diminution de la mortalité lors des naissances grâce au rôle des sages-femmes. Le rapport au temps des individus au sens de la durée de vie demeure donc encore largement déterminé par des facteurs naturels qui limitent l'espérance de vie à 40 ans en raison des épidémies, des sécheresses et autres aléas affectant les récoltes.

B - Trois familles : paysans, aristocrates, commerçants

Selon J.L. Flandrin, la société était structurée autour de trois types de familles lors du processus agraire : la famille paysanne, la famille aristocratique et les familles commerçantes ou d'artisans. Comme on le verra, chacun de ces familles possèdent des références culturelles plus ou moins spécifiques.

a) La famille paysanne

La famille paysanne évoluait timidement vers davantage d'indépendance et une temporalité plus longue. C'est ainsi notamment qu'elle tendait progressivement vers une structure nucléaire même si elle demeurait liées aux principes fixés par l'Eglise, notamment au travers des règles du mariage. Dans les familles paysannes, on se mariait vers la trentaine alors que l'espérance de vie n'était que de quarante ans. Ce mariage tardif était une forme de régulation des naissances tout en permettant une solidarité entre les enfants et les parents vieillissants.

Mais la structure des familles paysannes résultait aussi du contexte économique qui, comme l'indique H. Hasquin, reposait sur la quasi-autarcie. Les familles paysannes demeuraient proches du servage c'est-à-dire qu'elles étaient ancrées de manière héréditaire aux terres. Leurs déplacements étaient donc limités et leurs ressources résultaient de l'auto-production des biens alimentaires (pâturage, petits élevages, petites cultures). Toutefois, progressivement, leurs membres exerçaient diverses tâches rémunérées comme le travail dans les champs au sein des grands domaines agricoles, le petit artisanat (tonnelier, cloutier, charbonnier...), l'assemblage de petites pièces à domicile pour des patrons ambulants voire le travail temporaire en ateliers. Malgré ces tâches complémentaires, les ressources de la famille paysanne étaient largement issues de son accès à la terre.

Pour maintenir son accès ou sa dépendance à la terre, principalement propriété de l'aristocratie, la famille paysanne se devait de respecter les règles religieuses, celles imposées par l'aristocratie locale et par la collectivité.
Comme l'indique J.C. Bologne, la religion régulait la vie temporelle et spirituelle. Si les règles n'étaient pas respectées, les personnes étaient mises au ban voire excommuniées. Les règles fixées par l'aristocratie locale concernaient strictement l'accès au foncier sous la forme d'un servage en mutation comme nous l'avons vu. Les règles de l'aristocratie locale étaient donc complémentaires à celles fixées par l'Eglise.
Les règles fixées par la communauté concernaient le respect de la vie d'autrui au travers de l'application de la justice. Comme l'indique X. Mabille, ces règles relevaient de coutumes locales qui différaient assez largement selon les communes. Mais à côté de ces singularités presque chaque commune organisait la solidarité entre ses membres sur la base de la valorisation des terres communes cédées à la collectivité par le seigneur et dont les produits étaient conservés pour lutter contre les famines.

b) La famille aristocratique

La famille aristocratique avait un tout autre régime de vie que la famille paysanne. Même si son espérance de vie n'était pas significativement plus élevée, sa temporalité était davantage marquée par l'éternité. Ainsi le mariage pouvait avoir un sens bien différent de celui rencontré dans la famille paysanne. L'aristocratie ayant par essence accès à la terre qui lui était cédée par droits et héritages divins, le mariage avait pour fonction de maintenir le patrimoine et d'éviter sa division et sa dispersion. Il était donc un accord stratégique entre familles pour constituer des alliances et pour réduire les effets de répartition entre successeurs. L'héritage était d'ailleurs souvent régulé d'après le droit d'aînesse et le mariage des enfants était décidé par les parents en l'absence de tout consentement voire parfois entériné alors que les mariés étaient très jeunes ou qu'il existait des écarts d'âge importants entre époux. Le mariage ne régulait donc pas les relations sexuelles ; les adultes pouvaient avoir des relations multiples mais les enfants issus de ces relations hors mariage étaient relégués à des fonctions subalternes sans pour autant être exclus.

c) La famille commerçante

Les familles commerçantes et des artisans vivaient en partielle indépendance par rapport aux règles de l'Eglise et de l'aristocratie. Le régime des cités accordé dès le Moyen-âge leur autorisait des associations et des corporations qui constituaient davantage les règles de vie collective.

La famille commerçante n'avait pas la nécessité d'avoir accès à la terre ; elle négociait par contre des droits de commerce avec les gildes, des droits d'entrée dans les cités et des droits de circulation avec l'aristocratie.

Toutefois certaines corporations ou métiers étaient exclus des droits des cités. Cette exclusion reposait tantôt sur des accords entre les principales associations des métiers ou tantôt sur des références plus religieuses ou coutumières. C'est ainsi que les bouchers étaient généralement mis aux bans des communautés commerçantes en raison du maniement de la viande et du sang jugé impur.

2.2.1.2. Les facteurs technico-économiques : du servage au fermage et de la manufacture à la fabrique

A - Les innovations dans l'agriculture

Comme le rappelle B. Mérenne, les innovations en matière de productions agricoles comme le labour, l'assolement triennal, la sélection des graines, l'introduction du fumier et l'usage des engrais... permettaient d'augmenter les rendements, d'exploiter des superficies plus importantes et d'assurer ainsi l'approvisionnement d'une population en augmentation. Cette révolution affectait essentiellement les grands domaines agricoles.

M. Beaud souligne les liens qui existaient entre les campagnes, les domaines agricoles et l'approvisionnement des manufactures ou des cités. Outre la main d'œuvre paysanne, plusieurs produits comme les fibres étaient issus des campagnes et étaient destinés aux manufactures qui étaient organisées pour la production de biens généralement destinés au marché international (porcelaine, verrerie, corderie, sel, armes, toile...).
Plus classiquement, ces produits bruts ou transformés dans de petits ateliers étaient aussi destinés à alimenter les commerces des cités. Des petits ateliers se développent en effet dans les campagnes car ils y bénéficient de facilités et de liberté de développement comme la présence de main-d'œuvre et de ressources naturelles. Dans les cités, ils sont, au contraire, soumis au contrôle des corporations qui organisent les marchés, les règles d'embauche et les conditions.

Les domaines agricoles correspondaient principalement aux terres détenues par des abbayes ou celles des seigneurs concédées par métayage. Ces terres étaient généralement situées sur des terrains défrichés depuis le Moyen-âge soit sur les plateaux à proximité des anciennes routes et villas romaines soit dans les grandes vallées au-delà des villages. Les fermes d'abbaye étaient gérées par des frères convers et les fermes des seigneurs pouvaient déjà être exploitées sous formes de fermage en faire-valoir indirect, précise L-F. Génicot. Les bâtiments et les terres étaient confiées à des censiers qui se transmettaient la ferme de génération en génération. Sous le processus agraire, pratiquement toutes les « censes » ont été modernisées par leur propriétaire. Les bâtiments ont été agrandis avec l'apparition des granges en pierre et le chaume qui recouvrait les toits fut abandonné au profit de tuiles ou d'ardoises. Les matériaux durables limitaient ainsi les risques d'incendie ce qui explique que de nombreux bâtiments demeurent encore en l'état de nos jours. Mais l'intérêt de cette structure agraire réside aussi sur le plan foncier car la distinction entre propriétaire et censier permettait d'éviter le morcellement des exploitations agricoles tout en facilitant leur modernisation.

B - Les moyens de transports

Lors du processus agraire, les moyens de transports ne sont pas encore perçus comme un moyen de sortir de son milieu d'origine. Au contraire, ils servent surtout à des fins commerciales ou militaires.

La Wallonie a hérité d'un vaste réseau de routes romaines qui structuraient l'Empire. Selon J. Mertens, ces chaussées étaient principalement tracées sur les plateaux afin de relier facilement les cités de l'empire.

Jusqu'à la fin du Moyen-âge, la gestion des routes fut très largement délaissée et le réseau fut progressivement démantelé. En effet, le Moyen-âge est avant tout une période de repli sur les vallées et les seigneuries. Les réseaux de transports seront dès lors davantage liés aux vallées (cours d'eau et sentiers sinueux).

Les nombreuses rivières et la forte densité de seigneuries impliquent que la structure urbaine wallonne était composée principalement de petites villes et villes moyennes. Ces cités s'étaient en effet généralement développées en fonction du tracé d'une route romaine à proximité d'un cours d'eau, voire de la nécessité de son franchissement : Liège, Dinant, Namur, Huy...

Avec l'affirmation du commerce mais aussi la structuration de grands royaumes et empires, la mobilité va faire l'objet de nouvelles préoccupations. Comme l'indique M. Ragon, les commerçants ont progressivement développé des voiries privées pour assurer l'essor de leurs activités. Par la suite une politique de centralisation va conduire à une restructuration et un redéveloppement des réseaux de transports. Néanmoins les modes de transports restent rudimentaires car les chemins principaux et secondaires étaient parcourus à cheval mais surtout à pied. Seuls les attelages de toutes sortes permettaient de transporter quelques marchandises : chariot tracté par des chevaux ou des bovins, mais aussi par des chiens ou plus simplement par les hommes, femmes et enfants.

A l'exception des grands chemins qui étaient en partie pavés car inscrits dans un réseau relevant des royaumes ou des empires, l'essentiel des chemins et sentiers était constitué de terre battue. La largeur et l'entretien en étaient déjà largement réglementés par les autorités centrales. Les riverains et les villageois avaient pour obligation d'assurer l'entretien des sentiers tandis que le seigneur devait organiser, à travers l'imposition de corvées, l'entretien de la grande voirie. La largeur des chemins et sentiers était fonction des points et des lieux qu'ils reliaient ou de leur usage. Ainsi le sentier de l'église devait avoir 6 pieds mais celui pour mener une fille à la noce devait en avoir 7. De même, un chemin pour passer avec une charrette devait avoir 12 pieds, par contre celui des armées devait en avoir 44.

Les cours d'eau avaient cependant gardé leur fonction structurante car ils assuraient encore très largement le transport de marchandises. Cette vocation du cours d'eau était même extrêmement développée vu les difficultés de transport sur des chemins et sentiers souvent tortueux et peu adaptés au passage de lourds charrois. Progressivement une politique de canalisation des rivières et de tracés de chenaux fut entreprise à l'instigation des commerçants puis des autorités centrales.

Les cités commerçantes et les campagnes étaient ainsi mises en communication via le réseau des cours d'eau autant que par le réseau des chemins et sentiers. Toutefois, comme pour la production de houille blanche (voir ci-dessous), la navigation était largement tributaire du débit.

C - Les ressources en énergie : houille blanche et charbon de bois

L'énergie était principalement issue de processus naturels comme la force hydraulique ou le bois, brut ou plus généralement transformé en charbon de bois. Le vent était également largement utilisé pour actionner les moulins et pour la navigation sur les principaux cours d'eau. Toutefois, cette énergie est déjà en recul face à l'essor du charbon de bois et de la houille blanche. Les moulins à vent sur les plateaux et dans les plaines étaient donc progressivement concurrencés.

Les cours d'eau et la forêt constituaient les deux ressources stratégiques mais elles devaient être exploitées en tenant compte des autres opportunités qu'offraient ces milieux (voir ci-dessus). Une gestion dans le temps et dans l'espace des cours d'eau et des forêts dut être progressivement instaurée.

a) La houille blanche

Le cours d'eau remplissait un rôle structurant non seulement par son rôle de transport. En effet l'aménagement de chutes pour accroître la force du courant permettait d'actionner des engrenages dans les moulins pour battre le fer et les fibres, moudre le grain... Malgré l'aménagement de biefs et de diverses retenues d'eau, la houille blanche demeure tributaire des aléas des sécheresses qui réduisent le débit de la rivière.

Le cours d'eau remplissait aussi d'autres fonctions comme nettoyer, rincer, purifier, refroidir... notamment dans le cas des tanneries, papeteries, fonderies... Enfin, il permettait d'abreuver le bétail, d'irriguer les cultures, de pêcher et d'évacuer les déchets.

L'organisation de la multifonctionnalité du cours d'eau devait s'avérer relativement complexe. Rapidement une gestion territoriale fut instaurée et centralisée pour assurer l'approvisionnement en eau propre pour le nettoyage ou pour l'alimentation du bétail tout en permettant la navigation ou l'aménagement des moulins. L'organisation du territoire visait à autoriser l'implantation de certaines activités le long des cours d'eau. Ainsi en aval des cités, les tanneries s'installèrent pour pouvoir bénéficier des éventuels rejets d'urines dans les cours d'eau. Les papeteries étaient implantées quant à elles plus en aval encore afin de profiter des rejets des tanneries pour la décomposition du bois.

b) Le charbon de bois

L'autre énergie indispensable était la production de chaleur. En Wallonie, rappelle H. Hasquin, la chaleur était presque exclusivement produite à partir du bois transformé en charbon de bois. La présence de nombreuses superficies boisées permettait, dès lors, la production de charbon de bois en de nombreux lieux soit à proximité des moulins, soit encore à proximité des gisements notamment de minerais de fer ou de calcaire pour la production de chaux.

Soulignons enfin qu'à l'image des cours d'eau, les bois remplissaient plusieurs rôles. Outre la production de chaleur via le charbon de bois pour les ateliers ou via le bois de chauffage, les arbres étaient utilisés dans la construction et l'artisanat (balais, panier, tonneau, chariot, roue...). Les forêts étaient également un lieu de pâturage et de glanage en plus d'un lieu de chasse. Les campagnes et les forêts formaient donc un espace économique complexe qui, comme les cités, nécessitait une organisation et une gestion territoriale précises.

Comme le souligne J.P. Van Reybroeck, cette organisation devait non seulement veiller à assurer les différents usages de la forêt mais aussi à gérer l'exploitation forestière dans le temps et à équilibrer la progression des terres agricoles par défrichements. Dès le Haut Moyen-âge, les défrichements furent d'ailleurs limités et l'agriculture ne se développa par la suite que sur les landes de bruyère ou les terres en friche laissées par les défrichements réalisés pour la fabrication de charbon de bois. Mais l'exploitation pour le charbon de bois fut elle aussi réglementée dans nos régions puisqu'en 1617, les Archiducs Albert et Isabelle prenaient déjà les premières mesures pour favoriser la replantation des forêts et limiter le nombre de forges. Malgré ces mesures, la superficie boisée n'a cessé de se réduire et la production de charbon de bois de s'éloigner de plus en plus des lieux de son utilisation, ce qui a nécessité progressivement l'établissement d'un réseau de chemins et sentiers pour sa commercialisation.

2.2.1.3. Le système socio-culturel

Comme nous l'avons brièvement évoqué lors de l'analyse du facteur socio-démographique, les références culturelles lors du processus agraire étaient fondées sur plusieurs dimensions partiellement indépendantes. Même si les premières remises en question se font jour par le développement des sciences, le sacré, le mystérieux et le divin intervenaient encore largement à travers la religion et l'aristocratie. De même la coutume et la tradition marquaient le contexte local.
Les rapports au temps et à l'espace étaient donc fondés sur des références multiples et elles renvoyaient à des territorialités spécifiques. Des valeurs, des règlements, des types de solidarité et des modes de prélèvements traduisaient pratiquement trois types de référents.

La première référence était celle imposée par l'Eglise. Dans nos régions l'Eglise était principalement catholique et elle organisait l'encadrement de la vie quotidienne mais aussi des autres moments de l'existence, jusque dans l'au-delà. Le temps au quotidien était rythmé par l'angélus, et l'année renvoyait au calendrier grégorien articulant les fêtes religieuses et les saints. En effet, l'Eglise va ponctuer l'existence de grandes étapes articulant ainsi l'individuel

et le collectif. C'est notamment le rôle du baptême qui devait être effectué le plus tôt possible par la marraine après la naissance, la mère ne pouvant se rendre à l'église avant les relevailles. La quasi-synchronisation entre la naissance et le baptême permettait un enregistrement assez fiable dans les registres paroissiaux. Cet état civil avant la lettre reprenait également les communions, les actes de mariage et de décès, autres grandes étapes de la vie.
L'Eglise prélevait la dîme pour assurer le financement de sa hiérarchie, l'entretien de ses biens et la solidarité via la charité et l'enseignement. La charité était organisée au travers de la « Table des pauvres » qui accordait l'aide alimentaire aux paroissiens sous la responsabilité du curé et de celle du mambour qui était élu parmi les paroissiens.

La seconde référence est liée aux associations civiles et commerçantes. Ces communautés avaient leurs règles de vie et de commerce. Les unités de mesure, les actes notariés et plus généralement les coutumes étaient propres à chaque localité. Les règles concernaient tant l'accès à la profession que la tranquillité publique. Cette structure limitait donc les possibilités d'échanges commerciaux tout en assurant un certain protectionnisme et la solidarité entre les membres de la communauté. Elle disposait de ces propres taxes.

La troisième référence est liée à la gestion foncière et donc à l'aristocratie. Comme on l'a vu, les familles paysannes appartenaient aux seigneurs qui devaient en assurer la protection et le développement. Dans ce but, les seigneurs prélevaient l'impôt foncier sur leurs populations mais sur leurs domaines certaines terres ou activités économiques et de commerce pouvaient être dispensées de taxes sur la production et la vente. Cette opportunité associée à la proximité de certaines ressources permettaient donc l'essor d'activités en dehors des cités car les petits entrepreneurs bénéficiaient dans les campagnes d'une autre liberté d'entreprendre.
Enfin, comme on le verra, cette référence foncière renvoyait aussi à la territorialité des empires et des royaumes qui se structuraient eu plusieurs niveaux de territoire.

2.2.2. Le contexte général de Court-Saint-Etienne lors du processus agraire

Notre analyse nous conduit à présent à détailler notre approche locale sous l'angle spatial. Toutefois pour clarifier l'étendue décrite nous nous référons au territoire de la commune actuelle de Court-Saint-Etienne. Il faut en effet remarquer que lors du processus agraire le territoire communal couvrait une étendue beaucoup plus vaste qu'actuellement. Nous reviendrons ci-après sur cette territorialité. Abordons donc maintenant les espaces constitutifs de l'espace de l'entité.

Selon P. Pilloy ou encore J. Tarlier et A. Waters, au cours du processus agraire, Court-Saint-Etienne comptait une centaine de ménages regroupés dans le village, les hameaux et dispersés dans la vallée. La carte du Comte de Ferraris de 1770 ci-après permet de situer le contexte de l'époque.

A - Le village

Le village au sens de l'entité spatiale et non territoriale est construit sur un promontoire au confluent de deux petites rivières : la Thyle et l'Orne. Ce promontoire lui permettait d'être situé en dehors de la vallée assez humide. Par le passé, cette situation était en outre assez favorable pour assurer la protection des lieux. Le village comporte une rue pavée bordée de quelques maisons, l'église élevée depuis le Moyen-âge et la maison communale. Les origines de l'église remonteraient vers 1550. L'édifice actuel serait du 17ème siècle et est entouré du cimetière paroissial. La rue donne également accès au château du seigneur. Les premières traces du château remontent au 16ème siècle, mais le bâtiment qui demeure fut construit en 1783. On le dit d'architecture médiocre mais logeable.

Le seigneur de Court avait cédé en 1787 une maison voisine de l'église pour fonder une école destinée aux pauvres qui ne pouvaient bénéficier d'un précepteur. Cette école était confiée au curé qui devait y enseigner la lecture, l'écriture et les bases de calcul mais aussi le catéchisme. Cette école qui n'en possédait pas encore le titre, démontre que la commune de Court-Saint-Etienne eut très tôt des équipements scolaires. Cet héritage ne cessera d'être augmenté au cours des processus ultérieurs.

B - Dans la vallée

Près de la Thyle, en contre-bas du village, dans la vallée, une franche taverne et un moulin sont implantés le long d'un chemin joignant le hameau du Werchai. Ce hameau est situé sur l'autre rive, face au village. Contrairement au village, il est peu protégé des terrains humides qui bordent la rivière.

En effet, sur une distance d'à peine quelques centaines de mètres, la Thyle déjà alimentée par l'Orne se jette dans la Dyle. Ces trois cours d'eau et le relief peu marqué impliquent que cette zone voisine est généralement humide et dès lors utilisée pour le pâturage ou simplement boisée. Plusieurs étendues sont plus marécageuses en raison du relief peu marqué à cet endroit. Les inondations sont fréquentes.

Dès que le relief le permettait, des moulins étaient aménagés. A Court-Saint-Etienne, une dizaine de moulins étaient en activité dès le milieu du 18ème siècle. Ils étaient principalement propriété de l'abbaye de Villers-la-Ville ou des seigneuries de la commune. L'un ou l'autre était concédé par les seigneurs. Mais celui de la Franche taverne demeurait propriété du seigneur et l'ensemble des habitants de la seigneurie devaient s'y rendre pour moudre leur blé et faire cuire leur pain moyennant redevance. Ils devaient également faire l'ensemble de leurs achats à cet endroit. A défaut, le seigneur privait les habitants récalcitrants de leur droit d'accès aux terres, ils en étaient donc chassés. D'autres moulins étaient utilisés comme forges, d'autres encore comme brasseries, papeteries, moulins à farine, tanneries…

C - Sur les versants

Outre la force hydraulique, le village pouvait compter sur la production de charbon de bois. Les bois implantés sur les versants et les terrasses en direction du plateau étaient exploités pour sa production.

D - Sur les plateaux

Les plateaux étaient largement devenus agricoles suite aux défrichements opérés depuis le 13ème siècle. La dénomination de certains lieux et hameaux rappelle la progression des terres agricoles. Ainsi en est-il pour le hameau de Sart mais aussi du domaine du Chenoy qui révèle le défrichement d'une forêt de chênes. Sur le plateau, plusieurs grandes fermes s'étendaient parfois sur plusieurs centaines d'hectares.

E - Les axes de communications

a) *La Dyle*

Le produit des moulins et la production de charbon de bois bénéficiaient des réseaux de navigation sur les cours d'eau. Les commerçants de Louvain avaient en effet obtenu la concession d'aménagement de la Dyle jusqu'à proximité du village. Louvain disposait d'un port maritime grâce à son accès à la mer via la Dyle et l'Escaut, la ville était donc une cité importante commerciale en dehors de l'activité religieuse et universitaire. L'intention des Louvanistes était de joindre le bassin de l'Escaut à celui de la Meuse en rectifiant le cours de la Dyle et de la Thyle puis en creusant un canal vers l'Orneau. Les méandres de la Dyle furent redressés, à certains endroits le cours d'eau fut approfondi et tout au long de son tracé, un chemin de halage fut aménagé pour permettre la traction de barges pouvant transporter plus de 200 kilos. Le commerce depuis Louvain avait nécessité l'aménagement d'un petit port au pied du promontoire sur lequel se dressait le village. Ce port permettait le transbordement vers les chariots qui empruntaient ensuite le chemin vers Villers-la-Ville et Fleurus.

b) *Les chemins et sentiers*

Les moulins tiraient aussi parti d'un grand chemin qui traversait la commune pour relier les deux couvents de Nivelles et Jodoigne. Ce grand chemin suivait la vallée de la Dyle sur la rive gauche avant de franchir le cours d'eau à hauteur de Noirhat (Noirhat fut investi par des religieuses au Moyen-âge pour y installer un relais pour les pèlerins ; le couvent-hôtel comptait également un moulin à eau et une ferme) puis de prendre le flanc du plateau et de le rejoindre pour traverser les campagnes. Un chemin secondaire partait de ce grand chemin afin de rejoindre Wavre. Son tracé s'étendait jusqu'au pont de pierre implanté plus en aval sur la Dyle. Après le franchissement de la rivière, le chemin se dirigeait vers le village de Court et suivait ensuite le flanc de la colline en rive droite jusque Wavre. Un autre chemin secondaire permettait de joindre le village de Court-Saint-Etienne à l'abbaye de Villers-la-Ville puis Fleurus. Les charbonniers qui approvisionnaient les verreries de Fleurus se rassemblaient à proximité du village dans une taverne, ils empruntaient le chemin vers Fleurus puis ramenaient des clous, des bouteilles et autres produits de la région de Charleroi pour en faire le commerce.

Les chemins et sentiers permettaient donc de tisser des territorialités différentes. Les grands chemins servaient d'abord pour des niveaux territoriaux supérieurs comme les échanges entre les abbayes ou même des échanges militaires voire guerriers entre armées des ducs, comtes et autres rois. Mais ils pouvaient aussi servir pour définir en partie les limites des communes (voir ci-dessous).

A l'inverse, les sentiers étaient davantage utilisés pour des territorialités de niveaux inférieurs comme les charbonniers qui non seulement voyageaient à pied mais aussi se limitaient à un territoire composé de trois lieux : la forêt, la taverne, lieu de rassemblement, et enfin Fleurus le lieu de l'échange. Chaque lieu possède son degré de maîtrise. Ainsi la forêt est maîtrisée en raison du droit d'accès accordé par le seigneur (les charbonniers ne sont pas propriétaires mais exploitants). La taverne est lieu de maîtrise collective sous l'autorité de son tenancier. Enfin l'échange est un lieu régi par les règles propres. Nous ignorons si l'échange s'opère sur un marché ou un approvisionnement aux usines. La seconde solution semble la plus vraisemblable. Dans ce cas, la négociation s'effectue selon des règles davantage édictées par les verriers. L'ouverture d'un marché sur une place permet au contraire de rassembler des producteurs et des consommateurs et donc de les mettre en concurrence.

F - La cartographie

La carte du Comte de Ferraris dressée vers 1770 permet d'identifier clairement les différents types d'occupation du sol et la répartition des noyaux bâtis.

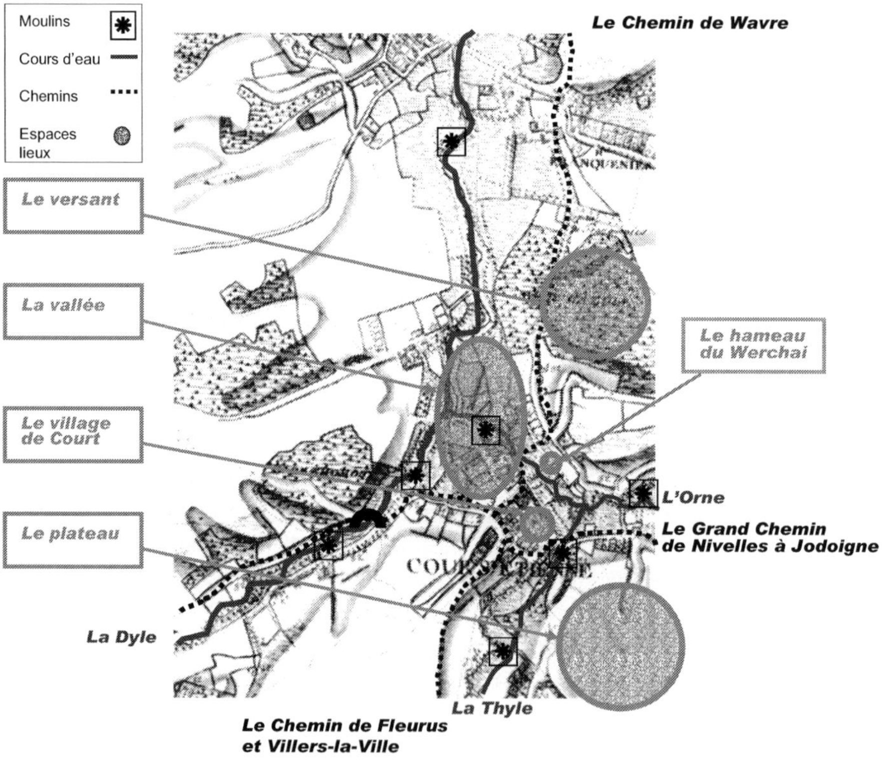

2.2.3. Les recompositions territoriales

Cette troisième partie de l'étude de la première phase du processus agraire traite de l'organisation du territoire. Les facteurs-clés de structuration détaillés ci-avant nous ont déjà permis de montrer que les références étaient de trois ordres : religieux, économiques ou civil et militaire ou foncier. L'ensemble des éléments est repris ici afin de tenter de préciser la (re)composition territoriale ou plus exactement les relations entre territorialités. En effet l'une des principales caractéristiques du processus agraire est précisément de ne pas être fondateur d'une territorialité unique, centralisée et absolue mais au contraire de diverses territorialités plus ou moins imbriquées. Chaque territorialité possède différents niveaux de territoire et en outre une logique différente prévaut entre le local et le global.

2.2.3.1. La structure foncière et la propriété

Lors du processus agraire, la parcelle, en tant que structure foncière, n'existait pas. Comme nous l'avons déjà évoqué, toutes les terres sont la propriété de l'aristocratie sur la base de l'héritage de droit divin. Ces propriétaires fonciers ont reçu de Dieu la gestion de la terre et l'ont cédée en héritage à leurs descendants et leurs suzerains, ces derniers ayant progressivement acquis également la possibilité de céder leur patrimoine en héritage.

La structure foncière c'est-à-dire les terrains, est déterminée sur la base de caractéristiques physiques, morphologiques ou d'occupation du sol. Les cours d'eau, les forêts, les haies, le relief comme les lignes de crêtes permettent de baliser la structure foncière. En outre, certains éléments posés par l'homme permettent de compléter ces repères, comme les chaussées romaines ou les chemins et sentiers, mais aussi les chapelles, les calvaires... qui signifiaient des évènements autant individuels que collectifs (accidents, maladies, décès...) et qui permettaient également de poser des jalons à travers l'espace pour baliser la propriété de l'aristocratie. Les unités de mesure restaient relativement élémentaires puisqu'elles se référaient aux pouces, pieds, pas, verges et autres arpents.

Comme mentionné ci-avant, dans la seigneurie, il existe une distinction entre les terres selon qu'elles sont attribuées à une famille ou au contraire à la communauté villageoise. Par ailleurs, les domaines des abbayes se sont constitués par donation des seigneurs et sont ainsi dispensés de l'impôt foncier seigneurial.

Mais cette territorialité est largement emboîtée dans d'autres références territoriales. Ainsi la seigneurie s'accommodait sur le plan local avec le bas clergé ou encore avec les villageois et leur organisation civile. Dans le même temps la seigneurie s'inscrivait dans des allégeances vis-à-vis des niveaux territoriaux supérieurs comme les duchés et les royaumes ou les empires.

2.2.3.2. Les territoires à l'échelle du voisinage

A - La communauté villageoise et les quartiers

Le voisinage est essentiellement défini comme l'espace maîtrisé par les habitudes de la vie quotidienne. Le voisinage est souvent celui des familles proches et connues, ce qui se traduit par des connaissances interpersonnelles mises en évidence par les sociologues au travers de la communauté.

Dans les campagnes, le village constitue le territoire de la vie quotidienne pour la paysannerie qui est liée héréditairement au sol des seigneuries. Par contre dans les cités commerciales sur lesquelles nous reviendrons ci-après, l'organisation territoriale était fragmentée en quartiers.

Les échevins représentaient chaque communauté villageoise ou quartier auprès des autorités. C'est la communauté qui sur la base des coutumes assurait au niveau du voisinage les solidarités et la justice. Dans les campagnes, les échevins géraient l'accès aux terres accordé par le seigneur et prélevaient la taxe sur les récoltes afin d'approvisionner le grenier à grain. Elles rendaient la justice selon les coutumes locales et veillaient à l'application des peines. Dans les cités les références étaient fondées sur les corporations. Elles déterminaient l'accès à la profession, les règles d'hygiène et l'organisation des services et de l'urbanisme. Ils prélevaient aussi les taxes sur les marchés pour financiers la gestion des cités.

Les villages et les quartiers constituent le niveau territoire le plus bas dans la territorialité civile.

B - La seigneurie

La seigneurie était le territoire foncier rassemblant l'ensemble des terres du seigneur. Ces terres pouvaient s'étendre sur plusieurs forêts et campagnes mais la seigneurie ne correspondait pas systématiquement à un village. Comme on l'a dit, la seigneurie constitue le niveau le plus petit au sein de la territorialité foncière qui renvoie au niveau supérieur des empires et royaumes.

Le seigneur prélevait l'impôt foncier pour alimenter les armées personnelles ou des autorités aristocratiques supérieures. A ce titre il garantissait la sécurité militaire à ses populations. Progressivement cette sécurité se démilitarisera et elle sera renvoyée au niveau supérieur avec les armées royales. La protection deviendra symbolique et le soutien dans le développement deviendra économique, ce qui expliquera la multiplication des terres franches.

C - La paroisse, gestionnaire temporelle et spirituelle

Au sein de la structure de l'Eglise, la paroisse est le territoire de la gestion du temps et de la spiritualité notamment au travers des règles morales. Le territoire paroissial était indépendant des ceux des seigneuries ou des communes. Les paysans doivent donc se référer à trois territorialités : le village avec les échevins, la seigneurie et la paroisse.

C'est au niveau de la paroisse que l'Eglise rythme les différentes étapes de la vie (naissance, mariage... et mort), la vie quotidienne et les semaines. Les paroissiens contribuent au financement des églises et à leur entretien. Grâce à leurs dons, les églises paroissiales peuvent

être dotées de cloches qui serviront à rythmer les journées, les semaines et l'année. Concrètement, la paroisse correspond pratiquement à une administration des personnes puisqu'elle tient le registre des individus, qu'elle organise aussi l'enseignement et la formation à travers l'école mais plus prosaïquement lors du catéchisme et des offices. Elle est enfin le garant des cimetières et des enterrements.
Enfin la paroisse est aussi le territoire de l'excommunication pour les membres de la communauté paroissiale qui ne respectent pas la morale. De même, la mendicité, la charité et les soins de santé étaient largement organisés au sein des paroisses.

2.2.3.3. Le territoire des communes, duchés et diocèses

L'ensemble de la structure territoriale du processus agraire se fonde donc sur trois territorialités : civile ou économique, aristocratique ou foncière et religieuse. La composition était donc assez complexe puisque ces trois territorialités possédaient leurs différents niveaux territoriaux : les allégeances vis-à-vis des autorités civiles, des comtés ou des duchés puis des royaumes mais aussi des doyennés et des évêchés. Cette complexité se marquait tant dans les villes que dans les campagnes. Toutefois certaines imbrications existaient et dès lors certaines cités ou campagnes étaient davantage maîtrisées par les commerçants et artisans alors que d'autres l'étaient par les princes ou les militaires ou encore l'Eglise. Nous développons donc ici la maîtrise de certaines cités par les commerçants, les militaires et les princes et enfin l'Eglise.

A - Le territoire civil ou économique : la commune

La commune reprend plusieurs villages au sein des campagnes ou quartiers au sein des cités gérés par les échevins. Elle appartient à la territorialité civile. Le bourgmestre rassemblait les échevins, mais son rôle principal était de gérer les finances au niveau de l'entité tout en étant son représentant auprès des autorités supérieures.

Dans certaines campagnes la commune s'étendait davantage à l'échelle sous-régionale et correspondait davantage aux cantons au sens moderne du terme.

Dans les villes les communes correspondaient davantage aux cités commerciales constituées de quartiers. La grand-place de la ville et l'hôtel de ville étaient les lieux collectifs au niveau de l'entité communale. Les cités commerçantes furent sans doute les premières à organiser leur espace interne en fonction des métiers et des corporations. Comme l'indique J. Castex, chaque corporation maîtrisait une partie de la ville et était inversement exclue des autres quartiers. Chaque métier disposait de son quartier ou de sa rue afin de faciliter les échanges et les économies d'agglomération, pour concentrer les nuisances et réduire les incompatibilités entre activités mais aussi pour permettre un meilleur contrôle des pratiques. Une forme de zonage fonctionnel et économique était donc d'application. Les activités qui ne pouvaient trouver place dans l'enceinte des cités se développaient dans les faubourgs au-delà de ses portes et de ses limites. Ces portes et ces limites pouvaient être de simples barrières ou bureaux de taxation mais plus généralement elles se superposaient aux fortifications héritées du Moyen-âge ou éventuellement renforcées sous l'effet de leur militarisation.

Les relations des cités commerciales avec les campagnes étaient basées sur des échanges régulés par des taxes. Pour assurer les échanges, les commerçants établissaient aussi des réseaux de chemins et sentiers à travers leur territoire en accord avec les seigneurs ou les duchés. Ils négociaient également les droits de navigation.
Ces cités commerciales entretenaient aussi d'autres relations que celles avec les campagnes proches. Les cités portuaires étaient ouvertes sur le monde de la marine marchande et des compagnies tandis que les cités commerçantes, à l'intérieur des terres, avaient un rôle territorial plus restreint de redistribution entre les cités portuaires et l'ensemble des campagnes proches.

B - Le territoire de l'aristocratie

Le territoire sous-régional de l'aristocratie rassemblait les seigneuries au sein des duchés. L'aristocratie a été à l'origine de deux types de cités pour organiser sont territoire : les cités militaires qui ont remplacé à la fin du processus agraire les châteaux forts et les cités princières qui se sont structurées comme expression de la noblesse.

a) *Les cités militaires*

A côté des cités commerciales, au sein des territoires aristocratiques d'autres cités avaient davantage un rôle militaire. Dans nombre de cas, il s'agissait de cités commerçantes progressivement militarisées lors de la constitution des empires et des royaumes, mais certaines furent également créées dans le seul but de défendre des territoires de l'aristocratie. La logique territoriale de ces cités n'est donc pas fondée sur l'échange de produits à l'échelle des continents ou des campagnes proches. Au contraire, elles jouent un rôle de jalons dans l'organisation du territoire supra-régional, ce qui, pour des cités aux origines commerçantes pouvait créer des incompatibilités de développement commercial. Tel est notamment le cas en Wallonie de Namur ou de Mons qui furent longtemps prises dans cette double logique contradictoire car placées au centre de vastes campagnes et sur des axes de commerce, mais aussi sur la frontière entre les Pays-Bas espagnols et le royaume de France. Par contre comme l'indique N. Fauchèrre, Mariembourg, Philippeville ou Charleroi avaient pour vocation unique d'établir une défense militaire. La structure de ces cités fut donc largement marquée par cette vocation, notamment dans le tracé des voiries, l'organisation de l'espace public, l'édification des remparts et la disposition des fonctions (caserne, grenier à grain, casemates...). La cité était en somme une forteresse.
Les cités commerçantes incendiées et détruites en raison de leur place stratégique sur le plan militaire furent militarisées et reconstruites selon des règles précises. L'usage de matériaux comme le chaume ou le bois fut interdit et la pierre ou la brique furent rendues obligatoires. En outre, ces cités furent de plus en plus étalées car l'évolution des techniques militaires et des canons imposait d'éloigner davantage les remparts pour tenir compte de la progression de la portée des canons. En conséquence, ces cités comportaient de vastes terrains non bâtis occupés par des activités d'élevage voire même de culture.

L'agriculture intra-muros permettait de fournir les aliments frais comme les légumes et la viande, le lait et les œufs. Les terres agricoles recevaient certains déchets collectés dans les rues. En effet, ils étaient répandus dans les rues où déambulaient des ramasseurs mais aussi des cochons et autres poulets et poules : hommes et animaux effectuaient un important travail de traitement des déchets au sein même des cités. Il faudra attendre Napoléon pour que les cochons soient interdits dans les villes.

Nous voulons ainsi souligner que si les remparts fixaient la séparation entre la cité et les campagnes, il n'en demeure pas moins que les activités de type agricole existaient dans les cités. Ce lien ou plutôt cette imbrication des espaces bâtis et non bâtis, d'une séparation relative entre ville et campagne était d'autant plus fort que l'énergie et les moyens de transport restaient largement liés aux forces naturelles (force hydraulique, chevaux... comme détaillé dans l'examen des facteurs technico-économiques). Enfin, rappelons également que la politique des cités régulait et contenait le développement des innovations, ce qui stimulait d'autant l'essor des manufactures et des fabriques en dehors des cités. Il y avait donc une tension entre des dynamiques internes (régulation économique et sociale ...) et externes (menaces militaires, maladies...), qui n'induisait pas de facto une opposition entre forte densité bâtie intramuros et faible densité bâtie extra-muros. Certains villages à l'extérieur des remparts étaient d'une densité pratiquement équivalente à celle des cités. Ces remarques ne visent nullement à remettre en cause le caractère structurant des cités mais posent la question à la fois des représentations véhiculées et de la notion de cité et de campagne.

b) Les cités princières

Les cités princières c'est-à-dire les lieux de résidence du pouvoir aristocratique, constituent la troisième forme de cité agraire.

Comme le rappelle J.P. Lacaze, en France jusqu'au Moyen-âge, le roi ne disposait pas d'une cité-capitale, il voyageait à travers son royaume et séjournait dans chaque comté et duché. Le royaume était davantage constitué de villages-châteaux fortifiés, dispersés sur son territoire. Le choix de Paris comme capitale va conduire à la constitution de quartiers princiers en marge de la cité commerçante. Le Louvre va être progressivement aménagé à cette époque. Ce château rompt définitivement avec l'idée d'un fort militarisé, il se présente davantage comme un immeuble de prestige jouant sur une représentation symbolique forte. Dans ces cités, l'expression de soi ne dépend plus de la force militaire mais au contraire d'un jeu sur les apparences ; la richesse financière est donc réallouée à cette fin. Plutôt que de continuer à financer des armées ou des bastides, le pouvoir au sein du royaume se joue sur une certaine maîtrise de la culture et de la nature. Dès lors, la cité princière fait déjà l'objet d'initiatives immobilières. C'est ainsi que, comme l'indique J. P. Van Reybroeck, la place des Vosges est construite selon une logique assez proche de celle du lotissement moderne. Les terrains sont vendus à cette noblesse moderne qui va construire des immeubles individuellement mais selon un canevas pratiquement réglementaire affirmant le bon goût et obtenant une cohérence d'ensemble. Il faut en quelque sorte apprendre à ces parvenus un langage commun. Les bâtiments de la place jouent sur l'harmonie visuelle avec des façades uniformes et des perspectives s'ouvrant sur des parcs et jardins.

Cette cité princière s'impose d'autant plus facilement que des cités militaires sont développées aux frontières du royaume. Les remparts des cités-châteaux sont ainsi reportés à un niveau supérieur du territoire : les cités frontières.

Enfin notons que la cohabitation entre les vocations princières et commerçantes ne fut pas toujours une réussite. Tel fut notamment le cas du déménagement de Louis XIV vers Versailles afin de fuir un Paris en pleine expansion économique.

C - *Le territoire sous-régional de l'Eglise*

A côtés des cités commerçantes, militaires ou princières, le processus agraire voyait aussi la présence de cités religieuses. Ces cités contrôlaient un territoire généralement plus vaste que la ville en elle-même. Dans certains cas l'autorité était plus proche d'un rapport princier comme à Liège avec le Prince-Evêque dont le territoire couvrait plusieurs duchés (voir ci-dessous). A l'inverse Malines était la capitale régionale de la hiérarchie de l'Eglise.

Le niveau supérieur à la paroisse correspond au diocèse puis à l'évêché. Le haut clergé pouvait être en partie inscrit dans une territorialité commune avec l'aristocratie, ce qui a conduit à reconnaître notamment que l'Eglise catholique était une Eglise d'Etat. Toutefois cette vision territoriale intégrative n'est pas totalement réalisée lors du processus agraire. En effet au cours de l'histoire, les conflits entre l'aristocratie et l'Eglise seront multiples au même titre que les commerçants et les scientifiques vont se heurter à l'Eglise. La recherche d'une recomposition territoriale intégrative c'est-à-dire articulant une même vision aristocratique et religieuse est partiellement réalisée sous Louis XIV avec les galiciens. La Réforme peut être également envisagée dans cette perspective notamment avec le protestantisme et ses liens avec les commerçants et les entrepreneurs.

Cette volonté de réintégrer la religion dans la territorialité civile et foncière passera par la suite sous la forme d'un serment républicain des curés à la République lors de la Révolution française. Enfin lors du processus d'industrialisation cette quête de la nation absolue sera à nouveau évoquée au travers de l'opposition entre bourgeois catholiques et libéraux à l'occasion du débat sur la laïcisation de l'Etat-Nation. Nous y reviendrons.

2.2.3.4. Les régions, territoires de l'allégeance au régime des empires ou des rois

Comme l'indique H. Hasquin, ni la Belgique, ni même la Wallonie n'existent sous l'Ancien régime. Nos contrées étaient approximativement couvertes par deux territoires à l'échelle des régions : les Pays-Bas autrichiens et la Principauté de Liège.

Ces deux territoires couvraient des étendues géographiques non continues. Plus que des enclaves, il s'agissait d'une forme de réseau pour constituer ce territoire. A ce niveau des relations entre les territorialités se restructuraient autour des liens entre la haute noblesse et le haut clergé. La haute société se distinguait ainsi de la basse qui maîtrisait davantage les niveaux locaux et sous-régionaux.

A - *La force intégrative ou le centralisme dans les Pays-Bas autrichiens*

Pour rappel, les Pays-Bas bourguignons, puis espagnols de Charles-Quint comportaient de nombreux duchés et comtés rassemblés en 17 provinces.
Mais Philippe II d'Espagne ne put éviter la subdivision en Pays-Bas hollandais au nord, avec un caractère commerçant et réformiste, alors qu'au sud les Flandres, mais aussi les comtés

de Namur, du Hainaut, du Luxembourg, de même que les duchés de Brabant ou de Limbourg et la Principauté de Stavelot-Malmedy se rassemblent pour former les provinces catholiques qui glisseront sous l'autorité autrichienne en opposition constante au royaume de France.

L'opposition avec la France était d'autant plus marquée que la frontière ne pouvait s'appuyer sur des limites physiques contrairement aux autres frontières de la France marquées par les cours d'eau, les mers ou le relief.
Comme on le verra ci-après, la Révolution française va tenter résorber cette ambiguïté en utilisant des modes d'interventions intégrateurs.

L'organisation territoriale des Pays-Bas correspond pratiquement à une forme de fédéralisme des comtés et duchés sous l'autorité d'un gouverneur qui gère les questions militaires, de commerce, de justice et de finance. L'équilibre et l'allégeance aux gouverneurs et aux autorités supérieures étaient en somme une recomposition du système des hautes cours.
Ce système fédéraliste est relativement important car il permet de réduire la tension entre les niveaux locaux et les niveaux globaux. Les locaux étaient fédérés autour du gouverneur qui représentait le niveau global. La représentation des locaux s'opérait d'abord par désignation.

B - La composition territoriale de la Principauté de Liège

Une même structure territoriale présidait à la Principauté de Liège qui rassemblait le Chapitre de la cathédrale, les seigneuries et les cités commerçantes (Thuin, Waremme, Visé, Huy, Dinant, Couvin, Fosses-la-Ville, Ciney...) sous l'égide du Prince-Evêque.

Toutefois, la Principauté de Liège était indépendante de toute grande dynamique et concurrence entre royaume et empire, ce qui lui assurait un certain développement, mais lui valut certaines rivalités.

2.2.3.5. Conclusions

Le processus agraire est donc selon nous marqué par deux aspects fondamentaux.

D'abord l'opposition entre villes et campagnes n'est pas encore fondatrice d'un rapport au temps et à l'espace. Comme le souligne L. Mumford, les cités comportaient de nombreuses, étendues agricoles dans leur intra-muros. A l'inverse les campagnes connaissaient de nombreuses activités non agricoles notamment en raison de l'exigence de proximité des ressources en houille blanche, en charbon de bois et en minerais. En outre les moyens de transport et de stockage demeurent rudimentaires. Mais des mutations sont à l'œuvre puisque le servage laisse place à la multiactivité des paysans, que le fermage se développent et que les moyens de transports par voie d'eau se modernisent. Lors de la phase suivante, ces deux, éléments vont connaître de nouveaux changements.

L'autre aspect fondamental relève de la composition des territoires. L'organisation des territoires lors du processus agraire est relativement complexe puisque comme, nous l'avons démontré, trois territorialités sont reconnues : le foncier, le civil ou le commercial et le religieux. Ces trois territorialités connaissent une certaine indépendance mais aussi des liens plus ou moins originaux selon les niveaux et selon les territoires. Cette (re)composition évolue déjà puisque divers mouvements tentent de renforcer la force intégrative du territoire notamment en voulant assurer la cohérence entre territorialité économique et religieuse ou entre territorialité foncière et religieuse. La dynamique en cours lors de cette phase du processus agraire vise à renforcer le centralisme par la constitution progressive d'institutions et d'administrations notamment autour des problèmes liés à la gestion des routes ou des eaux et forêts. Nous y reviendrons.

Abordons maintenant les mutations et la phase de transition du processus agraire vers le processus d'industrialisation.

2.3. La phase de transition vers le processus d'industrialisation

2.3.1. Les dynamiques de recomposition

La phase de transition vers le processus d'industrialisation couvre la période des régimes autrichien, français puis hollandais sur nos régions. Elle est présentée sous l'angle des dynamiques de la recomposition des territoires et non pas systématiquement des facteurs-clés ou structurants.

Ce choix se justifie par le fait que la transition est essentiellement marquée par un discours novateur visant à affirmer la centralité sous le régime autrichien et puis la Nation sous le régime français. Nous définissons ces interventions comme intégratives.

A - L'affirmation d'une nouvelle territorialité dans les Pays-Bas autrichiens

Comme le rappelle H. Hasquin, Marie-Thérèse d'Autriche affirme progressivement l'émergence d'une territorialité cohérente et simplifiée qui vise à réduire l'éclatement des pouvoirs entre trois sphères (civile, aristocratique et religieuse). Aux échelles inférieures, les territoires de niveau locau seront peu affectés par cette volonté intégrative. L'éclatement demeure entre les territoires paroissiaux, communaux, fonciers. C'est la Révolution française qui achèvera le travail de recomposition.

Comme nous l'avons vu, ces trois sphères disposaient jusqu'alors chacune de leur territorialité. Le renforcement de la centralité au niveau des provinces des Pays-Bas se marque par la mise en place d'une nouvelle structure de décision transversale. Cette structure transversale demeure partielle car la sphère religieuse reste trop influente. Dès lors, cette recomposition est rendue visible par le choix d'une nouvelle capitale : Bruxelles. Alors que Malines était la capitale sous le règne de Marguerite d'Autriche, Bruxelles est choisie définitivement par Marie-Thérèse. Sous le règne de Marguerite, la transversalité était fondée sur le foncier et le religieux. Avec Marie-Thérèse, il y a une volonté de faire davantage le lien avec le civil au sens de l'économie et du foncier. Mais la résistance de l'Eglise conduit Marie-Thérèse à développer Bruxelles : la Place des Martyrs et la Place Royale sont aménagées à cette époque par les princes et gouverneurs en place à Bruxelles. Bruxelles devient une ville de princière (foncier) et de commerce (civil). L'intégration de la religion sera tentée avec Joseph II.

Le mode de représentation des niveaux locaux auprès des gouverneurs de province était complexe puisque chacune des deux sphères y était représentée.

Une première simplification vise à unifier certaines sphères sous l'égide de l'Etat. Cette simplification n'est qu'en partie réussie puisque l'Eglise fait de la résistance

Une seconde simplification cherche à établir de nouvelles bases de représentation des acteurs locaux. Désormais leur influence sera proportionnelle à des critères plus objectifs comme l'inventaire du patrimoine foncier. Le système censitaire vise à reconnaître le poids de chaque composante locale sous forme d'impôt foncier. En somme, les commerçants habitués à compter veulent intégrer la territorialité nouvelle mais à la condition que les détenteurs du foncier appliquent des règles modernes : l'inventaire.

a) L'émergence de la centralité par la maîtrise de l'Eglise, de l'enseignement et des langues

Pour réduire l'impact de l'éclatement, Marie-Thérèse puis Joseph II établissent un regroupement des compétences de l'Eglise mais aussi de la culture (enseignement et langue) sous l'autorité de l'Etat central.

Marie-Thérèse souhaite développer un enseignement civil. Elle se heurte à l'organisation des écoles établie par l'Eglise et décide en conséquence de supprimer le pouvoir des Jésuites dont elle interdit l'ordre.

Son fils Joseph II ne fera qu'accentuer la mise en place de cette nouvelle territorialité, en voulant renforcer la cohésion de l'empire autrichien par la centralisation administrative et l'imposition de l'usage de l'allemand dans les administrations et dans les écoles.

Enfin, comme le souligne X. Mabille, Joseph II s'attaque à la question de l'Eglise. Il crée le Joséphisme qui aura pour effet de créer une religion d'Etat et de dissoudre l'Eglise catholique en instaurant non seulement des offices mais aussi le mariage civil, l'école civile ou en limitant l'inhumation dans l'enceinte des édifices religieux. En somme, le pouvoir aristocratique étranger remet en cause les compétences de l'Eglise catholique. Toutefois, cette mise en cause vise à recomposer aussi le territoire de manière verticale puisque les mesures du Joséphisme concernent également des compétences relatives au bas clergé.

Joseph II prépare l'Etat moderne rassemblant les trois territorialités (vertical) et les niveaux de territoire (horizontal) sous la prédominance de la centralité. Ce travail de recomposition d'un territoire intégrateur va être poursuivi sur l'ensemble des registres.

Cette territorialité va être marquée notamment par la constitution d'administrations civiles pour gérer deux aspects sensibles au niveau local mais ayant aussi un niveau global : la gestion des cours d'eau et la gestion de la forêt.

Une administration est donc créée pour gérer les forêts et organiser au mieux leur exploitation pour la production de charbon de bois. Cette administration va limiter le nombre de forges et entreprendre le reboisement de massifs. Il s'agit là d'une forme d'ingérence dans la gestion des bois qui était la propriété des seigneurs. Mais vu le déclin de la superficie boisée et le rôle prépondérant du charbon de bois, l'Etat intervient. Cette même administration va être chargée de gérer les problèmes liés à la multifonctionnalité des cours d'eau.

Cette gestion des eaux et forêts sera en partie facilitée par les facteurs-clé des innovations technologiques comme la machine à vapeur qui va permettre d'extraire l'eau des mines de charbon et d'exploiter le minerai de charbon en plus grande quantité, et qui va conduire à l'émergence de la concentration des industries à proximité des bassins charbonniers.

En d'autres termes, la phase est réellement transitoire car le pouvoir central entreprend à la fois de mieux gérer les bois mais aussi de soutenir de nouveaux développements économiques. De la sorte, la pression se relâche progressivement sur l'exploitation des forêts.

Mais parallèlement, le régime autrichien recompose le territoire tentant de l'ouvrir sur le transport maritime avec la création du port d'Ostende et en traçant des canaux intérieurs notamment pour désenclaver nos régions et permettre l'accès à Bruxelles afin d'assurer son développement industriel et son rôle de capitale. Il accroît aussi le réseau de voiries pour joindre les cités à l'empire et le protège en imposant un recul des constructions riveraines. Il est important de souligner ici cette politique car elle permet de considérer que dès cette époque, plusieurs mesures sont prises pour consolider les divers modes de transports et tirer parti de la position centrale des Pays-Bas.

b) Les freins et les mouvements émergents

Toutefois cette dynamique de centralisation menée par Marie-Thérèse d'Autriche puis Joseph II ne s'opère pas sans heurts.

Une alliance momentanée entre les entrepreneurs locaux, l'aristocratie locale et l'Eglise catholique en 1789 provoque la Révolution brabançonne pour chasser l'autorité autrichienne. Au même moment, cette phase de transition est également marquée par la Révolution liégeoise qui s'inspire des idéaux de la Révolution française déjà développés en Amérique du Nord. Néanmoins, la Révolution liégeoise se conclut par un retour au pouvoir du Prince-Evêque dès 1791.

B - L'affirmation de la Nation sous les régimes français et hollandais

Il y avait déjà eu plusieurs mutations visant à remettre en question le territoire forgé sur la complémentarité entre l'Eglise et l'aristocratie. La constitution d'une Eglise d'Etat ou la reconnaissance de religions propres aux acteurs économiques, comme le protestantisme, sont autant de volontés de mettre en cohérence les territoires et d'éviter des imbrications complexes du type de celles en vigueur lors du processus agraire.

La Révolution française va marquer clairement une accélération de ces mutations et permettre la création de la Nation bourgeoise.

A la fois les commerçants des cités, mais aussi les patrons des fabriques constituent ainsi un pouvoir structurant nouveau. Les commerçants veulent se développer et donc sortir des limites des cités ; les patrons des fabriques veulent les investir pour faciliter les exportations et la production. Un mouvement d'échange entre les bourgeois des cités et ceux des campagnes s'opère progressivement.

Ce mouvement sera d'autant plus significatif que les commerçants auront besoin du foncier pour se faire reconnaître dans la Nation et qu'à l'inverse, les patrons de fabrique ont besoin de ressources, de matières premières, de main-d'œuvre, de concentrer les productions et de faciliter les exportations.

Ce mouvement est réalisable car il n'implique pas une substitution de l'un par l'autre mais au contraire la production de nouveaux espaces : les campagnes foncières et agricoles gérées par les anciens commerçants, le développement des villes bourgeoises et le développement de villes industrielles. Nous y reviendrons lors de l'analyse du processus d'industrialisation.

La Révolution française correspond donc à la suppression des droits de l'Ancien régime, tant ceux attribués à l'aristocratie, aux corporations et compagnons qu'aux paysans qui avaient le droit d'accès aux terres seigneuriales. Ces droits renvoyaient naturellement à des formes de contraintes mais aussi de solidarité. L'affirmation de la liberté et la suppression du servage ne feront que fragiliser les familles paysannes prises dans une dynamique d'exode rural et de restructuration des relations entre leurs membres. Elle correspond aussi à la suppression de la distance entre le local et le global. Les solidarités locales entre les trois territorialités de même que celles établies par la haute société sont combattues au nom d'une territorialité unique : la Nation.

A la suite des réformes déjà entreprises vis-à-vis du pouvoir de l'Eglise, la Révolution française s'attaque directement au registre de l'organisation temporelle et spirituelle. Elle va ainsi modifier l'organisation du temps individuel et collectif et changer radicalement les rapports à l'espace en transformant la logique foncière.

La Révolution française va modifier l'ensemble des repères de la vie quotidienne notamment dans les rapports au temps en imposant le calendrier révolutionnaire fondé sur la rationalité triomphante de système décimal avec la semaine de dix jours. Ce calendrier tente de balayer les saints, les dimanches et les fêtes religieuses tout en imposant la fête nationale, de la liberté, de la jeunesse, des époux, des vieillards, de l'agriculture...

En somme, l'émergence de la Nation va se caractériser par une pensée absolue. L'ensemble des rapports au temps et à l'espace relève d'un seul et même référent, l'ensemble des territorialités et des niveaux territoriaux doit s'y conformer. La révolution philosophique pose comme principe qu'une seule et même référence moderne peut assurer l'ensemble des services et des solidarités vis-à-vis de la société et de ses membres.

Ce principe d'unicité renvoie à l'affirmation de l'Universel, c'est-à-dire qu'il transcende les caractéristiques locales ou des personnes. Il faut donc instaurer des commissaires révolutionnaires qui vont veiller à l'application des principes universels aux différents niveaux de la Nation. A Court-Saint-Etienne, plusieurs régisseurs révolutionnaires surveillent l'abandon des pratiques religieuses et l'adoption des unités de mesure républicaines. Les disparités locales des unités de mesure sont supprimées. Cette universalité ou en d'autres mots, cette uniformisation facilite naturellement le commerce et les investissements des personnes étrangères aux territoires locaux.

Mais dans le même temps, cette uniformité est relativisée car elle met l'homme au centre des rapports. Ainsi, les droits de l'homme deviennent un droit reconnu et applicable à tous les hommes, quelle que soit leur origine culturelle, sociale ou géographique. Sur la base de ce principe, il faut libérer les hommes. L'ingérence est donc légitime.

Cette vision du monde va s'affirmer dès la Révolution française, s'amplifier sous l'empire napoléonien et enfin se consolider sous le régime hollandais.

2.3.2. La recomposition des territoires

2.3.2.1. La recomposition du foncier par la définition des parcelles

A - Le terrain devient parcelle

La recomposition des domaines sur la base de l'identification parcellaire permet d'établir de multiples opérations. Cet espace devient pertinent car il est maîtrisable selon de nouveaux critères.

Dès Marie-Thérèse d'Autriche, un recensement foncier avait été entrepris afin d'objectiver la contribution des niveaux locaux de l'aristocratie locale sur la base de son patrimoine foncier. L'aristocratie locale devait ainsi contribuer au financement de l'empire tout en pouvant disposer d'un droit de vote lors de l'élection des représentants auprès des Conseils d'avis du gouverneur. Ces conseils géraient un territoire équivalant approximativement à une province. Les Provinces réunies formaient les Pays-Bas autrichiens.

Les principes d'un lien entre le foncier, l'impôt et l'intervention dans la gestion sous-régionale seront repris lors de la Révolution française. C'est ainsi que le cadastre sera développé et de plus en plus systématisé. Le travail d'établissement du cadastre ne se fera pas en une fois. L'opération est largement initiée sous le régime autrichien, amplifiée sous le régime français et pratiquement finalisée sous le régime hollandais. En 1841, l'ensemble de la Belgique est couvert.

a) L'inventaire des biens nationaux

La Révolution française dresse un inventaire afin de pouvoir confisquer les terres et les biens de l'aristocratie et de l'Eglise. C'est l'établissement de la liste des biens nationaux.

Les propriétaires sont donc privés des rentes du sol et du travail des paysans qui lui était associé. La confiscation libère donc les paysans du servage.

La République ne va pas rester propriétaire de ces biens nationaux longtemps. Il faut en effet trouver de nouveaux gestionnaires pour remplacer les anciens propriétaires. La mise en vente des biens nationaux est alors décidée. Cette mise en vente sur la base du parcellaire permet de renflouer le budget de la Nation française naissante et de faire face à un déficit public depuis Louis XIV.

Elle permet aussi à la bourgeoisie de s'implanter dans les cités mais surtout les campagnes. La bourgeoisie peut diversifier son capital et prendre possession des ressources naturelles : agriculture et forêt. Ces ressources sont encore primordiales pour assurer le développement. Cette vente n'empêche pas que certains aristocrates rachètent leurs anciens domaines.
La vente des biens de l'Ancien régime est d'autant mieux acceptée qu'elle est réalisée selon une certaine transparence. Les parcelles sont toutes identifiées et renseignées lors des ventes via le plan.

L'inventaire est établi sur la base de références métriques constantes. Les relevés sont dressés par des arpenteurs-géomètres et confirmés par notaire. L'ensemble des parcelles est reporté sur plan pour information. Les repères dans l'espace sont multipliés afin d'éviter les conflits entre propriétaires. Par cette opération, la République supprime une série de repères traditionnels comme la délimitation des parcelles en fonction des éléments physiques ou religieux. L'inventaire métrique permet aussi de pouvoir aisément subdiviser les terrains en faisant abstraction des repères locaux ; les haies peuvent être supprimées ou plantées selon de nouvelles règles : les distances et les superficies de parcelles.

b) La réorganisation de l'impôt foncier

Ces parcelles accaparées par la bourgeoisie signifient aussi le payement de l'impôt foncier afin de contribuer au financement récurrent de la Nation. Dans ce régime, le montant du « cens » détermine la reconnaissance du statut de citoyenneté.

Le système censitaire permettra l'élection des représentants des citoyens. La Révolution française reconnaissait d'ailleurs les citoyens actifs qui pouvaient voter et être candidats pour gérer la Nation, et les citoyens inactifs qui ne pouvaient prendre part aux élections. Les citoyens actifs étaient ceux qui payaient l'impôt foncier.

L'inventaire cadastral permettait de déterminer les limites des parcelles privées et du domaine public. Cette clarification était particulièrement importante car elle permettait d'identifier les parcelles soumises à l'impôt et de déterminer le montant en fonction de l'occupation et de la superficie de la parcelle. La rente de la propriété agricole et forestière renvoyait à cette notion de cens de l'Ancien régime. L'intérêt pour la bourgeoisie était donc de maîtriser les terres agricoles et forestières car, économiquement, elles demeuraient stratégiques. Désormais, elles le sont aussi sur un plan politique.

A l'inverse, le domaine public apparaît comme le solde du territoire ; il est par définition détenu par la Nation. Les chemins et sentiers constituent pour une bonne part ce domaine public ; ils bénéficient de la sorte de délimitation et de protection. Les commissaires voyers deviennent les garants du respect de la voirie publique, ils dressent un atlas des chemins et sentiers, ils bornent la grande voirie par des alignements d'arbres et fixent des règlements qui interdisent la coupe de ceux-ci ou qui réprimandent les dégâts occasionnés par les troupeaux.

Les parcelles privées sont progressivement caractérisées selon leur occupation productive : bois, culture, artisanat ou surface bâtie... Les terres vaines et vagues seront dès cette époque identifiées et feront l'objet d'une politique de valorisation foncière. Les terrains communaux issus de l'Ancien régime seront cadastrés au même titre que les parcelles privées.

La valorisation des terres est néanmoins la règle et les communes sont incitées à vendre les bruyères et autres fagnes pour permettre le développement de l'agriculture, ou à les boiser dans le cadre du régime forestier. Cette vente des terres incultes, propriétés communales, permettait à la nouvelle bourgeoisie d'accroître ainsi son patrimoine foncier.

B - La suppression des droits ancestraux

Cette distinction nouvelle entre propriété privée et domaine public bouleverse les règles traditionnelles d'accès aux pâturages et aux forêts. En effet, dès ce moment, une partie du foncier devient progressivement un capital achetable et monnayable alors qu'une autre devient bien collectif au sens de national.

Les communes sont incitées à vendre leurs terres communes, les domaines seigneuriaux et d'abbaye mis en vente sont rachetés par des bourgeois généralement étrangers au contexte local.
Les paysans qui étaient héréditairement attachés au sol en sont découplés. Ils deviennent libres. Mais dans le même temps, ils ne peuvent plus y avoir accès. La fermeture progressive des prairies, par la pose de clôtures, intervient donc comme un préliminaire à l'exode des paysans vers les nouveaux centres industriels.

Les paysans sont dépossédés de leur accès à la terre et des droits d'affouage, glanage... Ceux qui peuvent racheter quelques terres demeurent des paysans, les autres sont chassés et l'exode rural est ainsi encouragé. Les communes qui ne vendent pas la totalité de leurs terres rétablissent certaines pratiques analogues aux droits d'accès ancestraux.

C - La parcelle, une référence pour les processus territoriaux ultérieurs

Désormais, la parcelle est donc devenue un bien échangeable et taxable. Elle peut faire l'objet de subdivision comme de regroupement. Elle fera l'objet aussi de nombreuses règles dont les servitudes, ou l'obligation de détenir un permis pour la modifier substantiellement. Cette définition de la parcelle sera déterminante lors du processus d'industrialisation et d'urbanisation.

Le cadastre recouvre ainsi une nouvelle connaissance du territoire mais aussi une nouvelle perception avec son corps de spécialistes (arpenteurs, géomètres, notaires...).
Les plans cadastraux vont cependant perdre progressivement de leur multifonctionnalité en raison de l'établissement de nouvelles cartographies. Cette multifonctionnalité est également réduite par la perte du rôle du foncier dans la reconnaissance politique des propriétaires. Ce rôle sera petit à petit atténué lors du processus d'industrialisation. Par la suite, la vocation fiscale sera remise en question notamment lors du processus d'urbanisation. Le cadastre apparaît dès lors comme un service contraignant et poussiéreux. La transition vers le processus de métropolisation ouvre cependant peut-être une ère nouvelle.

2.3.2.2. La recomposition des paroisses et la commune moderne

A l'échelle du voisinage, la seigneurie, la commune et la paroisse jouaient un rôle prépondérant. La seigneurie accordait l'accès aux terres, la commune faisant de même mais dans une perspective de solidarité tandis que la paroisse constituait le territoire de l'adéquation entre les différents moments de la vie.

La Révolution française va transformer ces territoires de l'Ancien régime. Ces changements ne seront d'ailleurs pas acceptés facilement par les populations et plus franchement, ils seront combattus par les autorités locales souvent issues de l'Ancien régime. Dès lors, des pratiques et des organisations seront restaurées ou induiront des compromis originaux.

A - La recomposition des temps et des lieux locaux et paroissiaux

Comme nous l'avons mentionné ci-dessus, l'émergence de la Nation vise à unifier les références spatiales mais aussi temporelles.

a) Le temps et le lieu de la fabrique ou des grands domaines

L'instauration du parcellaire rend plus complexe l'accès à la terre. De plus en plus de paysans doivent s'inscrire dans la temporalité du travail pour un patron, soit à domicile, soit en allant travailler à la fabrique, au domaine agricole ou encore dans les mines et autres carrières. Toutefois, la présence de nombreuses fabriques ou domaines dans les villages permettait de maintenir un territoire restreint, d'autant que les logements étaient aussi désormais mis à disposition par le patronat.

La fabrique puis l'usine remplacent donc le territoire de la seigneurie en offrant travail et logement. Ce territoire a ses propres règles, parfois inspirées de l'ancien système seigneurial. Ainsi à Court-Saint-Etienne, si durant l'Ancien régime les paysans devaient faire moudre leurs céréales au moulin du châtelain et y acheter les produits, on retrouve une même pratique dans la filature de Franquenies puisque les ouvrières devaient acheter la nourriture auprès du patron.

Une même organisation imbriquant vie privée et vie de travail existait dans les domaines agricoles. Les ouvriers agricoles, anciennement attachés à une ferme pour toute leur existence, étaient désormais embauchés à l'année ou à la saison. Mais durant leur temps d'embauche, ils bénéficiaient comme par le passé du logement et de la nourriture.

b) La recomposition des étapes de la vie dans des lieux publics communaux

Suite à la révolution française, les églises ne pouvaient plus sonner ni l'angélus ni les offices. Pour marquer les étapes de la vie, la République instaurait de nouveau repères et combattait ceux prévus par l'Eglise. La naissance, le mariage, le décès seront en effet désormais officialisés à l'Etat civil établi à la maison communale. L'Etat civil mais aussi l'école avec l'obligation scolaire deviennent étape de la vie. La maison communale et l'hôtel de ville apparaissent ainsi avec l'école primaire comme les nouveaux lieux de référence au sein du territoire du voisinage.

Soulignons que parler d'effacement de la paroisse est peut-être excessif. En effet, la paroisse continue d'exister en tant que niveau territorial au sein de l'Eglise catholique. La recomposition est néanmoins de deux ordres. D'abord, si la paroisse n'est plus reconnue comme compétente pour traiter une série de matières en vertu de la sécularisation de la vie publique, elle continue néanmoins à tenir des registres et à organiser certains rapports au temps. Ensuite la paroisse d'aujourd'hui ne correspond peut-être plus à l'échelle spatiale du processus agraire. La diminution du nombre de paroissiens et de prêtres peut en effet conduire à des regroupements de paroisses ou, autrement dit, à des rationalisations. Ainsi certaines églises se retrouvent sans paroisse alors que d'autres relèvent désormais d'une seule et même paroisse.

B - Des lieux et des temps communaux, relais de la Nation

Les communes disposent alors d'un conseil élu, d'un fonctionnaire de l'état civil… bref l'Etat national moderne s'impose davantage à l'échelle locale. C'est ainsi notamment que la Nation va conduire à de nouveaux découpages territoriaux (voir ci-dessous) mais aussi tenter d'inculquer le sentiment patriotique en faisant circuler des agents révolutionnaires dans chaque commune pour vanter l'intérêt de la Nation et imposer la conscription militaire, inconnue jusqu'alors. Ces levées militaires étaient organisées dans le cadre du territoire communal.

Mais l'armée de l'époque c'est aussi un recrutement social afin de « resocialiser » les exclus. Les conscrits fortunés évitaient la levée en payant certains prolétaires pour éviter l'armée. Dans le même temps, la Légion étrangère est créée et ceux qui ne peuvent être embauchés dans les fabriques sont enrôlés dans les armées révolutionnaires puis de l'empire.

En somme, alors que le servage est aboli, le paysan devient un prolétaire c'est-à-dire qu'il est dépossédé de l'accès à la terre et au logement qui lui était attribué par le seigneur. Ce nouveau statut de prolétaire conduit plus globalement à la perte de référence d'un territoire de voisinage. Les paysans qui ne se rendaient pas dans les fabriques ou dans un grand domaine agricole devenaient des vagabonds qui ne pouvaient survivre que de la mendicité ou de vols. Comme l'indique M. Ragon, pour éviter leurs agissements, des mesures répressives fortes étaient prises par la Nation comme en Suisse où on leur coupait l'oreille ou encore en France où ils étaient marqués au fer rouge et mis aux fers dans les galères. Mais, plus radicalement encore, les autorités voyaient dans le vagabondage une incapacité héréditaire à s'adapter aux nouvelles exigences de la société. Dès lors, des mesures sont prises pour assurer l'extermination des vagabonds par pendaison en Angleterre ou pour leur interdire de se marier et d'avoir des enfants en France et en Suisse.

Même si le prolétaire s'inscrivait au sein des fabriques ou des grands domaines, la recomposition du territoire au niveau de la commune marque ainsi la perte de lien entre le paysan et son voisinage et, inversement, la maîtrise par la bourgeoisie. En effet, le droit de vote n'étant reconnu qu'aux citoyens payant l'impôt foncier, l'ensemble des sièges de conseillers municipaux est rapidement occupé par des membres de la bourgeoisie montante mais aussi très fréquemment par des fonctionnaires, des fermiers ou des aristocrates qui s'étaient résolument inscrits dans la mouvance républicaine.

Enfin notons que cette perte de territorialité se marque non seulement sur le plan spatial mais aussi temporel puisque la Révolution française interdit l'usage des cloches, supprime les registres paroissiaux et impose que le calendrier républicain remplace le calendrier grégorien. Sur le plan local, cela signifie que les fêtes des saints patrons de chacune des paroisses ne peuvent plus être célébrées. Cette perte de repère des fêtes religieuses conduira à les recomposer sur la base d'un folklore communal ou sous-régional mêlant aspect révolutionnaire ou de l'empire napoléonien : les marcheurs de l'Entre-Sambre-et-Meuse illustrent cette nouvelle territorialité.
Ce calendrier républicain instauré en 1797 en Wallonie et abandonné en 1806 donc a laissé des traces.

2.3.2.3. Les recompositions territoriales à l'échelle des Pays

A - L'affirmation d'une structure territoriale simplifiée

a) La Révolution française, l'idéal républicain et la naturalisation de l'Etat-Nation

En 1792, la France républicaine envahit les Pays-Bas et la Principauté de Liège. Comme toute recomposition territoriale, cette intervention va permettre de répondre à plusieurs objectifs.

L'expansion de la France vers le nord visait à répandre l'idéal républicain de liberté de manière universelle. Cette idée d'une vision universelle avait déjà motivé le soutien à la révolution américaine. Elle repose sur une mutation culturelle visant l'universalité politique et à la montée en puissance de la raison. Elle tend donc à soutenir la bourgeoisie montante et francophile qui s'opposait aux Pays-Bas autrichiens et de la Principauté de Liège, dont François Mosselman est un exemple concret.
Mais l'affirmation de la raison laisse aussi place à des références nouvelles à la nature. Ainsi l'expansion républicaine est aussi plus prosaïque car son action militaire vers le nord a consolidé ses frontières nouvelles en s'alignant sur le Rhin. Alors que les limites des parcelles étaient désormais fixées sur la base de repérages métriques au travers du cadastre, la France allait à nouveau recourir aux limites naturelles pour fixer ses frontières nationales.

Une même articulation entre raison et nature apparaît dans les nouveaux repères spatiaux Ainsi, les dénominations des départements veilleront à effacer les références territoriales de l'Ancien régime et prendront quasi systématiquement leur appellation en référence aux principaux cours d'eau ou aux massifs montagneux. De même les repères temporels allient raison et nature puisque le calendrier républicain devient décimal mais que les mois renvoient aux saisons (pluviôse, ventôse, floréal...).

Cette double référence permet entre passé et innovation permet d'asseoir un nouveau sentiment d'appartenance sur lequel le patriotisme et le nationalisme seront développé en instaurant notamment les fêtes républicaines ventant la famille et la liberté.

b) *La restauration des pratiques religieuses dans une structure territoriale simplifiée*

Après la période républicaine, le régime français s'impose jusqu'en 1815 sous l'Empire napoléonien. Cette période est marquée par un nouveau Concordat entre l'Eglise et l'Etat en 1801, ce qui permet notamment que les offices soient rétablis. Cependant, comme l'indique X. Mabille, désormais le rapport de force bascule entre l'Eglise et l'Etat. Ainsi si les diocèses sont rétablis, ils le seront selon les divisions territoriales de l'Empire et les nouveaux évêques seront tous français.
La Nation a donc largement conforté une territorialité intégrative forte en imposant l'état civil, le code civil, les bases de l'enseignement public, le droit public et l'administration.

B - *L'affirmation d'une Nation belge sous le régime hollandais*

X. Mabille souligne que les différentes révolutions et changements de régimes entre 1789 et 1830 mentionnés ci-dessus sont autant de tentatives d'indépendances nationales. Les échecs seront donc multiples avant 1830 car la coalition interne n'était pas assurée entre libéraux et catholiques et qu'en outre plusieurs grandes puissances refusaient l'émergence d'un Etat indépendant à leurs frontières. Toutefois la période du régime hollandais allait offrir les facteurs clé pour induire une recomposition territoriale.

a) *La consolidation de Bruxelles et du français comme structure de la Nation belge*

L'occupation hollandaise, après Waterloo, affirma désormais le rôle de Bruxelles comme capitale des Pays-Bas (bisannuellement avec La Haye). Malines est définitivement abandonnée. Toutefois, elle demeure la capitale de l'Eglise catholique. L'intégration de la religion dans le territoire civil et foncier ne sera en réalité jamais réalisée. Une tension constante va marquer l'opposition entre libéraux et catholiques même si le mouvement de laïcisation est largement initié.

Cette période est marquée par les derniers grands travaux de fortification des villes frontières avec la France notamment pour améliorer la fortification de Mons. Mais comme le souligne H. Hasquin, le sentiment francophile devient un facteur d'unité nationale pour la bourgeoisie naissante.

Précisément, Guillaume d'Orange tente d'unifier les Pays-Bas en imposant le protestantisme et l'emploi du néerlandais à travers tout le royaume. Malgré une Constitution qui limitait déjà le rôle du Prince, l'intervention hollandaise dans la culture, l'économie, la religion et diverses prérogatives concédées aux parlementaires rapproche catholiques et libéraux pour soutenir l'indépendance d'une nouvelle Nation : la Belgique.

b) L'industrialisation, facteur de soulèvement populaire

Outre le rapprochement entre libéraux et catholiques, la recomposition territoriale est rendue possible par le soulèvement de certains groupes de travailleurs. En effet cette période est marquée par l'augmentation du chômage et des conditions de vie précaires pour les prolétaires qui ne constituent pas encore la classe ouvrière. Cette situation favorise plusieurs manifestations anti-gouvernementales. La politique d'industrialisation soutenue par le régime hollandais effraya également nombre d'artisans et de petits industriels locaux.

Ainsi une alliance entre libéraux, catholiques et certaines forces ouvrières conduit à la déclaration de séparation entre les provinces du Nord et du Sud le 29 septembre 1830.

Les provinces du sud des Pays-Bas hollandais deviendront pratiquement les provinces belges. Les limites et le rôle de ce niveau territorial vont cependant être continuellement discuté : représentation de la Nation notamment avec les préfets ou les gouverneurs ou représentation des communes en lien avec le sénat. Cette tension est réactivée aujourd'hui au travers du processus de métropolisation.

c) La structuration de la Nation belge

Plusieurs outils et politiques ont été utilisés pour structurer le territoire belge. Certains d'entre eux furent d'ailleurs antérieurs à la création de la Nation belge.

Le premier outil est sans nul doute celui lié à une objectivation de l'espace pour en permettre une maîtrise plus générale. Ainsi, à côté de l'établissement du cadastre, dès 1750, une première triangulation cartographique de la France fut notamment réalisée dans le cadre de la construction des routes et des canaux. Durant tout le processus agraire, la cartographie était restée une affaire d'ingénieurs notamment avec les quatre générations de Cassini. Lors de la Révolution française, la société Cassini est nationalisée et devient une affaire militaire. Napoléon reprendra dès lors l'établissement des cartes topographiques sur pratiquement toute l'Europe mais dans un but principalement militaire.

Le second outil visant à une recomposition du territoire fut largement utilisé par Marie-Thérèse d'Autriche ; il vise à unifier l'espace en traçant de nouvelles infrastructures de transport comme des routes et des canaux. Ces axes permettent de définir un réseau au niveau du territoire en voie de recomposition mais aussi de favoriser l'accès à des villes que l'on souhaite renforcer. Tel est le cas du canal de Bruxelles puis de son prolongement vers Charleroi. La gestion de ces infrastructures nécessite depuis toujours l'intervention du corps des ingénieurs des Ponts et Chaussées. En France, ce corps sera constitué dès Louis XIV. Napoléon va poursuivre cette structuration du réseau en plaçant cette fois nos régions au sein du territoire français. Après les liens entre le bassin de l'Escaut et de la Meuse établis par Marie-Thérèse d'Autriche, il avait donc pour objectif de relier le bassin de la Meuse à celui du Rhin (Canal de l'Ourthe) et celui de l'Escaut à la Seine (canal de Mons-Condé). Cette structure du réseau répond non seulement à des exigences de maîtrise militaire mais surtout de développement économique.

Le troisième outil était donc de tendre à unifier territoire militaire et territoire économique non plus à l'échelle des cités et des campagnes mais au niveau des pays c'est-à-dire des Nations. Le blocus continental a ainsi contribué à l'essor de nos régions. Dès lors, comme le souligne H. Hasquin, les facteurs-clés étaient réunis (main d'œuvre, ressources en minerais, infrastructures de transports, acteurs financiers...) pour que la Wallonie soit au début du 19ème siècle, sans doute la seconde puissance économique mondiale après l'Angleterre. En effet, le département de Jemappes avait une production de charbon équivalente à celle de la France dans ses frontières actuelles et Liège occupait la quatrième place de production d'armes dans le monde.
La période hollandaise ne fera qu'accentuer l'essor industriel notamment à travers la Société générale. La Société générale assure précisément la transition entre le processus agraire et le processus industriel. Au départ de capitaux essentiellement agricoles et forestiers, elle est chargée par Guillaume d'Orange d'investir dans l'industrie naissante. Son rôle ira jusqu'à collecter les capitaux et à soutenir la constitution du système bancaire notamment en introduisant la monnaie papier.

Un quatrième outil ou politique vise à instaurer un sentiment et une culture nationale. Un équilibre entre les références nouvelles et d'autres héritées permet de créer un nouveau sentiment d'appartenance. La recomposition du territoire implique aussi un équilibre entre les tendances à l'unification et le respect des particularismes locaux, comme nous l'avons vu.

Ces quatre politiques contribuent à renforcer la force intégrative du territoire. La Nation apparaît à la fin du processus agraire comme un territoire tentant de réunir les territorialités religieuse, civile et économique et foncière ou militaire qui demeurent éclatées jusqu'alors.

2.3.3. Les mutations et les principales recompositions à Court-Saint-Etienne

Comme pour l'examen des dynamiques générales, nous nous limitons ici à détailler les recompositions, les mutations étant assez limitées lors de cette phase de transition.

2.3.3.1. Les recompositions liées à la réforme foncière

La bourgeoisie montante, les industriels locaux et étrangers de même que la nouvelle noblesse vont pleinement profiter de la vente des biens de l'Ancien régime lors de la Révolution française. Cette redistribution répond à une opération à résultats multiples (voir ci-dessus) mais elle n'efface pas pour autant certains fondements structurants comme ceux qui caractérisent les plateaux et la vallée.

A - La vente des biens de l'Ancien régime lors de la Révolution française

A Court-Saint-Etienne, lors de la Révolution française, les châteaux de Court et plusieurs terrains et bâtiments du châtelain de Hévillers de Man de Lennick sont mis en vente, les biens de la paroisse sont confisqués et le presbytère est mis en location... Mais le fait le plus significatif de cette période à Court-Saint-Etienne est la vente des biens de l'abbaye de Villers-la-Ville.

L'abbaye de Villers-la-Ville s'étendait à la fois sur les plateaux, les coteaux et dans le fond de la vallée de la Thyle. Au total, le domaine couvrait plus de 10.000 hectares jusque Incourt, Thorembais, Nivelles... Sur les plateaux, plusieurs granges étaient concédées à des frères convers pour la gestion. La ferme du Chenoy dont les terres s'étendent en partie sur la commune de Court-Saint-Etienne faisait partie du domaine de l'abbaye.

Lorsque les biens de l'abbaye sont mis en vente le 25 juillet 1797 par le pouvoir révolutionnaire, la vente s'opère en plusieurs lots.
Les bâtiments abbatiaux implantés dans la vallée sont acquis par La Terrade qui les démolit et revend les pierres pour la reconstruction des châteaux et la construction de nouvelles maisons ou châteaux dans la région. Comme on le verra ci-après, en 1820, La Terrade revend les ruines à Charles Lambert-Huart.
Les moulins à grains, scieries... appartenant à l'abbaye sont principalement acquis par de jeunes industriels extérieurs à la région. Enfin les granges et les fermes sont vendues à la bourgeoisie qui est généralement issue des cités.

B - Les recompositions territoriales sur les plateaux

Comme le rapportent E. Meuwissen et P. Pilloy, la famille Mosselman rachète en 1797 le domaine du Chenoy qui s'étend sur le plateau et sur le territoire de plusieurs communes.

Cette famille originaire de Bruxelles avait fait fortune dans la collecte des déchets puis dans la confrérie des bouchers avant d'obtenir sa reconnaissance sociale et sa notoriété en créant une banque et accédant au poste de bourgmestre de Bruxelles. En 1794, la famille détenait déjà l'une des plus grosses fortunes de nos régions.
Après avoir racheté le domaine du Chenoy, la notoriété de la famille se consolide aussi vu le rôle de François Mosselman lors de la constitution de la franc-maçonnerie belge. En 1798, il participa en effet à la fondation de la loge des « Amis Philanthropes ». Cette loge rassemblait des fonctionnaires et des militaires français et quelques bourgeois bruxellois. Elle défendait les idées républicaines visant à supprimer les contraintes de l'Ancien régime et à promouvoir la liberté d'entreprendre.

Enfin avant de poursuivre son ascension sociale à Paris, la famille investit en 1813 dans l'industrie du zinc en rachetant la fabrique de la « Vieille Montagne » de Moresnet dans la région liégeoise. Cette activité profite pleinement des campagnes napoléoniennes, du grand marché français et du blocus imposé à l'Angleterre.
Issue d'une lignée de bouchers devenus industriels et francs-maçons anticléricaux, la notoriété de la famille était acquise d'autant que, désormais, elle matérialisait sa richesse en rachetant le domaine du Chenoy issu de l'abbaye de Villers-la-Ville.

Mais soulignons que l'acquisition du domaine du Chenoy est une opération à résultats multiples. Elle permet en effet aux Mosselman d'obtenir le droit de vote dans le système censitaire. Elle constitue aussi la marque d'une revanche contre l'Eglise et l'Ancien régime en s'accaparant ainsi l'un patrimoine symbolique les plus manifestes. Enfin, elle leur permet de maîtriser un secteur économique toujours important : l'agriculture.

L'acquisition du Chenoy réalisée, l'un des premiers objectifs de la famille est de maintenir le domaine et d'assurer son développement alors qu'il s'étend déjà sur plusieurs communes. Si le niveau communal n'est que très partiellement pertinent, par contre le niveau supracommunal l'est davantage. Dès lors, durant cette phase de transition vers le processus d'industrialisation, les Mosselman du Chenoy sont peu concernés par la politique communale et ils vont principalement investir les niveaux provinciaux et nationaux.

Les Mosselman doivent donc assurer la transmission du domaine du Chenoy vers la jeune génération. En effet depuis la Révolution française, les droits de succession et de partage entre descendants ont été nettement augmentés pour réduire l'emprise de la noblesse. Les alliés républicains posaient de la sorte un problème à la famille Mosselman. Comment éviter de perdre un élément constitutif de leur reconnaissance sociale, économique mais aussi politique ? La solution existait. François Mosselman désigne comme héritiers son neveu Théodore et sa fille... et en 1823 Théodore épouse sa cousine. En somme, nos révolutionnaires convaincus basculent dans une dynamique d'institutionnalisation en renouvelant des pratiques de la noblesse de l'Ancien régime.

C - Les recompositions territoriales dans la vallée et sur les versants

D'autres acteurs locaux mais surtout étrangers profitent de ce contexte de revente de biens par le régime français et de la politique économique hollandaise. Toutefois leurs territorialités et leurs stratégies sont différentes de celles observées sur le plateau.

Ce contexte offre en effet des opportunités d'acquisition non seulement des terres mais aussi de bâtiments et plus particulièrement des moulins à eau. Le régime hollandais met d'ailleurs en œuvre une politique de soutien à l'économie sur l'ensemble du nouveau territoire des Pays-Bas. La constitution de la Société générale est un instrument en ce sens dont l'impact le plus connu est le rachat par John Cockerill du château d'été des Princes-Evêques de Liège pour y investir dans la construction des premiers hauts fourneaux.

Dans les vallées de la Thyle, de l'Orne et de la Dyle à Court-Saint-Etienne, cette recomposition peut aussi clairement être mise en exergue, car plusieurs biens importants sont rachetés et un enregistrement des moulins en activité est progressivement instauré. Ce recensement permet de comprendre qu'en peu de temps plusieurs étrangers au contexte local investissent et rénovent les moulins à eau.

C'est ainsi que le baron Charles de Beeckman, bourgmestre de Louvain, rachète le château de Court implanté sur le promontoire à proximité directe du village et dont les terres s'étendent tant sur la vallée que sur les versants. L'intervention des Louvanistes n'était pas nouvelle dans la région. Pour rappel, ils avaient déjà réaménagé la Dyle afin d'y faciliter la navigation et, partant, leurs échanges commerciaux. Cette fois, ces étrangers qui ne le sont donc pas totalement, vont s'inscrire pleinement au niveau local en maîtrisant d'abord le foncier. La fille de Charles de Beeckman, Félicité, épouse le comte Eugène d'Auxly, chambellan du roi des Pays-Bas. Cette nouvelle aristocratie moderne va dès lors progressivement recomposer la vallée et les versants en remodelant l'articulation entre la commune et les niveaux territoriaux supérieurs. Toutefois, elle ne dispose pas encore de la reconnaissance locale. Ce n'est donc qu'au cours du processus d'industrialisation et après avoir maîtrisé le foncier que se met en place ce rôle de notable qui articule les niveaux locaux et supérieurs.
Mais dans un premier temps, outre la maîtrise foncière, l'une des premières interventions de la famille d'Auxly est de remettre en activité le Grand moulin situé sur la Thyle et qui faisait partie du domaine seigneurial. La remise en service est assez traditionnelle puisque le Grand moulin servira comme par le passé à la mouture de la farine. Il faut préciser que si la technique et les activités étaient proches de celles du passé, le contexte avait fondamentalement changé. En effet, certaines mutations étaient intervenues suite à la Révolution française : la population n'avait plus obligation de faire moudre au moulin du château. Nous ignorons dès lors comment la famille d'Auxly assure le redéveloppement de son moulin. Peut-être allait-elle mobiliser ses origines louvanistes et faire alliance avec des meuniers de Louvain pour moudre ou pour commercer ?

A côté de cette nouvelle aristocratie, des entrepreneurs investissent également et modernisent d'autres moulins. Ainsi la chute de Franquenies sur la Dyle qui était propriété de l'abbaye de Villers-la-ville est rachetée en 1780 par un Anglais qui y entreprend la construction d'une filature. Par la suite, en 1829, le moulin de Noirhat, toujours sur la Dyle, est racheté et transformé en forge puis en filature par deux Français, les frères Favreaux.
Ces investisseurs principalement étrangers innovent donc en utilisant les moulins à des fins nouvelles. Progressivement en maîtrisant leur parcelle ils induisent aussi une dynamique de mutations dans la commune. Les filatures et forges n'étaient en effet encore guère présentes dans la région. Mais si la parcelle semble plus ou moins adéquate, que le cours d'eau est ainsi recomposé en créant des biefs..., il demeure que leur activité dépend aussi des échelles du voisinage (par exemple pour embaucher la main-d'œuvre) et de celle plus large de la sous-région voire du pays pour acheminer les matières premières et vendre les biens produits. Cette recomposition au niveau des parcelles aura-t-elle un effet au niveau des territoires supérieurs ? Les opportunités offertes par les outils mis en place au niveau des territoires nationaux seront-elles suffisantes pour assurer le développement ?

2.3.3.2. L'émergence de la commune moderne de Court-Saint-Etienne

Comme ces investisseurs étrangers, de nombreuses personnes originaires du voisinage veulent, elles aussi, bénéficier des effets de la Révolution française et des incitants hollandais à la relance économique. Cependant, comme on le verra ci-après, plusieurs oppositions se manifestent à l'égard des régimes français puis hollandais vis-à-vis de leurs mesures intégratives prises notamment à l'encontre de l'Eglise catholique. Mais des compromis apparaissent et dès lors ces acteurs vont se reconvertir économiquement mais aussi sur le plan institutionnel face à la constitution de l'administration civile. Dans ce contexte ce sont eux qui concrétiseront la recomposition du territoire communal.

A - *Une recomposition sous les régimes français et hollandais*

A partir des entités villageoises de l'Ancien régime, une nouvelle commune est créée en 1794 par l'autorité républicaine. La commune de Court-Saint-Etienne rassemble désormais les seigneuries de Beaurieux, Sart-Messire-Guillaume, Suzeril et Court.

La recomposition de la commune s'appuiera sur les premiers relevés du cadastre, réalisés entre 1805 et 1811. Ses limites peuvent ainsi désormais être tracées en référence au parcellaire. Mais cette recomposition semble surtout correspondre approximativement à la paroisse de Court-Saint-Etienne qui relevait de l'évêché de Namur. En effet sous l'Ancien régime l'entité de Court relevait de la circonscription civile de Mont-Saint-Guibert alors que Sart-Messire-Guillaume appartenait à celle de Genappe. Par contre Court et Sart-Messire-Guillaume étaient déjà réunis au travers du territoire paroissial de Court-Saint-Etienne. Ainsi le régime français aurait recomposé les territoires communaux par une intervention intégrative inversée, si l'on ose dire : s'aligner sur les territorialités religieuses pour mieux les supplanter.

Lors de cette phase de transition vers le processus d'industrialisation, les gestionnaires communaux sont choisis par les autorités françaises et hollandaises parmi des partisans locaux ou non. Ces derniers sont tous, de près ou de loin, des forces vives (meunier, fermier, notaire...). Ainsi, Jean-Baptiste Malrechauffe qui en 1805 rachète le Petit moulin du châtelain de Hévillers de Man de Lennick, sur la Thyle, fut désigné maïeur de Court-Saint-Etienne de 1815 à 1825, Nicolas Debroux, fils de notaire, fut bourgmestre de 1804 à 1815 puis de 1825 à 1830. Avant eux, ce sont d'anciens échevins de Beaurieux ou Sart.

B - *La poursuite de la recomposition suite à la Révolution belge*

A la Révolution belge, des élections conduisent le catholique Joachim Liboutton, géomètre et fils de fermier, aux commandes de la commune. Joachim Liboutton sera bourgmestre jusqu'en 1876 soit durant toute la première phase du processus d'industrialisation. Selon P. Pilloy, il va poursuivre la recomposition de la commune en veillant aux intérêts locaux dans une perspective plus conservatrice ; nous y reviendrons.

Cette perspective est d'autant plus envisageable que les nouvelles familles de grands propriétaires (d'Auxly et Mosselman) ne sont pas encore actives au niveau communal. L'attitude assez distante des grandes familles dans la gestion des affaires de la commune s'apparente en quelque sorte à la répartition héritée de l'Ancien régime distinguant d'une part le territoire civil et le territoire foncier, c'est-à-dire la seigneurie. En outre, comme nous le verrons ci-après, plusieurs nouveaux entrepreneurs feront faillite.

La recomposition du territoire communal fait donc l'objet d'une phase de modernisation puis d'une phase de ralentissement voire de restauration. La Révolution belge peut être considérée comme une phase de ralentissement d'autant que, comme le souligne X. Mabille, il faudra attendre plusieurs années pour qu'une nouvelle politique économique soit instaurée.

2.3.3.3. La recomposition de la commune dans la territorialité nationale

Sous l'Ancien Régime, les entités de Court et de Sart-Messire-Guillaume relevaient deux maieries (Mont-Saint-Guibert et Genappe) qui appartenaient au Roman Pays sous l'autorité du duché de Brabant. Le Roman Pays couvrait un vaste territoire puisqu'il s'étendait jusqu'à Hannut et Gembloux.

Sous le régime français, Court-Saint-Etienne va relever du département de la Dyle, plus restreint que l'ancien duché de Brabant. Le département de la Dyle avait pour préfecture Bruxelles. Le choix de Bruxelles comme ville importante se confirmait donc au détriment de Malines ou même de Louvain qui étaient pourtant importantes sous l'Ancien régime. Toutefois dans la France républicaine, Bruxelles n'est qu'une préfecture parmi beaucoup d'autres.
Enfin notons que le département de la Dyle comptait trois sous-préfectures : Bruxelles, Louvain et Nivelles. Dès cette époque, Court-Saint-Etienne est ainsi définitivement rattaché à Nivelles et au canton de Wavre.

La phase de transition fut caractérisée par des freins et des résistances locales. Certaines attitudes de résistances vont encore se faire jour lors de la première phase du processus d'industrialisation en raison des forces hostiles à la modernisation industrielle qui accèdent aux pouvoirs (voir ci-dessus).

2.4. Conclusions et le modèle de représentation du processus agraire

2.4.1. Le modèle de représentation du processus agraire

Le schéma présenté au sein du premier chapitre est repris et adapté selon les mutations et les (re)compositions à l'œuvre lors du processus agraire. Comme mis en évidence ci-avant l'intérêt réside essentiellement dans les liens entre territorialités de même que dans le mode de représentation de l'organisation du territoire fondé sur la proximité et dont Von Thünen en a établi une modélisation au début du 19ème siècle.

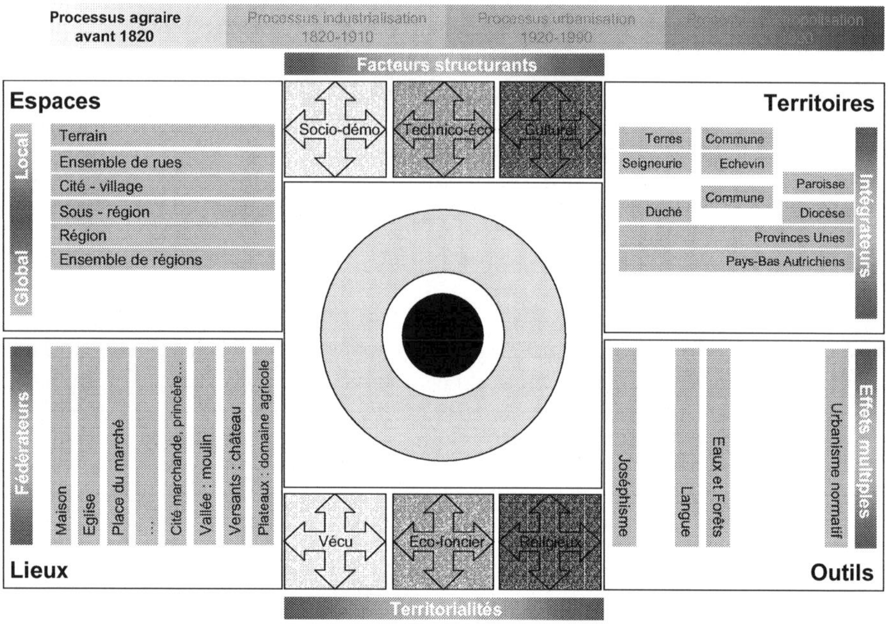

Le schéma de Von Thünen traduit fort bien l'organisation de l'espace du processus agraire. Pour Von Thünen, les activités sont implantées dans l'espace afin de prendre en compte la difficulté de transport et de stockage.

Selon sa schématisation, ces deux facteurs vont conduire à réserver les terrains proches des cités pour y localiser des activités agricoles comme les produits frais : œufs, légumes, lait... Ces produits étaient en effet difficilement transportables en raison de la mauvaise qualité des routes et leur conservation était difficile en l'absence de possibilité de réfrigération. Aux abords des cités, il fallait également consacrer des superficies à l'alimentation des bovins mais surtout des chevaux qui étaient encore indispensables dans les cités. Des prairies pour le pâturage existent donc à proximité voire même au sein des cités. A côté des cultures maraîchères et des pâtures, des bois étaient également maintenus à proximité des cités afin de permettre l'approvisionnement en bois de chauffage ou en bois de construction mais aussi le glanage des cochons. On pouvait également trouver l'une ou l'autre petite carrière de pierres ou de terre pour la fabrication de briques.

Toujours selon cette schématisation, plus à l'écart des cités, s'étendaient les champs de grandes cultures céréalières.

Enfin, aux confins du monde si l'on ose dire, s'étendait la forêt profonde réservée à la production de charbon de bois et à la chasse.

Cette schématisation renvoie à une organisation du territoire de type radioconcentrique ; elle doit naturellement être nuancée par les effets du relief, dont principalement l'impact des cours d'eau et des routes dont nous avons montré ci-avant l'influence également déterminante sur l'implantation des activités.

2.4.2. Les mutations et les recompositions à la fin du processus agraire

La phase de transition qui marque la fin du processus agraire est une période d'hésitations et d'incertitudes avec des phases d'accélération puis de ralentissement voire de restauration. Toutefois les mutations s'accumulent : nouvelles techniques (la vapeur), nouvelles ressources (le minerai de charbon), nouvelles structures sociales avec la bourgeoisie, le tout dans l'affirmation d'une nouvelle structure territoriale : la Nation.

La Nation est le fruit d'une recomposition horizontale et verticale. Elle simplifie la complexité des multiples territoires hérités. Elle établit la transversalité au sein de l'Etat-nation. Ce dernier introduit alors une recomposition et ce, à chaque niveau de territoire. Mais si le travail a progressé, il n'est pas terminé car plusieurs mouvements de résistance favorisent des restaurations.

Le processus d'industrialisation sera caractérisé par cette volonté intégrative qui induira une tension constante entre libéraux et catholique dans le cadre de l'Etat belge. Les premiers souhaitent que l'Etat reprenne l'ensemble des prérogatives jusqu'alors réparties entre l'économie, le religieux et le foncier. Les catholiques, comme on le verra, s'opposent à la « nationalisation » de l'enseignement ou de la temporalité.

L'Etat-nation laissera ensuite la place à l'Etat-providence qui sera marqué par la recomposition des territoires en raison de l'émergence des questions sociales mais aussi linguistique en Belgique. L'émergence de l'Union européenne est dès lors pour nous l'ouverture vers un nouveau territoire intégrateur. Les compositions et les méthodes ici observées ne seront pas foncièrement nouvelles sans être tout à fait les mêmes. Nous y reviendrons.

Enfin, ce travail d'analyse nous permet non seulement de comprendre la structure territoriale dont nous héritons mais aussi de voir à travers l'Ancien régime peut-être des pistes pour recomposer le territoire face par exemple aux questions de mobilité, de paysages ou de multiculturalité.

Chapitre 3

PROCESSUS D'INDUSTRIALISATION

3.1. Introduction

Le processus d'industrialisation peut être subdivisé en trois phases de développement.

La première phase couvre la période entre 1830 et 1865 ; elle est caractérisée par la Révolution belge qui offre à la bourgeoise belge la reconnaissance d'une nouvelle territorialité. La structure du territoire est fondée sur l'Etat-nation et les communes. Le débat entre libéraux et catholiques va être principalement centré sur la question de l'intégration des sphères civiles, religieuses et foncières au sein du territoire national.
Le capitalisme industriel va pouvoir se développer avec, pour corollaire, l'exode rural et la production des villes industrielles, mais aussi la recomposition des cités commerçantes ou princières en villes bourgeoises. L'ensemble de cette dynamique s'appuie sur la transformation de l'opposition entre aristocratie et bourgeoisie en la recomposition d'une bourgeoisie de notables propriétaires dominant les prolétaires.
Ainsi l'opposition entre catholiques et libéraux est partiellement effacée sous l'effet conjoint d'une nouvelle distinction entre prolétaires et propriétaires Mais l'alliance des propriétaires catholiques et libéraux relève aussi du souci d'assurer l'indépendance du nouveau territoire national.

La seconde phase s'étend de 1865 à 1890. Elle est marquée par l'essor industriel mais aussi par la première grande crise du capitalisme et l'intrusion de l'Etat dans la gestion économique, notamment par l'affirmation des niveaux territoriaux supracommunaux, mais aussi dans la gestion territoriale notamment par la mise en place d'une politique de plus en plus internationale. Les Etats deviennent impérialistes. La bourgeoisie de notables se fractionne alors sur la base des clivages hérités de la Révolution française qui sont réactivés. Les catholiques et les libéraux s'opposent ouvertement alors que la classe ouvrière se structure progressivement.

Enfin la troisième phase marque le tournant des 19ème et 20ème siècles, avec de multiples innovations techniques et culturelles qui posent les jalons du processus d'urbanisation. Cette troisième phase est donc celle d'une transition.

3.2. La phase de montée en puissance du processus d'industrialisation : 1830-1865

Contrairement au second chapitre abordant le processus agraire, nous introduisons le processus d'industrialisation à partir de l'examen de la dynamique locale.

3.2.1. Les mutations et les recompositions à Court-Saint-Etienne

3.2.1.1. L'évolution des espaces

Le plan Popp dressé vers 1840 fournit un état détaillé de l'occupation du sol au début du processus d'industrialisation.

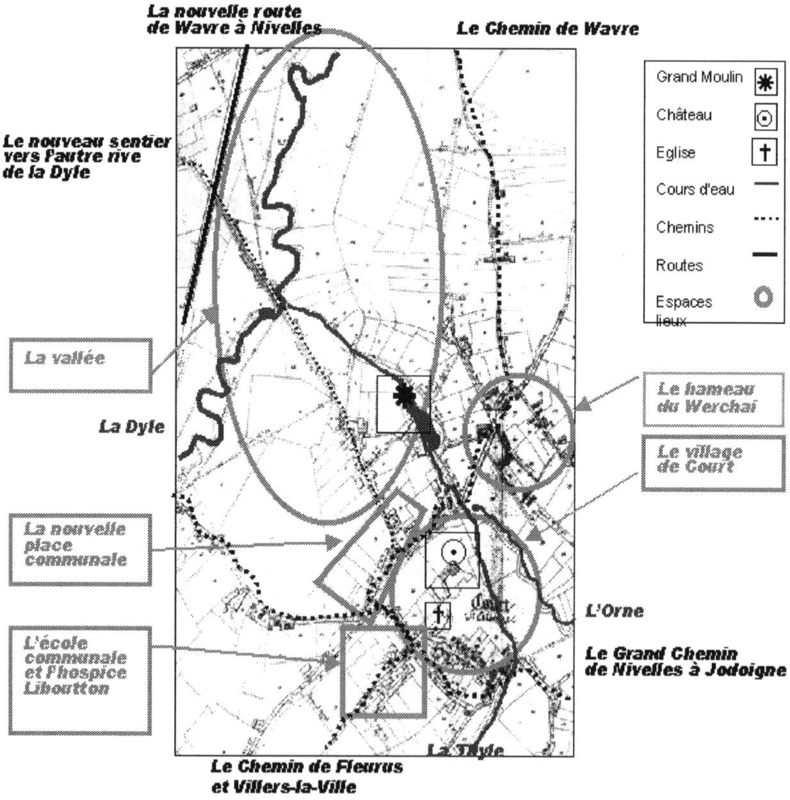

Ce qui est frappant sur cette nouvelle cartographie, c'est le parcellaire, le village circulaire et le château de même que la présence des chemins et sentiers hérités.

A l'est, on voit la création d'une route rectiligne sur l'autre rive de la Dyle de même que la présence de nombreuses prairies humides. Au nord de la Thyle, le hameau du Werchai se renforce mais il demeure distinct du village. On perçoit aussi la création d'un espace communal reprenant une nouvelle école et l'hospice. De même, la place communale se structure et le sentier du Culot en partie bâti, prolongé par le sentier de la Planche, permet de franchir la Dyle et de passer à travers les prairies humides pour joindre l'autre versant de la vallée. Enfin, la carte indique clairement la retenue de la chute du Grand moulin et les bâtiments situés entre le sentier du Culot et le hameau du Werchai le long de la Thyle.

L'évolution de l'espace du centre de Court-Saint-Etienne est détaillée ci-après en fonction des mutations et des recompositions territoriales.

3.2.1.2. Les mutations à Court-Saint-Etienne

A - La population au début du processus d'industrialisation

A la fin du régime français, Court-Saint-Etienne couvrait approximativement le territoire actuel et comptait quelque 1.500 habitants. En 1830, la population atteint près de 2.200 personnes et 3.000 en 1865. En trente ans, la population a donc augmenté pratiquement d'un tiers soit une trentaine de personnes par an. Cette croissance s'explique non seulement par une amélioration timide des conditions de vie mais surtout par un exode pré-industriel ; les moulins de la vallée se reconvertissant progressivement en petites industries.

Toutefois, vers 1850, plusieurs épidémies (typhus, petite vérole et fièvre typhoïde) frappent la population et particulièrement le hameau du Werchai. La croissance de population chute très nettement à moins d'une dizaine de personnes par an entre 1850 et 1860.

B - Les mutations socio-culturelles à Court-Saint-Etienne

Nous abordons les mutations culturelles à Court-Saint-Etienne en deux temps, d'abord en lien avec l'évolution socio-démographique puis après avoir examiné les mutations technico-économiques.

a) La difficile question de la gestion des flux de population

Si l'industrialisation est aux portes de la commune, l'arrivée d'ouvriers et les incertitudes sur la stabilité des nouveaux Etats poussent le bourgmestre Joachim Liboutton à s'opposer à certains travaux comme le pavage des routes. De la sorte il freine la mutation et évite les recompositions.

Cette attitude de résistance vise à éviter de produire un nouveau territoire plus accessible et qui risquerait selon lui de faciliter les mouvements des vagabonds, des malades et des armées. L'amélioration de la voirie est aussi un facteur de développement économique particulièrement propice à l'essor des nouvelles industries principalement tenues par des personnes étrangères à la commune (voir ci-dessus). En tant que fils de fermier et gestionnaire foncier, cette nouvelle perspective lui apparaît sans doute dangereuse.

Pour lui, il convient de protéger la population locale de ces envahisseurs potentiels qui constituent des dangers d'épidémies et de concurrence pour les artisans locaux et sont synonymes de destructions en cas de guerre.

Cette position est exemplaire car elle démontre que la question de l'immigration et de la mobilité était déjà une question importante.
Liboutton tranche. Il faut éviter l'ouverture de la commune. Une recomposition territoriale n'aura donc pas lieu. Du moins pas tout de suite...

b) L'établissement de règles de savoir-vivre

Face à ce mouvement de population mais aussi face à certaines recompositions contre lesquelles il ne peut faire obstacle (voir ci-dessous), le bourgmestre Joachim Liboutton prend une série de mesures pour réaffirmer un savoir-vivre local ; autrement dit pour encadrer socialement cette nouvelle population. Il tente ainsi de gérer l'industrialisation de la commune.

En 1835, il édicte par exemple des règlements de police sur la circulation des chiens, particulièrement nombreux (chiens sauvages, chiens de surveillance des troupeaux, chiens assurant la traction de charrettes...). Les chiens errants pouvaient être abattus sur-le-champ par le garde-champêtre.
En 1849, il met également en place des orientations morales. D'une certaine manière, en tant que catholique, il pallie la perte d'influence morale de l'Eglise ou plus exactement il intègre dans la maîtrise de l'espace, des valeurs ou des principes catholiques afin de maintenir le territoire communal. C'est ainsi qu'il fait adopter un autre règlement de police sur la salubrité publique (heures d'ouverture des cabarets, tenue des bals, interdiction de parler à proximité de l'église durant l'office, interdiction de mendicité, obligation de balayer le devant des maisons le samedi matin et obligation de peindre en blanc la façade à rue, interdiction de se baigner à proximité des maisons...).
Suite à plusieurs plaintes des lavandières et des fermiers, il intervient auprès des autorités provinciales à l'encontre des deux papeteries, situées aux limites de la commune et qui sont la cause de pollution de la Dyle et de la Thyle. La capacité à intervenir est toutefois limitée. Liboutton est confronté à l'effet des frontières communales.
Lors de la disette de 1845, il prend plusieurs mesures pour renforcer les aides à la population via le Bureau de bienfaisance qui remplaçait depuis la Révolution française les services de la charité de même que le service rendu par les échevins dans la gestion des terres communes. La Révolution a donc partiellement regroupé des compétences au niveau communal et évité des concurrences stériles, dirions-nous aujourd'hui.
Enfin, à sa mort, il lègue la totalité de ses biens pour la construction d'un hospice pour personnes âgées. Liboutton voulait ainsi aider les aînés qui ne pouvaient plus bénéficier de la solidarité familiale. Les aînés deviennent en effet des isolés suite au départ de leurs enfants vers la ville pour y travailler et s'y installer.

C - Les mutations technico-économiques à Court-Saint-Etienne

Lors de la phase de transition vers le processus d'industrialisation, on s'en souvient plusieurs acteurs économiques étrangers (les frères Favreaux, Bradely Green...) avaient racheté les principaux moulins et les avaient modernisés. De son côté la famille d'Auxly avait racheté la seigneurie de Court-Saint-Etienne et réactivé le Grand Moulin situé sur la Thyle.

Ces activités sont prises dans trois mutations : une rationalisation en raison de facteurs individuels mais aussi d'une crise économique, un renouveau par l'émergence de nouvelles productions et l'introduction de techniques nouvelles comme la vapeur et enfin plusieurs mutations liées aux modes de transports avec l'aménagement d'une nouvelle route en 1838 et surtout l'arrivée du chemin de fer vers 1855.

a) *Les premiers transferts et réinvestissements*

Après avoir commencé leurs activités sous le régime hollandais, la majorité de ces investisseurs revendent leurs fabriques vers 1850. Trois hypothèses complémentaires peuvent être avancées pour tenter d'expliquer ce transfert d'activités.

Tout d'abord ils atteignent sans doute un certain âge et faute de successeurs, ils doivent revendre. En d'autres mots, ces investisseurs n'ont pas eu le temps de créer un cadre familial alors que l'entreprise lui demeure associée. On ne peut réfléchir au développement des territoires sans oublier ces phénomènes générationnels. L'impact générationnel est dans ce cas assez significatif puisqu'il y a eu une politique de soutien à l'investissement relativement courte sous le régime hollandais.
Ensuite, ces industriels cessent leurs activités alors que la commune est frappée par plusieurs épidémies. Une crise économique locale pourrait donc avoir précipité les faillites.
Enfin, troisièmement, on assiste à une nouvelle forme de mutation technique et industrielle avec l'introduction de la vapeur. Le manque de formation ou de capitaux pourrait être à l'origine de cette difficulté de reconversion.

C'est ainsi que Malrechauffe qui fut le premier bourgmestre de la commune sous le régime hollandais, doit céder son moulin en faillite. Le bien est échangé à plusieurs reprises pour être finalement racheté en 1854 par un meunier de Vilvorde. La famille Ceulemans s'implante de la sorte dans la commune et y installe une roue supplémentaire et une machine à vapeur.

Une même mutation affecte la filature de Bradely Green que d'aucuns considèrent comme fou. Interné, son entreprise est rachetée par Charles Van Hoegaerden et des collaborateurs. La filature de coton est modernisée, les activités reprennent. De nouveaux bâtiments sont construits de même que plusieurs logements pour les ouvriers. Mais la situation économique de l'entreprise n'est guère florissante. La plupart des ouvrières doivent mendier dans les fermes des environs car leur salaire ne leur permet pas de subvenir aux besoins de leur famille.

b) *Le Grand moulin devient l'Usine de Court-Saint-Etienne*

Le comte d'Auxly, propriétaire du château de Court-Saint-Etienne et du Grand moulin, décède en 1846. Entre-temps, Coralie d'Auxly, l'héritière, avait épousé en 1844 Louis Goblet d'Alviella (voir ci-dessous).

A peine le comte décédé, sa veuve revend le moulin à Auguste Fauconnier, originaire de Gosselies. Ce dernier entreprend d'emblée de supprimer le moulin à farine et de le transformer en forge avec trois souffleries et trois makas pour fabriquer des essieux et des bandages pour roues de chariots. Parallèlement à cette activité, il développe la fabrication de cassero-

les émaillées dans les bâtiments de la franche taverne. Le moulin se dénommait alors « Forge de Court-Saint-Etienne ».
En 1853, il installe également une fonderie de fer. La forge devient alors « l'Usine de Court-Saint-Etienne ».

Entre-temps, Auguste Fauconnier rachète la forge et la filature installées au moulin de Noirha par les frères Favreaux qui avaient entrepris les démarches pour y implanter aussi une papeterie. Auguste Fauconnier rachète donc l'ensemble et devient propriétaire du Grand moulin et du moulin de Noirhat. Toutefois, en 1858, faute de capitaux suffisants il doit faire aveu de faillite.

En 1859, le Grand moulin est alors repris par le comte Louis Goblet d'Alviella, revenant ainsi dans le giron familial.

Dans la commune, nous sommes donc, après les épidémies et plusieurs mutations liées aux modes de transports (voir ci-après), à un tournant économique. Les expériences se sont multipliées, les premières générations de pionniers, souvent venus de l'extérieur, s'en sont allés par la petite porte ou plus simplement les deux pieds devant. La nouvelle génération tire les leçons, profite d'une main-d'œuvre qui, elle aussi, s'est formée sur le tas... Les marchés se sont restructurés. Bref, les mutations internes à l'économie confortent celles de la démographie et de la culture. Nos indicateurs s'accumulent. Mais avançons, le temps presse, la dynamique s'emballe d'autant que le chemin de fer s'implante dans la vallée.

c) L'économie locale prise dans les mutations des transports

Deux mutations importantes interviennent dès la première phase du processus d'industrialisation.

La première concerne l'aménagement de la nouvelle route pavée et rectiligne dans la vallée de la Dyle entre Wavre et Nivelles. Ces liaisons sont donc nettement améliorées. Le tracé de la route est établi sur l'autre rive de la Dyle. Néanmoins comme on le voit sur le plan Popp le « sentier de la Planche » permet de connecter le village à cette nouvelle route provinciale. Cette route offre plusieurs opportunités pour l'économie locale mais aussi des craintes notamment dans le chef du Bourgmestre.

L'autre mutation intervient vers 1855 avec la mise en service du chemin de fer dans la vallée. Comme on le verra ci-après, le chemin de fer est tracé afin de relier Louvain à Charleroi. Cette liaison se subdivise en deux sections à Court-Saint-Etienne : une ligne vers Nivelles et Manage puis Charleroi via la vallée de la Dyle et une ligne vers Villers-la-Ville et Fleurus puis Charleroi via la vallée de la Thyle.

3.2.1.3. Les recompositions territoriales

Comme dans lors de la phase de transition, la recomposition territoriale est ici analysée au travers du jeu des acteurs qui vont tirer parti des mutations aux différentes échelles, pour maîtriser le niveau parcellaire et le niveau local.

Ces acteurs recomposent chaque niveau de territoire par rapport à leur territorialité. Parmi eux certains deviennent commerçants ou artisans et d'autres seront progressivement des notables. Les commerçants profitent de l'augmentation de population, des activités nouvelles et des axes routiers. Les notables articulent le niveau local avec les niveaux supérieurs. Toutefois au cours cette première phase du processus d'industrialisation, ils n'ont la maîtrise que du niveau parcellaire. Il faut attendre la seconde phase pour qu'ils jouent pleinement leur rôle de notables, c'est-à-dire pour qu'ils établissent des liens entre le local et le global.

A - La maîtrise du territoire par l'affirmation de la nouvelle bourgeoisie

a) La maîtrise d'un nouveau territoire par la famille Mosselman

Dès avant la révolution belge, François Mosselman, très proche des milieux francophiles, importe la volonté républicaine de construire une Nation libre des contraintes de l'Ancien régime. Dès lors, comme le souligne X. Mabille, la Loge s'oppose aux conservateurs catholiques et aux corporations. En 1834, après l'indépendance, la loge crée l'Université libre de Bruxelles, confirmant ainsi sa volonté d'autonomie par rapport à l'enseignement aux mains de l'Eglise catholique.

A l'échelle du pays, François Mosselman tente donc de maîtriser les orientations de la Belgique naissante en sensibilisant aux pensées et valeurs républicaines. Il maîtrise rapidement une partie des nouvelles activités à l'échelle du pays comme l'Université libre de Bruxelles. Mais ce qui apparaît clairement dans l'émergence de nouveau territoire de l'Etat-nation, c'est l'opposition d'orientation entre les catholiques et les libéraux. Toutefois cette opposition est masquée par la nécessité d'union pour construire la Belgique.

A Court-Saint-Etienne, sur le plateau, François Mosselman lègue en 1829 son domaine du Chenoy à son neveu et à sa fille, ceux-ci s'étant mariés depuis 1823 pour résoudre l'écueil des droits de succession et de répartition des biens entre descendants imposés depuis la Révolution française. La dynamique de développement a atteint son premier objectif de maintenir l'unicité du domaine. Théodore Mosselman peut entreprendre le second objectif : l'expansion.

Pour assurer l'expansion du domaine, Théodore va dans un premier temps, à l'image du contexte belge, réduire la fraction entre libéraux et catholiques. C'est ainsi que d'emblée au niveau local il soutient les revendications des habitants de Sart-Messire-Guillaume de bénéficier d'une église et d'être reconnue comme paroisse indépendante de celle de Court. La reconnaissance locale du « nouveau propriétaire des lieux » est donc progressive et d'autant plus nécessaire qu'il a besoin d'une main d'œuvre importante pour assurer les productions agricoles. Plus fondamentalement, en 1841, Théodore se marie en secondes noces avec Isabelle Coghen, fervente catholique mais surtout fille de Jacques-André Coghen qui fut le premier ministre des finances de l'Etat belge, commissaire de la Société générale et fondateur de l'Université libre de Bruxelles. Outre la reconnaissance des Mosselman par le nouveau pouvoir belge qu'implique ce mariage, il permet de tirer parti du patrimoine de la Société générale. La Société générale joue en effet non seulement un rôle industriel, comme on l'a vu précédemment, mais aussi un rôle d'opérateur foncier considérable, notamment en assurant la gestion d'importantes superficies boisées tant à proximité de Bruxelles qu'en Ardenne. Ces bois étaient jusqu'alors détenus par la Société générale afin d'assurer l'approvisionnement en charbon de bois des manufactures. Les innovations techniques du début du 19ème siècle

avaient progressivement permis d'exploiter plus en profondeur le minerai de charbon (voir ci-dessous). Dès lors la Société générale cède ses bois, pour l'essentiel, à la bourgeoisie qui peut ainsi agrandir et conforter son patrimoine foncier. Théodore Mosselman profite de cette aubaine et rachète plusieurs bois notamment à proximité du domaine du Chenoy.
Théodore rachète aussi plusieurs domaines et fermes du châtelain de Hévillers Charles de Man de Lennick. Pour Mosselman l'intérêt est double ; il s'étend et, en 1842, il ajoute à son nom la particule « du Chenoy » qui était jusqu'alors portée par le châtelain de Hévillers. On voir ainsi que Théodore multiplie les innovations mais aussi reprend des pratiques proches de celles de l'Ancien régime.

En somme, Théodore Mosselman va tirer parti de l'ensemble de ces opportunités pour devenir le principal propriétaire foncier de la nation belge naissante. Avec plus de 2.000 ha de terres en propriété, il est dans ce système territorial basé sur le vote censitaire, un homme puissant. Nous reviendrons ci-après sur le rôle du système politique en vigueur à cette époque.

En 1846, les choses changent quelque peu avec la création du parti libéral. Théodore va donc devoir prendre en compte les premiers signes d'une distinction plus marquée entre libéraux et catholiques. En 1847, il est candidat libéral et sera élu sénateur libéral de l'arrondissement de Nivelles. Il le restera jusqu'à sa mort en 1876. Ce poste de sénateur libéral est surtout un moyen de défendre l'intérêt des grands propriétaires du monde agricole. Si Mosselman est devenu un grand propriétaire, il apparaît aussi comme un notable respecté tant au niveau local qu'au niveau national. Toutefois, on ne peut pas encore réellement parler de notable au sens d'un acteur défenseur des intérêts communaux auprès du niveau territorial supérieur. En effet, pour Mosselman le local demeure surtout le village de Sart-Messire-Guillaume tandis que la commune n'est pas un territoire pertinent. On le retrouvera d'ailleurs davantage comme sénateur provincial et il n'interviendra que peu sur la scène locale, notamment au travers de concours de fermiers, ce qui s'inscrivaient sans doute assez logiquement dans sont rôle d'industrialisation des pratiques agricoles.

Observons à ce stade que la présence libérale de cette époque a encore aujourd'hui des effets sur la représentation politique au sein de l'arrondissement de Nivelles devenu entretemps la province de Brabant wallon. En effet, la bourgeoisie libérale eut pour stratégie de maintenir entre quelques mains les propriétés dont le cens donnait droit électoral. En outre, ces vastes propriétés souvent d'un seul tenant traduisaient pleinement le rôle important de l'agriculture dans l'économie. Ce rôle était et demeure d'autant plus manifeste que l'agriculture bénéficia aussi des effets des processus d'industrialisation et d'urbanisation (voir ci-dessous). Lorsque le suffrage censitaire fut progressivement remplacé par le suffrage universel, la bourgeoisie libérale, propriétaire de terrains aux portes de Bruxelles, orienta l'urbanisation en favorisant l'implantation d'une population nantie. Cet héritage marque encore largement la structure foncière de l'aire métropolitaine de Bruxelles et la répartition des populations.

b) Dans la vallée et sur les versants, l'ancrage de la famille d'Auxly-Goblet d'Aviella

Les Mosselman ont progressivement reconstitué le domaine du Chenoy de l'abbaye de Villers-la-Ville et peuvent ainsi maîtriser un vaste territoire s'étendant sur le plateau à proximité du village de Sart-Messire-Guillaume.

De son côté, la famille d'Auxly-Goblet d'Aviella recompose progressivement la seigneurie de Court. En devenant propriétaire du château et de ses dépendances (fermes, bois, moulins, franche taverne...), elle devient pratiquement le maître de la vallée et de ses versants. En effet, elle se constitue progressivement un patrimoine foncier de plus de 600 ha.
En 1844, Coralie d'Auxly, héritière du château de Court-Saint-Etienne épouse le comte Louis Goblet d'Alviella qui est parlementaire libéral. La famille Goblet avait été anoblie en raison des services rendus par Albert Goblet auprès de la Reine du Portugal mariée au neveu de Léopold Ier. Albert Goblet, après avoir été général dans les armées française et hollandaise, avait en effet servi Léopold Ier et les intérêts de la nouvelle Nation belge.

c) Ascension sociale et foncière sur le plateau et dans la vallée : les notables

A l'image de la famille Mosselman, un phénomène d'ascension sociale est donc également à l'œuvre dans la famille Goblet d'Aviella. Mais l'inscription territoriale des deux familles est loin d'être identique.

Comme nous l'avons déjà montré ci-avant, les interventions visant à recomposer le territoire répondent le plus souvent à plusieurs objectifs. La maîtrise foncière par les notables n'échappe pas à cette règle : tirer parti économiquement de l'activité agricole, diversifier les placements en capitaux mais aussi être reconnus comme nouvelle force politique en tant que bourgeoisie libérale au sein de la Nation nouvelle.

Dès lors ces deux familles vont jouer un rôle prépondérant dans le développement de la Nation par l'affirmation de la franc-maçonnerie, la création et la gestion de l'Université libre de Bruxelles et la structuration du parti libéral dans l'arrondissement de Nivelles.

Au niveau local, la famille Mosselman restera en dehors de la gestion communale contrairement à la famille Goblet d'Aviella. A cette différence près, l'une et l'autre demeurent essentiellement de grands propriétaires fonciers vivant de rentes agricoles.
A ce titre de propriétaires, elles industrialiseront les campagnes en introduisant de nouvelles techniques agricoles et sylvicoles. L'essor industriel sera davantage réservé aux entrepreneurs. C'est ainsi que le Grand moulin de la famille Goblet d'Aviella est progressivement cédé à Emile Henricot. Nous y reviendrons.

Les deux familles ont un autre point commun. L'une et l'autre décident de moderniser leur château. En 1833, sur la base des plans établis par l'architecte local Emile Coulon, Théodore Mosselman transforme assez fondamentalement la grange héritée de l'abbaye en un manoir de plus de 140 pièces. Son titre « du Chenoy » était donc associé à un château. De son côté, en 1860 Louis Goblet d'Alviella entreprend d'importants travaux afin d'aménager les 20 ha qui entourent son château en un parc planté d'arbres de variétés et essences différentes et il n'hésite pas à détourner la Thyle et à créer des étangs. Progressivement le parc devient une réserve naturelle. Il deviendra l'expression d'un nouveau rapport à la nature surtout lors de la troisième phase du processus d'industrialisation (voir ci-dessous).

B - La recomposition du territoire induite par la mobilité

Comme on l'a dit plus haut, deux mutations importantes interviennent en matière de transports lors de la première phase du processus d'industrialisation : création d'une nouvelle route et implantation du chemin de fer.

Nous nous limitons aux recompositions au niveau du territoire local. Les recompositions territoriales telles que par exemple l'accès plus aisé de la population locale vers les villes voisines ne sont donc pas traitées. Il apparaît en effet que Court-Saint-Etienne va essentiellement se recomposer sous un effet centripète : de nouveaux acteurs et de nouvelles activités vont venir s'implanter.

La nouvelle route pavée sur l'autre rive de la Dyle va surtout permettre un développement résidentiel dans le hameau de Winterzée. Un petit château y sera rapidement construit et deviendra le lieu de résidence d'un ingénieur agronome, ce qui marque sans doute, l'industrialisation de l'agriculture dans la région.

Les axes routiers existants, s'ils ne sont pas modernisés dans un premier temps en raison des oppositions du bourgmestre, induisent néanmoins la convergence de plusieurs flux en direction du village. Les nouveaux commerces vont ainsi principalement maîtriser l'espace disponible autour du carrefour des sentiers à proximité de la vallée. C'est ainsi que se (re)compose progressivement une place communale où les artisans et les commerçants s'installent mais aussi où certaines tavernes et salles de spectacles ouvrent leurs portes. Cette recomposition entraîne comme nous l'avons vu une série de mutations culturelles que le bourgmestre tente de freiner via l'instauration de règles de vie.

L'introduction du chemin de fer à Court-Saint-Etienne va également fournir des opportunités pour les acteurs locaux. Nous reviendrons sur cette mutation et ses jeux de recompositions dans Court-Saint-Etienne à la fin de cette première phase du processus d'industrialisation.

C - Les recompositions du territoire communal

A côté du village qui se marque toujours comme le lieu central du processus agraire avec l'église, le château, l'école paroissiale et plusieurs maisons, se (re)composent deux autres lieux : la place communale principalement maîtrisée par les commerçants - artisans et le lieu de services communaux.

a) *De l'école du village à l'école communale*

En 1822, l'école du village avait déjà été agrandie. Deux sœurs de la Providence de Champion y assuraient l'enseignement des filles alors qu'un instituteur était engagé par la commune pour enseigner aux garçons. Cet instituteur exerçait également la fonction de secrétaire communal. La commune recomposait ainsi en partie le village, lieu de la paroisse et du châtelain, en trouvant un heureux compromis entre les traditions héritées qui voulaient que l'enseignement relève de la sphère de l'Eglise, et les idées nouvelles visant à une sécularisation de l'enseignement. Ce compromis ne faisait que refléter l'alliance entre catholiques et libéraux à d'autres niveaux territoriaux. Un sentiment nationaliste transcendait les héritages catholiques-libéraux au profit d'une alchimie nouvelle. Combien de temps ce compromis basé sur une culture nationale allait-il pouvoir tenir ?

Le besoin de nouveaux bâtiments scolaires apparaît dès les premières années du processus d'industrialisation en raison à la fois de l'accroissement de population communale et l'obligation scolaire jusque 10 ans imposée depuis la Révolution française. Le projet de construire une seconde école pour y accueillir près de 400 enfants est adopté par la majorité. Le choix de localisation va marquer l'émergence d'un nouveau lieu principalement maîtrisé par les services communaux. Faute de place dans l'enceinte du village, une mise à distance physique s'instaure.
En 1859, l'école est donc construite le long du chemin qui mène à Faux et Villers-la-Ville c'est-à-dire sur le versant en direction du plateau dans un espace qui n'est ni approprié par les nouveaux industriels ni par la nouvelle bourgeoisie aristocratique qui veut maîtriser les grands domaines agricoles.

b) *L'hospice Liboutton*

A proximité de l'école, d'autres services communaux comme l'Hospice Liboutton seront implantés en 1878. L'Hospice fut construit suite aux souhaits et grâce aux dons du premier bourgmestre de Court-Saint-Etienne (voir ci-dessus).

Ainsi progressivement se structure un lieu rassemblant plusieurs services communaux.
Par la suite, ce lieu verra aussi l'aménagement du cimetière communal. Nous y reviendrons lors de la seconde phase du processus d'industrialisation.

3.2.2. Les facteurs de mutations comme clé structurante

Après avoir examiné les mutations et les recompositions dans le cadre de Court-Saint-Etienne, il convient de les mettre en perspective en examinant la dynamique globale. Nous pouvons de la sorte reprendre une série d'éléments évoqués et laissés jusqu'à présent en suspens.

3.2.2.1. L'éclatement des familles prolétariennes et l'émergence des familles bourgeoises

A - La famille paysanne transformée en famille prolétaire

Comme l'indiquent M. Beaud et M. Ragon, face à la montée du capitalisme, la famille paysanne se voit dépossédée de ses droits au logement et à l'accès aux terres. Elle doit également faire face à la disparition des multiples petites activités implantées dans les campagnes en raison de la concentration des activités vers les villes industrielles.
Prolétaire, c'est-à-dire sans maîtrise de son travail et de son logement, la famille paysanne devient dès lors une réserve de main-d'œuvre pour répondre aux besoins de plus en plus importants de l'industrialisation.

Les prolétaires connaissent des conditions de vie et de travail fort différentes notamment en raison des univers de travail très spécifiques : type d'activité et type d'encadrement patronal. Ceux qui sont embauchés dans les fermes comme ouvriers agricoles bénéficient de conditions de travail largement souhaitées par un grand nombre car proches de l'ancienne

paysannerie. Les prolétaires qui sont embauchés dans les usines, les mines ou les carrières ont des conditions de travail plus pénibles et proches de l'esclavage.
Les accidents de travail sont fréquents et les bas salaires conduisent bon nombre de personnes à devoir bénéficier de l'aide des Bureaux de bienfaisance.

Au-delà de cette diversité de situation, l'organisation du travail conduit à de nouveaux rapports au temps et à l'espace. Comme J. Remy et L. Voyé l'ont démontré, des pratiques rurales et des relations fondées sur des rapports d'interconnaissance personnelle peuvent y être reproduites.

Progressivement, une nouvelle répartition des métiers selon les sexes s'instaure. Cette répartition sera encore plus franchement marquée lors de la seconde moitié du processus d'industrialisation avec la détermination de règles à l'embauche.

La famille prolétaire devient aussi plus nucléaire car l'exode rural est le fait des jeunes et des jeunes familles.
Face aux conditions de vie, la mortalité infantile est élevée, ce qui limite le nombre de familles nombreuses. Les parents et ceux dont la faiblesse ne leur permet pas de se rendre sur les lieux d'embauche sont pratiquement abandonnés dans les campagnes.
Dans les villes, un même abandon intervient en cas de maladie ou de vieillesse.
Dans ces conditions, les effets de l'augmentation démographique sont largement restreints. L'espérance de vie ne progresse guère.
Les principales augmentations de population observées sont donc le fait de mouvements migratoires. Les paysans des plateaux descendent dans les vallées. De même, d'autres émigrent à travers le pays.

C'est sans doute durant la première partie du processus d'industrialisation que les campagnes en Wallonie gagneront le plus leur caractère agricole et que les villes industrielles vont émerger.

B - La famille bourgeoise

A côté de cette classe éclatée de prolétaires, d'autres familles peuvent néanmoins profiter pleinement de l'essor industriel : les familles aristocratiques, commerçantes, industrielles de même que certaines familles de contremaîtres comme les ingénieurs ou des administratifs travaillant essentiellement dans les banques et les ministères. Dans l'ensemble, elles connaissent une nette amélioration de leurs conditions de vie : enseignement, confort résidentiel et alimentation variée.
Mais la réussite de ces familles n'est cependant pas automatique. Certaines d'entre elles sont progressivement exclues en raison de difficultés de gestion ou des risques même physiques de leurs nouvelles activités.

Au même titre que dans la famille prolétaire, la famille bourgeoise connaît aussi une nouvelle répartition des rôles et des lieux selon les sexes. J.L. Flandrin souligne que la femme, dans la famille bourgeoise, deviendra une femme au foyer. Elle bénéficie du succès professionnel de son mari, elle a pour mission d'avoir des enfants et de les éduquer en accueillant le précepteur, en entretenant de bonnes relations avec le curé... La femme au foyer devient la maîtresse de la maison, son territoire.

La famille bourgeoise deviendra le plus souvent une famille nombreuse et les enfants occuperont des postes à l'armée, aux affaires de l'Etat (notaire, avocat...), aux activités de commerce mais aussi à l'Eglise (prêtres ou religieuses), aux colonies et naturellement à la reprise des affaires familiales. Les familles de la nouvelle bourgeoisie tendent à se renforcer en établissant même des mariages croisés pour conforter les développements industriels. Les rapports au temps peuvent ainsi s'établir dans la durée, contrairement à la famille prolétaire qui vit davantage dans les contraintes quotidiennes.

3.2.2.2. Les mutations socioculturelles

Si les rapports de voisinage sont encore largement fondés sur l'interconnaissance personnelle et le contrôle social, il n'en demeure pas moins qu'une nouvelle distinction apparaît entre culture et nature qui va conduire à poser les jalons de l'opposition entre urbains et ruraux.

L'invention et la maîtrise technique deviennent les maîtres mots de la distinction culturelle. Les rapports fondés sur la force militaire ou la richesse architecturale qui fondaient en partie le processus agraire sont rejetés. C'est ainsi que les grands architectes qui avaient servi l'aristocratie et le haut clergé pour construire palais et églises, sont mis au ban des références culturelles. La rationalité technique et économique l'emporte sur l'esthétique.

Avec le processus d'industrialisation, la ville et la campagne ne feront plus partie d'une même temporalité car le développement économique et technique de même que les innovations se concentrent dans les villes. Même si l'industrialisation se développe sur certains plateaux agricoles, la campagne est de plus en plus perçue comme traditionnelle et rurale. Une relation de supériorité de la ville sur la campagne s'installe.

3.2.2.3. Les mutations technico-économiques

A partir de 1840, M. Beaud met en évidence à travers les indicateurs économiques que la majorité de la richesse produite à l'échelle des nations n'est plus issue des activités agricoles mais des activités de transformation des produits et de la production de masse. Un effet de seuil est atteint ce qui signifie pour M. Beaud le passage vers la société industrielle. Cet apport mis en relation avec les autres mutations développées dans cette section nous permet pour notre part de poser la fin de la transition entre le processus agraire et le processus industriel.

A - Les nouvelles sources d'énergie et les nouveaux matériaux

Les énergies hydrauliques et issues du charbon de bois sont progressivement remplacées par le minerai de charbon, le gaz et la vapeur. Les activités vont dès lors se déplacer pour s'implanter à proximité des mines de charbon.

En s'installant à Seraing, John Cockerill crée en 1824 le premier haut fourneau à coke. Comme le rappelle H. Hasquin, cette nouvelle usine recourt de plus en plus systématiquement au minerai de charbon et au coke. Idéalement située le long de la Meuse et à proximité des charbonnages, elle sera plus concurrentielle que les forges et fourneaux implantés à proximité des gisements de minerai de fer et des forêts charbonnières. Ces fabriques dispersées à travers la Wallonie sont prises dans un mouvement de concentration vers les bassins charbonniers qui deviennent le nouveau territoire économique du processus d'industrialisation.

D'autres innovations techniques citées par P. Govaerts et al. permettent ce développement des mines de charbon, comme les pompes pour extraire l'eau des galeries de mines et la mise en place des cages pour descendre dans les puits.

La production d'acier devient ainsi le secteur industriel le plus important avec l'essor du secteur du transport ferroviaire. Progressivement, les premiers ponts et les premières coupoles métalliques sont fabriquées. Cette évolution permet selon M. Ragon la production de piliers de fonte. L'industrialisation nécessite des halls plus grands pour y placer des machines ; les éléments métalliques sont associés aux briques et aux pierres pour la construction des immeubles industriels. La construction d'immeubles à étages se généralise tant pour la ville que dans les ensembles industriels.

B - *Les moyens de transport : économie et force structurante*

Comme mentionné ci-avant la structure des réseaux est un moyen de renforcer la force intégrative du territoire. Nous y reviendrons lors de l'examen des recompositions territoriales.

Dans cette section nous nous limitons à mettre en évidence deux aspects : le poids économique du secteur et la logique spatiale du chemin de fer.

a) *Les transports : le développement d'un secteur économique*

Lors du processus d'industrialisation, les transports deviennent progressivement un secteur économique important. Non seulement des entreprises se multiplient dans les transports par route, par voie d'eau mais des compagnies se spécialisent notamment dans les chemins de fer. En outre une part non négligeable de l'économie repose sur la construction des infrastructures et du matériel (bateau, voiture, chemin de fer). Les productions réalisées dans le Grand moulin de Court-Saint-Etienne sont exemplaires sur ce point.

Plus largement en Belgique, on assiste à la création de plusieurs routes pavées notamment pour assurer le renforcement de la structure de l'Etat-nation mais aussi pour favoriser les nouvelles villes industrielles. Une économie liée au secteur des pavés se développe de manière très significative. La maîtrise de la vapeur permet ici aussi de pomper l'eau et de mettre en œuvre des techniques d'extraction plus puissantes. Les carrières s'agrandissent et se multiplient dans les vallées le long d'un cours d'eau navigable ou du chemin de fer. Des villages voire des régions se spécialisent dans l'extraction et la taille des pierres.

Mais le processus d'industrialisation est surtout caractérisé par l'essor de l'économie liée au chemin de fer. Le chemin de fer était d'abord la solution à un problème de transport dans les mines et les usines. Puis comme l'indique M. Laffut quelque 550 kilomètres de voies sont réalisés en 1843. En 1910, le chemin de fer atteint son apogée avec 4.500 kilomètres. L'essentiel du réseau belge est donc construit en une cinquantaine d'années.

La Belgique produira de nombreux modèles de matériels roulants dans plusieurs entreprises. En outre, des banques vont investir dans le secteur comme Georges Nagelmackers qui crée vers 1880 la Compagnie internationale des wagons-lits avec l'Orient express et le Nordexpress. De même la famille Empain, membre de la famille Mosselman, construit et exploite des tramways à travers le monde. Le groupe Empain sera ainsi à l'origine du métro parisien en 1900.

b) Les modes de transports et leur logique spatiale : la force structurante

Le chemin de fer va largement se développer lors du processus d'industrialisation grâce aux mutations techniques liées à la sidérurgie qui vont permettre de produire en grand nombre et de manière de plus en plus performante des rails et des locomotives à vapeur.

Dans cette section, nous voudrions montrer que le chemin de fer en tant que technique possède des rapports à l'espace et au temps spécifiques. En d'autres mots il a une logique propre d'inscription dans l'espace, avec des limites et des contraintes. Mais les mutations techniques visent à réduire ces contraintes. Il y a une adaptabilité du chemin de fer qui lui assure sa force structurante. Moins il s'adapte au cours de l'histoire plus il perd cette force. Cette dynamique est partiellement indépendante des acteurs de terrains. Le chemin de fer a été structurant au même titre que l'automobile l'a été dans le processus d'urbanisation. On peut dès lors s'interroger sur le(s) mode(s) de transport structurant(s) au cours du processus de métropolisation. Le TGV et l'avion mais aussi les technologies de l'information peuvent être analysées sous cet angle.
Par la suite nous montrons comment le chemin de fer est utilisé par les acteurs pour recomposer leur territoire.

– Le chemin de fer impose une structure linéaire et hiérarchisée des espaces

Le chemin de fer a pour force structurante la linéarité. Une fois la ligne tracée, elle demeure en place pour une période généralement assez longue, même si des travaux peuvent avoir entraîné le déplacement de certaines sections. Le chemin de fer est donc une force structurante de long terme. L'effet structurant demeure sur l'axe entre deux pôles. Cette structure linéaire a longtemps persisté dans la gestion du réseau des chemins de fer. De sorte que, même lorsque les connexions furent davantage développées en réseau, les trains ont poursuivi un service linéaire. Cette linéarité était bien adaptée au processus d'industrialisation.
La flexibilité du chemin de fer sur des temps plus courts est relativement limitée. Tel est le cas lorsqu'un incident survient sur la ligne ; il est pratiquement impossible de maintenir les fréquences vu le nombre de lignes à voie unique, ou les difficultés à circuler à contre-voie en l'absence de moyens de communication téléphonique. Dès lors, des techniques précisément comme le téléphone ou la signalisation contribueront à renforcer les cadences et à favoriser les connexions. Mais celles-ci ne surviendront que lors des processus ultérieurs.

La conception technique du chemin de fer induit certains rapports à l'espace. L'inscription spatiale devait d'abord tenir compte des performances techniques et de la puissance des locomotives mais aussi des convois en raison de la fiabilité des freins (dont les boîtes à huile, voir les usines Henricot ci-dessous). Les lignes ne pouvaient être tracées qu'en fonction d'une pente limitée. Dans ce cas, pour ne pas faire exploser les coûts des travaux de génie civil, il fallait suivre la pente la moins importante (la vallée) ou le versant mais dans sa longueur. Le tracé dans les vallées n'était pas systématiquement car il fallait en outre tenir compte des capacités de constructions des ponts et tunnels qui demeuraient rudimentaires.

La maîtrise de l'acier et des techniques d'extraction contribuera à faciliter l'inscription du chemin de fer dans l'espace.
Ensuite le chemin de fer implique un nouveau rapport hiérarchisé à l'espace. En effet, il pose comme principe nouveau que la ligne est prioritaire sur le local. La voie ferrée transforme la structure locale car elle impose que l'on s'y arrête avant de la franchir ou que l'on fasse un détour pour la franchir. Bien que cette logique préexistait avec le tracé des cours d'eau, elle prend ici une ampleur beaucoup plus importante vu le nombre de lignes qui seront tracées à travers l'espace.
Enfin, le chemin de fer induit des effets structurants en raison des nuisances (bruit, fumées...) et des effets de coupure ou de rapprochement. Le tracé de la ligne impliquait en effet selon les situations et les travaux de génie civil, des levées de talus, le percement de tranchées, la réalisation de ponts ou de remblais ou encore l'assèchement de marais.

– Une logique de concurrence et une adaptation de force structurante

La force structurante du chemin de fer est également liée à l'organisation économique du secteur. Nous y reviendrons lors de l'examen des recompositions territoriales car l'Etat et les compagnies privées sont généralement intervenus conjointement pour assurer la réalisation du réseau. Dans cette section, nous nous limitons donc strictement à la logique économique du chemin de fer.

La rentabilité du chemin de fer nécessite un volume de transport élevé voire régulier. Cette exigence correspond à l'essor de l'industrialisation qui multiplie les besoins d'acheminent en minerai, en charbon... et d'exportation des productions d'acier. Elle y correspond d'autant mieux que le chemin de fer stimule et bénéficie en même temps de la concentration et de la relocalisation des lieux de production. Le chemin de fer offrait en ce sens plus de flexibilité que la voie d'eau car il permettait d'envisager plus facilement le développement du transport dans les régions peu adaptées au creusement de canaux.
Rapidement, le chemin de fer sera également envisagé comme moyen de transport pour les personnes, ce qui va induire la constitution d'un nouveau marché. Les exigences en matière de rentabilité évoquées pour les marchandises sont naturellement toujours présentes. Le transport des personnes implique un nombre de voyageurs minimum et moins ils sont nombreux plus ils doivent contribuer aux frais. C'est cette logique qui va rapidement conduire à définir plusieurs classes de voyageurs et à distinguer les trains touristiques des autres. Enfin sa force structurante sera aussi liée au développement du transport de l'information avec le courrier, le télégraphe puis du téléphone qui lui sont associés.

Enfin, le mode de gestion du chemin de fer peut avoir un impact sur sa force structurante. Cette force structurante peut être accrue en jouant sur les connexions ou les haltes. Cette capacité dépend naturellement des biens transportés (personnes ou marchandises) et de l'externalisation ou non de certains coûts, ce qui permet de relaxer la contrainte de volume. Dès lors, les marchandises transportées peuvent être déchargées dans pratiquement tous les villages traversés et plus seulement dans quelques grandes destinations. Un marché local complète le marché de longue distance. L'établissement des connexions implique par contre un changement plus structurel qui sera apporté par la standardisation du matériel et le regroupement des compagnies.

A la fin du processus d'industrialisation, l'essentiel des lignes de chemin est déjà pratiquement construit. Même si quelques lignes ont été développées pour le tourisme, la plupart l'ont été dans un but de transport de marchandises et des travailleurs vers les villes industrielles.

C - La structure des villes industrielles et des bassins industriels

Le processus d'industrialisation se caractérise par la constitution d'un nouveau type d'espace : la ville industrielle généralement tentaculaire et chaotique.

Comme l'indique L. Mumford, la ville carbonifère, pour reprendre ses termes, est constituée de halls, de hangars plus ou moins imbriqués, de châssis à molette, de cheminées, de terrils, de terrains vagues, de carrières, de routes et de lignes de chemin de fer, de baraquements mais aussi de quelques maisons de contremaîtres. Elle s'étend autour de puits de mines et le long des cours d'eau et des axes de transport.

La ville industrielle comporte aussi des poches boisées, des villages et des terres agricoles.

Cette ville en Wallonie forme un nouvel espace : le bassin charbonnier ou industriel. Tel est le cas du Borinage, de la région du Centre et du bassin de Charleroi mais aussi de Liège, de Verviers, ou encore de Malmédy et, dans une certaine mesure, de la vallée de la Dyle à hauteur de Court-Saint-Etienne (voir ci-dessous).
Ces activités charbonnières et industrielles sont dispersées dans le bassin. Elles seront progressivement connectées grâce au chemin de fer. Les connexions seront d'abord établies au sein des usines, puis entre les entreprises du bassin et enfin mises en relations avec les marchés nationaux et internationaux.

3.2.3. Les recompositions territoriales

Dans cette section l'analyse des recompositions est opérée selon cinq axes.

Le premier est celui du niveau territorial de la parcelle qui est analysé sous l'angle des rapports de force entre propriétaires et prolétaires pris dans une dynamique d'industrialisation.

Le second axe est celui du renforcement et de la consolidation du territoire communal moderne instauré lors de la phase de transition. La commune devient un territoire institutionnel adapté et approprié par certains acteurs.

Le troisième axe présente les autres niveaux du territoire institutionnel avec essentiellement la Nation mais aussi ses relais notamment avec la recomposition des territoires intermédiaires que sont les provinces.

Le quatrième axe est assez sommaire puisqu'il renvoie pour l'essentiel aux études déjà nombreuses sur les modes d'intervention des préurbanistes tant dans les villes industrielles que dans les villes bourgeoises. Notre angle d'analyse vise uniquement à montrer comment les préurbanistes tentent de recomposer les villes industrielles et la cité en ville bourgeoise : ces recompositions étant orientées afin de permettre à certains groupes sociaux de maîtriser l'espace des villes.

Enfin le dernier axe concerne la recomposition des territoires sous l'effet du chemin de fer. Comme on l'a vu le chemin de fer constitue un facteur-clé de mutation lors du processus d'industrialisation mais il possède aussi une force structurante. Nous objectif est ici d'analyser comment il est mis en œuvre par l'Etat pour se renforcer ou en d'autres mots comment l'Etat l'a utilisé et l'a concrétisé pour consolider la Nation. La section suivante nous permettra de revenir sur le cas de Court-Saint-Etienne avec précisément les effets de recompositions par le chemin de fer.

3.2.3.1. La recomposition du parcellaire et la structure de voisinage

Comme l'indique M. Ragon, la concentration des paysans devenus ouvriers aux alentours des nouvelles usines s'opère d'abord en subdivisant les logements, en créant des ruelles, des impasses et des arrière-cours afin d'exploiter le plus possible les terrains encore libres à proximité des fabriques, qu'elles soient implantées dans les cités, les nouvelles villes industrielles ou les campagnes.

Cette promiscuité impliquait des problèmes d'hygiène mais elle permettait aussi de restaurer une forme de contrôle social important, ce qui implique que le processus d'industrialisation n'a pas, de facto, transformé les anciens paysans en urbains mais a conduit à maintenir des rapports sociaux de proximité avec une interconnaissance personnelle.

La maîtrise du parcellaire voisin de l'usine devient un facteur déterminant pour assurer l'essor industriel même si la construction sur plusieurs niveaux devient un moyen de pallier la difficulté de disposer d'un foncier suffisant.

Dans les villes industrielles ou les villages, de nombreux propriétaires subdivisent leur logement et urbanisent rapidement leur terrain. Certains petits propriétaires sont d'anciens commerçants ou paysans qui trouvent de la sorte un moyen d'échapper au travail pénible en usine. Nombre d'ouvriers sont ainsi logés dans des cabanes ou d'anciennes bâtisses agricoles. Plus fréquemment, le patron organise le logement dans des parties d'immeubles inoccupés par les activités industrielles ; de même certains ouvriers logent au sein même des usines. La hiérarchie du monde du travail se marque directement dans l'accès au logement puisque les contremaîtres disposeront généralement d'un logement plus aisé. De plus, parfois une économie induite conduit à la construction de commerce : à proximité des nouveaux centres industriels. C'est ainsi que les modes d'occupation du parcellaire tendent à se densifier mais aussi à se diversifier.

La dépendance des paysans vis-à-vis des seigneurs pour disposer d'un logement et d'un travail est donc remplacée par une dépendance vis-à-vis des propriétaires immobiliers ou du patronat.

Dans l'ensemble, l'occupation et la recomposition du parcellaire du sol sont assez chaotiques. Le parcellaire hérité de même que les nécessités techniques de production internes constituent les lignes de structuration. Rares sont donc les ensembles bâtis qui offrent une cohérence externe. Il faudra attendre les projets des préurbanistes pour connaître une recomposition générale, souvent grâce à la maîtrise d'étendues foncières plus vastes (voir ci-après).

3.2.3.2. Le renforcement des territoires communaux

La constitution de la Nation belge renforce le niveau communal. Les compétences des communes sont reconnues dans la loi communale de 1831. Ces communes vont rapidement se distinguer entre communes urbaines, communes industrielles et communes rurales.

Les fonctions économiques des entités les distinguent : la ruralité est associée aux traditions et à la paysannerie et les communes urbaines aux pouvoirs économiques (banques, marchés...) et aux pouvoirs de la Nation. Les communes industrielles concentrent les mines, les aciéries, les filatures...

La commune rurale devient alors la base de la Nation. C'est elle qui fournit la main-d'œuvre, la nourriture pour les ouvriers des villes industrielles et la réserve de soldats pour maîtriser la classe ouvrière des villes industrielles puis pour assurer la défense de la Nation. Mais la commune rurale devient aussi et surtout le territoire des fermiers c'est-à-dire des paysans qui ont pu maintenir leur accès à la terre. Ce nouveau territoire aux mains des fermiers permet d'éviter définitivement le retour de l'aristocratie. Cette analyse principalement menée en France par B. Hervieu et J. Viard démontre comment la recomposition des territoires institutionnels permet à un groupe social de s'imposer. La commune rurale devient donc synonyme de commune agricole. Dans ce contexte, ruralité et agriculture vont de plus en plus souvent être confondus.

La situation de commune rurale en Belgique est toutefois plus complexe que celle observée par B. Hervieu et J. Viard. En effet, le foncier n'est pas totalement redistribué. Aux côtés de quelques fermiers ayant eu la possibilité de racheter des terres, d'anciens et de nouveaux grands propriétaires devenus les notables des territoires ruraux maîtrisent le foncier. En outre, comme on le verra, un système assez important de transports collectifs sera mis en place au sein des campagnes ce qui limitera l'exode rural.

3.2.3.3. L'émergence du niveau intermédiaire entre la Nation et les communes

Depuis les périodes française et hollandaise, la structure territoriale s'est globalement simplifiée avec d'une part l'échelle locale fondée sur la propriété parcellaire et la commune et d'autre part l'échelle du pays avec l'Etat national. Le niveau intermédiaire des départements et des provinces constitue un niveau visant à assurer la tutelle sur les communes. Toutefois, aux côtés des préfets ou des gouverneurs de province, nommés par le niveau supérieur, des élus provinciaux siègent comme représentants des communes.

La province devient aussi un niveau territorial d'équilibre entre les communes urbaines et les rurales. C'est en effet à ce niveau que les communes urbaines et rurales peuvent constituer une unité territoriale pour assurer la gestion des cours d'eau, des routes et dans une certaine mesure des transports collectifs, comme nous le verrons. Il convient aussi de souligner que la province était le niveau électoral qui permettait l'élection de sénateurs nationaux.

3.2.3.4. Les recompositions des villes et des cités

A - *La recomposition des villes industrielles*

M. Ragon rappelle que face à l'exode rural et aux logements précaires dans les villes industrielles, une première réaction émane des patrons paternalistes et d'une élite ouvrière qui jettera ainsi les bases du mouvement communiste. Les uns comme les autres souhaitent lutter contre l'éclatement des familles, la pauvreté, l'alcoolisme et donc restaurer la communauté au travers d'une structure alternative qui s'appellera phalanstère ou familistère (Fourier, Cabet, Godin…).

Cette alternative à la ville industrielle tentaculaire apparaît comme une forme de recomposition fondée sur la communauté qui se matérialise dans le choix de techniques parfois issues des palais royaux. On y retrouve en effet des passages couverts mais aussi des sanitaires et des salles d'eau, des éléments d'ornementation comme les statues et les fontaines, des jardins et des mises en perspective. Mais plus fondamentalement encore, dans un parc qui est le territoire de la communauté, les ateliers industriels sont isolés des logements et des bâtiments collectifs.

La nouveauté de cet espace nécessitait que le propriétaire des lieux prenne en charge l'éducation des populations ouvrières dont l'origine était généralement paysanne. Le patron se chargeait ainsi d'inculquer la (et non les) bonne manière d'utiliser les sanitaires, les salles d'eau et les jardins. Il interdisait le petit élevage dans les bâtiments résidentiels, la lessive dans les fontaines… bref il enseignait de nouvelles manières de vivre et de s'approprier l'espace.

L'autre dimension importante à souligner relève de la dimension collective du familistère. L'alternative vise à s'opposer à la famille moderne au sens d'une famille restreinte dans laquelle la femme n'aurait qu'un rôle secondaire et principalement confiné à la sphère privée. En somme, ces villes nouvelles cherchent dans la communauté une alternative à la famille ouvrière éclatée mais aussi à la famille bourgeoise.

Enfin, il nous semble important de rappeler que ces villes nouvelles étaient toutes inscrites en rupture avec le monde ambiant. Elles se présentent dès lors sous forme d'une île utopique au milieu de la nature. En cela, elles visaient aussi à éviter l'opposition naissante entre l'urbain et le rural.

B - *La recomposition des cités en villes bourgeoises*

Ces exemples de phalanstères et cette nouvelle conception du monde entre nature et culture vont largement influencer la recomposition des cités princières et commerçantes devenues en villes bourgeoises.

Outre les nouveaux rapports à la nature et au temps qui orientent les recompositions, il faut surtout ici souligner que ces recompositions sont des opérations à résultats multiples. En d'autres termes, le territoire de la ville bourgeoisie est une réussite car il répond à plusieurs enjeux et défis. Le travail d'Haussmann à Paris est naturellement exemplaire. Reprenons ici brièvement quelques aspects de cette multidimension de l'intervention urbaine.

Napoléon III charge donc Haussmann de recomposer Paris. Pour ce faire, il prend comme première décision de définir une nouveau territoire au-delà de la cité : Paris la ville bourgeoise englobera les faubourgs et s'étendra jusqu'aux forêts de la banlieue. Plus fondamentalement, la municipalité est supplantée au profit du département de la Seine dont Haussmann devient préfet en 1853. Nous ne détaillons pas ici l'organisation et la composition des boulevards et de leurs immeubles, largement étudiés par ailleurs. Limitons-nous à énoncer les objectifs rencontrés.

Le premier objectif de cette recomposition est de mettre un terme à la période révolutionnaire qui perdurait depuis 1789. L'affirmation de ce nouveau territoire de Paris permet d'emblée de sortir des influences des communards. L'objectif est donc de stabiliser la nation et de pouvoir tirer parti de la révolution industrielle en cours tout en permettant à Paris de devenir la ville la plus importante du monde. Le second objectif d'Haussmann est de matérialiser concrètement cette nouvelle territorialité en imposant une structure urbaine unique, c'est-à-dire la production d'axes et d'immeubles pratiquement identiques sur l'ensemble du territoire de Paris. Le troisième objectif est d'offrir plus largement un nouveau mode de vie bourgeois via la conception des îlots et immeubles. Le quatrième objectif vise à permettre l'implantation des équipements et infrastructures de la Nation et de la bourgeoisie (parlement, opéra, préfecture, halles...). Le cinquième objectif montre que la ville c'est-à-dire l'urbain se distingue du rural compris comme le sauvage et la nature. La ville est donc symbolisée par la maîtrise des boulevards rectilignes, des édifices majestueux et de l'hygiène tant sociale que physique. Pour s'en convaincre Haussmann dénigre toute nature. Il laisse le soin à son assistant Alphand de traiter du problème des jardins et des parcs qui contrairement aux boulevards sont aménagés selon des courbes, des talus, des eaux en surfaces qui empruntent des cascades, le tout dans un décor de faux rochers... Bref une mise en scène qui oppose radicalement la nature et la ville.
Enfin il faut souligner que pour réaliser cette ville moderne, il fallait pouvoir récupérer le foncier qui venait d'être privatisé suite à la Révolution française. Haussmann établit donc l'expropriation d'intérêt général par zone, ce qui permet de maîtriser l'espace nécessaire au tracé des boulevards en ce compris les terrains adjacents pour la construction des nouveaux immeubles. Le financement va s'opérer grâce à la plus-value foncière qui devient le moteur de l'économie urbaine. Haussmann devra mettre en place un processus de production de type industriel qui conduit la ville vers l'étalement.

Toutefois, il faut noter qu'Haussmann ne peut encore bénéficier ni du métro ni même du tramway alors que l'étalement de Paris nécessite le développement des transports collectifs. Dès lors, dès son entrée en fonction, Haussmann décide de rationaliser et de réorganiser les omnibus privés.

Ailleurs également l'étalement des villes est en cours. Les remparts sont démantelés et les positions militaires sont réorganisées autour des forts et des frontières. De plus, les espaces agricoles des cités peuvent eux aussi être repoussés toujours plus loin grâce aux moyens de transport qui se développent tant dans les villes qu'en dehors.

3.2.3.5. La recomposition des territoires sous l'effet du chemin de fer

Nous avons déjà abordé la question de la force structurante du chemin de fer au sens de ses logiques spatiales d'inscription. Nous voudrions maintenant montrer comment le chemin de fer fut mis en œuvre et utiliser pour recomposer le territoire national.

En Belgique dès 1834, Léopold Ier voit dans le chemin de fer un nouveau moyen pour garantir l'indépendance nationale et éviter le blocus maritime effectué par les Hollandais autour d'Anvers et en aval de Liège lors de la reprise de Maastricht. C'est aussi un moyen pour assurer le développement économique.

A - Le choix des tracés comme politique pour recomposer le territoire national

Dans un premier temps, l'Etat belge décida de tracer deux grandes lignes au départ de Malines. La première relie Bruxelles puis Braine-le-Comte et Soignies avant de se diviser avec une section vers Mons et le Borinage et une autre vers Charleroi et la vallée de la Sambre puis Namur. L'autre ligne relie Malines à Louvain, Liège et Verviers. Bruxelles et les principaux centres industriels sont ainsi desservis.

De leur côté des compagnies privées proposent au Gouvernement la réalisation de tracés complémentaires. Le Gouvernement examine les propositions au cas par cas. Dans ce contexte, le développement du réseau est tributaire des capacités des investisseurs. En outre les normes et les techniques varient entre compagnies ce qui met à mal la cohérence générale du réseau. Cette difficulté de développement est en outre aggravée par la crise économique du milieu du 19ème siècle.

Dès lors, après 1851 le Gouvernement change de politique en adoptant une loi qui détermine les normes techniques et les tracés qu'il entend promouvoir et autoriser. La politique établit donc un partenariat entre l'Etat et les compagnies privées afin que le chemin de fer devienne un réel outil au service du développement du territoire national. Il convient cependant de ne pas confondre cette recomposition avec celle liée au désenclavement de l'ensemble des communes qui n'interviendra que par la suite lors de la phase de transition vers le processus d'urbanisation. La recomposition initiée par l'Etat avec l'appui des compagnies privées vise à tisser un territoire national sans pour autant le maîtriser dans son ensemble. Pratiquement, on pourrait dire qu'il y avait deux territoires au sein du territoire national : celui qui était accessible en chemin de fer et celui qui était exclu. Globalement sont accessibles les bassins industriels, les villes bourgeoises mais aussi progressivement les villes de province qui peuvent négocier ou tirer parti du tracé des lignes. Certaines villes de province vont dès lors pouvoir s'inscrire dans la recomposition du territoire alors que d'autres ne le seront pas, volontairement ou non.

B - L'architecture comme mode d'intervention pour recomposer le territoire national

Outre les tracés des lignes, la recomposition du territoire national est également réalisée par les choix en matière d'architecture des gares. En effet, pour des raisons techniques et de personnel (architectes peu nombreux, acheminements des matériaux par les voies...), les gares vont être relativement similaires à travers le territoire national. Elles vont permettre de marquer le territoire avec des bâtiments plus ou moins identiques et dont l'architecture est de style néoclassique, à l'image de la ville bourgeoise qui émerge en raison des recompositions entreprises par la classe montante.

La gare devient l'expression de l'union territoriale mais aussi un vecteur de diffusion d'une culture de la classe dominante. Comme on le verra cette architecture évoluera en fonction des phases de développement du processus d'industrialisation.

C - Le choix de l'implantation des infrastructures au niveau local pour recomposer le territoire national

Le lieu d'implantation des gares dans les communes n'était pas laissé au hasard. Outre les contraintes techniques, on remarque que dans un grand nombre de cas les gares étaient implantées en dehors des tissus bâtis. Cette implantation à la frange des villages et des villes constituait une intervention à solutions multiples tout en répondant à des logiques territoriales d'opérateurs tant nationaux que locaux.

La localisation excentrée réduisait en effet les réticences que pouvaient manifester les populations locales face aux nuisances que générait cette technologie bruyante et pestilentielle. Dans le même temps elle permettait aux compagnies et à l'Etat de s'implanter sur des terrains de moindre valeur foncière car en partie abandonnés (les remparts, les marais...). Les aménagements des gares et des voies pouvaient être aussi l'occasion d'un assainissement de la zone avec ensuite l'implantation d'industries, voire même, dans les villes bourgeoises d'une valorisation par la création de quartiers destinés à la classe montante.

Outre le tracé, des infrastructures comme des ponts et des tunnels voire plus simplement des passages à niveaux furent aménagés afin de limiter les effets de coupure au sein des jeunes communes. Dans certains cas, les travaux du tracé vont même renforcer la valorisation du foncier et l'unité communale. Ainsi des terrains qui étaient inaccessibles car situés de l'autre côté de la vallée marécageuse seront désormais atteignables grâce aux ponts et aux travaux d'assèchement. Nous y reviendrons dans le cas de Court-Saint-Etienne.

3.2.4. La recomposition du territoire de Court-Saint-Etienne sous l'effet du chemin de fer

L'objectif de cette section est d'analyser la recomposition des territoires dans le cadre de Court-Saint-Etienne pour différents acteurs qui tirent parti ou au contraire repoussent le chemin de fer.

3.2.4.1. Les territoires et le choix du tracé du chemin de fer

Comme nous l'avons vu au travers du bref passage relatif aux mutations, le chemin de fer à Court-Saint-Etienne se décline en deux lignes principales : Bruxelles-Luxembourg et Louvain-Charleroi.

La ligne qui avait pour but de relier Bruxelles à Luxembourg fut réalisée à l'instigation d'une compagnie anglaise désireuse de relier l'Angleterre à l'Italie. Un premier tronçon est réalisé

entre Bruxelles et Wavre en 1846 mais les travaux en direction de Namur et de Luxembourg sont retardés.
La ligne qui visait à joindre Louvain à Charleroi empruntait la vallée de la Dyle. Ce projet était soutenu par les élus et les commerçants de Louvain depuis 1838. Il permettait de joindre le port maritime de Louvain et la ligne Malines-Liège aux industries de la vallée de la Dyle et de Charleroi. La canalisation de la Dyle et le canal de la Dyle à la Sambre évoqué lors du processus agraire trouvaient ainsi une nouvelle actualité.

A - Les trois projets de liaison

Une première concession est accordée en 1845 à l'ingénieur Xavier Tarte qui répond aux demandes des Louvanistes d'établir un lien ferré entre Charleroi et Louvain. Son projet initial prévoyait de suivre la vallée de la Dyle entre Louvain et Wavre puis à Court-Saint-Etienne la ligne quittait la vallée pour traverser le plateau agricole et ensuite atteindre Gembloux avant de suivre la vallée de l'Orneau vers la Sambre pour joindre la ligne Namur-Charleroi. L'intérêt de ce tracé était de desservir non seulement Wavre, Gembloux et Charleroi mais aussi la Basse-Sambre où plusieurs industries sont implantées.

Comme tout projet ferroviaire, il devait être approuvé par les autorités belges. Le tracé fait donc l'objet de débats au parlement belge. Des discussions, il ressort que le tracé devait quitter la vallée de la Dyle beaucoup plus en aval de Wavre et épargner ainsi le plateau agricole de Court-Saint-Etienne. Faut-il y voir l'intervention de Théodore Mosselman qui est parlementaire depuis 1847 et particulièrement soucieux de préserver l'intégrité de son domaine ?

En 1848, une seconde concession est accordée dont le tracé à partir de Wavre vise à suivre au plus près de la route Bruxelles-Namur. Ce nouveau tracé respecte les décisions parlementaires tout en offrant un tronçon commun avec la ligne Bruxelles-Luxembourg.
Après avoir réalisé les travaux entre Louvain et Wavre, la compagnie privée rencontre des difficultés financières et elle sollicite un report du délai de réalisation. Ce report lui sera refusé et en 1849, la compagnie est déchue de son droit de concession.

Malgré que la liaison entre Louvain et Charleroi ne soit pas reconnue d'intérêt national par la loi de 1851 les élus et les industriels de la région de Charleroi souhaitent toujours la liaison sans devoir passer par Namur.
En 1852, une première société des Chemins de fer de Charleroi à Louvain obtient l'autorisation de reprendre la concession entre Louvain et Wavre et d'implanter une nouvelle ligne directe entre Ottignies et Charleroi. Au-delà d'Ottignies, à Court-Saint-Etienne, la ligne devait emprunter la vallée de la Thyle pour rejoindre Fleurus et Charleroi. Pour F. De Bueger le projet s'explique par l'intérêt des investisseurs de donner un accès plus court, plus indépendant et permettant de desservir des carrières de sable approvisionnant les verreries de Charleroi. Cette volonté conduit en réalité à adopter un tracé certes plus court plus mais plus sinueux et nécessitant d'importants travaux et plusieurs ouvrages d'art. Pour suivre la vallée de la Thyle, des tranchées dans la roche doivent être réalisées sur une dizaine de mètres de profondeur et plusieurs ponts doivent être construits. Dans ce contexte, les travaux dans la vallée de la Thyle entre Court-Saint-Etienne et Marbais tardaient.

Or la même année, en 1852 une société concurrente, la compagnie de la Jonction de l'Est obtient la concession pour joindre Ottignies à Charleroi via Manage. Cette compagnie était donc dépendante de la société Charleroi-Louvain pour la section jusque Ottignies. Par contre la ligne entre Ottignies et Manage nécessiterait des travaux moins imposants tout en permettant de desservir Nivelles.

Comme on le voit le choix de tracé résulte bien davantage d'un compromis entre les influences de différents niveaux de territoire. Les tracés sont le fruit de rapports de force entre l'Etat, les compagnies étrangères qui visent à établir des lignes internationales, les revendications des autorités locales, à celles des acteurs économiques et enfin des propriétaires fonciers.

B - La vallée recomposée par le choix du tracé

Le choix du tracé dépend donc de critères techniques dont particulièrement la pente, de critères économiques mais aussi de l'accord des propriétaires. Or ces derniers n'ont pas tous le même regard vis-à-vis du chemin de fer.

Sur le plateau, la volonté de Théodore Mosselman de maintenir un domaine d'un seul tenant a déjà été évoquée, c'est sans doute ce projet qui a justifié le tracé du Bruxelles-Luxembourg projets le long de la route Bruxelles-Namur. Cette logique de maintien de l'intégrité de son territoire se retrouve lorsque la société des Chemins de fer de Charleroi à Louvain veut réaliser son tracé via la vallée de Thyle.

Dans la vallée de la Thyle, comme le souligne F. De Bueger, la traversée des ruines de l'abbaye de Villers-la-Ville ne pose à cette époque guère de difficultés. Après que La Terrade ait vendu un grand nombre de pierres des édifices, le site est revendu à Charles Lambert-Huart mais il ne présente plus guère de valeur et est devenu progressivement une friche.
Cette perception de l'espace ne semble toutefois pas être partagée par tous les habitants de la région. Certains pensent en effet que le chemin de fer a emprunté ce tracé en raison des oppositions de la famille Mosselman. Ainsi il était admis dans la région que le grand propriétaire refusait le passage du train sur le plateau pour défendre l'unicité de domaine. Ce sentiment était en outre de plus en plus exacerbé par la tension qui se faisait jour entre catholiques et libéraux. Pour la rumeur publique, Mosselman était devenu surtout un franc-maçon dont l'ambition était de briser définitivement une éventuelle restauration de l'abbaye. Mais comme l'indique F. De Bueger, cette éventualité était d'autant plus improbable que les bénédictins avaient perdu tout crédit au sein de l'Eglise catholique belge.

Mais le chemin de fer va contribuer à recomposer l'intérêt pour le site des ruines de l'abbaye de Villers-la-Ville. D'abord parce que les travaux entraînent des débats qui font revenir le site à la une de l'actualité. Ensuite parce que certains habitants et plusieurs personnalités comme Victor Hugo vont remettre à l'honneur le site de l'abbaye de Villers-la-Ville. Ces interventions conduisent rapidement à de légers ajustements dans le tracé à travers les ruines notamment pour ne pas démolir ce qui restait du cœur de l'église abbatiale. Dès lors après avoir été un haut lieu, puis une friche, le site devient un lieu pittoresque. Cette recomposition est rendue possible enfin par les difficultés financières du chemin de fer sur la section entre Court-Saint-Etienne et Fleurus qui, incitent la compagnie à promouvoir la visite du site dès les années 1860. C'est à ce moment également que l'historien Jean Tarlier et l'architecte Emile Coulon de Court-Saint-Etienne établissent les premiers relevés architecturaux du site. Leurs travaux s'inscrivent dans une politique de l'Etat belge visant à reconnaître les monuments constitutifs de la Nation au même titre que le château de Bouillon par exemple. Il faut cependant attendre 1912 pour que la Commission Royale des Monuments et des Sites rende un avis sur le site de l'abbaye.

C - Dans la vallée, l'implantation du chemin de fer, un atout parmi d'autres

Plusieurs propriétaires implantés dans la vallée bénéficient désormais d'un contexte favorable.

Il y avait d'abord eu la nouvelle route provinciale qui avait permis le développement du hameau de Wisterzée. Il y a ensuite les travaux du chemin de fer qui en 1852 assèchent en grande partie la vallée afin de pouvoir établir les voies. Dès lors en quelques années, le Wisterzée devient plus aisément accessible grâce à la route provinciale. Depuis le village et la place communale, il est désormais également accessible même si le franchissement de la Dyle est limité à la largeur d'une planche. L'implantation du chemin de fer entraîne aussi de nouvelles infrastructures dans ce qui était jusqu'alors des terrains marécageux. Dès 1856, à l'emplacement de la bifurcation entre les lignes de Charleroi-Fleurus et celle de Nivelles-Manage, une halte commune aux deux compagnies était implantée. Cet endroit fut sans doute choisi à la fois pour desservir les deux lignes et parce qu'il constituait une esplanade surélevée et asséchée suite aux travaux de génie civil. Cette station construite en bois était composée d'une salle de réception des marchandises et d'un entrepôt. Trois autres haltes étaient aménagées dans la commune.

La station apparaît à l'époque comme la limite du village. La partie vers la Dyle et Wisterzée est encore largement agricole tandis qu'en direction du village le sentier du Culot est progressivement bâti. C'est ainsi que vers 1865, le notaire Félix Debroux y avait installé son étude.

De l'autre côté du sentier du Culot à proximité de la Thyle, les choses avaient déjà fortement évolué. Auguste Fauconnier étant déclaré en faillite en 1858, l'Usine de Court-Saint-Etienne implantée dans l'ancien Grand moulin et qui fabrique toujours des casseroles émaillées et des pièces pour chariot est reprise en 1859 par le comte Goblet d'Aviella. Le comte est d'autant plus tenté de se relancer dans les affaires que le chemin de fer est entré en service et qu'il peut s'associer à Alphonse Van Hoegaerden directeur des chemins de fer de l'Etat belge. Le comte établi un raccordement de l'Usine aux voies et il réoriente les activités vers la production de pièces pour le chemin de fer. L'Usine se spécialise progressivement dans la fabrication de boîtes à huile pour les freins des locomotives et des wagons. Pour gérer ces nouvelles activités les propriétaires doivent recourir à plusieurs embauches de directeur. Ils trouvent finalement en 1866 l'homme providentiel : Emile Henricot, ingénieur des arts et des manufactures de l'université de Liège ; il résidait depuis 1864 à Court-Saint-Etienne et travaillait à Nivelles. Il est légitime de penser que le chemin de fer lui avait permis de s'installer à plus d'une dizaine de kilomètres de son lieu de travail. Si la nouvelle bourgeoisie industrielle peut s'appuyer sur l'essor du chemin de fer, elle va aussi tenter de maîtriser progressivement le territoire communal puisqu'en 1865, Louis Goblet d'Alviella entre au conseil communal et

qu'il y est rapidement rejoint par Emile Henricot. Dès lors comme l'indique P. Pilloy, le bourgmestre Liboutton allait devoir faire face à l'arrivée de jeunes loups.
Plus clairement encore la recomposition à l'œuvre sur le terrain devenait aussi une recomposition politique car une vision commune va se construire entre la famille Goblet d'Aviella et Emile Henricot. Ils vont progressivement imposer les idées libérales dans la commune. Nous y reviendrons lors de la seconde phase du processus d'industrialisation.

A la mort du comte Louis Goblet d'Alviella en 1867, Emile Henricot rachète l'Usine en association avec Alphonse Van Hoegaerden. L'Usine comptait à ce moment deux employés et soixante-six ouvriers. Les lieux permettaient de loger ces ouvriers qui représentaient déjà un nombre important par rapport à la population du centre de Court-Saint-Etienne. La famille Goblet d'Aviella louait en effet aux deux associés les bâtiments de la Franche taverne. Les ouvriers y étaient logés sur des paillasses à même le sol. Enfin comme on le verra par la suite, les deux associés vont pouvoir étendre leur usine car les terrains voisins sont tous propriétés de la famille Goblet d'Aviella.

La recomposition des activités s'appuie donc sur la convergence de plusieurs facteurs et sur la capacité à mettre en relation des éléments parfois issus de niveaux territoriaux différents.

Cette phase de recomposition ne se limite pas aux cas rencontrés en bordure du sentier du Culot et de la Thyle. Ailleurs en effet dans la vallée, le moulin de Noirhat qui était également exploité par Auguste Fauconnier fut alors racheté par la famille Debroux qui le transforme le moulin en papeterie. Cette famille est originaire de Limal, commune plus en aval sur la Dyle. A l'époque, plusieurs papeteries se développent dans la région. La main-d'œuvre existe dans les environs et les matières premières sont présentes à proximité vu les nombreux bois sur les versants. Le secteur du papier devient très important à la veille de la généralisation de l'enseignement, du renforcement des administrations, et bientôt de l'essor de la presse écrite. Mais les conditions pour recomposer les lieux ne sont pas aussi favorables que dans le cas du Grand moulin. En effet, la famille Debroux n'est pas directement propriétaire des terrains aux alentours. Néanmoins ses besoins sont peut-être moindres. En outre, elle va pouvoir rapidement jouer sur l'ambiguïté de la limite communale. En effet les bâtiments sont implantés à cheval sur deux communes. Et lorsque Joachim Liboutton veut intervenir pour faire appliquer les règles contre la pollution des cours d'eau suite aux plaintes des riverains et autres utilisateurs, il va se heurter à la double appartenance communale de la papeterie. Un même phénomène de double opportunité apparaît vis-à-vis des modes de transports. En effet, la papeterie est idéalement située à proximité du chemin de fer ainsi que de la route provinciale. Elle bénéficie dès le début de ses activités d'un raccordement au chemin de fer. Notons enfin que les liens avec les chemins de fer se sont fortement développés vu les volumes produits : plus de 5.000 tonnes par an vers 1900. Mais dès la fin du processus d'industrialisation, la papeterie est sur le déclin. Elle est reprise par les papeteries de Nivelles-Baulers en 1918.

D - Les plateaux exclus de la recomposition influencée par le chemin de fer

Le chemin de fer de Louvain à Charleroi est tracé dans la vallée de la Dyle et de la Thyle à partir de Court-Saint-Etienne. La ligne de Bruxelles à Luxembourg emprunte le faux plat entre Ottignies et Mont-Saint-Guibert via Beaurieux. Le tracé de ces trois lignes de chemin de fer est donc assez éloigné du plateau de Court-Saint-Etienne. Est-ce pour autant que le plateau du Chenoy est exclu des dynamiques d'industrialisation ?

Il semble qu'au contraire l'industrialisation affecte aussi cet espace. La maîtrise dont il fait l'objet fait partie de la recomposition du territoire communal. En effet, la structure du foncier héritée du processus agraire mais transférée entre les mains de la bourgeoisie permet la modernisation de l'activité agricole. Comme on l'a dit les Mosselman par exemple engagent plusieurs ouvriers agricoles. Les productions sont dirigées vers des laiteries, meuneries, brasseries, malteries... qui assurent la transformation des productions à grande échelle. Plus d'une dizaine de grandes fermes sont rachetées par des industriels ou des « serviteurs » de l'Etat que ce dernier a anoblis. Ces propriétaires suppriment le métayage et instaurent le fermage. Les terres et les bâtiments demeurent propriétés de ces nouveaux nobles, le fermier assure la gestion et l'exploitation du domaine. Les innovations techniques comme le labour systématique, les engrais, les sélections des semences... permettent de supprimer la jachère. Ces fermiers embauchaient des ouvriers agricoles de plus en plus à la saison.

Toutefois il semble évident que le plateau et la vallée, tous deux pris dans une dynamique de recomposition sous l'effet du processus d'industrialisation, apparaissent comme deux fragments au sein de la commune.

Si dans la vallée les familles Goblet d'Aviella et Emile Henricot caractérisent le renouveau industriel et communal, par contre la famille Mosselman reste pratiquement sur ses terres. A l'image d'un état dans l'état, elle est surtout désireuse de maintenir l'unité et l'expansion de son domaine (voir ci-dessus). Ses visées passent naturellement par la rentabilisation du domaine agricole et forestier. Dans un souci constant de former la population locale du hameau de Sart-Messire-Guillaume proche du Chenoy, Théodore Mosselman organisait des concours de bovin, de labour et de chevaux. Ses fermiers y participent et sont mis en concurrence avec d'autres de la région. Ces concours peuvent être interprétés comme une formation par confrontation qui complétait une formation sur le terrain, l'enseignement technique agricole n'étant pas encore répandu.

En 1863, Théodore Mosselman semble marquer un changement dans son ancrage local au niveau du village de Sart-Messire-Guillaume. Son inscription au parti libéral l'incite désormais à soutenir la création d'une mutuelle locale. Le soutien envers l'Eglise et les revendications paroissiales ont ainsi laissé place à une nouvelle organisation locale. L'opposition répétée de l'Evêché de Namur à la création d'une nouvelle paroisse avait-elle eu raison des incitations répétées de Théodore Mosselman ou ce dernier avait-il délibérément abandonné les rapprochements et alliances avec les catholiques dans un contexte national d'opposition grandissante entre libéraux et catholiques ?

3.2.5. Conclusions de la première phase du processus d'industrialisation

Cette première phase du processus d'industrialisation fut caractérisée par une forme d'équilibre voire même d'alliance entre l'ancienne aristocratie catholique et la bourgeoisie libérale, l'une et l'autre étant souvent entremêlées dans un même souci d'assurer l'essor industriel et surtout l'indépendance.

Mais progressivement les clivages se créent car l'indépendance territoriale recouvrait deux dimensions. Pour les uns, il s'agissait de créer un territoire économique unique c'est-à-dire libre des contraintes de taxes aux entrées des villes et des droits de barrières pour la circulation sur les chemins et sentiers mais aussi libre des contraintes à l'embauche des ouvriers tant dans l'industrie que dans les exploitations agricoles. Pour les autres au contraire, il s'agissait d'assurer la liberté tantôt culturelle de la bourgeoisie sous l'influence francophile en opposition donc au régime de Guillaume d'Orange, tantôt religieuse sous l'influence du monde catholique.

Après des gouvernements d'union nationale, les libéraux gagnent les élections de 1857 grâce à l'abaissement du cens électoral ce qui permet aux commerçants, aux industriels, aux avocats... n'ayant pas investi massivement dans le foncier lors de la phase de transition et de la première phase du processus industriel de prendre part aux élections.

Plus fondamentalement, l'alliance nationale connaît vers 1860 un double écueil : d'une part la crise économique se fait jour dans l'industrie du charbon et de l'acier et d'autre part le mouvement libéral anti-clérical relance le processus de laïcisation de la vie sociale déjà initié depuis la Révolution française voire même depuis le régime autrichien. Les catholiques se constituent donc eux aussi en parti politique en 1867. Certains libéraux rejoignent alors les rangs catholiques et les clivages vont se figer.

3.3. La seconde phase du processus d'industrialisation : de la crise à l'intervention de l'Etat national : 1865-1890

La seconde phase du processus d'industrialisation se caractérise en Belgique par l'opposition entre les ouvriers et la bourgeoisie mais aussi, au sein de la bourgeoisie, entre patrons progressistes et conservateurs, ce qui conduit à l'éclatement du parti libéral avec l'émergence du parti socialiste. Mais avant d'arriver à cette nouvelle opposition gauche-droite, le processus d'industrialisation va surtout être marqué par l'opposition entre catholiques et libéraux.
Cette seconde phase voit en effet au gouvernement belge une alternance entre libéraux et catholiques. Les libéraux sont au pouvoir de 1857 à 1870, les catholiques leur succèdent puis les libéraux retournent au pouvoir de 1878 à 1884. Par la suite lors de la phase de transition vers le processus d'urbanisation, la Belgique connaît au contraire un gouvernement ininterrompu de catholiques. Ces derniers bénéficient en effet à ce moment de l'éclatement du parti libéral et de l'émergence du parti socialiste. Ils bénéficient en outre de l'opposition de la population à la laïcisation de l'Etat prônée par les libéraux pendant cette seconde phase du processus d'industrialisation.

En outre, la seconde phase du processus d'industrialisation est aussi marquée par de nouvelles rivalités entre nations. Celles-ci seront d'abord pacifiques (concurrence lors des expositions universelles) puis de plus en plus belliqueuses avec la guerre de 1870 et pour atteindre le confit de 1914 au terme de la phase de transition vers le processus d'urbanisation. Ces oppositions sont d'autant plus manifestes que les nations se lancent dans une politique impérialiste alors que les entreprises se regroupent déjà en conglomérats. Enfin cette phase est encore marquée par l'opposition entre nature et culture mais elle s'étend maintenant aux colonies et caractérise en plus les relations villes-campagnes. En filigrane de cette perception du monde se retrouve une certaine politique expansionniste qui affecte tant le développement des villes que des nations. C'est ainsi que plusieurs projets de villes nouvelles vont réapparaître sous le couvert du culte de la technologie ou au contraire de la cité-jardin.

3.3.1. Le contexte général de Court-Saint-Etienne

Dans cette section nous analysons le contexte général de Court-Saint-Etienne au travers de l'évolution des lieux. Pour rappel, les lieux sont des espaces chargés de sens. Les lieux peuvent être des parties constituantes de territoires personnels ou collectifs. En d'autres termes, des lieux collectifs forment le territoire vécu socialement et culturellement. Les lieux collectifs sont aussi l'expression des groupes sociaux qui peuvent ainsi marquer leur empreinte sur le territoire institutionnel. Cet aspect est d'ailleurs central lors de la seconde phase du processus d'industrialisation car on assiste à une recomposition du territoire communal.

Lors de la première phase du processus d'industrialisation, le territoire communal de Court-Saint-Etienne s'est recomposé assez spontanément. A partir de la seconde phase, des interventions visant à planifier l'organisation du territoire vont apparaître.

Cette nouvelle politique communale se concrétise d'autant que la classe des industriels et des notables libéraux accèdent au pouvoir. Depuis 1865, Louis Goblet d'Alviella et Emile Henricot sont conseillers communaux mais ils siègent dans l'opposition car le bourgmestre Liboutton demeure soutenu par une large partie de la population. Après son décès en 1872, le notaire Félix Debroux le remplace. Ce dernier va assurer la transition jusqu'aux élections de 1879. A ce moment Jules Demolder qui exploitait une brasserie dans un ancien moulin sur la Dyle devient bourgmestre, Emile Henricot qui est désormais propriétaire de l'Usine de Court-Saint-Etienne est échevin de même que Michel Alexandre Ceulemans qui avait repris le moulin à farine sur la Thyle. Comme on le verra cette équipe sera également rejointe, du moins temporairement, par la famille Mosselman qui décide d'investir le niveau communal. Toutefois, en 1895 Félix Debroux et une majorité catholique reviennent au pouvoir.

3.3.1.1. L'évolution de l'espace et des lieux de Court-Saint-Etienne

La carte IGN de 1870 permet de visualiser le tracé des deux lignes de chemin de fer dans la vallée de même que le développement des entités bâties.

A - La maîtrise des lieux pour affirmer la modernité d'une petite ville industrielle

a) Le village se consolide

Sur le promontoire de l'ancien village de Court-Saint-Etienne, les changements sont sans doute les moins spectaculaires : l'église, l'école, le presbytère, le château et quelques maisons demeurent pratiquement inchangés. Toutefois comme on l'a vu ci-dessus depuis 1860 un hôtel communal est aménagé et les abords du château sont transformés en parc ornemental à l'Anglaise. En 1875, l'hôtel communal est modernisé et il devient un hôtel de ville hébergeant également le bureau de poste puis par la suite le téléphone public. Le village se consolide, il prend les aspects d'une petite ville industrielle.

b) Les projets d'aménagement : rue de la Station, place communale et marché

Dans la vallée à proximité de la Thyle, en tant que directeur de l'ancienne Usine de Court-Saint-Etienne, Emile Henricot fait réaliser d'importantes transformations suite à l'abandon de la fabrication de casseroles émaillées face à la concurrence. En 1885, il rachète les parts de son associé mais aussi à la famille Goblet d'Aviella plusieurs terrains autour de l'Usine de même qu'en direction de la Dyle et du Wisterzée. Il devient le principal industriel et l'un des principaux détenteurs des terrains dans la vallée. A ce double titre, il sera d'ailleurs sénateur libéral à partir de 1890. A proximité des anciens bâtiments du Grand moulin, il entreprend la construction de nouvelles forges spécialisées dans la fabrication de pièces pour le chemin de fer. Cette production assure le développement une notoriété internationale à l'usine. Dès lors les constructions de halls se succèdent et de nouveaux bâtiments sont construits sur l'autre berge de la Thyle. L'usine s'étend et se modernise en utilisant deux machines à vapeur qui produisent de l'électricité afin d'éclairer les ateliers et d'actionner les machines des fonderies de fer, d'acier, de cuivre et de bronze. L'usine occupe 32 employés, 1 contremaître et quelque 800 ouvriers. Outre les ouvriers logés à Court-Saint-Etienne, de nombreux autres affluent grâce au chemin de fer. La majorité d'entre eux viennent des communes situées le long des lignes (Genappe, Faux, Wavre…) mais de plus en plus viennent même de nettement plus loin comme Louvain et Diest. Ces derniers seront logés à la semaine dans les hôtels pour ouvriers qui s'ouvrent à proximité de l'usine. Ces mouvements de travailleurs posent de nombreux de problèmes à hauteur de la station de chemin de fer implantée entre les lignes de Charleroi et Manage. Les bâtiments deviennent trop exigus. Dès lors, le service des postes et télégraphes qui y était installé depuis 1861 est transféré vers l'hôtel de ville situé au cœur de l'ancien village.

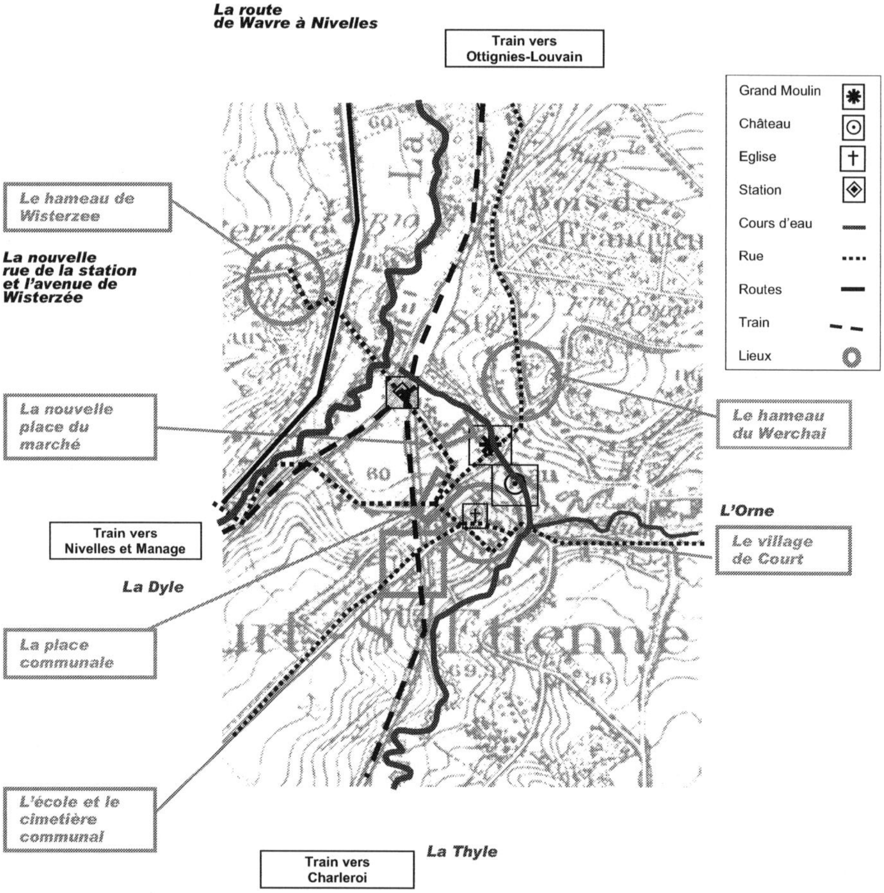

Depuis 1861, l'accès à l'usine s'effectue à partir du sentier du Culot. Vu la présence de la station de chemin de fer et des flux de travailleurs, ce sentier est pavé à partir de 1865. Le sentier laisse ainsi la place à la rue de la Station.

Cette recomposition se marque aussi par la construction d'un pont sur la Dyle au-delà de la station de chemin de fer. L'urbanisation s'opère avec des références linéaires mais aussi des équipements comme l'aménagement d'un passage à niveau. La dénomination du sentier de la Planche n'est plus appropriée. Le sentier devient la drève du Notaire car le notaire Félix Debroux qui était alors bourgmestre avait acquis le château de Wisterzée et il empruntait cette voirie pour joindre son étude rue de la Station et l'hôtel de ville. Une double rangée de peupliers balise cette nouvelle voirie rectiligne qui prolonge la rue de la Station et permet de relier le centre, la station de chemin de fer, le hameau de Wisterzée et la route provinciale.

Sur la place communale, des professions spécialisées (médecins, pharmaciens, tonneliers, chapeliers...) se sont regroupées dès la fin du processus agraire. Mais lors de la seconde phase du processus, deux changements interviennent. D'abord la place va être reconfigurée avec la démolition d'un établissement qui demeurait au milieu de l'espace. La logique des plans d'alignement s'impose en effet progressivement. Ensuite et surtout le commerce va se développer en direction de la rue de la Station. L'augmentation des travailleurs et du travail implique que le commerce devient aussi celui des biens alimentaires. Ce type de commerces bénéficie de l'aménagement d'une place du marché. La place est aménagée sur la cour qui s'étendait devant l'ancienne ferme du Grand moulin demeurant à proximité de l'Usine Henricot. Les extensions de l'usine conduisent au rachat de la ferme et à sa démolition. Eugène Goblet d'Aviella cède la cour à la commune pour l'aménagement de la place.
La rue de la Station est progressivement bordée de maisons mitoyennes dont certaines destinées aux ouvriers et d'autres aux ingénieurs et au patron. En effet plusieurs maisons bourgeoises comme le château de Henricot (n° 11-13 de la rue de la Station) s'implantent notamment dans le Pré Flamand, l'autre côté étant plus humide et assez proche de l'usine.
La rue de la Station constitue donc un axe de plus en plus fréquenté depuis la place communale jusqu'à la gare et au passage à niveau. Dès lors dès 1880 des projets sont débattus au conseil communal afin d'établir un plan d'alignement sur la rue et la place du marché. L'éclairage public et le téléphone sont installés dès 1884 mais il faut attendre 1898 pour que le plan d'alignement soit adopté et les premières expropriations n'interviennent qu'après 1900. La rue sera progressivement pourvue d'un égout et d'un réseau de distribution d'eau alimentant des fontaines, et les expropriations permettront un tracé rectiligne. En 1902, la compagnie des chemins de fer démolit un hôtel à l'embranchement des deux lignes et y construit une gare plus accessible depuis le passage à niveau.

Le projet permettait donc d'organiser la maison du patron en vis-à-vis avec l'entrée de l'usine, de la place et la rue de la Station formant l'espace public. Toutefois en 1900, soit vingt ans après le début du projet, Emile Henricot sans doute lassé de la lenteur des travaux mais aussi du retour des catholiques au pouvoir décide de déménager et de quitter la rue de la Station. Il ira s'établir à l'écart de la vallée industrielle non loin de la limite communale, ce qui lui vaudra de nombreuses critiques et une tentative d'exclusion du conseil communal. La phase de transition vers l'urbanisation est ainsi initiée.

Si les travaux planifiés ne sont exécutés que lentement, par contre les constructions d'habitation se multiplient. C'est ainsi que le hameau du Werchai qui était jusqu'alors séparé du village par une discontinuité résultant de la Thyle et des fonds humides se renforce, d'autant que dans un premier temps des puits sont creusés puis des aménagements routiers sont réalisés pour éviter de nouvelles épidémies. Le hameau devient ainsi « l'autre quartier » du centre de l'entité et il sera progressivement doté d'écoles.

B - La maîtrise des lieux pour affirmer l'opposition entre les catholiques et libéraux

a) La question des cimetières

A Court-Saint-Etienne, la seconde phase du processus d'industrialisation est donc marquée par le décès du bourgmestre Liboutton et l'avènement d'une nouvelle classe politique. Ce changement est d'autant plus manifeste qu'il intervient alors Théodore Mosselman décède lui aussi. En effet le 30 mai 1876, presque l'ensemble de la population de Court-Saint-Etienne assiste aux côtés de la bourgeoisie libérale et industrielle belge à l'enterrement de Théodore qui durant toute sa vie n'avait cessé d'accroître son domaine foncier. Comme l'indique E. Meuwissen, sa propriété du domaine du Chenoy équivaut pratiquement à un tiers du territoire communal et sa richesse était estimée à plus de 10 millions de francs de l'époque soit près de 50 millions d'euros.

La question se pose alors de savoir où ce riche propriétaire représentant à la fois du monde agricole et du monde libéral allait être inhumé. Comme on l'a vu Théodore caractérisait parfaitement la première phase du processus d'industrialisation marquée par l'alliance entre catholiques et libéraux au travers du mouvement nationaliste belge puis par l'affirmation progressive de positions franc-maçonnes et libérales de plus en plus anti-cléricales. Mais à l'heure de sa mort, il fallait choisir son camp et en assumer les conséquences. En effet jusqu'alors les cimetières entouraient les églises et ils étaient régis par l'Eglise. Cette dernière prévoyait que les excommuniés, les francs-maçons et les suicidés ne pouvaient bénéficier d'un office et étaient enterrés dans le « trou aux chiens ».

Cette pratique fut d'ailleurs largement débattue entre catholiques et libéraux lors de la session du Parlement belge de 1860-61. Les libéraux souhaitaient en effet mettre un terme au monopole de l'Eglise dans la gestion des enterrements. Ce débat s'inscrit naturellement à la suite des décisions déjà prises lors du régime de Joseph II visant à interdire l'inhumation dans l'enceinte même des églises. Comme sous Joseph II, des arguments techniques et d'hygiène sont évoqués : manque de place en raison de l'augmentation de population, risque d'épidémie, difficulté d'accès et d'entretien. En outre la logique générale de laïcisation voulait que les services de l'Etat civil soient complétés. Dès lors après avoir désacralisé la déclaration des naissances, l'Etat se devait de gérer les morts. Il touchait ainsi au rôle pratiquement restauré depuis la Révolution française d'encadrement de la vie temporelle et spirituelle par l'Eglise. Après débat, la question fut posée au Conseil d'Etat qui renvoya la responsabilité aux communes. Or, à Court-Saint-Etienne, point de cimetière civil. Théodore Mosselman échappa néanmoins au « trou aux chiens ». En effet, un heureux compromis (à la belge) est trouvé après l'intervention de son épouse, de ses filles et gendres catholiques. Théodore Mosselman pu bénéficier d'une célébration combinée parfaitement révélatrice de son évolution allant d'une position unioniste à celle d'un franc-maçon anticlérical. Ce compromis reflète donc l'évolution du mouvement libéral auquel il appartenait. Mais il reflète peut être aussi un compromis entre sa vie privée (marié à une catholique) et sa vie publique. Ce découplage dans le temps et dans les espaces disparaîtra lors du processus d'urbanisation avec l'institutionnalisation des piliers libéraux, catholiques et socialistes. Pour Théodore les choses s'arrangent donc : il est enterré dans la partie bénite du cimetière alors que son oraison funèbre anticléricale était prononcée par le Grand Maître du Grand Orient de Belgique, le sénateur libéral Van Schoor qui était également grand propriétaire foncier et administrateur de l'Université libre de Bruxelles.

Pour les libéraux de Court-Saint-Etienne soutenus par Eugène Goblet d'Aviella et Emile Henricot, il y avait là une raison supplémentaire d'accélérer la modernisation de la commune.
En 1883, le conseil communal décide donc d'utiliser un terrain du Bureau de bienfaisance de même que d'acheter un terrain adjacent mis à disposition par Eugène Goblet d'Aviella. Ce terrain est situé à proximité de l'hospice Liboutton récemment construit et de l'extension de l'école du village. L'espace rassemblant les services communaux se structure ainsi progressivement, mais à la distance physique par rapport au village de Court s'ajoute désormais une distance philosophique et politique.

Le cimetière est inauguré en 1885. Le règlement communal prévoit qu'aucune intervention de l'église ou d'un prêtre n'est autorisée dans son enceinte. Les croix et autres symboles religieux ostentatoires sont également interdits. Opposés à ces nouvelles règles, de nombreux habitants firent inhumer leurs proches dans les communes voisines. Malgré l'instauration d'un service de pompes funèbres (croque-mort et char pour le transport des dépouilles), le cimetière ne se remplissait guère. Cette situation perdura jusqu'au retour des catholiques dans la majorité communale en 1896. A ce moment un compromis fut trouvé : le curé pourrait bénir les tombes si la famille le souhaitait. Ce principe du libre choix fut également appliqué pour les éléments funéraires. Le compromis était d'autant plus aisé à mettre en place que Eugène Goblet d'Aviella avait obtenu une vaste concession au centre du cimetière pour y aménager une crypte familiale surmontée d'un imposant monument multiconfessionnel reprenant des symboles issus d'un grand nombre de religions.

b) *La question des écoles et de l'enseignement*

Les oppositions catholiques et libérales vont concerner nombre de matières. Comme indiqué ci-dessus elles vont conduire à une conception plus intégrée entre vie privée et vie publique mais aussi désormais entre les différents niveaux territoriaux. Outre la guerre des cimetières il y eut aussi et surtout la guerre scolaire de 1879-1884 avec la Loi de Van Humbeeck qui prétendait supprimer le rôle de l'Eglise et des congrégations religieuses dans l'enseignement. Toutefois la très grande majorité du corps enseignant était encore composé de membres de l'Eglise. Dès lors les évêques qui s'opposaient à la loi ont rapidement obligé « leurs enseignants » à quitter les écoles devenues publiques et à aller travailler dans l'enseignement demeuré « libre ».

Le clergé de Court-Saint-Etienne va appliquer à la lettre les directives des Evêques en excommuniant les prêtres et les religieuses qui continuent à enseigner en dehors des écoles libres ; de même les parents seront sermonnés de placer leurs enfants à l'école libre. Une école libre fut alors construite à proximité de l'église de Court-Saint-Etienne et une autre dans le prolongement de la rue du Village.

Les sœurs de la Providence quittent en 1879 l'école du village et le conseil communal engage des enseignants laïcs. Dans ce contexte, Emile Henricot retarde l'ouverture de l'usine afin de pouvoir vérifier que les enfants des ouvriers fréquentent effectivement l'école officielle. Les ouvriers dont les enfants ne seront pas mis l'école officielle sont licenciés.

Emile Henricot prône l'essor de l'enseignement officiel mais très rapidement il va également développer l'enseignement technique en lien avec ses activités industrielles. C'est ainsi que dès 1879 il propose la construction d'une école moyenne dans la commune. Mais la proposition ne se concrétise pas rapidement ce qui le pousse à ouvrir sa propre école de dessin industriel. Par la suite il rachète le château de Wisterzée au notaire Félix Debroux afin d'y installer une école technique pour assurer la formation de ses ouvriers.

C - *Sur le plateau et les versants, l'industrialisation et la laïcisation par les notables*

a) Sur le plateau le déclin des Mosselman et la reprise par les industriels

Depuis près d'un siècle, la famille Mosselman maîtrise le plateau agricole notamment grâce à la gestion menée par Théodore au cours des dernières décennies.

En 1876, à sa mort, Armand Mosselman tente de poursuivre l'œuvre de son père. Toutefois si ses interventions empruntent des idées libérales, elles seront désormais essentiellement orientées vers la population du voisinage et de la commune.
C'est ainsi que Armand reprend l'association mutuelle de Sart-Messire-Guillaume et la transforme en une fanfare. La fanfare « Armandie », qui portera le nom de son « philanthrope financier », permet de rassembler les garçons et les hommes, d'instaurer des heures des répétitions, d'établir une école de musique... Peut-on y voir une concurrence vis-à-vis de l'Eglise ? Quoiqu'il en soit et alors que l'Eglise s'est opposée depuis toujours à la création d'une paroisse à Sart-Messire-Guillaume, elle revient sur sa position et en 1895, une église est construite et la paroisse est reconnue par l'Evêque de Namur. Cette concrétisation est d'autant plus aisément réalisée que les catholiques disposent à nouveau de la majorité communale.
Par ailleurs dans ce contexte de plus en plus intégré au sein des familles politiques, Armand Mosselman est élu conseiller communal et sénateur libéral. Il va ainsi jouer un rôle nouveau de notable en articulant le local communal et le national. Toutefois ce rôle ne durera pas puisqu'à peine six ans après la mort de Théodore, en 1882 le domaine est acheté par la famille Boël. Les Mosselman disparaissent de la scène locale tout en créant une descendance importante en France et en Italie.

Gustave Boël est un ingénieur. Comme Emile Henricot, il travaillait dans les laminoirs Boucquéau de La Louvière. Emile Boucquéau lui céda son usine à sa mort en signe de reconnaissance. Comme Henricot, l'usine Boël ne cessa d'être agrandie.
Pour Gustave Boël, le Chenoy devait rester un moyen d'asseoir sa reconnaissance sociale et politique mais sur un plan national. En effet, comme pour les autres industriels de l'époque, le domaine lui permettait de matérialiser sa richesse mais aussi de s'assurer une représentation politique dans le système du suffrage censitaire en devenant sénateur. Gustave Boël ne résidait pas au Chenoy préférant habiter à Bruxelles, place Rogier.

Le rachat du domaine du Chenoy était aussi l'expression du triomphe des ingénieurs sur les commerçants-artisans-fonciers qu'incarnaient les Mosselman. Eux-mêmes avaient été depuis la Révolution française les accapareurs des biens de l'Ancien régime pour asseoir également leur notoriété.

Mais la logique d'occupation des Boël était articulée entre la ville et la campagne, contrairement à la famille Mosselman qui résidait au Chenoy et qui entretenait des relations étroites avec la population locale. Désormais avec Gustave Boël, les bois du domaine du Chenoy seront clôturés. Les commentaires du journal Le Peuple cités par E. Meuwissen sont d'ailleurs symptomatiques sur ce point : « la confiscation de ces bois par un homme qui veut pour lui seul l'air que l'on y respire alors que les ouvriers pourraient y venir chercher réparation de leurs forces dépensées à la ville en une semaine de labeur ». Ils sont symptomatiques d'abord car ils soulignent la privatisation de l'espace boisé ce qui traduit une poursuite du processus d'industrialisation (après les terres agricoles lors de la Révolution française, ce sont les bois qui font l'objet d'une privatisation et une perte de multifonctionnalité : la cueillette des champignons, la traque de petit gibier, le ramassage du bois pour le chauffage... deviennent des interdits, il y a braconnage. Gustave Boël change les us et coutumes mais dans le même temps il interdit de nouvelles pratiques comme la promenade citée par le journaliste. Le propriétaire doit donc être très clair sur les nouvelles règles et la clôture est sans doute un moyen approprié. Ce moyen est d'autant plus approprié que, comme le souligne aussi l'article de presse, il y a une mobilité plus grande de la population et donc une perte de connaissance mutuelle. Troisièmement, la clôture est appropriée parce que non seulement le propriétaire ou ses ouvriers forestiers ne savent plus trop à qu'ils ont affaire mais surtout parce que le propriétaire n'est plus présent sur le domaine. La clôture est donc un moyen d'affirmer une nouvelle maîtrise tout en étant absent. Quatrièmement, la pose des clôtures renvoie à une protection nécessaire car les bois remplissent de plus en plus un rôle économique (développement de la sylviculture) mais aussi de chasse (développement des loisirs). L'un et l'autre transforment le bois en une rente de production et d'échange social. Cinquièmement, la clôture est d'autant plus nécessaire que cette double rente doit progressivement compenser la perte de reconnaissance politique qu'offrait le foncier en raison de la diminution du cens en 1858 puis de l'introduction du système capacitaire en 1893. Enfin, la clôture est particulièrement adéquate si l'on ose dire car malgré les importants périmètres à équiper, les Boël disposent de toute évidence d'une facilité peu égalée d'approvisionnement en fil de fer. Ils font de la sorte également la promotion de leur nouveau produit : le fil barbelé.

b) Sur les versants, l'ancrage des Goblet d'Aviella

Depuis 1866, Louis Goblet d'Alviella et Alphonse Van Hoegaerden avaient progressivement cédé leur usine à Emile Henricot. Progressivement la famille Goblet d'Aviella se retire de la vallée pour s'ancrer sur les versants tout en maintenant ses actions au niveau de la commune et de l'Etat belge.

C'est ainsi qu'après la mort de Louis Goblet d'Alviella en 1867, son fils Eugène investit dans les terres situées entre la vallée et le plateau. Propriétaire de plus de 600 ha, il construit en 1873 une ferme moderne sur les versants. En plus du château, cette ferme avec deux autres de même que plusieurs bois constitueront le patrimoine familial et l'ancrage local.

Sur le plan national, il s'investira très largement dans l'essor de l'enseignement et notamment le développement de l'Université libre de Bruxelles. Il fut professeur, recteur en 1886 et sérénissime Grand-Maître du Grand-Orient. Avocat, il se spécialisa néanmoins dans l'histoire des religions et dans l'archéologie. A ce titre, il dressa plusieurs historiques de la commune. Il fut membre de l'Académie royale de Belgique tout en étant également conseiller communal, sénateur libéral et ministre.

D - *Des notables industriels et fonciers se répartissent l'ancrage local*

Progressivement un nouveau partage territorial apparaît entre la vallée gérée par la famille Henricot et le versant qui est devenu le territoire local de la famille Goblet d'Aviella tandis que le plateau est désormais maîtrisé par la famille Boël.

Ces trois familles vont entretenir des liens étroits tout en respectant leur territoire. Ainsi durant toute sa vie Gustave Boël conclut avec Eugène Goblet d'Aviella une forme de répartition des influences au plan local. Les Boël qui étaient des étrangers ayant investi par opportunité à Court-Saint-Etienne n'interviendraient pas dans la politique locale ; il revenait donc aux notables locaux de gérer les problèmes qui singulièrement étaient confinés dans la vallée et sur les versants alors que le domaine du Chenoy était sur le plateau.

On retrouve dès lors sur le plan communal essentiellement Emile Henricot et Eugène Goblet d'Aviella même si ce dernier ne fut jamais conseiller communal contrairement à Emile Henricot.

A l'inverse, ces trois familles se côtoient au niveau national puisqu'elles sont toutes trois membres du parti libéral et sénateurs. Certes Eugène Goblet d'Aviella exerce des fonctions ministérielles mais les liens sont constants notamment au travers de l'enseignement à l'Université libre de Bruxelles ou du secteur industriel.

3.3.2. Les facteurs de mutation comme clé structurante

3.3.2.1. Les mutations socio-démographiques

Cette seconde phase du processus d'industrialisation est caractérisée par un renforcement de la distinction des rôles entre hommes et femmes. Les femmes de la bourgeoisie avaient déjà un rôle de plus en plus limité à la sphère familiale depuis le milieu du 19ème siècle. Elles avaient la charge de gérer la maison avec des décisions quotidiennes comme l'organisation des tâches des domestiques et des tâches plus ponctuelles comme assurer la décoration intérieure. Ces rôles vont conduire à la multiplication des commerces du bien-être intérieur comme les drogueries qui vendent des savons pour nettoyer les immeubles, des peintures ou des papiers peints pour la décoration. Les plantes vertes font leur entrée dans les maisons avec l'essor des fleuristes.

Mais cette vocation de la féminité qui apparaît conduit aussi au premier mouvement féministe qui revendique les mêmes droits au travail que les hommes.

Cette division des rôles affecte l'ensemble de la société car si jusqu'alors, le travail dans la classe ouvrière n'induisait pas de distinction nette entre femme, homme et enfant, les métiers vont le faire (filature principalement accessible aux femmes et enfants). Plus radicalement, des cours d'économie domestique seront dispensés aux femmes de la classe ouvrière et de la classe moyenne qui émerge ainsi progressivement. Désormais la place de la femme est au sein du ménage et sa vocation première est d'avoir des enfants. La famille nombreuse devient un modèle social ce qui conduit à recomposer le rôle de la mère et du père. Elle marque aussi l'affirmation d'une société où l'homme devient l'être de l'espace public et la femme l'être de l'espace privé. Cette mutation est si importante que même le mouvement ouvrier qui se constitue dès 1885 ne revendique le droit de vote que pour les hommes (voir ci-dessous). Il faudra attendre la première guerre mondiale pour que les femmes puissent à nouveau s'affirmer à travers un rôle social alors qu'un grand nombre d'hommes sont appelés sous les drapeaux et meurent au combat.

Les cours d'économie domestique recouvrent une série d'initiatives issues tant des mouvements ouvriers que du patronat paternaliste qui vont s'opposer sur le nouvel encadrement moral et social en articulation ou non avec l'Eglise.

Les associations mutualistes vont également se multiplier d'abord en lien avec le patronat puis en lien avec les organisations socio-politiques. La famille passe progressivement d'une dépendance à l'Eglise lors du processus agraire à une dépendance vis-à-vis des organismes socio-politiques (syndicats, mutuelles, soins de santé, enseignement, logements...).

3.3.2.2. Les mutations technico-économiques

A - La révolution technique et la révolution de l'organisation du travail

Cette seconde phase du processus d'industrialisation se marque par la reconnaissance du corps des ingénieurs qui vont induire de nouvelles techniques et de nouveaux modes d'organisation du travail. Une rupture de plus en plus affirmée avec l'artisanat intervient. Les rapports au temps et à l'espace en seront d'autant plus affectés.

La mécanisation va induire une transformation dans l'organisation du travail. D'abord, les usines ne sont plus organisées autour du maître de forge et de leurs ouvriers. Les maîtres, qui correspondaient à une forme de compagnonnage moderne lors de la première phase du processus d'industrialisation, laissent la place à des ingénieurs et autres spécialistes qui se sont formés d'abord dans les écoles et les universités avant d'avoir une pratique en atelier. Les ingénieurs qui avaient jusqu'alors essentiellement occupé des postes dans les Ponts et Chaussées, vont aussi investir les usines. Ils vont ainsi remplacer les maîtres de forge, de brasserie... et avec eux induire une nouvelle organisation du travail avec les chefs d'ateliers et les ouvriers qui seront attachés à des tâches plus spécifiques et plus techniques.

Pour lutter contre la crise, le développement du taylorisme apparaît comme une première rationalisation du travail en usine. Chaque tâche est chronométrée et la fabrication est de plus en plus organisée afin d'optimaliser les gestes et le temps nécessaires à la production de chaque ouvrier. Les salaires sont majorés si les rendements de production personnelle augmentent. Cette nouvelle organisation du travail intervient alors que le mouvement ouvrier est précisément en train de se forger.

Il ne s'agit pas encore de travail à la chaîne car le travail reste encore souvent individuel. L'instauration d'une réelle décomposition de phases de production avec production standardisée des pièces en différents postes de travail ne sera réalisée que par Ford dans les années vingt, ce qui marque selon nous le début du processus d'urbanisation (voir ci-dessous).

En outre pour lutter contre la crise, les entreprises vont externaliser le temps et les coûts de formation. La mécanisation nécessite en effet une formation de base plus importante comme savoir lire, écrire et calculer. Améliorer les compétences devient donc déjà un enjeu de compétitivité. La formation ne peut plus s'effectuer par une transmission orale ou restreinte dans le cadre de l'usine. Désormais, face aux innovations et aux nouvelles techniques, la formation passera par l'enseignement obligatoire et l'enseignement technique que va d'ailleurs promouvoir le patronat.

A côté de ces mutations socio-économiques, une nouvelle révolution technique apparaît lorsque Zénobe Gramme invente la dynamo et qu'il applique ainsi les principes de production de l'électricité de Faraday. La production d'électricité à partir des roues hydrauliques et des machines à vapeur devient une réalité. La mécanisation est rapidement actionnée par des moteurs électriques ce qui va permettre de découpler les unités génératrices et les machines qui étaient jusqu'alors reliée par de multiples courroies. Mais plus radicalement l'électricité ouvre la porte à d'autres inventions comme l'ampoule électrique puis le cinéma mais aussi le télégraphe et le téléphone puis le « téléphone sans fil » qui deviendra par la suite la radio. Ces innovations liées à l'électricité sont importantes car elles bouleversent les rapports au temps et à l'espace. L'électricité permet, avec l'invention du téléphone mais aussi avec l'éclairage, de recomposer les rapports de distance et les rapports au cycle du jour et la nuit qui structuraient encore largement la vie quotidienne.
Une autre mutation significative intervient grâce à la maîtrise du gaz, ce qui va permettre la construction d'usines à gaz mais aussi l'éclairage

L'électricité et le gaz laissent entrevoir la fin des nuisances liées à la vapeur, notamment vis-à-vis des industries et du transport, ce qui induit de nouvelles utopies sur la possibilité de créer des villes où l'industrie et l'homme peuvent cohabiter dans une atmosphère nouvelle.

B - Une nouvelle répartition des activités au sein des campagnes

Le processus agraire a légué une grande diversité de terroirs avec au sein de chacun d'eux une large palette de productions agricoles. Cette diversité résulte des ressources locales, qui sont généralement spécifiques, et de leur combinaison. Toutefois cette diversité apparaît aussi comme une grande uniformité puisque dans tous ces terroirs la valorisation de la terre menait pratiquement aux même produits : des céréales, des fibres, des pommes de terre... dont certes les variétés dépendaient des conditions locales (climat, nature du sol...). L'objectif des campagnes était alors de nourrir la cité proche.

Avec le processus d'industrialisation, et en raison des moyens de transports qui se développent, les terres éloignées vont être davantage exploitées. Les terres encore occupées par des landes et bruyères vont être cultivées ou boisées. Dans le même temps s'opère une spécialisation croissante des productions par sous-région. Ainsi, par exemple, les vignes qui étaient encore largement présentes sur les coteaux des cités sont supprimées à cause de l'importation de vin des régions du sud. En Wallonie, les régions ardennaises et du Pays de Herve s'orientent progressivement vers l'élevage bovin tandis que les régions limoneuses développent de plus en plus la culture de betteraves sucrières, de céréales mais aussi de pommes de terre, qui sont progressivement cultivées aux champs en complément de la culture traditionnelle à domicile. Le chemin de fer permet aussi de transporter plus facilement le bétail jusqu'aux portes des villes où les abattoirs se multiplient car la consommation de viande rouge augmente dès la fin de la première phase du processus industriel.

Tout au long de la seconde phase du processus d'industrialisation cette nouvelle répartition des productions agricole ne cessera d'être confortée et renforcée.
Dès 1880, les accords du libre-échange prévoient l'importation de céréales, notamment des Amériques, ce qui produit un effondrement des prix des céréales. De nombreuses fermes se réorientent alors vers l'élevage bovin ou porcin et la production de lait. La valorisation du sol par l'agriculture tend alors à multiplier les prairies en remplacement des terres céréalières. Cette crise accélère aussi l'industrialisation des campagnes avec l'introduction de machines agricoles à vapeur dans les exploitations et le renforcement des productions industrielles comme le sucre, la bière et les fibres.
Dans le secteur laitier, les coopératives se développent notamment pour assurer la transformation du lait en fromage puis en beurre qui restera plus longtemps une production individualisée.
Ces secteurs de production vont pleinement tirer parti du développement du réseau des chemins de fer vicinaux en permettant l'acheminement des denrées vers les villes industrielles mais aussi vers les industries agro-alimentaires (sucrerie, brasserie, malterie...). A l'inverse le chemin de fer permet d'industrialiser les campagnes en facilitant le transport de machines agricoles.
Dans ce contexte de mutations, nombre d'agriculteurs wallons quittent alors la Wallonie pour s'installer dans les nouveaux continents comme l'Australie, l'Amérique du sud ou l'Amérique du nord, et leurs fermes sont reprises par les agriculteurs flamands. Ainsi plusieurs villages wallons sont progressivement peuplés de nouveaux fermiers souvent plus riches et les conflits sont rudes avec la population locale.

3.3.2.3. Les mutations culturelles

L'industrialisation a entraîné une maîtrise progressive et de plus en plus poussée de la nature. La confiance dans le progrès permettait d'exploiter des ressources jusqu'à cette époque inaccessibles. Elle permet aussi de produire des éléments d'une taille nouvelle. Les expositions universelles offrent alors l'occasion de célébrer le culte de la machine et de l'industrie.

Cette maîtrise de la nature se marque aussi vis-à-vis de l'agriculture avec les engrais et surtout la mécanisation. Mais lors de cette seconde phase du processus d'industrialisation, la mutation la plus significative concerne la reproduction de la nature dans les jardins, les parcs et les serres. En d'autres mots, la nature devient pleinement un loisir scientifique et une expression de la richesse non seulement financière mais aussi intellectuelle. Alors que les explorations à travers le monde se multiplient, la notoriété réside dans la capacité à pouvoir disposer de plantes et d'essences rares. Les serres deviennent alors le milieu artificiel par excellence. Leur construction est rendue de plus en plus aisée grâce à la maîtrise de l'acier et du verre. Par ailleurs, les jardins et les parcs sont de plus en plus organisés en recourant à des éléments en ciment. La construction d'arbres ou de roches artificielles est l'occasion d'expérimenter des techniques nouvelles comme le béton.

Ces structures métalliques et de béton seront reprises lors des expositions universelles pour la construction des halles mais aussi lors de la construction des nouvelles gares, abattoirs et halles commerciales. Elles entreront progressivement dans l'ensemble du secteur de la construction notamment lors de la dernière phase du processus d'industrialisation avec l'émergence de l'art nouveau.

Mais la maîtrise de la nature lointaine conduit aussi à multiplier les jardins botaniques, les musées coloniaux et les jardins zoologiques. En d'autres mots, cette seconde phase du processus d'industrialisation demeure une période de mise en scène de la nature sous toutes ses formes dans une opposition de plus en plus marquée entre nature et culture.

3.3.3. Les recompositions territoriales

3.3.3.1. La maison comme territoire familial

Après les expériences des familistères, il convient de souligner que certains patrons paternalistes ont développé des cités ouvrières dont les logements étaient dotés de jardins ouvriers. Généralement, les logements et les jardins demeuraient la propriété du patron. Les jardins ouvriers étaient soit regroupés soit, au contraire, adjacents aux logements individuels.

Comme d'autres modalités de recomposition cette motivation du patronat visait à répondre à plusieurs objectifs. D'abord il s'agissait de placer les ouvriers à proximité de l'usine pour pouvoir maintenir une surveillance constante proche du système militaire. Mais contrairement au phalanstère, l'esprit collectif et communautaire est totalement effacé au profit d'une relation individualisée entre patron et ouvrier. Une forme de concurrence pour l'accès au logement individuel pouvait être instaurée par le patronat. Ensuite cette surveillance et cette concurrence pouvaient induire une politique d'éducation des ouvriers à un mode de vie plus sain. Les bons ouvriers cultivateurs étaient félicités par le patron. Cette éducation et cette promotion avaient en somme aussi pour objectif de permettre aux ouvriers de consommer leurs propres légumes, ce qui était censé augmenter leur résistance face aux maladies et donc réduire leur absence au travail tout en améliorant leur productivité. Ce second objectif est donc une forme « d'hygiénisme ruraliste ». Enfin, quatrième objectif, en consacrant du temps à l'entretien de leur jardin ils se détournaient des tentations de l'alcool mais aussi du mouvement ouvrier.

En Wallonie, une autre initiative connue sous le nom de la Ligue du Coin de terre a poursuivi les mêmes objectifs en y ajoutant une volonté de lutter contre l'aliénation du logement et donc en introduisant l'idée d'une propriété familiale du logement. Cette innovation marquait un changement de statut du prolétaire qui ne pouvait détenir ni maîtrise de son travail ni propriété de son logement. Elle signifie donc une transition vers le processus d'urbanisation (voir ci-dessous). Néanmoins, cette initiative était largement imprégnée par le processus d'industrialisation. Elle avait en effet pour objectif premier d'éduquer les familles ouvrières à bien gérer leur budget et à compléter leurs revenus par l'auto-production de légumes voire le petit élevage. Cette éducation se rapproche naturellement des cours d'économie ménagère mentionnés ci-dessus. Mais elle donnait une dimension concrète de préparation de repas équilibrés. Cette idée a d'ailleurs largement motivé la Ligue à agir prioritairement dans les petites villes industrielles qui attiraient principalement d'anciens paysans. Pour la Ligue, il était, peut-être à tort, plus facile de réactiver les pratiques de production de légumes et de préparation des repas parmi ces familles plutôt que de tenter de conscientiser des familles ouvrières installées depuis de nombreuses années dans les villes industrielles. Comme le souligne C. Mougenot, ce choix s'explique aussi peut-être par l'opportunité de pouvoir disposer de terrains à bon marché dans les petites villes pour pouvoir y aménager des jardins ouvriers, ce qui n'était sans doute pas aisé dans les grandes villes.

Mais en marge de cette question du maintien d'un certain mode de vie rural, puisqu'il s'agit bien en fin de compte de mettre en évidence le « bon sens rural » face à la « décadence urbaine », il y avait déjà dans cette initiative certaines idées novatrices. En effet, l'un des objectifs était aussi de former les populations ouvrières à une meilleure gestion de leur temps et de leur budget. Cette idée de base devait être prolongée par l'inculcation de l'épargne : les économies générées par la culture des légumes devaient être réinvesties dans l'achat d'un logement personnel. Cette idée relève, à notre sens, précisément du processus d'urbanisation.

La réduction du temps de travail devient l'occasion de se réinitier aux cultures maraîchères et au petit élevage dans le cadre des jardins ouvriers. Ces petits élevages (poules, lapins…) se doublent aussi du développement des loisirs comme la colombophilie qui apparaît vers 1880. Ces évolutions poussent donc à distinguer le temps de travail, qui se passe souvent dans l'obscurité, la chaleur et au sein d'un espace clos (l'usine, les mines…), et les loisirs en plein air et au sein de vastes espaces. Le pigeon est alors l'expression de la liberté et comme le reste de la vie quotidienne, il est une activité réservée à l'un des sexes : l'homme en l'occurrence.

3.3.3.2. La recomposition des villes industrielles par les urbanistes

La ville industrielle se décline de plus en plus en un conglomérat qui s'étend à travers l'espace et dont le paysage se caractérise par les multiples mines, carrières, industries et cités ouvrières avec leur jardin. La langue doit inventer des mots pour qualifier l'espace produit : terrils, corons, agglomérations… Les nouvelles occupations ne procèdent pas par étalement en tache d'huile mais au contraire de manière éclatée et par petites unités. De vastes espaces non occupés par ces activités demeurent ouverts et partiellement abandonnés. Les terrils, les bords de voies et les terrains vagues sont réappropriés pour y collecter des scories ou y établir des potagers.

Face à cet espace industriel, deux nouvelles formes de recompositions vont apparaître à l'initiative des ingénieurs. Nous détaillons ici brièvement les modalités d'intervention prônées par Howard et par Soria y Mata car elles visent toutes deux à recomposition le territoire des villes selon deux formes radicalement différentes mobilisant la rationalité des ingénieurs.

A - La seconde alternative à la ville industrielle : la cité-jardin d'Howard

En Angleterre, face au développement des bassins industriels et aux villes tentaculaires, plusieurs utopistes proposent le modèle alternatif de la cité jardin. Le modèle d'Howard vise à réaliser une nouvelle ville compacte de taille moyenne dans les campagnes. La taille est définie sur la base de critères « scientifiques » : le rapport idéal selon Howard est de 30.000 ha-

bitants sur quelques 2.400 ha. Les activités sont réparties dans la ville. Au centre, un vaste jardin entouré par les édifices publics (hôtel de ville, salle de conférence et de spectacle, bibliothèque, hôpital...). Les édifices sont reliés les uns aux autres par une galerie couverte qui accueille les commerces. Cette galerie et le jardin central s'ouvrent sur six grands boulevards de quelques 550 mètres de long chacun. Les avenues y sont branchées et elles donnent accès aux maisons qui sont tantôt individuelles tantôt avec des parties collectives plus ou moins importantes. Les activités sont donc multiples et concentrées, ce qui facilite leur accès pédestre. Les usines sont implantées à l'extrémité de la cité-jardin, ce qui permet d'éviter aussi bien les longs déplacements que les nuisances. Elles sont situées le long d'un chemin de fer qui permet le transport des marchandises. Ce chemin de fer délimite la ville, de même qu'une importante ceinture verte boisée. Au-delà s'étendent les campagnes exploitées par quelque 2.000 habitants qui peuvent ainsi approvisionner la cité-jardin en produits frais. Les déchets ménagers sont utilisés comme engrais pour l'agriculture. Enfin la vapeur est utilisée le moins possible, les énergies les plus courantes devant être l'électricité et le gaz. L'implantation des réseaux d'eau, d'égout, d'électricité, de gaz était réalisée par la création de souterrains, ce qui évitait des travaux de tranchées en cas d'entretien ou de renforcement des lignes.
L'extension de la cité-jardin et son organisation était essentiellement régulée par la maîtrise foncière. Le sol était propriété de la commune et une cession par emphytéose permettait à la municipalité de toucher un impôt foncier annuel auprès de chaque propriétaire.

Cette alternative reprend en somme les idées des utopistes de la première phase du processus d'industrialisation (Fourier, Cabet...) mais intègre aussi certaines idées de la ville bourgeoise tout en rejetant sa logique économique fondatrice (plus-value et étalement). Enfin, cette cité-jardin qui fut partiellement réalisée demeure strictement liée au processus d'industrialisation puisqu'elle reprend une série de principes utopiques visant à penser la ville comme une société totale. Néanmoins elle introduit déjà le processus d'urbanisation car la cité-jardin se pose aussi comme une réflexion d'aménagement du territoire et non plus uniquement d'urbanisme. En effet la cité-jardin vise aussi à répartir le développement à travers la Nation et à questionner la nouvelle relation entre les villes et les campagnes en termes de maintien des spécificités ancestrales : la ville fondée sur les relations économiques et industrielles de proximité et la campagne fondée sur l'agriculture.

B - La troisième alternative à la ville industrielle : la ville linéaire de Soria y Mata

En tant qu'ingénieur des Travaux publics à Madrid, Soria y Mata développe la chevaline en 1875. Pour ce faire, il préconise d'élargir les rues et de créer des lignes en souterrain ou surélevées. Mais il est de plus en plus en plus convaincu que les transports en commun vont structurer l'espace au-delà des villes. Sur cette base il propose la ville linéaire basée sur le principe d'une voie centrale d'une largeur de 50 mètres bordée de chaque côté par une rangée de maisons. Cette bande urbanisée ne pouvait se développer qu'en longueur et non pas en largeur car derrière les maisons s'étendaient les jardins potagers puis les campagnes. Cette relation entre la ville et la campagne fit dire à Soria y Mata que sa ville était également une cité-jardin mais dont le développement n'était pas circonscrit puisque les nouveaux commerces ou les nouvelles habitations pouvaient aisément s'implanter le long de la ligne. Le tramway pouvait être exploité pour le transport des personnes comme pour celui des marchandises. En 1892, il propose donc un projet de ville linéaire de 50 kilomètres de long. Mais comme pour la cité-jardin ou la création des boulevard haussmanniens, la réalisation de la ville linéaire nécessitait la maîtrise foncière par voie d'expropriation. Or Soria y Mata ne pu disposer de cette maîtrise foncière ; sa ville linéaire ne puit donc s'étendre rapidement et l'étalement de Madrid eut tôt fait de l'englober.

L'intérêt de Soria y Mata est de tirer parti des moyens de transport pour organiser le développement de l'urbanisation. En ce sens il s'inscrit dans la perspective de Haussmann et des autres promoteurs qui vont valoriser leur terrain en y installant un axe principal desservi par le transport en commun. A Bruxelles, l'avenue Brugmann fut produite selon ce principe. Mais plus radicalement on perçoit aussi le développement de l'urbanisation linéaire le long des routes qui prendra toute son ampleur avec l'essor de la voiture individuelle au cours du processus d'urbanisation.

Après avoir détaillé la ville industrielle, la banlieue, le bassin industriel, nous avons évoqué ici ces deux alternatives car elles nous semblent fournir des pistes pour gérer la question actuelle du processus de métropolisation. Il convient cependant de réfléchir sur les points communs et sur les particularités de notre époque (voir ci-après). En outre il convient de souligner que contrairement à la ville bourgeoise de Haussmann ou même à la promotion des jardins ouvriers, ces projets alternatifs de cités-jardins et de ville linéaire ne sont pas des solutions à résultats multiples. Ils combinent certes la question de la mobilité et celle d'une certaine idée du bien-être entre ville et campagne mais ils échappent à la dynamique de production qui repose sur la combinaison d'intérêts et de logiques. C'est là sans doute la limite de tout modèle d'urbanisation pensé dans l'absolu.

3.3.3.3. La seconde rationalisation du chemin de fer et l'affirmation de la Nation

Dans un contexte de crise économique, sociale et militaire mais aussi de découvertes liées à l'électricité, de nouvelles mutations liées au chemin de fer vont induire des repositionnements dans la maîtrise de l'espace et du temps par les opérateurs privés, l'Etat voire même les collectivités locales. Le chemin de fer va donc une nouvelle fois permettre des recompositions territoriales.

A - La crise du rail et le repositionnement des compagnies privées

En Belgique, après la loi de 1851, une seconde phase de rationalisation intervient entre compagnies privées de chemin de fer. Plusieurs sociétés se regroupent en raison des premiers signes d'une crise profonde qui affectera l'ensemble de l'économie. La production de rails chute dès 1865 de manière spectaculaire à travers toute l'Europe.
Dans ce contexte, les compagnies privées ne se bornent plus à consolider les connections internes aux nouveaux Etats-nations, elles se regroupent pour établir de nouvelles échelles de développement : l'Europe et le Monde. Désormais leur nouveau territoire d'expansion économique transcende les frontières des Etats-nations. Leur objectif est de faire du chemin de fer un moyen complémentaire aux transports maritimes pour favoriser les échanges avec les autres continents et notamment les colonies.

Ces compagnies optent aussi pour le développement de transports des personnes en mettant en relation un tissu de plus en plus dense de grandes villes bourgeoises voire même en créant de nouvelles raisons de se déplacer pour la bourgeoisie. Cette nouvelle politique commerciale nécessite non seulement de nouvelles destinations, de nouvelles liaisons, de nouvelles gares mais aussi de nouveaux wagons. Ainsi à côté du transport d'affaires ou de travailleurs s'ouvrent les déplacements de loisir et les voyages pour la bourgeoisie.

B - L'Etat consolide la Nation par le rail

Le développement plus international du chemin de fer privé est compensé par une intervention plus importante de l'Etat au sein des Nations.

Pour combattre la crise économique, l'Etat va reprendre certaines compagnies privées dont les activités demeurent limitées au trafic intérieur. C'est ainsi que la société de l'Etat belge est fondée. Elle constituera la base de la Société nationale des chemins de fer belges (SNCB) en 1926. L'Etat national intervient donc afin de restructurer cette économie en rassemblant les multiples compagnies et en uniformisant les normes et matériels roulants. Cette restructuration des compagnies va permettre d'établir les connexions entre les lignes de chemin de fer et de créer ainsi progressivement un réseau unique. Comme le souligne G. Dupuy, on ne peut cependant réellement parler de réseau car les lignes continuent à être exploitées de manière assez indépendante les unes des autres : les lignes sont toujours parcourues de manière linéaire par les trains qui y sont affectés, rares sont donc les trains qui passent d'une ligne à l'autre.

Cette unification par l'Etat renvoie aussi à des enjeux militaires et nationalistes suite au conflit de 1870. Le chemin de fer redevient un enjeu pour assurer l'indépendance. Les normes techniques imposées à l'échelle des nations permettent de facto de mieux contrôler aux frontières la circulation des trains. De plus au sein du pays des lignes vont être créées pour joindre les nouveaux forts et bastions militaires. Nous y reviendrons.

Pour marquer le renouveau national et aussi le retour des catholiques au gouvernement, l'Etat belge va rompre avec l'architecture de style néo-classique utilisé jusqu'alors dans la construction des gares. L'Etat va cultiver le nationalisme en instaurant le style néo-renaissance flamand. Ce style aux pignons à redents est largement utilisé par exemple en 1873 pour les édifices le long de la ligne Bruxelles à Charleroi dont l'Etat belge poursuit la construction. Le style architectural qui ignore donc l'architecture de l'art nouveau pourtant en plein essor est dès ce moment imposé par l'Etat aux compagnies privées qui subsistent encore. Ce style sera en outre imposé pour un grand nombre de bâtiments publics comme les postes et les nouveaux hôtels de ville.

Alors que l'Etat uniformise le réseau national, des demandes de lignes émanent des communes mais aussi de sociétés liées au tourisme. En effet, si Spa et Ostende sont déjà desservis par le chemin de fer et qu'ils connaissent le développement du thermalisme ou des casinos, les communes et le secteur touristique souhaitent développer la Côte belge au départ d'Ostende. De même la ville d'Anvers souhaite être mieux desservie en raison de l'organisation de l'Exposition universelle 1885.

Or comme l'indique B. Van der Herten, après avoir repris un grand nombre de lignes privées, l'Etat ne souhaite plus octroyer de nouvelles concessions. Dans le contexte de la crise économique, le projet sera de créer un chemin de fer léger en connexion avec le réseau conventionnel dont l'Etat a désormais la charge. Cette politique de développement permet de fournir une solution à résultats multiples puisque cinq objectifs sont atteints.

En premier lieu, elle permet de relancer les chantiers d'infrastructure et donc la demande de rail, de matériel roulant et de génie civil. En ce sens elle contribue à combattre la crise et à relancer la production. Mais il ne s'agit pas pour autant d'une politique analogue à celle d'un Etat providence puisque les fonds doivent être issus de partenaires privés, de fonds provinciaux voire communaux. En effet face à la crise du chemin de fer, l'Etat décide de limiter son intervention aux transports nationaux. Les nouvelles lignes sont donc confiées à des sociétés privées ou provinciales. Cette délégation est établie dans le cadre de la Société Nationale des Chemins de fer vicinaux créée en 1885.

En second lieu cette politique vise aussi à ne pas concurrencer les lignes nationales et au contraire à accroître l'usage du chemin de fer conventionnel par un renforcement de l'offre secondaire ce qui permet de rabattre le trafic des personnes et des marchandises vers les gares nationales. En d'autres mots le chemin de fer vicinal est confiné dans un rôle sous-régional d'assistance au réseau de l'Etat.

En troisième lieu cette politique de transport vise à garantir l'approvisionnement en denrées alimentaires et à stabiliser leur prix en créant une concurrence entre les zones rurales et en limitant les coûts de transport. L'Etat pratique de la sorte une politique agricole et fait reculer les revendications d'augmentation des salaires du mouvement ouvrier de plus en plus structuré. Dans le même temps, face à la crise, l'Etat permet ainsi aux entreprises de recruter des ouvriers dans des zones rurales plus vastes et donc de stimuler la concurrence sur le marché du travail. Ce second élément vient donc conforter le premier et freine plus radicalement encore l'effet de revendication d'augmentation des salaires.

En quatrième lieu cette politique des transports vise à réduire la dynamique de l'exode rural. Rappelons en effet que le développement de ces réseaux du chemin de fer vicinal est promu par le parti catholique qui est revenu au pouvoir en 1884. Il vise de la sorte à recomposer une relation entre ville et campagne permettant de maintenir dans les paroisses et les communes rurales la population d'origine paysanne. Une forme de dualisation sociale s'opère dès lors dans les communes rurales où, aux côtés des fermiers, se maintiennent des populations qui travaillent de plus en plus dans les villes industrielles ou qui exercent des petits métiers au service de la collectivité locale (menuisier, maçon, boulanger...). Cette stratégie conduit de facto, pour un nombre de plus en plus important d'ouvriers, à mettre à distance le lieu de résidence et le lieu de travail. Elle conduit aussi le parti catholique à éviter la laïcisation des communes rurales tout réduisant l'émergence du mouvement ouvrier par une trop forte concentration des populations dans les villes industrielles. La mise à distance entre le lieu de résidence et le lieu de travail est également rendue possible par l'invention du vélo qui permet vers le début du 20ème siècle de rejoindre plus facilement la halte du chemin de fer vicinal voire même l'usine. Le chemin de fer vicinal permet aussi d'acheminer les productions agricoles vers les brasseries, laiteries, sucreries... ce qui facilite l'industrialisation de l'agriculture. Enfin le vicinal conforte une structure éparpillée de la population et des activités économi-

ques. Il y a une gestion de complémentarité des modes de transports entre le vélo, la marche à pied et le vicinal. Ce dernier est souvent composé de convois mixtes (marchandises et passagers).
Cette volonté de maintenir des ouvriers dans leur commune d'origine est rendue possible par le fait que l'Etat impose au patronat d'intervenir dans les frais de transport en instaurant un abonnement social. Dans une même logique, le désenclavement des communes rurales permet de maintenir des activités de petite industrie dans les campagnes.
Enfin, cinquième objectif, l'Etat est de plus en plus soucieux de renforcer la défense de la Nation. Dès lors le réseau vicinal offre aussi l'opportunité d'établir de multiples connexions entre les places fortes de l'armée belge qui sont entrain d'être aménagées à travers le territoire national.

La gestion des chemins de fer par l'Etat se généralise aussi car le télégraphe et le téléphone se développent en lien avec les chemins de fer. Concrètement, en 1884, un ministère spécifique des chemins de fer, des postes et télégraphes est créé. Dans un contexte de crise tant militaire que sociale la maîtrise de la mutation des vecteurs d'information est déjà un enjeu. En effet les gares et la ligne de chemin de fer vont permettre de restructurer la distribution du courrier jusqu'alors pris en charge par la malle postale qui empruntait les principaux chemins. Avec le chemin de fer, le courrier est transporté par train et ensuite distribué à domicile par un facteur assermenté, agent de l'Etat. Cette modernisation est caractéristique du processus d'industrialisation soutenu par l'Etat. Mais elle reste en partie organisée sous le mode traditionnel qui reposait sur le payement des frais de port par le destinataire selon la distance parcourue. Le facteur devait donc réclamer le coût de distribution lorsqu'il adressait le courrier. Face au succès de la poste, notamment en raison de l'augmentation des personnes ayant eu une formation scolaire et du développement de la presse écrite, il faut restructurer l'organisation des distributions du courrier. Cette réorganisation s'avère d'autant plus nécessaire que les destinataires sont de plus en plus fréquemment absents au moment de la distribution, les heures passées en-dehors du domicile ne cessant de s'accroître. Le timbre-poste est donc instauré en 1849. Cette innovation introduit deux changements significatifs dans le rapport à l'espace : d'une part l'envoi est désormais payé par l'expéditeur et d'autre part le tarif est constant quelle que soit la distance parcourue au sein du pays, ce qui a pour effet de renforcer l'unité nationale.

3.3.3.4. Les dynamiques internationales des Etats-nations

A - Les Etats-nations et les Etats impérialistes

La seconde phase du processus industriel est également marquée par l'émergence d'un rôle surpranational de l'Etat. Les Etats-nations vont se recomposer en Etats-impérialistes en s'appuyant notamment sur leurs colonies.

En Belgique, après que Léopold Ier se soit essentiellement attelé lors de la première phase du processus d'industrialisation à fixer les frontières de l'Etat national et à assurer son intégrité territoriale, Léopold II dote le pays d'une colonie de premier plan en achetant le Congo puis en le cédant à l'Etat belge. Les relations avec les colonies sont sans doute prises à l'époque dans une nouvelle logique, moins commerciale que d'exploration puis d'exploitation et d'assistance. En somme les relations avec le Congo traduisent pleinement le processus d'industrialisation fondé sur un rapport de supériorité analogue à celui qui caractérise à l'époque l'urbain et le rural ou le centre et la périphérie.

Les relations avec les colonies sont en outre étroitement liées au développement industriel ; les sols y sont exploités et les richesses importées dans les métropoles. Le chemin de fer et les bateaux à vapeur permettent le transport dans les colonies et à travers les océans. Enfin ce nouveau monde est aussi celui des grands groupes industriels qui sont en train de se structurer (Union minière, Solvay...) et qui trouvent là une alternative aux régions de Belgique de plus en plus prises dans les revendications ouvrières. Le territoire des grands groupes industriels tend ainsi à se recomposer déjà partiellement en dehors de l'Etat national qui est aux prises avec les revendications ouvrières.

B - Les expositions universelles

Comme l'indique M. Ragon, cette période est marquée par les rivalités entre la France et l'Angleterre qui vont se mesurer au travers de leur ingéniosité à maîtriser le fer, le verre voire même le béton.

Les Expositions universelles constituent alors les modes d'expression de ces nouvelles techniques entre les grands Etats impérialistes de cette seconde phase du processus d'industrialisation. Ces expositions sont l'occasion d'utiliser les structures en acier et en verre que les ouvriers peuvent facilement et rapidement assembler. Les éléments sont fabriqués en usine puis montés en quelques mois avant l'exposition. Celle-ci accueille les techniques, les innovations et les découvertes des explorateurs qui ont parcouru le monde.

3.4. La phase de transition vers le processus d'urbanisation : 1900-1914

3.4.1. Le contexte général de Court-Saint-Etienne

La phase de transition est marquée à Court-Saint-Etienne par l'apogée de la notoriété d'Emile Henricot. En effet d'un côté, la population, les autorités communales, provinciales voire même nationales lui rendent hommage en participant à une importante cérémonie en l'honneur de son action depuis quarante ans à Court-Saint-Etienne. Dans le même temps, Emile Henricot doit faire face aux critiques de plus en plus nombreuses des catholiques en raison de son déménagement vers un château implanté aux limites de la commune mais aussi de ses occupations de plus en plus nombreuses à l'étranger. Si les critiques des catholiques sont récurrentes à l'égard de ce libéral franc-maçon, il apparaît aussi que le monde ouvrier lui reproche de plus en plus systématiquement de pratiquer des conditions de travail et de salaires de misère.

Si Emile Henricot est ainsi à son apogée, son fils Paul Henricot, également ingénieur de l'Université de Liège, est prêt à prendre la relève. Il entre à l'usine en 1897. La transition vers la troisième phase du processus d'industrialisation et même vers le processus d'urbanisation est ainsi assurée.

3.4.1.1. Le développement des équipements dans le centre de l'entité

La pilarisation correspond à construction de trois mondes sociaux et politiques : le monde catholique, le monde libéral et le monde socialiste. Chacun des mondes possède son parti politique comme élément fédérateur. Autour de lui gravitent les mouvements syndicaux, les mutuelles, les coopératives alimentaires, la répartition des emplois dans la fonction publique...

Depuis le début des activités, l'usine est progressivement passée de quelques dizaine de travailleurs à près d'un millier en 1900. En 1902, certains ouvriers viennent quotidiennement en train de Genappe, Ottignies, Wavre, Nivelles.
A partir de 1910, de nouveaux ateliers sont construits de l'autre côté du chemin de fer. L'accès se fait directement depuis le passage à niveau car la Drève du Notaire reste rudimentaire et un nouveau pont sur la Dyle tarde à être construit. L'usine dite n° 2 est donc en voie de développement dans le pré Belotte. La gare provisoire aménagée en 1902 est rapidement trop exiguë face à l'accroissement du trafic voyageur.
L'usine Henricot devient ainsi les Usines Henricot puisque deux sites peuvent désormais être identifiés, chaque site possédant un raccordement au chemin de fer. Les Usines employaient alors près de 2.000 ouvriers en deux équipes de douze heures. Les équipes se relayaient sans congés payés. Dans les usines, les ateliers fonctionnaient en relative autonomie. La plupart des ateliers étaient destinés à la fabrication de pièces pour les véhicules des chemins de fer et d'autres étaient réservés à la fabrication des cuvelages pour puits de mines. L'usine n'était pas dotée de sanitaires, les toilettes étaient sommairement aménagées en surplomb au-dessus de la Dyle. Les déchets issus des ateliers étaient jetés dans la Dyle ou servaient

de remblais. Ainsi entre 1910 et 1920 les terrains en contrebas de la rue de la Station ont été remblayés sur près de 70 cm par le sable des dessablages des moules. Ces remblais ont permis d'éviter jusqu'alors les inondations. Ils fournissaient du travail à plusieurs personnes qui effectuaient trois ou quatre trajets par jour entre l'usine, les prés et le café comme le précise M. Duboisdenghein.

Si Emile Henricot était le patron de l'usine, il fut aussi conseiller communal à partir de 1867 puis échevin entre 1879 et 1880 et entre 1904 et 1910. Il fut également député libéral en 1888 et sénateur du Brabant entre 1890 et 1910. Tout au long de sa vie, il va, comme l'ensemble de la nouvelle bourgeoisie industrielle, investir dans les terres agricoles.
Une fête est organisée à Court-Saint-Etienne en 1907 en l'honneur de ses quarante ans de vie politique. Près de 15.000 personnes y participent. Trois ans plus tard, il décède le 1er mars 1910 à Alexandrie. Entre le moment de sa mort et le jour de son enterrement le 12 mars, l'usine et les écoles sont fermées, les drapeaux sont en berne au cercle libéral et sur les édifices publics. Une cérémonie officielle réunira l'ensemble des hommes politiques, de la loge, du patronat métallurgique, des propriétaires fonciers... En 1911 un monument est érigé en sa mémoire place du marché. La rue de la Station prendra au milieu du 20ème siècle la dénomination rue Emile Henricot.

Le décès de Emile permet à Paul Henricot d'entreprendre rapidement une nouvelle politique patronale dont les aspects les plus significatifs sont la construction des premiers logements ouvriers, notamment sur les terrains situés dernière le Château de Wisterzée, et d'un Foyer populaire en 1913. Ce bâtiment comprend une salle de spectacle de 280 places équipée de deux projecteurs de cinéma de 35 mm et une bibliothèque financée par les Usines.

Pour faire face au développement et réaliser les plans d'alignement prévu depuis 1898, les autorités communales sont amenées à prendre les premières dispositions pour assurer le financement des travaux d'équipements des voiries, de la constitution d'une administration communale, de gardes-champêtres... et de l'organisation scolaire. Elles instaurent, donc une nouvelle taxe sur le revenu cadastral, augmentent la taxe professionnelle et établissent une taxe sur les superficies des terrains de chasse en 1906. Par la suite la commune préfère emprunter auprès du Crédit Communal et vendre une série de terrains communaux, permettant ainsi la construction de nouveaux logements pour les ouvriers. Il faudra atteindre les années 1920 pour connaître une réadaptation des budgets via la création et l'augmentation des taxes communales.
Mais la transition vers le processus d'urbanisation est lancée et même la vie quotidienne est soumise à de nouvelles règles. La culture de masse faisant son apparition, les autorités communales prennent un arrêté interdisant l'accès aux cinémas et aux cabarets pour les personnes de moins de 16 ans.

3.4.1.2. Le patrimoine foncier des notables : expression de la maîtrise de la nature

Comme on l'a vu, jusqu'alors le patrimoine foncier avait pour rôle d'assurer une rente économique mais aussi une reconnaissance sociale et politique.

Toutefois dès 1860, Louis Goblet d'Alviella transforme les abords de son château en parc. Cette perspective sera entretenue par son fils Eugène qui plante de nombreux arbres de variété et d'essence rares aux côtés des arbres centenaires. Il réalise également un détournement des cours d'eau et creuse des étangs.

Mais au début du 20ème siècle cette perception de la forêt et cette organisation des abords des demeures va être nettement amplifiée vu l'émergence du courant visant à restaurer une certaine nature au centre des préoccupations en cette fin de processus d'industrialisation. Félix Goblet d'Aviella devient ainsi rapidement un expert en sylviculture.
La recomposition du lieu d'ancrage des Goblet d'Aviella allait-elle être également appliquée chez Boël ? La question mérite d'être posée car en 1906 Félix Goblet d'Aviella épouse Eva Boël, la fille de Gustave Boël. Cette union allait-elle modifier la séparation des aires d'influence conclue entre Gustave Boël et Eugène Goblet d'Aviella ?

Depuis toujours, les familles s'étaient en effet réparties les territoires d'influence. Comme le souligne E. Meuwissen, les Goblet d'Aviella s'occupaient de la politique locale alors que les Boël géraient leurs affaires industrielles et financières. Cet accord fut mis à mal lorsque la passion de Félix Goblet d'Aviella, qui possédait déjà quelques centaines d'hectares, l'amena à vouloir gérer le domaine de ses beaux-parents. Mais les Boël ne l'entendaient pas ainsi : chacun devait rester maître chez soi. La distinction des aires d'influence devait être maintenue ne fût-ce que parce que la gestion patrimoniale n'était pas envisagée strictement de la même manière. Pour Félix Goblet d'Aviella la sylviculture était la règle alors que chez les Boël c'est davantage la chasse qui motivait la gestion forestière.

3.4.2. Les facteurs de mutations comme clé structurante

3.4.2.1. Les mutations socio-démographiques

En 1865, l'Etat-nation crée la Caisse Générale d'Epargne et de Retraite (CGER) dont le rôle est d'assurer une épargne volontaire pour les travailleurs afin de pouvoir bénéficier d'une rente de vieillesse vu l'allongement de la durée de vie et afin de pouvoir emprunter pour construire un logement à titre de propriétaire. Ce système libre et complémentaire du régime patronal reste marginal jusque dans les années 1900. A cette époque, l'Etat commence à contribuer à l'épargne volontaire en accordant des primes aux personnes qui épargnent à la CGER.

La CGER marque donc clairement la transition entre le processus d'industrialisation et d'urbanisation. Largement soutenue par les patrons progressistes et les organisations ouvrières anti-cléricales, cette banque d'Etat permet de réduire la dépendance vis-à-vis du patronat (logement ouvrier propriété des patrons) mais aussi des services aux personnes encore organisés par le clergé (maison de repos, mendicité et charité...). Elle traduit aussi les problèmes inhérents à l'allongement de la durée de la vie et à la volonté d'autonomie entre le lieu de travail et le lieu de vie privée.

Comme pour d'autres régimes d'assurance et de solidarité, ce n'est qu'à partir des années 20 que l'Etat-providence rend obligatoire l'assurance-pension et organise réellement l'emprunt hypothécaire.

3.4.2.2. Les mutations technico-économiques : le moteur à explosion et l'essor de la chimie

Le tournant du siècle est marqué par une série d'innovations techniques basées sur la chimie en lien notamment avec le pétrole. Le moteur à explosion est inventé. S'il est parfois complémentaire à l'électricité notamment pour actionner les turbines, il constitue déjà une concurrence pour les moteurs électriques.

L'importation de pétrole n'est envisageable que dans une nouvelle territorialité économique basée sur les Etats impérialistes. De même la promotion de l'automobile est renforcée par l'usage du caoutchouc pour la fabrication des pneumatiques. Cette innovation du pneumatique qui est d'abord associée à la bicyclette va révolutionner complètement la circulation des voitures tractées par les chevaux et des premières automobiles. En effet le confort des déplacements sur route s'améliore notablement d'autant que le bitume et l'asphalte vont progressivement remplacer les revêtements pavés. L'amélioration du réseau routier s'opère d'abord sur les artères principales des villes puis les routes nationales et provinciales.

Cette révolution de la route ne va se concrétiser qu'au cours du processus d'urbanisation, mais dès 1889 les moteurs modernes sont inventés par Daimler et Benz et par Diesel en 1897. En 1895 André Michelin fabrique ses premiers pneumatiques. Il publie en 1900 les premières cartes routières de même qu'il entreprend de baliser et de hiérarchiser les routes. L'automobile permet alors la randonnée, les rallyes et la découverte de l'arrière-pays pour une classe bourgeoise nouvelle. Plus fondamentalement une nouvelle perception de l'espace s'organise ainsi.
Cette nouvelle perception du monde se marque aussi par la multiplication des dirigeables et des premiers avions qui permettent de percevoir l'espace sous un angle nouveau. On y reviendra.

La maîtrise du pétrole marque l'essor de la chimie notamment dans le secteur des fibres. La fabrication de fibres synthétiques va permettre d'assurer la production nécessaire face à l'accroissement de la population et du niveau de vie. Inversement ce nouveau secteur économique aura des impacts majeurs sur l'orientation de l'agriculture et l'élevage.

Ces deux mutations technico-économiques peuvent être initiées car elles reposent sur la nouvelle territorialité des Etats impérialistes pour l'exploitation du pétrole et le développement d'une agriculture internationale.

Ces deux mutations sont également soutenues par l'introduction de l'épargne qui devient une pratique courante pour une grande partie de la bourgeoisie et de la petite bourgeoisie. Ces groupes sociaux ne souhaitent pas devenir nécessairement rentiers mais veulent assurer leurs lendemains. Ainsi, à côté de la mise en place des assurances patronales en cas d'accidents du travail, fleurit la détention de titres et d'actions. Les petits épargnants constituent dès lors une réserve en capital significative et qui sera notamment mobilisée pour assurer les grands chantiers d'équipement à travers le monde (métro de Moscou, canal de Panama...). De la sorte il se crée un sentiment de n'être plus seulement un citoyen de la Nation mais aussi un acteur des grands projets modernes. Ce double sentiment va d'ailleurs également marquer la classe ouvrière au travers de la multiplication des internationales syndicales. Une forme de découplage entre sentiment national et sentiments socio-économiques se fait jour. La première guerre mondiale sera marquée par l'opposition entre cette nouvelle référence sociale et économique et la Nation issue du processus d'industrialisation.

3.4.2.3. Les mutations culturelles

A - Des mutations culturelles basées sur la lutte des classes

La fin du 19ème est marquée par les premières coalitions et oppositions ouvrières. Dans ce contexte, en 1893 le vote censitaire est remplacé par le vote capacitaire ou plural. Ce nouveau système qui n'est qu'une concession face aux revendications des groupements progressistes conduit à reconnaître comme citoyens les résidents qui fournissent une force de travail au sens du nombre d'enfants que compte la famille et de la compétence scolaire validée par la délivrance d'un brevet d'électeur. Ainsi quatre mutations sont constitutives de cette innovation. D'abord le droit de vote ne dépend plus exclusivement de l'impôt foncier, même s'il demeure que cet impôt détermine son importance. Le droit de vote est aussi fonction de la compétence scolaire. Or l'école est précisément un enjeu fondamental au cours de cette seconde phase du processus d'industrialisation ; son rôle est donc reconnu comme critère de citoyenneté. Ensuite, le droit de vote est fonction du nombre d'enfants. La famille nombreuse déjà évoquée dans la seconde phase du processus d'industrialisation devient maintenant un second enjeu politique, elle est reconnue également comme une ressource et elle devient plus qu'une valeur morale déjà définie par l'église, une valeur de citoyenneté. Enfin, quatrième innovation, l'électeur devient un citoyen en fonction de son lieu de résidence. Le droit de vote est accordé selon le lieu de domiciliation communal. Dès lors si en 1866 quelque 135.000 personnes avaient le droit de vote, elles étaient 1.370.000 en 1893 pour 2.111.000 voix en raison du vote plural. Ainsi les élections de 1894 marquent la fin du règne absolu des notables et des bourgeois.

B - Le retour de l'architecture

Les impressionnistes et l'art nouveau préconisent de se replonger dans la nature. C'est la prise de conscience de ce que l'industrialisation transforme l'ensemble des paysages. Les peintres vont dans les vallées industrielles, profitent du chemin de fer pour découvrir le pays en allant peindre les paysages en se rendant sur les lieux. Mais c'est aussi avec Monet la prise de distance entre l'image perçue et sa représentation. C'est la transition entre la rationalité et le retour du subjectif.

La révolution architecturale s'inscrit contre le classicisme pastiche, et le développement de l'art nouveau se présente comme une nouvelle association entre l'architecte et l'ingénieur. La courbe et la nature font leur apparition dans les structures métalliques qui permettent de nouvelles ouvertures et de nouvelles structures de bâtiment. La lumière devient ainsi un élément central tant dans la peinture que dans l'architecture. Elle entre au cœur des bâtiments avec l'introduction des puits de lumières comme c'est notamment le cas dans les gares, mais aussi et surtout dans les grands magasins qui marquent une nouvelle forme de commerce. Si le passage couvert avait introduit l'étalage et la vitrine, le grand magasin permet désormais de déambuler entre les articles. On crée ainsi la nouvelle société de consommation par une mise en scène des produits, ce qui caractérise la transition vers le processus d'urbanisation.

C'est aussi le débat entre urbanistes les modernistes et les culturalistes (voir ci-après).

3.4.3. Les recompositions territoriales

3.4.3.1. La recomposition du territoire de la vie quotidienne : le logement

L'art nouveau se caractérise d'emblée comme une architecture liée à la dimension quotidienne et domestique, depuis la décoration d'intérieur jusqu'aux éléments du métro parisien. En d'autres mots, l'art nouveau se détache des édifices publics et s'inscrit dans cette volonté de modernité au service tant de la construction de maisons pour la bourgeoisie industrielle que de la construction de la maison du Peuple.

L'ascenseur est créé pour l'exposition universelle de 1853 par Otis. En 1857 le premier ascenseur est installé dans un grand magasin de New-York. Avec l'avènement des immeubles-tours d'architecture moderne, les façades de mur-rideau de verre dissociées et les ascenseurs se généralisent aux Etats-Unis.

En Europe, à partir de 1867, les ascenseurs entrent dans la conception de quelques immeubles. Mais il faut attendre 1889 pour que le procédé soit largement accueilli grâce notamment aux visites organisées à la tour Eiffel et à l'introduction de la technique électrique. Ce n'est qu'au 20ème siècle que l'ascenseur est employé plus systématiquement lors de la construction des nouveaux immeubles de bureaux, de commerces et enfin de logements. La période après 1910 connaît en effet un regain d'intérêt pour la construction de gratte-ciel.

L'introduction des ascenseurs dans les immeubles de logements à étages multiples conduit à modifier radicalement l'organisation des bâtiments. Une nouvelle structure plus standardisée remplace progressivement la structure haussmannienne dans laquelle les étages supérieurs plus difficiles d'accès étaient aménagés en garçonnières ou réservés aux domestiques. Avec l'ascenseur, les étages supérieurs sont d'accès plus facile, on peut dès lors envisager d'aménager des appartements similaires à tous les étages. Les étages supérieurs bénéficiant d'une vue sur la ville seront dès lors réservés aux classes dirigeantes.

3.4.3.2. La recomposition du territoire du voisinage et de la ville

Si le métropolitain existait à Londres depuis 1863 et à New-York depuis 1868, il se développe dans la plupart des villes à partir de la fin du 19ème siècle. A Paris les premiers projets sont élaborés en 1855 mais il faut attendre 1880 pour que le besoin s'en fasse sentir car la circulation ne cesse d'augmenter.

L'ingénieur civil Eugène Hénard se trouve confronté à Paris à la multiplication des réseaux techniques (gaz, électricité, eau, téléphone, canalisation pneumatique pour les dépêches...) et de circulation comme les routes et les boulevards sur lesquels de multiples modes se déplacent (piétons, vélos, chevaux, tramways, automobiles, charrettes...). Or ces développements ne sont pas organisés et, selon lui, ils seront dans les prochaines décennies complétés par d'autres conduites pour la distribution d'air comprimé ou d'air pur, de pétrole pour le chauffage domestique, d'eau chaude provenant des usines... Lui-même lors de sa participation à l'organisation des Expositions universelles de Paris en 1900 propose différents modes de transport pour faciliter la circulation des visiteurs dont notamment la création d'une sorte de tapis roulant mû par l'électricité. Ces développements et innovations s'inscrivent dans la perspective plus large de réduire les nuisances du chemin de fer à vapeur sur la ville et des difficultés de circulation face à l'augmentation du trafic en ville. Il propose donc de rompre avec la vision classique de la circulation réalisée à même le sol naturel et d'organiser les circulations sur plusieurs niveaux au même titre que l'on avait inventé l'immeuble à étages multiples au début du processus d'industrialisation. Le train circulera en souterrain comme le métro et les carrefours pourront avoir des voies superposées. Le dégagement des boulevards et des aires de circulation permet de maintenir et de créer de nouveaux espaces libres en surface car selon Eugène Hénard la ville de Paris est en train d'étouffer sous la pression des circulations et de la densification par comblement des îlots et par construction sur les derniers espaces non bâtis hérités du processus agraire. Pour sauver la ville bourgeoise, il faut réaménager de la nature au cœur de Paris. En outre pour Eugène Hénard des opportunités existent à travers l'électricité qui est une énergie facile à transporter et n'ayant pas de nuisances. Il voit aussi dans l'invention de la voiture et du vélo de nouveaux moyens de transport nettement plus adaptés (moins polluants, moins bruyants, plus maîtrisables... que le véhicule à vapeur). Plus radicalement, l'invention des dirigeables est pour lui une nouvelle alternative à la congestion provoquée par les modes de transport terrestres. Il imagine aussi l'implantation d'un réseau de collecte des déchets pour éviter leur stockage en ville. Si son idée n'est pas retenue, elle démontre néanmoins que le problème était important puisque c'est à cette époque qu'Eugène René Poubelle, préfet du département de la Seine, impose un bac à ordure, muni d'un couvercle et de poignées.

Tony Garnier procède à la même analyse. De nouvelles énergies et techniques apparaissent, elles permettent de réduire les nuisances et d'entrevoir une ville propre où les industries pourraient côtoyer les habitations.

Comme le souligne M. Ragon, Tony Garnier et Eugène Hénard entrevoient donc la possibilité de maintenir les villes en activité et réduire leur étalement à travers des banlieues interminables où les individus sont en quête de calme et de ressourcement. Pour ce faire, Eugène Hénard se rapproche des thèses de Camillo Sitte lorsqu'il indique que les boulevards et avenues sont devenus des couloirs de circulation. D'après lui il convient de restaurer du sens et de la symbolique dans l'architecture et arrêter de construire des immeubles de rapport alignés, simplifiés et uniformisés cachés derrières des rangées d'arbres. Mais il s'écarte d'emblée du culturalisme car selon lui, il faut développer des boulevards ouverts c'est-à-dire dont les immeubles ne suivent pas l'alignement de la voirie. Les reculs et les interstices sont privilégiés afin de casser la linéarité et d'aérer la ville. Il envisage déjà ainsi la ville pour différents modes de transport en les séparant par niveaux. La ville comporterait cinq niveaux de circulation. Sur les toits les aéroplanes abeilles, qui préfigurent les hélicoptères, pourraient se poser. Sur le sol pourraient circuler les piétons et les automobiles. Toutefois pour ces dernières il estime qu'il faut créer des voies secondaires dans Paris entre les boulevards haussmanniens très distendus et les rues de la cité. Au premier sous-sol les tramways circulent dans des tunnels. Sous ceux-ci sont implantés les réseaux techniques comme le gaz, les égouts... qui sont regroupés dans des canalisations afin d'éviter la multiplication des interventions en surface. Sous ce niveau technique, deux niveaux sont réservés au métro puis le plus profondément enterré est le chemin de fer. Les connexions verticales existent entre modes. A l'image du carrefour routier, des carrefours entre lignes de tramways et entre lignes de métro sont prévus. En d'autres mots on bascule progressivement dans la recherche constante de connexion entre lignes et entre modes. Enfin Hénard envisage déjà la séparation des flux. Il identifie des flux domestiques, professionnels, d'affaires, économiques et de loisirs. Les petites rues piétonnes suffisent pour les flux domestiques, les flux économiques nécessitent de larges avenues car les véhicules sont nombreux et de taille importante.

Eugène Hénard pose ainsi les jalons du nouvel urbanisme. D'abord sur le plan formel, il transcende la problématique de l'industrialisation en soutenant les activités propres et en enterrant celles qui génèrent les nuisances. Ensuite sur le plan de la méthode d'intervention car il fonde ses inventions en fonction des problèmes de terrain selon une approche prospectiviste. Il développe des méthodes de comptage des flux et d'observation des problèmes tout en recherchant des solutions concrètes. Il s'inspire ainsi de Patrick Geddes qui au même moment (1881) préconise l'établissement d'une enquête préalable sous forme d'un survey qui permet de mettre en évidence les liens entre chaque élément dans son environnement. Ces recherches visent l'une comme l'autre à définir une science de la ville qui rejette les modèles et les utopies totalisantes. Enfin Eugène Hénard pose une forme de planification puisqu'il établit un programme d'interventions sur Paris avec un calendrier et un budget financier couvrant le coût des travaux. Le caractère opératoire déjà initié par Haussmann devient central.

3.4.3.3. L'affirmation du paysage comme perception et comme politique de recomposition du territoire

Le quartier de Montparnasse fut créé dans la seconde moitié du 19ème siècle suite à une extension de Paris. Ce quartier était organisé autour des boulevards et de la gare de l'ouest. Il est particulièrement caractéristique de la troisième phase du processus d'industrialisation car il est aménagé sur un ancien site de l'exposition universelle et il devient le quartier des artistes avec Picasso, Modigliani, Chagal qui caractérisent tous la recherche d'une nouvelle représentation de l'espace alors que la photographie s'impose de plus en plus. Cette période est également celle d'une nouvelle perception des mœurs...

Les peintres quittent leurs ateliers et se rendent dans les campagnes pour s'immerger dans la nature. Le constat est double : valorisation des paysages romantiques et définition d'une nouvelle représentation de la campagne et de la nature (vallée avec les cours d'eau, les plans d'eau et les falaises ou les grands paysages champêtres ou marins depuis un point de vue, pour un ensemble de sites généralement accessibles en train) avec a contrario une perception des paysages industriels sous l'angle de l'atmosphère lourde et polluée (ciel rouge, fumées d'usine, groupe d'ouvriers, terrils...).

C'est dans ce contexte qu'une première politique de restauration des paysages est établie en Wallonie. Elle vise à imposer aux carriers et aux sociétés minières d'assainir et de restaurer les paysages après exploitation.

3.5. Conclusions et le modèle de représentation du processus d'industrialisation

Comme on l'a vu dans le chapitre précédent, le processus agraire peut être schématisé à travers l'organisation spatiale de Von Thünen fondée sur la proximité. Le schéma présenté ci-dessous reprend cet héritage radioconcentrique tout en y ajoutant les mutations te recompositions liées au processus d'industrialisation.

Cette logique de la proximité est transformée lors du processus d'industrialisation suite à plusieurs innovations qui ont permis de faciliter les échanges notamment par l'amélioration du réseau routier et la consolidation des voies navigables mais surtout par l'essor du chemin de fer puis du chemin de fer vicinal et du tramway. Ces modes sont régis par la logique de linéarité, ils sont donc symbolisés ci-après par un axe qui traverse la logique radioconcentrique. Les modes de transport se sont donc diversifiés et les objets transportés se sont multipliés : transport des biens mais aussi d'énergie, d'eau, d'informations...
Cette modification fut en outre stimulée par l'accroissement des capacités de stockage suite notamment aux possibilités offertes par la construction en hauteur tant en ville que dans les campagnes.

La concentration de la production devient dès lors possible et les populations peuvent se regrouper dans les bassins industriels. Il y a donc une recomposition de la nécessité de proximité. Le bassin devient une aire assez vaste dans laquelle les ouvriers, avec leurs logements, leurs commerces voire leurs associations et leurs loisirs, les usines et leurs ressources naturelles mais aussi leurs sous-traitants, leurs écoles, se trouvent regroupés. Une nouvelle forme d'agglomération se recompose mais de manière totalement différente de celle des villes. Les villes industrielles sont symbolisées par la zone nouvelle qui s'inscrit en marge du rapport à la cité traditionnelle. Cette ville est en outre connectée au chemin de fer. Comme nous l'avons vu cette ville industrielle pouvait faire l'objet de recomposition dans le cadre des utopies présentées par les pré-urbanistes. Le carré symbolise donc à gauche la ville industrielle ou à droite la ville communautaire de Howard ou le Phalanstère de Godin.

Cette recomposition de la répartition des activités et des populations ne signifie cependant pas que les effets de proximité mis en évidence par Von Thünen aient disparu. Lors du processus d'industrialisation la proximité va, au contraire, se définir comme la recherche de nouvelles économies à travers deux types d'espaces, les bassins industriels et les villes bourgeoises.

La cité est recomposée en ville bourgeoisie avec ses quartiers ouvriers et ses faubourgs. Cette ville dont l'expression la plus claire est la mitoyenneté se définit comme un tissu bâti continu. Cette conception nouvelle de la ville est sans doute une idée nouvelle, et tend à être opposée au rural qui est au contraire le tissu discontinu avec les villages mais aussi désormais les premières villas tant dans les vallées touristiques que sur le littoral. Le modèle de l'urbain se construise dès lors par opposition avec le rural non seulement au niveau formel mais plus globalement sur les rapports de supériorité. Cette représentation du monde a largement influencé le processus d'urbanisation (voir ci-après). Si nous posons comme hypothèse que notre époque s'ouvre vers un nouveau processus territorial, il est peut-être temps de démystifier cette idée communément admise que la ville est fondée sur la continuité et que la campagne est caractérisée par la discontinuité. Cette définition ou représentation du monde est le fruit du processus d'industrialisation. Certains géographes s'en inspirent encore aujourd'hui pour tenter de redéfinir l'étendue des agglomérations. Cette continuité renvoie en outre à une idée de totalité, c'est-à-dire d'un espace total dans lequel l'ensemble des besoins et des aspirations peuvent être assouvis. Bref un territoire de la proximité. Toutefois, comme mentionné d'emblée dans cette section, cette proximité se définit déjà dans un dédoublement des territoires : lieu de travail et lieu de résidence, mais aussi ville et campagne. La ville est synonyme de travail et la campagne de résidence. Désormais la ville est publique et la campagne est privée.

Enfin rappelons que ce processus est celui de la recomposition des niveaux de territoires autour de la parcelle, de la commune et de l'Etat-nation. Ces éléments sont repris dans le schéma suivant.

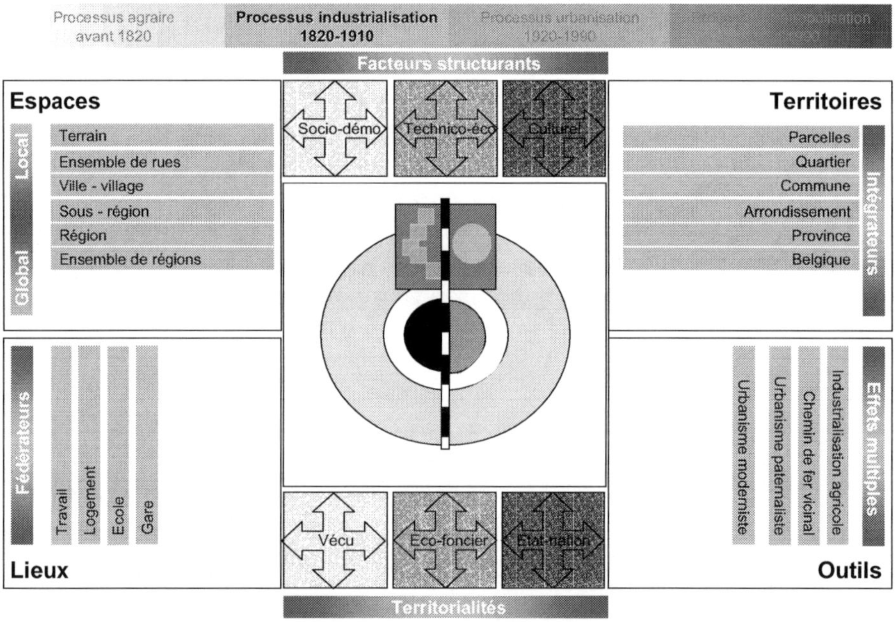

Chapitre 4

PROCESSUS D'URBANISATION

Lors de la dernière phase du processus d'industrialisation, mais aussi au cours de la première guerre mondiale, différentes techniques se sont développées et ont modifié les rapports au temps et à l'espace.

La guerre est à ce titre un accélérateur de mutations mais aussi un vecteur de déplacement des rapports de force entre les nations. Si l'Angleterre et la France étaient largement rivales lors du processus d'industrialisation, la première guerre mondiale signifie aussi et surtout l'union entre la France et la Russie face à l'émergence de l'Allemagne aux côtés de l'empire austro-hongrois. Enfin la guerre sera l'occasion de l'affirmation progressive des Etats-Unis et de la révolution d'octobre à Petrograd.

Si l'Europe ne sort pas grandie de la première guerre mondiale, par contre les deux grandes puissances que sont les Etats-Unis et la nouvelle Russie vont être les deux grandes références au cours du processus d'urbanisation. Ces deux pôles seront maintenus selon la tension de la « guerre froide » jusqu'à la chute du mur de Berlin et la fin du communisme en Union soviétique. La fin de cette tension sera l'un des facteurs de transition vers le processus de métropolisation.

Le processus d'urbanisation se distingue du processus d'industrialisation car il se fonde sur la gestion des oppositions en présentant des alternatives et des modalités de tension. Ainsi l'Etat devenu nationaliste puis impérialiste à la fin du processus d'industrialisation s'affirme et gagne en autonomie pour devenir un gestionnaire des tensions. Contrairement au processus d'industrialisation fondé sur l'opposition des classes, des appartenances philosophiques... et d'une utilisation de l'Etat-nation pour servir les intérêts partisans, l'Etat-providence va progressivement se renforcer. Les recompositions vont donc s'effectuer dans un ensemble de relations à trois. A côté de l'Etat-providence, ce sont les classes moyennes, les partis politiques centristes, les négociations entre partenaires sociaux, l'équilibre entre contraintes et incitants... qui négocieront les tensions. Mais cette gestion de la tension nécessite des moyens, des compromis et du temps. Or précisément cette gestion est rendue possible par le jeu de la gestion de la croissance économique et démographique et de la modernité. Les différentes phases du processus d'urbanisation vont dès lors avoir pour objectif d'établir ces modes de gestion.

Au cours du processus d'urbanisation, quatre phases de développement peuvent être identifiées. La première couvre la période de l'entre-deux-guerres. Elle est caractérisée par la démocratisation de l'accès au logement individuel et par la facilité des déplacements dans une société où la retraite, les congés payés et les mutuelles sont désormais institutionnalisés. La seconde phase est également caractérisée comme la première par les lendemains de guerre, puisqu'elle couvre les années quarante, mais elle va au-delà. Cette phase de reconstruction est suivie d'une accélération de la croissance dans les années cinquante et soixante avec le développement exogène principalement promu par les Etats-Unis dans nos régions. Cette phase comme les suivantes seront marquées par les tensions grandissantes entre capitalistes et communistes, entre est et ouest mais aussi à d'autres niveaux territoriaux entre centre et périphérie. La tension est gérée par une neutralisation respective et la constitution d'un territoire mondial devient une question centrale. Les phases suivantes de développement sont déjà celles de l'ébranlement et de la crise du processus d'urbanisation. Les deux vecteurs principaux du processus s'essoufflent : la maison individuelle et l'automobile connaissent les écueils des nouvelles mutations socio-démographiques et technico-économiques de même que culturelles qui vont conduire à la transition vers le processus de métropolisation.

Lors du processus d'industrialisation, les géomètres avaient développé des outils pour mesurer et objectiver l'espace. Des cartes thématiques furent dressées pour détailler la nature des sols et des sous-sols. De même des cartes furent établies pour caractériser le relief ou d'autres encore pour identifier les routes maritimes et terrestres à des fins militaires, ou suite aux explorations coloniales, ou encore plus modestement suite à l'invention de l'automobile. Au début du processus d'urbanisation, de nouvelles techniques vont à nouveau induire de nouvelles perceptions de l'espace. L'invention de la photographie conjuguée à l'avion va induire lors de la première guerre mondiale les premières cartes militaires fondées systématiquement sur des clichés aériens. Les techniques initiées depuis la troisième phase du processus d'industrialisation pouvaient ainsi être appliquées de manière plus générale. Cette nouvelle cartographie fine du territoire et plus seulement des villes, des ports, des routes ou des zones frontières permettra de réaliser la couverture de l'ensemble du pays. Dès lors la gestion de l'espace au travers de ces multiples aspects et dans sa totalité pourra s'établir : l'aménagement du territoire devient possible et nécessaire. La cartographie offre en effet désormais une connaissance précise et globale de l'ensemble de la nation. Chaque espace doit trouver sa finalité. Cette nouvelle perspective conduit surtout à ne plus laisser au seul propriétaire le choix de la vocation ou la valorisation de sa parcelle. Le cadastre est donc complété par des plans d'occupation des sols.

4.1. La phase de l'entre-deux-guerres ; l'urbanisation progressive : 1920-1945

4.1.1. Le contexte général de Court-Saint-Etienne

Dans cette partie, l'examen du cas de Court-Saint-Etienne est réalisé selon le schéma conceptuel initial. C'est ainsi que nous analysons l'entité sous l'angle des mutations puis des recompositions symptomatiques du processus d'urbanisation.

Court-Saint-Etienne nous offre donc à nouveau un contexte général révélateur du nouveau processus. Il nous permet d'emblée de présenter le processus d'urbanisation non pas comme un processus uniquement spatial mais comme un ensemble de phénomènes que l'on peut clairement distinguer du processus d'industrialisation.

Après une brève introduction relative à la dynamique des noyaux bâtis, l'analyse de Court-Saint-Etienne est réalisée en reprenant notre distinction entre vallée, versant et plateaux car elle nous permet de montrer les formes spécifiques du processus affectant différents types d'espaces. Nous démontrons ainsi après le processus d'industrialisation comment le processus d'urbanisation n'est pas le propre de la ville industrielle ou de la ville bourgeoise.

4.1.1.1. La dynamique des noyaux bâtis de Court-Saint-Etienne

La carte de la page suivante montre la multiplication des bâtiments et des voiries. Comme on le voit l'évolution spatiale du centre de Court-Saint-Etienne est particulièrement intéressante car les traces des processus agraire et industriel demeurent.

Pour rappel, lors du processus agraire, les nouveaux espaces bâtis envahissent des terrains jusqu'alors réservés à la forêt ou aux pâturages. Les structures bâties héritées sont également affectées. Le village avec son château, son église et sa rue est consolidé. Les hameaux de Werchai et du Wisterzée sont séparés du village par les rivières et de nombreux terrains humides.

Lors du processus d'industrialisation, le village est encore renforcé avec l'aménagement de l'hôtel de ville et de l'école communale. Mais ce sont les bords de la Thyle et de la Dyle qui deviennent les nouveaux centres de la commune avec l'usine Henricot, la gare, la rue de la Station et les places communale et du marché. L'Usine s'étend sur l'autre rive de la Dyle et progressivement les cours d'eau sont voûtés. La présence de médecins, de commerces dont des coopératives, des hôtels pour ouvrier et la tenue d'un marché en plus de l'ouverture des écoles caractérisent cette mutation du centre. A côté de ce centre, les hameaux de Wisterzée et du Werchai se renforcent grâce à l'implantation de maisons mais aussi de nouvelles écoles. Les extrémités ouest et est du centre sont distantes d'environ un kilomètre.

Avec le processus d'urbanisation, l'étalement des noyaux bâtis est nettement plus manifeste puisque la superficie bâtie du centre est pratiquement multipliée par quatre. Le centre englobe désormais l'ancien village, le quartier des équipements publics, les rues de la Station et de Wisterzée de même que les hameaux de Wisterzée et du Werchai. Cette extension se traduit aussi par des logements ouvriers puis des cités-sociales de logements et des lotissements notamment au-delà du hameau de Wisterzée ou à Noirhat où une cité de logements sociaux est construite dans l'entre-deux-guerres.

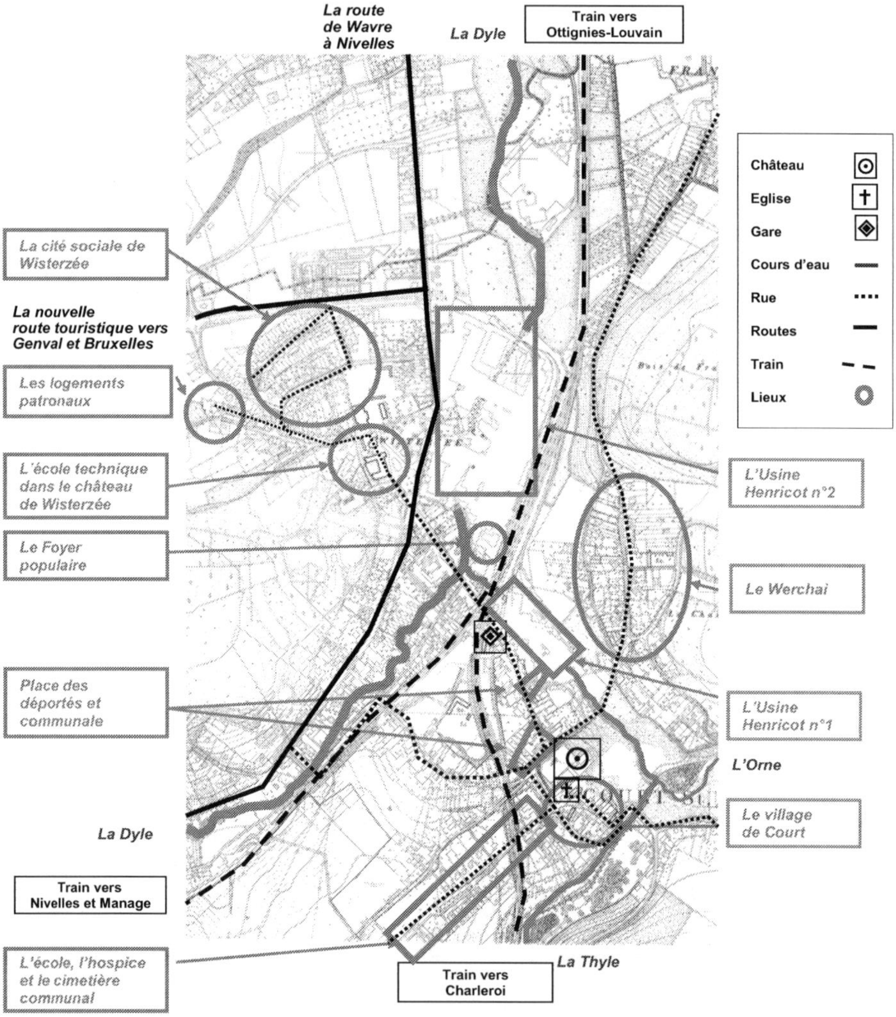

A - Dans la vallée, l'urbanisation s'impose

a) L'étalement physique des Usines Henricot

Le processus d'urbanisation se caractérise d'abord physiquement puisque les Usines emploient désormais près de 3.000 ouvriers, ce qui se traduit par l'étalement physique de l'entreprise qui occupe des terrains au-delà du chemin de fer mais même au-delà de la Dyle en direction la route provinciale. L'étalement s'opère en direction des versants ou sur des terrains traditionnellement non constructibles. La rectification du lit de la Dyle et la consolidation sont réalisés par les Usines Henricot en aval du Foyer Populaire. Ces travaux ne permettent pas d'éviter d'importantes inondations en 1924 et 1926. L'ensemble du centre de l'entité est submergé ; dès lors de nouveaux travaux sont entrepris en 1928.

b) L'indépendance du lieu de résidence et du lieu de travail

Le développement industriel des Usines Henricot nécessite ensuite l'embauche d'ouvriers flamands venant de Diest par train via Leuven. Vu la distance et les horaires de travail, ils ne pouvaient effectuer les déplacements entre leur lieu de travail et leur lieu de résidence sur une journée. Ces ouvriers ne vont pas venir habiter dans les anciens logements établis par le patronat, ils vont au contraire bénéficier d'une alternative : le morcellement des lieux de résidence. Fini la caserne ouvrière ou les logements du patronat, les travailleurs iront loger à la semaine à l'hôtel et rentrerons chez eux le week-end. Ni une, ni deux étoiles naturellement : il s'agit d'hôtels qui n'en avaient que le nom. Mais si le confort était déplorable, il n'en demeure pas moins qu'il signifiait l'indépendance par rapport au patronat et une possibilité de gagner un salaire.

Le développement de l'usine s'accompagne aussi d'une plus forte progression du nombre de maisons que du nombre d'habitants. La période de l'entre-deux-guerres marque le passage d'une occupation des logements en moyenne de 5 personnes à 3 personnes. En d'autres mots, l'occupation résidentielle s'accroît doublement, d'une part sous l'effet d'une croissance constante de population mais aussi à cause d'un accroissement de la superficie occupée par habitant. L'étalement résidentiel s'accompagne du développement des commerces entre le passage à niveau et la route provinciale voire même le long de cette dernière. Les modes de transport individuels et la maison individuelle envahissent donc l'entité.

En marge de cette situation, la production résidentielle relève surtout d'une initiative publique et de valorisation immobilière privée. Dans l'entre-deux guerres on construit ainsi à Court-Saint-Etienne plus de 500 nouveaux logements principalement de type villa ouvrière.

Paul Henricot en tant qu'échevin avait proposé dès 1910 la création de la société d'Habitation moderne. Les premières maisons sont construites en 1921 en partie sur ses terrains. A l'image de Félix Goblet d'Aviella, il entreprend aussi la création d'autres lotissements. Principalement situés dans la vallée ou sur ses flancs, ces lotissements peuvent compter sur la création de nouveaux axes routiers qui permettent de désenclaver les terrains. Ainsi pour développer ses activités immobilières, Paul Henricot put compter tant sur la commune que sur sa belle-famille Warnant qui détient le poste de ministre belge des travaux publics pour faire réaliser une nouvelle route à partir de Wisterzée en direction de Genval et de Bruxelles. Cette route qui sera communément dénommée la « route touristique » est instructive sur deux points. D'un côté, elle permet de désenclaver les terrains de la famille Henricot et elle rend possible leur urbanisation résidentielle par la création de lotissements de logements ouvriers. D'un autre côté, cette route est réalisée en recourant à des outils d'aménagement. En effet, en 1920, la commune adopte plusieurs un plans d'alignement pour permettre la création de la voirie mais elle dresse aussi en 1923 un plan particulier d'aménagement sur l'ensemble des terrains voisins de la nouvelle voirie.

La localisation de ce lotissement à Wisterzée permet aux habitants de se rendre aisément à pied ou à vélo vers les Usines ou la gare pour rejoindre Charleroi ou Bruxelles voire même pour travailler à Ottignies qui est devenu un grand centre ferroviaire depuis la création de la Société nationale des chemins de fer belges. En d'autres termes, le développement résidentiel ne répond plus spécifiquement à des logiques de proximité ou de lien avec l'entreprise et le patronat.

La « route touristique » montre ainsi aussi la mutation en cours par le début de la périphérisation de Bruxelles. Plusieurs villages, vallées et sites historiques deviennent dès cette époque des lieux de sortie en voiture le dimanche, voire même de villégiature. Court-Saint-Etienne est désormais inscrit sur cet axe et dans ce développement périphérique qui demeure essentiellement touristique. Notons cependant que les loisirs ne sont plus seulement réservés aux classes aisées. En effet dès 1926 les congés payés et les congés scolaires sont organisés simultanément au sein des Usines Henricot et des écoles communales.
Court-Saint-Etienne est donc placé sur un axe vers Bruxelles qui évite désormais de devoir passer par Wavre pour joindre la route de Bruxelles à Namur. Il permet aussi de joindre des banlieues de Bruxelles en plein essor comme Rixensart ou les bords du lac de Genval qui deviennent des lieux de villégiature accessibles tant en train qu'en voiture. Court-Saint-Etienne se place ainsi progressivement dans cette dynamique spatiale. Cette position est d'autant plus marquée que la « route touristique » se prolonge vers Villers-la-Ville dont l'abbaye connaît un regain d'intérêt. Abandonnée et pillée pendant tout le processus d'industrialisation, elle est rachetée par l'Etat et sa gestion est confiée dès 1932 au Royal Touring Club de Belgique qui existait depuis 1896. Une politique patrimoniale et touristique commence ainsi à se mettre en place car à la même époque la forêt de Soignes ou encore le champ de bataille de Waterloo bénéficient de l'un des premiers statuts de protection.

B - Le renforcement de l'unité et de la solidarité communale

L'urbanisation en tant que processus n'est pas qu'un phénomène spatial ou de migration des populations. Plusieurs mutations conduisent à revoir les rapports de solidarités afin de les dégager tant de la sphère de l'Eglise que de celle du patronat. La commune devient ainsi progressivement un opérateur du bien-être collectif.

La commune et les coopératives alimentaires vont progressivement créer un ensemble de modalités d'assistance envers la population. La première guerre mondiale est l'occasion d'organiser des aides à la population en ouvrant un abattoir, en favorisant l'engraissement de porcs ou encore en réquisitionnant des terres pour cultiver des légumes et des pommes de terre à l'intention des ouvriers n'ayant pas de jardin.

Comme dans de nombreux villages, les lendemains de la première guerre mondiale seront l'occasion de poser sur le territoire l'expression d'une nouvelle collectivité communale. Ainsi en 1920, la place communale est réaménagée et un monument aux morts est érigé en mémoire de la dizaine de victimes que compte Court-Saint-Etienne. La place du Marché est rebaptisée place des Déportés. Par ailleurs la route provinciale est désormais dénommée avenue des Combattants et la rue du Pont de pierre devient l'avenue des Prisonniers de guerre.

La préoccupation d'un bien-être reste empreinte d'hygiénisme, ce qui conduit aussi la commune à instaurer un service communal de collecte des immondices dans le centre. Désormais les déchets ne sont plus évacués personnellement ou plus communément traités dans la parcelle via le compostage ou le petit élevage. Dans le même temps la commune prend des dispositions de police pour lutter contre l'alcoolisme, et elle entreprend des sensibilisations dans les écoles de même que des visites médicales.

A l'image des de la reconnaissance de droits sociaux au niveau national, le bien-être passait par des meilleures conditions de travail et une augmentation des salaires. Dans ce contexte des changements alimentaires s'opèrent et la consommation de viande augmente sensiblement tandis que la consommation de pain diminue. Les moulins à farine qui existent encore à Court-Saint-Etienne vont progressivement se reconvertir en moulins à farine pour l'alimentation du bétail. D'autres seront rachetés et intégrés dans des sociétés nationales de meunerie. Le lien entre les moulins et les habitants avait déjà partiellement disparu suite à l'essor des boulangeries lors de la dernière phase du processus d'industrialisation. Désormais la proximité entre le moulin et les boulangeries ne garantit plus de facto l'achat et l'approvisionnement.

Enfin la commune initie aussi à l'épargne en octroyant aux parents un carnet d'épargne au nom de chaque nouveau-né. De même, la commune tend à encadrer les malades et les chômeurs en reprenant à son compte la caisse d'assurance-maladie et de chômage de l'Usine Henricot.

C - L'essor de l'enseignement comme vecteur de l'urbanisation

La commune devient de plus en plus un centre scolaire important. Le rôle de l'enseignement est renforcé dans une perspective d'émancipation et de formation.

L'entité de Court-Saint-Etienne avait dès le processus agraire bénéficié d'infrastructures scolaires (voir ci-dessus). Cette dynamique a été accentuée par les liens qui existaient entre les Usines Henricot et le monde du travail. Elle a induit la création d'écoles techniques et de dessin industriel par Emile puis Paul Henricot. En effet les élèves qui fréquentaient ces cours trouvaient facilement un emploi dans les Usines. En outre de nombreux ouvriers suivaient des cours de perfectionnement le soir ou le dimanche.

Toutefois après la première guerre mondiale un nombre croissant des écoliers provenaient de plus en plus des communes voisines et les Usines Henricot ne constituaient plus le seul lieu d'embauche. Dès lors un minerval pour les écoliers dont les parents ne résident pas dans la commune fut instauré dans l'entre-deux guerres. Progressivement la commune puis la province vont devoir assurer le financement des établissements. La loi sur l'obligation scolaire jusque 14 ans fut l'occasion d'une prise en charge des frais de l'enseignement secondaire par l'Etat-providence. Dans un contexte général de paix scolaire l'enseignement technique est davantage pris en charge par l'Etat alors que l'enseignement catholique garde l'essentiel des écoles secondaires classiques. Jusqu'à la veille de la seconde guerre mondiale, Paul Henricot financera encore les bâtiments scolaires. Mais progressivement le château du Wisterzée est repris par l'intercommunale pour y développer l'enseignement technique. Un bâtiment annexe est construit au château pour accueillir les élèves en internat. Les écoles de

musique mais aussi de dessin technique sont en partie reprises par la commune ou par des intercommunales.
Pour l'enseignement primaire des collaborations entre réseaux se mettent parfois en place. C'est ainsi que des services communs sont institués par la commune comme en 1924 lorsqu'un service de soins dentaires est organisé dans les écoles libres et officielles.

Le processus d'urbanisation conduit donc à une autonomie progressive des services publics et des instances économiques locales. Les enfants de la région peuvent accéder aux écoles et ils iront davantage, après leur enseignement, travailler en dehors de la commune. De leur côté les Usines Henricot vont progressivement augmenter le nombre d'ouvriers flamands voire même, après la seconde guerre mondiale, d'ouvriers immigrés.

D - La gestion des flux dans le processus d'urbanisation

En 1926, la société du Grand Central, qui sera la même année reprise par la Société des chemins de fer belge, décide de construire la gare définitive de Court-Saint-Etienne. La nouvelle gare est implantée à l'extérieur du croisement des voies ce qui préfigure peut être la fermeture de la ligne voyageur vers Manage aux lendemains de la seconde guerre mondiale. Par son architecture de type cottage anglais cette nouvelle gare démontre le glissement progressif de l'entité dans le rapport entre centre et périphérie. En effet si les gares avaient été jusqu'alors essentiellement l'expression de l'unité du pays (voir ci-dessus), cette compagnie innove en construisant un édifice dont la forme est radicalement en rupture avec le processus d'industrialisation mais par contre totalement en accord avec les multiples villas résidentielles qui se construisent sur les flancs de la vallée. Si la station provisoire était essentiellement fréquentée par les ouvriers des Usines Henricot, la nouvelle gare devient aussi un lieu de passage pour les résidents de même que pour les écoliers en raison du renforcement du pôle scolaire communal.

La gestion des flux devient donc un problème important dès cette première phase du processus d'urbanisation. De plus en plus les individus mettent à distance leurs lieu de résidence, lieu de travail, lieu de scolarité voire même les lieux de loisirs.

La marche à pied reste un mode de déplacement important. Mais depuis le développement du chemin de fer on assiste à la multiplication d'autres moyens de transport avec le vélo, l'automobile et le bus. La multiplication de ces modes de déplacement incite en 1920 les autorités communales à prendre les premières règles de circulation (obligation de poser des lumières sur les voitures et les camions, interdiction de circulation des vélos sur les trottoirs...). Par la suite la présence du chemin de fer commence à poser des problèmes vis-à-vis des autres flux. Ainsi en 1933, la commune introduit plusieurs plaintes auprès de la société des chemins de fer en raison des perturbations provoquées par la fermeture régulière du passage à niveau. Quelques années auparavant, la commune avait aménagé un tunnel sous-voie pour les piétons et les vélos pour réduire les pertes de temps. Néanmoins ces aménagements ne suffisent pas vu l'augmentation du trafic routier. En outre, dès 1930, une ligne de bus privée assure les liaisons entre Gembloux et Wavre via Court-Saint-Etienne et la commune doit prendre une nouvelle réglementation limitant la vitesse des camions et des voitures de même que les stationnements...

E - La mise en place d'un nouveau régime de citoyenneté et de fiscalité

Après le processus d'industrialisation, dans lequel la citoyenneté est déterminée par la capacité à financer l'Etat sur la base de l'impôt foncier puis sur la capacité intellectuelle ou familiale sur la base des critères du vote capacitaire, le processus d'urbanisation va introduire une double modification : suffrage universel au lieu de résidence et régime fiscal sur les biens, salaires et force de travail.

Ainsi si en 1860 moins de 100 personnes pouvaient voter pour quelques 3.000 habitants, en 1920 la commune compte 2.680 électeurs pour 4.270 habitants. Ce nouveau mode électoral se double d'un nouveau système fiscal. L'impôt foncier est progressivement complété par d'autres taxes touchant les industries, les salaires et les bénéfices de même que les biens de luxe mais aussi des taxes urbaines.

Ces taxes sont d'autant plus nécessaires que les interventions de la commune se multiplient. La contribution des industries, et en particulier des Usines Henricot, au développement communal s'effectue de plus en plus indirectement. En instaurant ces taxes, la commune devient redistributrice. Elle joue ainsi un rôle d'Etat-providence au niveau communal. Cette pratique ne supprime cependant pas totalement l'intervention directe des Usines, notamment dans le financement des écoles techniques.

Face à cette nouvelle fiscalité, les Usines Henricot deviennent en 1923 une société anonyme. La stratégie fiscale et la dissociation entre les avoirs familiaux et ceux de la société est réalisée. Cette stratégie intervient alors que les Usines doivent entreprendre de nouveaux investissements importants. En effet entre 1920 et 1938, de nouveaux ateliers et bureaux sont construits (voir ci-dessus), des ingénieurs sont engagés, un four électrique et un laminoir sont installés.

4.1.1.2. Sur le plateau, chez les Boël, d'un domaine à un patrimoine de prestige

Le plateau du Chenoy était depuis le processus agraire essentiellement agricole. Il avait vendu à la Révolution française à la famille Mosselman qui ne cessa de l'étendre lors du processus d'industrialisation. En 1882, Gustave Boël l'acquiert et poursuit son extension.

En marge de cette expansion continue, le domaine est marqué en 1914 par l'occupation allemande. L'état-major allemand y installe un terrain d'aviation. Après guerre, ce terrain sera aménagé en circuit pour courses automobiles. Cette occupation passagère démontre que les plateaux agricoles pouvaient dès cette époque être affectés à d'autres fins que l'agriculture. Même si l'aménagement d'un terrain d'aviation ne fut qu'un épiphénomène lié à la guerre, il démontre que l'aviation n'était pas limitée à quelques appareils mais qu'elle était déjà largement répandue. A une vingtaine de kilomètres de Court-Saint-Etienne, à Nivelles, un terrain d'aviation fut également aménagé sur un plateau agricole. Si à Court-Saint-Etienne le site fut reconverti à des fins de loisirs, par contre à Nivelles l'armée occupe encore en partie le site mais l'essentiel du champ d'aviation fut aménagé dans les années soixante en une vaste zone industrielle.

Plus fondamentalement, dès cette époque la propriété du Chenoy change de vocation. L'importance de détenir des terres pour des raisons politiques liées au suffrage censitaire disparaît avec l'avènement du suffrage universel. Dès lors, d'après E. Meuwissen, les enfants de Gustave Boël gardent le domaine non pas pour l'agriculture ou la sylviculture mais pour la chasse qui est leur plaisir principal. René Boël (1899-1990) petit-fils de Gustave Boël était sénateur libéral et professeur à l'Université libre de Bruxelles. Il habitait à Bruxelles et passait ses week-ends dans son domaine du Chenoy.

René Boël marque la nouvelle vocation du domaine en lien avec le processus d'urbanisation. A la fois ses activités professionnelles mais aussi sa manière de gérer et d'occuper le domaine de Chenoy sont exemplaires. Si les Usines Boël sont reconstruites après la première guerre mondiale et qu'elles sont le fleuron de la sidérurgie belge, René Boël les quitte dès 1928 après s'être marié à Yvonne Solvay, petite-fille d'Ernest Solvay en 1922. Dès ce moment, il va investir dans le secteur clé du processus d'urbanisation : la chimie. Le capitalisme familial au sein de vastes empires se construit d'autant que la sœur de René Boël épouse Charles Janssen, vice-président de la Société Générale de Banque et du groupe Glaverbel.

Depuis Gustave Boël, le domaine remplit une vocation essentiellement de représentation. Le domaine est donc avant tout celui de la chasse depuis la fin de la première guerre mondiale. Dans cette perspective les petits-enfants de Gustave, René et Max Boël, vont poursuivre les achats de bois. En 1927, le domaine atteint 2.550 ha soit pratiquement les terres situées entre la nationale 4 et la nationale 5 et entre la nationale 25 et la nationale 29, ce qui correspond à un périmètre d'environ 100 kilomètres. Ce n'est qu'après la seconde guerre mondiale que le domaine ne va plus s'étendre et qu'il sera même amputé de quelques centaines d'hectares.

4.1.1.3. Sur les versants, la vocation patrimoniale et les projets immobiliers

Les famille Goblet d'Aviella et Boël sont désormais unies depuis 1906 lorsque Eva Boël épouse le comte Félix Goblet d'Aviella. Toutefois ce rapprochement ne remettait pas en question le partage territorial convenu depuis toujours entre les deux familles.

Si Eugène Goblet d'Aviella avait déjà orienté la gestion de son patrimoine foncier vers l'industrialisation de l'agriculture, Félix poursuivait la modernisation de la gestion en appliquant les techniques de la sylviculture et de protection de la nature. Cette option était donc peu compatible avec celle de la chasse souhaitée par la famille Boël. Dès lors le refus de la famille Boël de laisser gérer son domaine par Félix conduit sa femme Eva à soustraire du domaine des Boël sa part d'héritage et de la verser au sein du domaine de Goblet d'Aviella.

Félix Goblet d'Aviella fut comme son père conseiller communal. Mais son rôle de notable évolua radicalement puisqu'il se fit surtout connaître pour ses passions forestières, ses loisirs et ses promotions immobilières. Il fut en effet président du Conseil supérieur des Forêts mais aussi président de la Fédération internationale de gymnastique et escrimeur. Enfin, à l'image de Paul Henricot et de la commune, Félix Goblet d'Aviella entreprit de réaliser sur ses terres plusieurs lotissements résidentiels.

4.1.2. Les facteurs de mutation comme clé structurante

Au cours du processus d'urbanisation et plus particulièrement lors des deux premières phases, la notion de l'Etat-providence s'impose, remplaçant progressivement celle d'Etat-nation et d'Etat impérialiste.

L'Etat-providence correspond à une émancipation progressive de la gestion publique vis-à-vis des influences personnelles et financières. L'Etat-providence va agir aux différents niveaux du territoire institutionnel au travers des : « interventions publiques » et du « service public ». Ces deux actions principales s'appuient sur la reconnaissance d'une valeur nouvelle : l'intérêt général.

La redistribution de la croissance économique devient un facteur-clé du processus d'urbanisation. Cette redistribution ne s'opère plus directement par le patron via ses ouvriers par l'établissement des caisses privées, mais désormais par l'intermédiaire de services et du budget de l'Etat qui renvoie à un réseau d'associations socio-politiques.

4.1.2.1. Les mutations socio-démographiques

A - Les impacts de la première et de la seconde guerre mondiale

La première guerre mondiale est causée non seulement par une économie de guerre déployée depuis le tournant du siècle mais aussi par la volonté de revanche des Français suite à la guerre de 1870. Malgré l'attachement de la bourgeoisie belge à la France depuis le processus d'industrialisation, la Belgique se désolidarise dans un premier temps des Français et réaffirme sa neutralité. De même, le sentiment patriotique supplante également le mouvement ouvrier.

Dès lors, la guerre de 1914 pourra puiser dans la population des campagnes mais aussi des colonies pour alimenter les armées. Après la guerre, les monuments aux morts fleurissent sur chaque place de village. Le sentiment national sort renforcé malgré les nombreux tués.

Pour réduire les effets démographiques de ces tueries, le thème de la famille devient central. Une politique favorable à la natalité est dès lors lancée pour compenser les pertes démographiques et la reconstruction économique. Une première vague d'immigration italienne est organisée par les charbonnages.

B - Les femmes, la famille nucléaire et la classe moyenne

Les femmes et plus largement la famille acquièrent une nouvelle définition et un sens nouveau au cours du processus d'urbanisation.

La distinction entre les rôles de la femme et de l'homme fera l'objet de nombreux débats puisque les périodes de guerre offrent aux femmes l'occasion de s'affirmer et de s'émanciper. Elles doivent en effet assurer la gestion des entreprises et des collectivités en l'absence des hommes au front ou prisonniers.

En 1919 lorsqu'il est décidé d'établir une assemblée constituante pour introduire le suffrage universel, le vote capacitaire est élargi aux veuves de guerre et autres épouses de mutilés.

Le droit de certaines femmes est ainsi reconnu pour autant qu'elles soient le substitut de l'homme. Le suffrage universel ne sera malgré tout pas accordé aux femmes en raison des résistances du mouvement ouvrier. Les socialistes craignent qu'elles soient toujours sous l'influence de l'Eglise catholique. Il faut attendre les lendemains de la seconde guerre mondiale pour que le principe d'égalité de sexes soient réalisés. En 1948, les femmes obtiennent le droit de vote. La seconde phase du processus d'urbanisation va dès lors être encore davantage marquée par la nouvelle définition des rôles selon les sexes.

Lors du processus d'urbanisation, la famille se définit comme le couple avec enfants vivant sous un même toit et le logement devient le lieu de la famille. Cette définition restreinte est d'autant plus acceptée que l'Etat-providence va réorganiser les liens entre descendants. Il rend l'assurance-pension obligatoire. Chaque travailleur cotise durant sa carrière pour être autonome à l'âge de la mise à la pension désormais fixée à 65 ans. Les personnes âgées peuvent dès lors habiter à l'écart de leurs enfants.

Le logement se définit ensuite comme un lieu plus en plus complémentaire à d'autres lieux comme d'abord l'école, le lieu de travail puis ensuite les lieux de loisirs ou de vacances.
L'école et la maison trouvent alors un soutien en raison non seulement des aides à l'acquisition de logement mais aussi parce qu'en 1921, l'Etat-providence crée la caisse d'allocations familiales. Cette caisse vise à lutter contre la dénatalité. Mais elle vise aussi une compensation financière attribuée aux familles en raison de l'interdiction du travail des enfants, de la loi sur l'allongement de la scolarité jusque 14 ans et d'une rémunération versée aux mères qui se voit désormais assigner une mission d'éducation en complément de l'école.

Cette nouvelle famille constituera l'idéal social, d'autant qu'elle s'apparente à la classe moyenne qui transcende l'opposition entre monde ouvrier et bourgeoisie issue du processus d'industrialisation. Progressivement la maison devient donc le lieu de la mère au foyer. C'est ainsi que dès cette époque la maison s'équipe de machines pour que la femme puisse accomplir ses tâches ménagères : lessiveuse manuelle, machine à coudre...

Le standard du confort du logement est désormais inscrit dans la statistique. L'année 1919 devient l'année de référence. Les immeubles construits avant cette date sont considérés comme vieillots alors que ceux construits par la suite seront évalués en fonction de leur surface, les équipements sanitaires, du type de chauffage au gaz ou au charbon (central ou par poêles), du type d'éclairage (gaz ou électrique)...
Dans l'entre-deux-guerres, le temps de travail a été réduit d'un tiers et le pouvoir d'achat a augmenté de 50 %. Le prix des produits alimentaires n'augmente plus alors que les salaires grimpent, le budget familial peut dès lors être affecté en partie à d'autres fins comme l'achat d'une voiture, d'un terrain, d'une maison... Cette tendance sera davantage marquée aux lendemains de la seconde guerre mondiale.

C - En Belgique, les premières analyses régionales des dynamiques démographiques

Si lors du processus agraire le cadastre fut largement développé, il faut souligner que lors du processus d'urbanisation, les rapports à l'espace et au temps seront de plus en plus souvent analysés sur la base de statistiques. Depuis 1856 des recensements menés tous les dix ans sont réalisés en Belgique suite à la création de l'Institut national des statistiques. Outre l'évolution socio-démographiques, ces recensements fournissent les indicateurs de l'état de salubrité du bâti de même qu'un ensemble de données sur les mouvements résidentiels et quotidiens. L'usage de ces données sera amplifié avec le processus d'urbanisation car cette connaissance fine de l'évolution démographique permet d'orienter les interventions des pouvoirs publics en matière de soin de santé, d'enseignement ou encore de logement.

Dès les années trente, les analyses vont aussi contribuer à mettre en évidence les mutations contrastées selon les trois régions belges et des mouvements de population qui sont de plus en plus fréquents entre communes. Ces migrations internes auront un impact important dans le cadre de la recomposition du territoire national sur la base des régions linguistiques. En outre les chiffres vont fournir les arguments afin de montrer que la dynamique économique de la Belgique s'inverse progressivement : la Wallonie qui avait connu un essor industriel lors du processus antérieur subit progressivement un ralentissement de ses activités, l'immigration flamande vers le sud du pays diminue et inversement une immigration francophone s'opère vers Bruxelles et sa banlieue.

4.1.2.2. Les mutations technico-économiques et sociales

Entre 1890 et 1915, on avait assisté à de multiples inventions comme le ciment, la photographie, la radio, les produits pharmaceutiques, les engrais agricoles, la nitroglycérine... de même qu'à une révolution de l'armement avec le fusil à répétition et les canons, les mitrailleuses, les blindages et les sous-marins.
La première guerre mondiale est donc synonyme d'une application plus systématique des innovations techniques avec l'aviation, l'automobile, le vélo... mais aussi les premières utilisations de la chimie à grande échelle avec les gaz moutarde...

A côté de ces innovations, les mutations économiques sont de plus en plus liées aux évolutions sociales en raison de la reconnaissance des droits des travailleurs et du rôle régulateur de l'économie par l'Etat-providence.

A - L'émergence de l'économie fordiste et les avantages sociaux

Le processus d'urbanisation va être marqué par le passage du taylorisme au fordisme. Commc l'indiquc M. Boaud, ce n'est pas seulement une nouvelle organisation du travail fondée sur les tâches répétitives, c'est aussi un nouveau modèle de production fondé sur la standardisation et un nouveau modèle de travailleur-consommateur.

La mécanisation mais plus encore la standardisation et la fidélisation des travailleurs grâce à l'augmentation des salaires permettent d'accroître la productivité. Un nouveau modèle économique et de consommation de masse est ainsi né. Henri Ford instaure la journée des huit heures avec un salaire doublé. Pour Ford, il convenait d'assurer non seulement des conditions de travail permettant de réduire les risques d'accidents et de maladies afin de maintenir en activité le personnel le plus adéquat, le plus souvent et le longtemps à la même tâche, mais aussi d'offrir à ces ouvriers un salaire suffisant pour qu'ils deviennent des consommateurs des biens standards produits par l'usine. En outre pour permettre la consommation, il faut non seulement assurer un niveau de salaire plus élevé mais aussi accorder davantage de temps de loisir.

Les congés payés vont progressivement être instaurés et une dissociation naît de plus en plus entre le repos fondé sur le respect de dimanches chrétiens ou des fêtes religieuses et les jours de congé. Le choix d'opter pour des jours de congé en été permet non seulement de mettre en place une fermeture collective de l'usine tout en assurant un tourisme de masse via notamment le développement des journées en chemin de fer à la mer mais aussi, pour les nombreux ouvriers qui avaient gardé des origines paysannes, de retourner dans leur famille pour prêter main forte lors des moissons.

Mais ces avantages sociaux résultent surtout du New Deal qui permit de sortir de la crise des années trente et de bâtir définitivement le modèle économique nouveau. L'Etat devient un régulateur dégageant des accords entre les patrons et les syndicats afin de créer un équilibre et réduire la tension entre travail et capital : congés payés, fin du travail des enfants, salaire minimum, droit de grève...

Dans le même temps, sur une base keynésienne, l'Etat relance les secteurs (bancaire, industrie, agriculture, électricité et transport). Il devient un réel opérateur économique et non plus seulement un incitant ou un gestionnaire social. Les programmes de travaux publics vont se multiplier en matière de logement, d'enseignement ou encore d'infrastructures de transports voire même d'armement.

Comme aux Etats-Unis, en Europe la crise des années trente est marquée par le chômage mais aussi par la restructuration économique avec la création des grands groupes qui seront les multinationales de l'après-guerre, dont Unilever au Pays-Bas, Alsthom en France, Pechiney, Schneider... qui vont être la structure du capitalisme de deuxième génération.

B - Les chemins de fer nationalisés et l'automobile

a) L'Etat-providence et les chemins de fer

En 1926, la Société nationale des chemins de fer belges est constituée par l'Etat-providence. Cette nouvelle société fondée sur la Compagnie de l'Etat belge reprend l'ensemble des compagnies privées.

Les difficultés économiques des compagnies privées et le rôle stratégique des chemins de fer motivent l'Etat à reprendre le réseau. Le chemin de fer demeure particulièrement déterminant non seulement sur le plan militaire mais aussi sur le plan des importations et exportations de même que pour de nombreuse entreprises de construction de matériel roulant.

La SNCB allait permettre d'assurer le transport des minerais et des aciers à des coûts largement subventionnés. Par ses achats en rail mais surtout en matériel roulant, elle garantissait l'avenir à des sociétés nationales (Brugeoise et Nivelles, Acec...) dans le cadre de quasi-monopoles. Toutefois ces achats se limiteront de plus en plus au remplacement du matériel, la création de nouvelles lignes n'étant plus à l'ordre du jour.

En outre la société des chemins de fer allait devenir un vecteur d'emplois pour un grand nombre d'ouvriers et de personnel. Le travail aux chemins de fer leur garantissait un statut et un salaire. La nomination aux postes relevait de plus en plus de reconnaissance politique et faisait de nombreux envieux dans la population.

L'Etat belge hésite à sortir les chemins de fer de l'ère de la vapeur. Alors que dans d'autres pays, comme la Suisse, le choix de l'électricité est déjà fait, les chemins de fer belges qui furent parmi les premiers au monde lors du processus d'industrialisation ne vont pas connaître de modernisation avant les lendemains de la seconde guerre mondiale.

Le maintien de la vapeur s'explique naturellement par la volonté de conserver le charbon comme ressource principale, mais aussi par la difficulté de constituer une centralisation de la production électrique. L'Etat-providence va donc maintenir des unités individuelles plutôt que de promouvoir le développement de l'électricité via les innovations dans les transformateurs, les commutateurs... C'est dès ce moment que la Belgique demeure productrice de câbles électriques et perd les autres innovations dans le domaine. Les Aciéries Câbleries Electriques de Charleroi (ACEC) rivalisent encore avec Philips ou Siemens, mais leurs années sont comptées.
Après la seconde guerre, cette modernisation du rail restera marginale, hésitante, confrontée aux monopoles et concurrencée par l'automobile (voir ci-dessous).

C'est dès sa création que la société publique des chemins de fer est fragilisée. En effet elle doit reprendre des entreprises vacillantes tout en devant garantir des bas tarifs et faire face à une faible capitalisation pour assurer sa modernisation.
En somme, un cercle vicieux est d'emblée créé. Les bas tarifs sont pratiqués pour garantir la compétitivité des entreprises par des coûts de transport des marchandises subventionnés et permettre une mobilité des travailleurs et une démocratisation des voyages (début des congés payés). Dès lors, en offrant ces bas tarifs, la société des chemins de fer devient déficitaire. Sa faible capitalisation par l'Etat-providence implique en outre qu'il faut emprunter auprès des banques pour assurer des travaux de maintenance.
Lors du processus d'urbanisation, l'entreprise des chemins de fer devient donc un service public qui doit être accessible à un grand nombre pour assurer la mobilité tant en termes de promotion sociale que géographique. Elle devient aussi un service public pour soutenir l'économie générale du pays à travers des jeux de subventionnement multiples.

Comme on le verra ci-après, le processus d'urbanisation va créer un contexte peu adéquat au maintien du chemin de fer. Par contre, le transport routier devient le secteur économique structurant.

b) L'automobile, l'hégémonie du moteur à explosion et des grands constructeurs

Depuis la fin du 19ème siècle, la révolution de l'automobile et du cycle est lancée. Si les premières automobiles peuvent être électriques, rapidement, les moteurs à explosion à essence et Diesel s'imposent notamment lors du premier salon de l'auto est organisé à Paris en 1898. Le moteur à explosion équipera par la suite les premiers aéroplanes lors des vols transmanches et trans-méditerranéens effectués entre 1910 et 1920 et même les chemins de fer avec les michelines.

L'automobile bénéficie de la possibilité d'exploiter de nouvelles richesses naturelles comme le pétrole ou le caoutchouc issus des colonies. Dès 1890, les premiers pétroliers sillonnent les océans alors que le caoutchouc est principalement produit au Congo et acheminé à Anvers.

La voiture avait déjà conquis la bourgeoisie d'autant que l'emploi du caoutchouc pour la fabrication des pneus et le développement des suspensions (Citroën) permettent de réduire les aléas des routes chaotiques. De plus, le bitume et les hydrocarbures permettent de remplacer les pavés des rues. Dès lors les avantages du rail lisse sont concurrencés. La voiture individuelle assure désormais liberté et davantage de confort.

En Belgique, un grand nombre de petits artisans chaudronniers ou ferronniers tentent de fabriquer des automobiles. Ces inventeurs bricoleurs disparaissent suite à la première guerre mondiale. Par contre à l'étranger les sociétés ont pu bénéficier de l'économie de guerre. Elles vont rapidement se développer en maîtrisant un marché le plus souvent national et en modifiant l'organisation du travail.

En 1920, Louis Renault passe du taylorisme (chronométrage des tâches et payement à la pièce) au travail à la chaîne avec salaire horaire pour réussir la guerre économique de la société de consommation. Il organise le travail selon une division des tâches et une planification des productions et des achats.
Mais l'essor de l'automobile s'opère surtout avec Henri Ford qui introduit la standardisation des véhicules avec la Ford T dont les coûts de production passent de 1.950 $ à 290 $.

4.1.2.3. Les mutations culturelles

A - L'émergence de la culture de masse

Depuis la phase de transition du processus d'industrialisation, la presse écrite s'est largement développée. Plus généralement la lecture et littérature progressent en raison de l'obligation scolaire. Cette diffusion des idées implique une mise à distance par rapport aux cultures locales et une ouverture culturelle.

Lors de la première guerre mondiale, les soldats en poste dans les tranchées eurent pour la première fois des livres populaires de poche. La littérature de masse était née. Par la suite le processus d'urbanisation connaîtra l'essor de l'image avec la bande dessinée.

B - La modernité, le centre et la périphérie

A la suite du processus d'industrialisation, la modernité devient un credo. Toutefois plus que par le passé la modernité s'affirme à partir de la ville qui est définie comme le centre de l'innovation et de la culture voire plus largement de l'ensemble des savoirs : connaissances comme savoir-vivre. La campagne est désormais opposée à la ville, ou plus exactement le rural est opposé à l'urbain. Cette opposition se retrouve aussi entre la métropole et ses colonies.

Le centre est présenté comme développé alors que la périphérie est définie comme traditionaliste voire primitive. Le centre et le pouvoir de l'Etat-providence peuvent et doivent s'imposer au nom du progrès et de la modernité. Il revient à l'Etat-providence de répandre la modernité à l'ensemble du pays voire de la colonie. L'école et les administrations publiques (justice, armée, chemin de fer...) sont au service de cette émancipation sociale et culturelle.

Cette modernité est d'autant plus mise en exergue que l'Etat-providence lui associe un discours de développement fondé l'équité : permettre à chacun d'y avoir accès tout en reconnaissant progressivement des différences sociales voire culturelles selon les groupes et les régions.

C - L'émergence d'un urbanisme et d'une architecture fonctionnalistes

Suite à la Belle Epoque, une nouvelle architecture moderne émerge. Van der Velde est sur ce point exemplaire car il marque la mutation entre une architecture des formes et l'architecture moderne de l'entre-deux-guerres.

La création des Conférences Internationale sur l'Architecture Moderne (CIAM) à partir de 1928 va restructurer les rapports à l'espace afin de permettre la création de la très grande ville avec l'intégration des flux automobiles en utilisant la construction dense mais sur un nouveau parcellaire afin d'éviter l'écueil des villes américaines.

Les nouveaux matériaux comme l'acier et le béton sont de plus en plus utilisés dans la construction des immeubles et des logements.

L'architecture et l'implantation des immeubles dans l'espace se fondent sur un principe d'équité d'accès à la lumière naturelle. Les ouvertures dans les façades sont plus larges et la distance entre les immeubles est accentuée afin d'éviter les ombres portées.

La vision fonctionnaliste qui va caractériser l'ensemble du processus d'urbanisation se fonde sur le zonage des fonctions à travers l'espace afin de rendre la ville moderne viable. La construction des immeubles tours, l'identification des espaces verts et des zones industrielles, la séparation des flux... sont autant de caractéristiques de ce nouvel urbanisme. La rue et la parcelle sont définitivement abandonnées au profit de la cellule au sein d'une unité de vie.

4.1.3. Les recompositions territoriales

Dans cette partie nous voudrions démontrer comment l'Etat-providence dès l'entre-deux-guerres va recomposer les différents niveaux de territoire. La caractéristique de la territorialité qui se recompose ne vise plus à aboutir à l'idéal du territoire intégrateur absolu comme défini lors de la Révolution française et lors du processus d'industrialisation. Au contraire l'Etat-providence va recomposer le territoire sous l'angle de la gestion des tensions entre patrons et ouvriers, entre économie et social, entre cultures régionales et de masse, entre catholiques et laïcs, entre villes et campagnes, entre modernistes et culturalistes...

En d'autres mots, la recomposition fait émerger un territoire qui est davantage le fruit de rapports dialectiques plutôt que l'affirmation d'un modèle. La gestion de ces tensions conduit souvent l'Etat-providence à mettre la main au portefeuille, à établir des règles et des dynamiques de conciliation.... Mais précisément c'est parce que l'Etat-providence est régulateur qu'il existe. C'est cet aspect que nous voudrions traiter dans cette partie de la recomposition des territoires.

La montée en puissance de la régulation et de la recomposition par l'Etat-providence nécessite l'augmentation du budget des services publics qui seront mis en place aux différents niveaux du territoire institutionnel (Etat, province, commune). Les budgets dépendent de plus en plus d'un nouveau système fiscal visant à taxer davantage la force de travail et les revenus du travail en complément des taxes foncières et aux frontières héritées des processus antérieurs. Cette fiscalité était liée au lieu d'implantation des industries, de domiciliation des résidents et au lieu de propriété. Même si une forme de centralisation de l'impôt était opérée par l'Etat pour réduire les écarts entre communes, il demeure que les budgets communaux sont encore alimentés par les impôts locaux. En outre l'Etat intervient progressivement dans l'équipement des communes en fonction du nombre de résidents, et d'autant plus que le nombre d'élus est proportionnel au nombre d'habitants. Ce système fiscal et de représentation du processus d'urbanisation va donc induire dès cette première phase une chasse aux nouveaux résidents et à l'accroissement de l'urbanisation. Cette dynamique est relativement significative car les communes n'étaient pas encore fusionnées. Un phénomène de délocalisation et de relocalisation des populations entre communes est donc enclenché. Les villes auront des difficultés à garder leurs habitants. Mais d'une certaine manière, grâce à la redistribution par l'Etat, elles vont s'orienter vers la tertiarisation et le commerce selon une logique générale de redistribution des fonctions entre centre et périphérie grâce aux transports collectifs puis à l'automobile. Néanmoins pour certaines villes plus confrontées à la nécessité de reconstruire des ouvrages d'art détruits par les deux conflits de 1914 et 1940, les premiers effets financiers de la périphérisation se feront rapidement ressentir. Il faudra atteindre les troisième et quatrième phases du développement du processus d'urbanisation pour étudier finement les effets de l'étalement urbain ainsi encouragés à travers la notion de désurbanisation.

La logique de l'Etat-providence vise principalement à gérer des tensions entre groupes sociaux, économiques et politiques plutôt que de tendre vers un territoire institutionnel intégrateur.

Dans ce cadre, l'Etat-providence conduit à mettre en place un système de démocratie représentative fondé non seulement sur le suffrage universel et le vote obligatoire mais aussi sur l'abandon du système majoritaire qui prévalait lors du processus d'industrialisation. La combinaison du suffrage universel, du vote obligatoire et du système proportionnel permet de gérer la tension qui apparaît entre les deux grandes tendances qui vont se présenter au choix des électeurs : d'un côté ceux qui sont favorables à une autonomie de l'Etat afin de réguler l'économie et le social, de l'autre ceux qui souhaitent maintenir un Etat au service des entreprises et des intérêts industriels c'est-à-dire un système plus proche du processus d'industrialisation. Le vote obligatoire permet de stabiliser les tendances et d'éviter les retournements de majorités en raison du vote de sanction. Enfin, la proportionnelle permet de maintenir trois partis politiques qui doivent constituer des coalitions. Le système implique donc le passage d'un processus d'exclusion lors du processus d'industrialisation à un processus de transaction.

Ce processus typique de l'urbanisation implique un changement de temporalité. En effet, lors du processus d'industrialisation le développement des territoires institutionnels reposait sur une temporalité proche de celle des héritages dans les familles d'industriels ou de propriétaires. Par contre lors du processus d'urbanisation la temporalité est davantage fondée sur la législature. Dans certains pays cette mutation conduit clairement au clientélisme ou au poujadisme. A l'inverse, dans d'autres pays comme la Belgique l'adoption du mode proportionnel permet au parti libéral, représentant la classe bourgeoise libérale dont le poids est très minoritaire, de conserver des élus. Or dans la tension de l'Etat-providence, ce sont précisément ces partis politiques qui fournissent l'appoint et peuvent éviter l'opposition systématique entre les blocs de gauche et de droite. La mutation est donc assez lente, ce qui permet à la bourgeoisie industrielle et foncière de vivre une nouvelle reconversion.

Dès lors le système politique belge va se structurer très fortement sur les partis et la classe des hommes politiques. Ces derniers vont progressivement se professionnaliser et remplacer la classe des notables propriétaires fonciers ou issus des familles industrielles qui occupaient les positions dirigeantes au sein de l'Etat-nation. Les partis vont devenir des associations de masse rassemblant, autour de chefs souvent charismatiques, de nombreux affiliés et militants. Ils vont se consolider dans l'entre-deux-guerres même si des mouvements extrémistes (fascistes, anarchistes ou communistes) contestent l'Etat-providence qui pour les uns demeure sous l'influence de la bourgeoisie industrielle et pour les autres est de plus en plus soumis aux groupes sociaux nouveaux (commerçants, employés, hommes politiques...). Mais ces mouvements seront progressivement supplantés par la gestion entre gauche et droite tant sur le plan national qu'international et le renforcement de la pilarisation au sein du territoire national dans un contexte de tension linguistique incessant.
A la tension entre libéraux et catholiques héritée du processus d'industrialisation va en effet ajouter l'émergence du mouvement ouvrier. Dès lors trois nouvelles forces structurantes vont se mettre en tension non seulement lors des élections mais aussi au travers des « piliers » rassemblant un ensemble de services (syndicats, mutuelles, enseignements, soins de santé...). Dès les années 1930, ces piliers seront affectés par l'opposition entre francophones et flamands. L'Etat-providence n'intègre donc pas dans en son sein l'ensemble des services aux citoyens. En Belgique, il financera les piliers qui jouent un rôle de relais vers la population.

4.1.3.1. Les logements et le parcellaire : l'accès à la petite propriété privée

La recomposition qui s'opère à l'échelle des parcelles est rendue possible par la convergence de multiples phénomènes. Cette recomposition apparaît à nouveau comme offrant des solutions multiples.

A - Le pavillonnaire, ma maison, mon lieu d'investissement et de ressourcement

Si l'Etat-providence ne se présente plus comme un Etat absolu maîtrisant l'ensemble des territorialités par contre progressivement, un rêve s'est instauré pour les familles : être maître absolu de son logement et plus largement de sa parcelle.
La résidence et le lieu de domiciliation deviennent avec le suffrage universel le lieu de l'expression de la citoyenneté. La logique de maîtrise du territoire renvoie donc à un schéma impliquant une maîtrise forte au lieu du domicile qui diminue proportionnellement plus on s'en

éloigne. L'idée qui prévaut est dès lors que le collectif s'impose sur les niveaux territoriaux supérieurs.

Le morcellement du sol, la capacité de financement et les règles d'urbanisation ont permis de traduire ce rêve au travers de l'accès à la propriété. Le logement individuel est l'expression de cette maîtrise, qu'il soit mitoyen en ville ou selon les standards du pavillonnaire. L'aide à l'accès à la propriété devient la règle avec des formes de dépendance tantôt vis-à-vis des emprunts hypothécaires ou des sociétés de logements liées aux piliers catholiques, libéraux et socialistes.
L'accès au logement, et plus largement à la propriété, s'opère en effet avec une distance croissante vis-à-vis du patronat et même des banques. L'insaisissabilité du logement est instaurée en droit, ce qui va atténuer le statut de prolétaire au profit de celui de travailleur pouvant avoir une maîtrise régulée sur le logement, soit comme locataire soit comme propriétaire. Durant tout le processus d'urbanisation ces règles de maîtrise du logement vont se préciser au travers des baux et des permis d'urbanisme. De même, les expulsions ne pourront plus être effectuées par les propriétaires ou les pouvoirs publics que dans des circonstances précises (décisions du tribunal ou plan d'expropriation).

L'insaisissabilité du logement est d'autant plus affirmée que le développement des moyens de transport permet de prendre une distance physique par rapport à la proximité du lieu de travail, c'est-à-dire du patronat. Le contrôle patronal mais aussi social se relâche car la mise à distance peut désormais aussi plus aisément intervenir vis-à-vis de la famille et plus largement du milieu d'origine.
La capacité de prendre distance s'explique à la fois par des modes de déplacements qui se multiplient mais aussi parce que l'épargne puis l'emprunt sont des modèles inculqués aux travailleurs. L'emprunt est rendu possible parce qu'une certaine stabilité dans le monde du travail est restaurée.

Mais cette quête d'un logement individuel est aussi possible car il fait partie d'un rêve pour les travailleurs. Ce rêve est non seulement celui de la maîtrise de son territoire mais aussi celui d'une affirmation de soi au travers d'une réussite et d'une ascension sociale. Pouvoir s'extraire de la proximité de l'usine, démontrer sa capacité à accéder à un logement moderne voire à choisir son lieu de résidence sont donc des expressions socialement valorisées. Ce rêve peut se réaliser au travers des promoteurs et de nouveaux entrepreneurs et des entreprises générales de construction qui voient le jour ou des logements sociaux voire au travers de l'achat de quelques ares à des propriétaires fonciers. Dans ce cas, le travailleur-propriétaire ira chaque dimanche cultiver quelques légumes puis y implanter une cabane et progressivement aménager sa parcelle en résidence pavillonnaire.
A Paris, entre 1910 et 1930, environ 400.000 ouvriers et employés réalisent ainsi leur rêve populaire. Comme ces terrains ne relevaient pas de la ville bourgeoise ni même de la ville industrielle ni même encore de la campagne industrialisée, il fallut inventer leur urbanisation. Cette innovation va s'inspirer des pratiques anciennes à savoir une forme d'auto-équipement et d'auto-construction. Le propriétaire vendait les terrains sans autre forme qu'un bornage élémentaire. La liberté de construire était totale, seule une lettre de déclaration de bâtir auprès de la municipalité était requise.

B - L'intervention de l'Etat-providence pour réguler l'immobilier résidentiel

L'accès à la propriété résidentielle en périphérie rencontrait en somme des intérêts multiples : la droite et le patronat y voyaient un moyen pour réduire la pression sociale, les ouvriers et la classe moyenne un moyen de s'affirmer et enfin les grands propriétaires fonciers y trouvaient une alternative pour valoriser leur patrimoine.

La délocalisation des populations en périphérie des villes c'est-à-dire à l'écart des usines et au sein de vastes campagnes verdoyantes et l'accès à la propriété n'étaient pas remises en question. Seules la procédure de réalisation et l'absence d'équipements étaient critiquées. L'Etat-providence y trouvait donc progressivement une scène de régulation. Il va intervenir à la fois pour soutenir le mouvement mais aussi pour l'encadrer. Ainsi vers la seconde moitié du 20ème siècle, les diverses règles seront regroupées dans une loi relative à l'urbanisation pavillonnaire par lotissement.

Nous voulons donc souligner ici le consensus autour de la production de logements sous diverses formes mais toujours à distance de la ville bourgeoise ou de la ville industrielle qui sont l'une comme l'autre perçues comme des espaces négatifs. Le processus d'urbanisation recompose l'espace entre ville et campagne en des banlieues dans la périphérie. Un examen plus minutieux de ces banlieues permet en outre de voir sa grande diversité, le pluriel s'impose donc. Mais il faut comprendre que si une forte homogénéité existe à l'échelle des îlots ou voire des communes, il existe par contre une forte hétérogénéité à l'échelle de la périphérie. En conséquence d'une part toutes les classes sociales sont prises dans cette lecture négative de la ville mais d'autre part cette dynamique recompose la répartition sociale entre banlieue populaire, banlieue de la classe moyenne et banlieue chic. Ces banlieues sont donc une alternative à la ville essentiellement pour les jeunes familles. Leur développement est donc aussi dépendant de la poussée démographique déjà observée dans l'entre-deux-guerres.

Au « centre » de notre banlieue, mon territoire est ma parcelle sur laquelle je peux exercer une maîtrise quasi-absolue.

4.1.3.2. La recomposition du voisinage sous l'effet de la spécialisation des lieux

Une recomposition des liens de proximité s'opère progressivement, notamment à l'image du commerce et des services liés à la résidence. Pour s'inscrire dans l'émergence d'une société de consommation basée sur l'approvisionnement constant à des prix de plus en plus standardisés, les commerces traditionnels comme les épiceries sont de plus en plus organisées en coopératives d'achat liées non plus aux réseaux de connaissance de proximité mais aux réseaux construits sur les piliers socio-économiques (catholique, libéral ou socialiste). Ces nouvelles intégrations des épiceries dans les réseaux nationaux leur permettent d'offrir sur le marché local un éventail de produits : l'écart des modes de consommation entre ville et campagne s'atténue sous l'effet de cette urbanisation. Mais, comme J. Remy et L. Voyé l'ont démontré, la distinction relève désormais davantage des types de rapports sociaux et fondés sur l'interconnaissance ou sur l'anonymat de même que de pratiques modernes ou traditionnelles. Désormais, l'urbain peut caractériser tant les villes que les campagnes.

A - La recomposition du territoire par la spécialisation et la hiérarchisation des lieux

La mise à distance du logement par rapport au lieu de travail ou au lieu d'origine va être formalisée au travers de la ville moderne avec le zonage monofonctionnel mais qui tente dans le même temps de recomposer l'idée du quartier comme unité de vie sous la forme de la cité radieuse.
La ville devient un objet technique issu d'un processus de fabrication inspiré de l'organisation du travail promue par le fordisme. Chaque lieu peut être produit et il convient de le spécialiser pour augmenter l'efficacité des fonctions. Les services publics, les écoles, les équipements sportifs, les soins de santé, les administrations seront progressivement localisés dans des zones à fonctions spécifiques. Le voisinage devient une chaîne ponctuée de fonctions standardisées.

Cette recomposition du territoire en de multiples zones repose donc sur une logique d'efficacité technique de la ville qui vise à assurer une bonne circulation, un bon ensoleillement et une séparation des activités jugées incompatibles en raison des nuisances et des problèmes d'hygiène. Cette séparation des activités dans l'espace conduit à générer des territoires éclatés et hiérarchisés. Comme l'indique Castex, on passe d'un territoire fragmenté, qui remplissait l'ensemble des services à la vie d'une communauté, à un territoire emboîté. L'Etat-providence dote les quartiers de logements, de parcs, de commerces et d'infrastructures d'enseignement de base tandis qu'au niveau de la commune il faut satisfaire les besoins culturels, de travail et d'enseignement primaire de même que la gestion des services vers les quartiers et les logements avec l'approvisionnement en eau, électricité... La satisfaction des besoins supérieurs serait prise en charge par les grandes communes et les chefs lieux (voir ci-dessous).

Ces sociétés communales ou intercommunales, rendues possibles par la loi de 1922, vont reprendre les services et fournitures assurés jusqu'alors par les entreprises privées. L'approvisionnement en eau potable, en gaz ou en électricité... sont ainsi communalisés. L'enseignement moyen qui était essentiellement privé, à l'initiative soit des entreprises, soit de l'Eglise, est également pris dans cette dynamique de gestion publique. Pour gérer ces services, les notables issus du monde industriel ou les grands propriétaires fonciers se modernisent en devenant essentiellement des hommes politiques communaux. Ils ne sont plus strictement les représentants d'un groupe social (les grands propriétaires par exemple) mais davantage ceux d'une collectivité territoriale.

B - La recomposition fondée sur la mobilité

L'organisation moderne par le zonage définissant des lieux spécialisés et hiérarchisés recompose la maîtrise de l'espace. La nouvelle répartition des fonctions crée un territoire éclaté nécessitant de se déplacer pour tisser son territoire vécu. Cette maîtrise de l'espace est rendue possible grâce à la multiplication des modes de transport (transports en commun, vélo, automobile...). Mais cette recomposition fondée sur la mobilité est à l'image du processus d'urbanisation. Son développement est cumulatif : en effet plus les pouvoirs publics facilitent les déplacements, plus la demande de déplacements augmente. A partir de cette époque les budgets et le temps de déplacements ne cesseront d'augmenter et dans le même temps le volume de transport sera en augmentation.

La recomposition du territoire en des lieux spécialisés implique non seulement un besoin accru de déplacements mais aussi de nouveau mode de gestion des espaces de circulation. C'est notamment le cas des cours d'eau dont la multifonctionnalité sera atténuée. Les cours d'eau étaient déjà largement pollués en raison des développements industriels. L'urbanisation va accroître cette tendance en y rejetant les eaux usées des villes et des zones résidentielles. Plus que jamais, la pêche, la baignade... sont remis en question. Dès lors les prélèvements à la source ou dans les nappes seront systématisés et les rivières traversant les villes seront détournées, comblées ou voûtées afin de limiter les nuisances et les problèmes d'inondations. Par ailleurs les cours d'eau principaux sont canalisés à la fois pour réduire les risques de débordement et pour permettre la navigation marchande.

La rue est également recomposée afin de permettre la circulation des flux de plus en plus nombreux. Elle perd donc de sa multifonctionnalité (jeux, palabres, commerces, stockages...) pour devenir un support à la circulation et au stationnement de véhicules. La rue devient la route et sa gestion de même que son efficacité sont renforcées par la reprise des techniques des passages supérieurs et inférieurs.
La rue et la rivière deviennent le territoire des flux. Ainsi lorsque les manifestations visent à stopper et bloquer les circulations. Les manifestations lors du processus d'industrialisation donnaient lieu à la construction de barricades. Les quartiers se retranchaient, se soustrayaient de l'autorité. Par la barricade, les insurgés voulaient limiter l'accès au quartier ou à l'usine. Lors du processus d'urbanisation, la barricade peut-être remplacée par une manifestation impliquant une appropriation limitée à l'espace de mouvement. Le sitting, voir le suicide sous le métro ou le train sont des moyens d'opposition à cette société du mouvement. A New-York, ville de mouvements et de démocratie, les manifestations sont permises pour autant que les manifestants circulent. Cette situation conduit les manifestants à devoir tourner en rond.

Par la mobilité grandissante, le territoire des individus se recompose dans une mise en relation de lieux complémentaires de plus en plus nombreux. Cependant ces lieux sont vécus dans des temps encore largement collectifs et selon des temporalités précises qui impliquent que le temps de l'entreprise se répercute à l'ensemble du territoire. Même si le travail à pause se développe, les heures de pointe manifestent le temps de la transhumance quotidienne entre la banlieue et la ville industrielle ou entre la banlieue et la ville bourgeoise.
Dans ce contexte de mobilité de masse, le chemin de fer et les transports vicinaux ou le tramways demeurent particulièrement adaptés à ces navettes pendulaires d'autant que les banlieues sont encore relativement densément bâties. Le chemin de fer est par contre largement utilisé pour les transhumances annuelles lors des congés payés qui marquent le temps lent de la vie des villes par la fermeture des usines, des commerces et des bureaux.

Mais ces mouvements vont se complexifier au cours des phases ultérieures du processus d'urbanisation car les lieux de travail, de résidence et de loisirs vont se multiplier et se disperser dans l'espace. Le chemin de fer puis le tramways perdent dès lors de leur efficience d'autant qu'ils ne sont pas modernisés alors que les routes et autoroutes sont aménagées dès l'entre-deux-guerres. Le réseau routier couplé à la souplesse du vélo et l'automobile vont progressivement faire triompher la mobilité individuelle.

4.1.3.3. La recomposition du territoire par le zonage et la régionalisation

A - La recomposition par l'émergence de l'aménagement du territoire et la généralisation de l'urbanisme

a) L'urbanisme et l'aménagement du territoire

Lors du processus d'industrialisation, les pouvoirs publics intervenaient dans l'organisation du territoire bâti principalement au travers de l'urbanisme communal. Ils agissaient via les fonctionnaires nationaux ou provinciaux pour la gestion de la voirie ou des eaux et forêts (voir plus haut).
L'urbanisme était jusqu'alors de compétence essentiellement communale. Il visait les questions traditionnelles de solidité (lutte contre l'incendie), le respect des limites privées et du domaine public voire dans certains cas l'équipement des immeubles (au travers de règles de salubrité). Il se bornait donc à gérer des demandes de permis de bâtir introduites par des particuliers. Les pouvoirs publics exerçaient en somme une fonction de police. Avec le processus d'urbanisation, les pouvoirs publics veulent désormais envisager de manière anticipée, par la planification, l'organisation globale du territoire. Dès lors l'urbanisme sera associé à l'aménagement du territoire et les compétences seront réparties entre les différents niveaux territoriaux.

Avec le processus d'urbanisation, l'urbanisme devient progressivement une politique au service de l'aménagement du territoire avant d'être une politique de recomposition de la trame des villes. L'aménagement du territoire supplante l'urbanisme, et la trame urbaine est remplacée par l'identification des axes de transport et des aires au sein des plans d'aménagement. Ainsi se traduit le zonage dans le mode d'intervention des pouvoirs publics. Ce n'est que sur la base de ces aires ou zones et à partir de ces axes de transport que viennent se greffer les immeubles compris comme des éléments verticaux devant respecter quatre normes urbanistiques essentielles : implantation, gabarit, ouvertures et matériaux.

b) La reconstruction des villes détruites pendant les deux guerres mondiales

Comme l'indique J.P. Van Reybroeck, la reconstruction des villes détruites durant la première guerre mondiale est soutenue par l'Etat pour autant que les communes se dotent d'un plan général d'aménagement. Ce plan va permettre de réaliser la reconstruction en relocalisant les fonctions non plus exclusivement dans le périmètre de la ville détruite mais en traitant de l'ensemble du territoire communal. Une même démarche est entreprise pour les quartiers au travers des plans particuliers d'aménagement.

Aux lendemains de la seconde guerre mondiale, cette logique est confirmée et amplifiée puisque l'arrêté du Régent de 1944 prévoit que les communes de plus de 10.000 habitants doivent se doter d'un plan général d'aménagement et que les travaux entrepris dans un périmètre de plan particulier d'aménagement bénéficient d'une subvention majorée de la part de l'Etat. Cette logique de politique d'intervention est en somme assez analogue à celle qui vise les exploitations agricoles : soutien et contrainte.

L'Etat nomme un fonctionnaire royal qui va encadrer les communes les plus touchées par les dégâts de guerre. Ce fonctionnaire royal à la reconstruction montre à la fois le souci d'assistance de l'Etat mais aussi la volonté de modernité et de professionnalisme dans l'action communale.

En somme, l'aménagement du territoire et l'urbanisme sont largement devenus sinon des compétences, à tout le moins des moyens d'action pour urbaniser le territoire dans une vision globale à l'échelle de l'Etat. Ce moyen d'action est d'ailleurs associé à d'autres comme les travaux publics, l'agriculture ou la politique du logement public.

B - L'affirmation de l'Etat-providence comme opérateur du territoire

a) *L'Etat-providence : sa force intégrative basée sur la redistribution*

Outre la logique de soutien et de contrainte, l'Etat-providence va entreprendre une politique de redistribution de la croissance à travers l'ensemble du territoire national sur la base d'une clé de répartition des équipements établie en fonction d'une hiérarchisation des villes. Le modèle de Christaller de 1933 est ainsi appliqué et vise à doter chaque ville en fonction de son hinterland. Les villes et leur aire de polarisation sont constitutives d'une territorialité globale à l'échelle de l'Etat.

P. Veltz démontre largement la continuité et l'impact général de cette politique tout au long du 20ème siècle.

L'Etat-providence va mettre en place une politique visant à spécialiser les campagnes dans une perspective essentiellement nourricière. Cette vocation de la campagne s'effectue non seulement par un rapport techniciste au sol, par l'affirmation des exploitations familiales mais aussi en attribuant à chaque sous-région une place dans l'économie agricole nationale. Une nouvelle géographie agricole est mise en place en tirant parti des progrès des transports.

La territorialité agricole s'établit de plus en plus à deux niveaux. D'une part, les agriculteurs tissent des solidarités de voisinage au travers de coopératives à l'échelle des sous-régions. Le comice agricole constitue un autre exemple de cette nouvelle territorialité des agriculteurs qui s'établit de plus en plus à l'échelle supracommunale. D'autre part, les régions agricoles sont reconnues en fonction des potentialités agronomiques et les productions sont progressivement spécialisées. Cette nouvelle territorialité efface les organisations internes au territoire. Les vallées, qui sont asséchées pour les chemins de fer mais aussi l'ensemble des nouvelles infrastructures routières, la pose des égouts…, peuvent désormais également être drainées. Les occupations traditionnellement dévolues aux prairies peuvent changer en labours. Dans le même temps cette nouvelle territorialité s'inscrit dans une division du travail de production à l'échelle nationale.

b) *La répartition des fonctions et des activités à tous les niveaux du territoire*

Depuis le processus d'industrialisation, les populations sont transférées pour travailler dans les bassins industriels et dans les villes bourgeoises. Mais cette force de centralisation est atténuée par le maintien d'ouvriers dans les campagnes grâce aux chemin de fer vicinaux alors que dans le même temps s'opère un phénomène d'étalement urbain vers les banlieues. L'opposition ville-campagne est moins marquée, et à l'image des espaces interstitiels une confusion dans la maîtrise des campagnes apparaît : elles sont reconnues comme agricoles par l'Etat-providence mais leur composante sociale est beaucoup plus diversifiée. Au-delà de la gestion du territoire en référence aux catégories socio-professionnelles (opposant agriculteurs et non-agriculteurs), il y a une diversité de territorialités. Cette diversité va se recomposer autour d'une opposition entre urbains et ruraux voire entre ruraux travaillant à la ville et ruraux travaillant à la campagne.

Concrètement les lieux de travail vont devenir des lieux de modernisation. L'usine ou l'exploitation agricole sont considérées comme les lieux de l'innovation technique. A l'inverse, les lieux de résidence deviennent des lieux de ressourcement. Lorsque qu'il y a dissociation entre les lieux de travail et de résidence au sein d'une territorialité éclatée (travail à la ville et résidence à la campagne), les lieux de village deviennent des lieux de calme et de repos. Inversement, pour le fermier qui doit devenir progressivement un exploitant agricole, la campagne doit être modernisée. Cette tension nécessite donc l'intervention de l'Etat-providence qui va agir en valorisant le rôle des exploitants agricoles tout en multipliant les lieux de rencontre entre ces deux types de villageois : club sportif, association patriotique, école...

c) La cristallisation des oppositions et l'affirmation des trois piliers

En Belgique, la modernisation de l'Etat s'opère au travers des piliers socio-philosophiques hérités du processus d'industrialisation : les soins de santé, l'enseignement, l'accès au logement... sont régis par les trois grandes familles libérale, catholique et socialiste qui redistribuent les avantages sociaux organisés par l'Etat-providence. L'Etat ne s'affirme donc plus comme une force intégrative absolue telle qu'envisagée lors du processus d'industrialisation. Au contraire, pour se renforcer, l'Etat-providence se pose comme régulateur des trois piliers. Il leur redistribue des équipements mais aussi des territoires de négociation comme par exemple au sein des entreprises dans le cadre des conventions sociales.

Cette force intégrative est en outre affectée, ou plus exactement stimulée, par la multiplication des tensions : revendications flamandes et féministes et exigences de désenclavement et d'innovation dans les campagnes. Ces trois revendications s'appuient sur une volonté non pas de distinction et de différence mais au contraire de modernisation. Or cette modernisation est précisément ce qui caractérise cette force intégrative de l'Etat-providence : niveau d'équipement et négociation croisée.

Au sein des territoires de l'habiter et du travail, la femme revendique les mêmes droits que les hommes : à travail égal, salaire égal. A l'échelle des territoires urbains et ruraux, les habitants des campagnes veulent pouvoir bénéficier des mêmes équipements que ceux des villes. De même à l'échelle des sous-régions, les territoires culturels comme la Flandre revendiquent la constitution d'une dynamique territoriale moderne avec des acteurs économiques, sociaux et culturels propres. Enfin, à l'échelle des territoires métropolitains et coloniaux une même exigence d'équité apparaît. Elle va aboutir, après la seconde guerre mondiale, à la décolonisation pour devenir généralement un alignement sur l'un des deux pôles, américain et soviétique, de la modernité caractérisant la seconde phase du processus d'urbanisation.

C - Recomposition des identités territoriales en Belgique

Lors du processus d'industrialisation la culture dominante considérait que le flamand et le wallon ou le bruxellois étaient des patois à bannir. Seul le français est la langue reconnue, elle est la langue véhiculée par la bourgeoisie depuis la Révolution belge. La bourgeoisie flamande s'aligne d'ailleurs sur la culture française.

Mais comme l'indique X. Mabille, dès les années 1850, des revendications s'élèvent pour unifier les divers parlers flamands et faire reconnaître le flamand comme langue nationale. En 1880, les autorités belges le reconnaissent comme langue sur le plan de la justice et en 1890 les lois sont publiées dans les deux langues. Dans un premier temps il ne s'agit pas de reconnaître la langue flamande mais seulement de pouvoir rendre justice en flamand afin de remettre les fautifs sur le droit chemin. La vision culturelle de l'Etat-nation reste donc prédominante.

Dès 1910 les choses changent car le flamand est désormais enseigné en plus du français. Seules les écoles libres régies par l'Eglise s'y opposent à la fois pour des raisons idéologiques marquant une préférence pour les langues latines et des raisons socio-politiques afin de maintenir un enseignement bourgeois.

Progressivement le territoire flamand qui était occulté par l'imposition de la Nation belge s'affirme grâce à la reconnaissance culturelle, sociale puis économique. Lors de la première guerre mondiale, une grande majorité des soldats fantassins étaient flamands alors que les gradés étaient francophones. Les ordres lancés en français et les morts comptés en flamand attisent l'émancipation de mouvement flamand. Dans un premier temps, la bourgeoisie francophone de Flandre y voit l'émergence d'un mouvement ouvrier et d'une forme d'incivisme. Toutefois un mouvement populiste est né et il sera relayé par une jeune classe d'homme d'affaires. Dès lors la bourgeoisie flamande est poussée à se constituer en force économique avec la création du Vlaamsche Economische Verbond en 1926. Ce nouveau mouvement se consolide en attribuant les effets de la crise des années trente aux francophones. Dès lors, la Belgique n'est plus formée d'une culture française et de multiples patois mais de deux cultures : l'une francophone et l'autre flamande. Des lois sur l'emploi des langues sont adoptées en 1928 pour reconnaître le bilinguisme dans l'enseignement, les administrations, la justice et l'armée.

Cette reconnaissance culturelle n'induit cependant pas directement une recomposition territoriale puisqu'en 1921, l'Etat-providence gère cette tension linguistique en reconnaissant à travers toute la Belgique le bilinguisme pour tous les services publics. Ainsi l'Etat-providence maintien l'unité mais reconnaît les diversités culturelles.

Cette tendance d'une diversité au sein de l'Etat belge est cependant combattue par les premières perspectives territoriales flamandes qui s'orientent en 1930 vers une réunification avec les Pays-Bas. Mais dès 1932 les solutions viseront à recomposer la Belgique unitaire en régions linguistiques. En effet avec les lois des années trente, le bilinguisme n'est plus reconnu que dans la région de Bruxelles alors que les autres régions deviennent unilingues : le français en Wallonie, le flamand en Flandre et l'allemand dans les communes annexées comme compensation de guerre. Dès lors la Belgique est recomposée en quatre régions linguistiques dont les frontières sont tracées en fonction des recensements décennaux de population. Néanmoins, les administrations nationales et l'armée demeurent des entités bilingues. Concrètement, la définition de ces nouveaux territoires régionaux va briser définitivement la bourgeoisie industrielle francophone de Flandre en lui ôtant ses références territoriales.

4.1.3.4. La recomposition des Etats-nation et Etats-providence grâce à l'émergence d'un territoire supranational

Aux lendemains de la première guerre mondiale, les puissances industrielles française, anglaise, prusse et belge, qui avaient succédé aux puissances des royaumes sous l'Ancien régime, sortent affaiblies du conflit.

Le processus d'urbanisation se caractérise non seulement par la transformation des Etats-nations ou des Etats-impérialistes en Etats-providence, mais aussi dans le même temps par la (re)composition d'un territoire supranational. Deux thèses vont s'opposer : d'une part l'affirmation d'une fédération des Nations au sein d'un Etat-providence mondial ou d'autre part l'émergence d'une Nation englobante.

La première thèse est la (re)composition du territoire international au travers d'abord de la Société des Nations puis la création de l'Organisation des Nations Unies. Ces deux institutions sont deux exemples de cette volonté de recomposition en marge des oppositions et des tensions.

La Société des Nations était aussi bâtie sur l'idée que la guerre devenait une pratique rétrograde et immorale en raison du nombre effroyable de tués lors de la première guerre mondiale et de la modernisation incessante des armes. Le rôle de la SDN était d'emblée assez vaste puisqu'elle disposait dès 1920 de la Cour de justice de La Haye ou encore du Bureau international du Travail.

Implicitement, la création de la Société des Nations visait aussi à s'opposer à la montée du communisme international suite à la révolution bolchevique d'octobre 1917. En somme les bases de l'opposition entre capitalisme et communisme, c'est-à-dire entre est et ouest mais aussi entre gauche et droite, sont désormais posées. Cette nouvelle dichotomie du monde organisera l'ensemble des phases de développement du processus d'urbanisation à quelque niveau territorial que se soit.

Même si la SDN et ensuite l'ONU ont permis d'éviter et de résoudre nombre de conflits, elles ne pourront rompre radicalement avec les pratiques militaires et les luttes d'influence.

En effet dès 1920, l'assemblée parlementaire américaine refuse que les Etats-Unis fassent partie de la SDN car ils y étaient considérés comme ayant le même poids que les autres Etats. Le président américain W.G. Harding précise cette thèse de la Nation englobante au travers de l'idée d'un élargissement des Etats-Unis. Concrètement, pour les Américains la fédération des Etats existait déjà, au travers des Etats-Unis. Dans cette perspective, les autres Etats-nations se devaient de rejoindre la fédération américaine. Cette même dynamique fut plus clairement encore appliquée à l'Est.

Une autre thèse s'impose de la sorte. Les Etats-Unis se posent comme vecteur de recomposition au travers de règles favorables au commerce et à leur hégémonie. Les points essentiels concernent l'effacement de certaines frontières et la réaffirmation d'autres : liberté de commerce sur les mers et océans, suppression des contraintes aux détroits, liberté des échanges entre Etats, rétablissement des frontières des Etats nationaux et création de nouveaux Etats par fusion des anciennes principautés ou premiers effets de la décolonisation (Italie, Turquie...).

Cette thèse sera encore plus évidente aux lendemains de la seconde guerre mondiale lorsque les deux blocs américain et soviétique se feront face. La thèse de la Nation englobant est pratiquement proclamée par le président américain Wilson.

Toutefois, comme on le verra, le rôle de l'Europe sera décisif à ce moment pour gérer la tension entre cette affirmation des blocs et la constitution d'un territoire international.

4.2. La phase de développement exogène de l'urbanisation : 1950-1970

4.2.1. Le contexte général de Court-Saint-Etienne

Entre 1950 et 1970, la population de Court-Saint-Etienne connaît une croissance de plus en plus importante. La population passe de 4.700 personnes aux lendemains de la seconde guerre mondiale à 5.500 habitants à la fin des années soixante.

4.2.1.1. La remise en cause de la dynamique industrielle

La croissance de la population, qui se concrétise par les premiers grands lotissements notamment de type social de la société d'Habitation Moderne à Wisterzée, masque en réalité le retournement définitif de la dynamique territoriale communale. En effet, depuis la fin de la guerre les Usines Henricot sont confrontées d'abord à une crise morale puis à une crise de reconversion économique. Globalement, le nombre d'ouvriers dans les Usines n'augmentera plus, c'est au contraire une lente diminution qui s'opère.

A la veille de la seconde guerre mondiale, Court-Saint-Etienne possède une population de 4.500 habitants, alors que les Usines Henricot occupent 3.000 personnes réparties en trois pauses dans ses deux départements. Cette situation est assez comparable a celle des lendemains de la première guerre mondiale.

Lorsque la seconde guerre mondiale est déclarée, trois bombes sont lancées sur les usines et le chemin de fer. La famille Henricot part alors se réfugier en France mais le travail continue dans les Usines sous la direction du beau-fils de Paul Henricot.
Progressivement, les Usines produisent des pièces pour l'armée allemandes. Les cadences sont imposées pour remplir les commandes allemandes. L'attitude de la direction devient de plus en plus suspecte lorsqu'elle refuse un arrêt de cinq minutes le 11 novembre pour célébrer l'Armistice de 1918. Une grève est alors déclenchée sous l'impulsion d'ouvriers. Les meneurs seront arrêtés et pendus alors que d'autres seront licenciés. Face à cette allégeance au régime allemand, la résistance va essayer de saboter les productions. L'opposition entre

les travailleurs et le patronat trouve donc une nouvelle forme d'antagonisme au travers de leur position respective face à l'occupant. Concrètement, un mouvement communiste naîtra dans l'usine pour s'opposer à la famille Henricot.

La position ambiguë de la famille Henricot sera largement exploitée par le mouvement communiste. Mais après la guerre un bilan plus objectif est dressé : l'usine produisait à seulement 6 % de ses capacités car des travaux furent entrepris pour voûter la Dyle afin de ralentir la production ... Dès lors le journal communiste le « Drapeau rouge » est condamné pour avoir diffusé des propos calomnieux de collaboration. Mais la suspicion plane et en 1946, Paul Henricot démissionnera de son poste d'échevin et de sénateur. Deux ans plus, il décède inopinément. Son fils Jacques prend la direction du conseil d'administration.

Sans prendre ici parti, il semble évident que la famille Henricot, qui avait toute la légitimité au sein de la commune, commençait à connaître un lent déclin. Même si lors des dernières années d'Emile Henricot la contestation s'était exprimée, jamais la famille ne fut aussi désavouée. L'apogée des Usines se situe sans doute vers les années trente lorsqu'elles sont transformées en société anonyme. Par la suite elles vivent sur leurs acquis tout en essayant d'améliorer la formation et la rentabilité de leurs ouvriers et en initiant le nouveau secteur des métaux spéciaux. Mais après la seconde guerre mondiale, la crise morale se double d'une crise économique de reconversion. Comme les ateliers n'ont pas été endommagés par la guerre, les méthodes, les outils et les productions sont pratiquement les mêmes qu'un siècle plutôt. C'est ainsi par exemple que les Usines Henricot ont utilisé jusqu'en 1973 un convertisseur d'acier installé dans les usines en 1897.

Ce n'est pas la construction du bathyscaphe de Piccard en 1947 qui parvient à masquer le malaise. La question de l'époque est de savoir comment assurer la reconversion économique. Faut-il poursuivre dans la production d'armes comme ce fut le cas sous l'occupation et à la libération pour soutenir l'approvisionnement en nouveaux canons de l'armée américaine ? Ou faut-il développer de nouveaux créneaux ?

Entre 1950 et 1965, Jacques Henricot tente de moderniser les Usines en construisant de nouveaux ateliers, des bureaux et des laboratoires. Désormais les Usines s'étendent sur plus de 20 ha principalement le long de la route provinciale.

En réalité, malgré l'automatisation de certains ateliers les Usines ne trouvent pas leur créneau de reconversion. Dès lors, pour maintenir la compétitivité sur des produits traditionnels, les ouvriers des Usines doivent travailler plus de 48 heures semaine. Dans ces conditions, dès 1946, ce sont les ouvriers italiens qui remplacent les Belges mais les mouvements de grève se multiplient et sont durement réprimés notamment par l'emprisonnement de certains grévistes. Progressivement, bon nombre d'ouvriers quittent les Usines. La substitution de la main d'œuvre s'opère et la famille Henricot engage en 1968 des ouvriers marocains. Dans le même temps la famille Henricot décide de vendre des licences et des brevets à l'étranger via des filiales.

En 1962, le roi Baudouin est en visite aux Usines Henricot. La réhabilitation morale est ainsi réalisée. Toutefois il semble qu'il soit trop tard car le soutien du roi n'efface pas la perte des marchés des pièces pour le chemin de fer. Un nouveau secteur d'activité est alors tenté : la fabrication de pièces pour les centrales nucléaires. Mais contrairement aux boîtes à huile pour les chemins de fer, les investissements sont plus complexes et la formation radicalement différente. En outre le marché est nettement plus étroit.

L'ensemble des problèmes rencontrés par les Usines Henricot appartient au processus d'urbanisation qui frappe de plein fouet l'entreprise.
Une forme de dissociation entre les Usines et le local apparaît. La famille Henricot n'existe plus politiquement, les travailleurs sont de plus en plus souvent issus de l'étranger, le rôle social de soutien aux établissements scolaires a progressivement disparu... Plus concrètement le Foyer Populaire qui accueillait encore l'école de musique est reconverti en logements pour les travailleurs immigrés. A l'inverse la famille et les Usines font l'objet de critiques multiples. Enfin comme on le verra les Usines ne bénéficient plus du soutien de l'Etat et au contraire celui-ci multiplie les aides aux nouvelles entreprises situées sur les plateaux.

4.2.1.2. La recomposition du centre de Court-Saint-Etienne

A - Entre la vallée et les versants : la valorisation immobilière

Depuis le processus d'industrialisation, la famille Henricot s'est investie dans la vallée au travers de ses usines. Mais depuis l'entre-deux-guerres, elle s'est de plus en plus investie dans l'urbanisation résidentielle. En 1948, Paul Henricot décède alors que son fils Jacques tente de reprendre les affaires industrielles. A partir de ce moment, la famille restera définitivement à l'écart de la politique.

Félix Goblet d'Aviella décède en 1957, moins de dix ans après Paul Henricot. Ses filles et son fils Jean héritent des propriétés. Le foncier prenait des accents nouveaux dans le cadre du processus d'urbanisation. Ainsi la comtesse Françoise épouse Yvan Feyerick qui était président de la Fédération royale des clubs de golf et propriétaire du golf du Zoute de même que de la compagnie immobilière du Zoute. Sa sœur Claudine Goblet d'Aviella vend en 1960 une partie de son héritage pour réaliser un lotissement d'une septantaine d'hectares à Villers-la-Ville.

Jean Goblet d'Aviella reprend cependant la fonction de notable que sa famille avait jouée lors des processus antérieurs. En effet, il devient dès 1965 bourgmestre de Court-Saint-Etienne et membre du bureau politique du parti libéral. Le comte va donc s'investir pleinement dans la politique locale et nationale. Son rôle de nouveau notable lui permet de devenir le dernier grand personnage de la vie locale. Il meurt en 1970, soit la même année que René Boël. Comme l'indique E. Meuwissen, il s'agit là sans aucun doute de la fin d'une époque.

B - Le développement de l'urbanisation le long de la route provinciale

La recomposition des lieux à l'échelle locale peut être retracée en suivant les changements successifs de localisation du bureau de poste de Court-Saint-Etienne.

Lors du processus d'industrialisation, le bureau de poste fut aménagé dans la première station de chemin de fer. Cette localisation ne put être maintenue face à l'essor du trafic des voyageurs. Il fut dès lors décidé de l'installer dans la rue du village, à proximité du nouvel l'hôtel de ville.

Lors du processus d'urbanisation, le bureau de poste déménage à nouveau, puisque dans l'entre-deux-guerres il est implanté dans la rue Emile Henricot (anciennement rue de la Station). Enfin lors de cette seconde phase du processus d'urbanisation, il est établi dans un bâtiment moderne disposant d'un vaste parking le long de l'avenue des Combattants (anciennement route provinciale).

Ces changements successifs montrent l'importance grandissante de ce service public mais aussi les évolutions successives du centre de gravité du territoire communal. Ainsi, lors du processus d'urbanisation le centre de l'entité s'est progressivement établi le long de la route provinciale. Outre le bureau de poste, plusieurs commerces et établissements scolaires marquaient la vie locale. A l'inverse, le village conservait son charme d'antan alors que les abords des usines étaient sans doute la partie la moins agréable : bâtiments vétustes entremêlés, maisons salies par les poussières d'usine, bruit des ateliers et passage incessant des trains de même que de nombreux camions empruntant les petites rues du centre.

C - Sur le plateau, un domaine de prestige

Depuis le début du processus d'urbanisation le domaine du Chenoy, qui est propriété de la famille Boël, remplit une fonction essentiellement patrimoniale et de loisir pour la chasse. Pour en assurer la gestion il y avait jusqu'à la seconde guerre mondiale près de 45 gardes-chasse qui surveillaient les bois et qui assuraient le renouvellement du gibier. Depuis la seconde phase du processus d'urbanisation, les bois ne rapportent plus guère alors que les frais de personnel n'ont cessé d'augmenter. Dès lors, à la fin de la seconde guerre mondiale seuls dix gardes et cinq ouvriers assuraient encore l'entretien. A fil du temps, ils ne seront plus que cinq à gérer un domaine qui s'étend encore sur plus de 2.200 ha.

Entre 1925 et 1975, les Boël doivent faire face à trois successions et donc autant de prélèvements d'impôt. Progressivement, le domaine est donc géré comme un patrimoine de plus en plus lourd à supporter financièrement ; seules les fermes rapportent encore quelques millions de francs belges en droits de fermage.

4.2.2. Les facteurs de mutations comme clé structurante

La seconde phase du processus d'urbanisation peut être définie comme des années de certitude.

Pour cerner rapidement les facteurs-clés du processus d'urbanisation, on peut se reporter aux foires et salons commerciaux organisés depuis la fin de la seconde guerre mondiale. Quatre salons attirent les Belges comme des autres consommateurs d'Europe : le salon de l'auto, le salon de la maison, le salon du tourisme et des loisirs et enfin le salon de l'agriculture. Les préoccupations de la population peuvent ainsi être résumées ; elles ont naturellement un impact considérable sur l'usage et l'occupation de l'espace à travers des recompositions territoriales spécifiques.

4.2.2.1. Les mutations socio-démographiques

A - L'allongement de la durée de vie

La période d'après-guerre est marquée par une poussée démographique mais aussi par un allongement de l'espérance de vie notamment en raison des progrès importants intervenus en médecine et dans la fabrication industrielle des médicaments (pénicilline, antibiotiques...).

Dans le même temps, l'accès aux soins de santé va être élargi au sein de l'Etat-providence car la sécurité sociale va s'universaliser et reconnaître davantage de bénéficiaires : étudiants, handicapés... Les progrès de la médecine conduisent à pouvoir maintenir en vie davantage d'enfants ou des personnes âgées dont l'autonomie est faible. La première guerre mondiale avait déjà produit son lot de rescapés et de mutilés. La seconde guerre mondiale mais aussi les accidents de travail, de la route et les « erreurs de la science » (Softénon) et la capacité à repousser la mort accentuent le nombre de personnes moins valides et moins indépendantes.

B - L'émergence de la classe moyenne et l'émancipation des femmes

La seconde phase du processus d'urbanisation est caractérisée par l'affirmation de la classe moyenne. Cette classe intermédiaire entre la bourgeoisie et le monde ouvrier est le produit de l'Etat-providence. Principalement composée de nouvelles catégories socio-professionnelles (fonctionnaires, employés de bureaux, enseignants, infirmières, ingénieurs...), cette classe moyenne va être le vecteur de la famille moderne de l'époque. Elle va progressivement tirer parti de la planification des naissances (le terme « planning familial » est très révélateur de l'époque) et remettre en cause les bonnes manières de la génération d'avant-guerre notamment au travers de mai 68.

De même, la répartition des rôles entre hommes et femmes est de plus en plus remise en question. La conjonction des origines sociales entraîne une recomposition autour du travail féminin. La recomposition s'opère parce que la classe moyenne est pour partie formée d'enfants de famille d'ouvriers et de la bourgeoisie. D'un côté, les femmes issues du monde ouvrier maintiennent leur statut de travailleuses. En 1960, la revendication des ouvrières de la fabrique Nationale de Herstal apparaît donc comme l'expression de ce mouvement « à travail égal, salaire égal ». De l'autre côté, l'émancipation de la femme est surtout véhiculée par la bourgeoisie. Pour elle, l'accès au travail souvent tertiaire est synonyme de libération et d'autonomie de la femme envers son mari.

Cette émancipation de la femme ira en grandissant tout au long des autres phases du processus d'urbanisation. Elle aura un impact assez conséquent sur la structure des familles et l'apparition de la famille comptant le plus souvent deux ou trois enfants.

C - L'immigration, une solution à de multiples problèmes

Dès l'entre-deux-guerres, les premières études démographiques mettent en évidence que la reprise de la natalité ne permettra pas de faire face au vieillissement de la population. Dès ce moment l'avenir du système de solidarité instauré par l'Etat-providence pose question. Comment maintenir le régime des pensions et des allocations sociales, alors qu'un équilibre entre les contributeurs et les personnes bénéficiaires se profile ? En effet avec l'augmentation des soins de santé, l'allongement de la durée de vie et le maintien de l'âge de la retraite, le nombre de bénéficiaires s'accroît fortement. Inversement, avec l'allongement de la durée de scolarité, les actifs contribuent moins longtemps.

A l'époque, seule une politique importante d'immigration apparaît comme une réponse adéquate. Cette politique permet d'accroître le nombre de personnes actives et de mettre sur le marché du travail une main-d'œuvre ouvrière qui fait défaut.

Progressivement l'Etat-providence fait évoluer le travail forcé lié aux compensations de guerre une politique d'immigration fondée sur des conventions entre l'Etat belge, l'Italie, l'Espagne puis le Portugal et dans les années soixante avec le Maroc, l'Algérie, la Tunisie et la Turquie. Dans l'ensemble c'est pratiquement 750.000 personnes qui rejoignent la Belgique en une vingtaine d'années.

La politique d'intégration par l'Etat-providence demeure dans un premier temps très sommaire. Ce sont pratiquement les organisations patronales qui gèrent l'arrivée des travailleurs. Ainsi, les travailleurs immigrés tant italiens ou espagnols que portugais restaient groupés voire même casernés dans des camps à proximité des mines et des usines. Progressivement, avec la fermeture des charbonnages (voir ci-dessous), ces travailleurs sont repris dans la sidérurgie, les carrières, le génie civil, les entreprises générales de construction... Les travailleurs immigrés font alors leur entrée dans les villes industrielles et leurs enfants vont être intégrés à la société via l'enseignement.

D - Les mutations dans le secteur de la construction résidentielle

A partir de 1950, le secteur de la construction entre réellement dans l'ère industrielle avec une seconde phase de création d'entreprises générales de construction. La modernisation vient surtout du développement du secteur des matériaux qui peuvent aisément être transportés, de la création d'entreprises de béton, de la construction en préfabriqué d'abord d'éléments de structure puis d'éléments modulaires comme les blocs de bétons, les panneaux de plâtre... Cette nouvelle économie de la construction met à mal l'architecture locale au profit d'une standardisation des constructions. Les sociétés familiales se voient de plus en plus concurrencées par des entreprises intégrées ou en association qui réalisent plusieurs phases de chantiers, voire même de la construction résidentielle modulaire.

La maison devient un lieu d'investissement affectif et personnalisé pour l'ensemble de la classe moyenne. Les nouveaux logements sont désormais dotés d'une salle de bain, d'un cabinet de toilette voire d'une cuisine équipée dans laquelle le réfrigérateur et l'électroménager font leur apparition. La maison idéale est fondée sur le canon de la villa quatre façades comptant au maximum un étage. Cette maison est implantée sur une parcelle avec un jardinet en façade et un jardin ornemental à l'arrière. Les potagers qui étaient encore une composante essentielle des jardins d'avant-guerre ont tendance progressivement à être remplacés par des massifs d'ornementation.

Les supermarchés font leur apparition, d'abord dans les tissus urbanisés. Même s'il sont encore de superficie limitée, ils introduisent déjà une nouvelle organisation des achats domestiques en amenant les clients à devoir circuler entre les rayons avec un caddie. La vitrine ins-

taurée lors du processus d'industrialisation est en partie remplacée par les feuillets publicitaires. Le service au comptoir et la découpe personnalisée disparaissent au profit des rations pré-emballées. Le prêt-à-porter vestimentaire fait également son apparition avec le jeans et les tailles standard. Les tailleurs, avec leur fabrication sur mesures de beaux costumes résistant au temps (solides et indémodables), sont ainsi confrontés à une nouvelle concurrence.
En 1960, la levée de la loi cadenas, établie dans l'entre-deux-guerres en Belgique pour protéger le secteur traditionnel de distribution dont les petites épiceries, permet la construction des premiers hypermarchés. Ces nouveaux temples de la consommation de masse établis de plain-pied sont implantés à la sortie des villes et accessibles en voiture. Rapidement ils vont se multiplier. Dans les villes, les grands magasins sont dotés de parkings à étages ou en sous-sols.

Le modèle américain affecte tant la vie privée que l'organisation générale de l'urbanisation. Les villes et les banlieues sont transformées en fonction de l'échelle automobile.

4.2.2.2. Les mutations technico-économiques

A - L'économie à l'américaine

A la fin de la première guerre mondiale, les Etats-Unis avaient déjà supplanté les économies des pays vecteurs du processus d'industrialisation. A la fin de la seconde guerre mondiale, ils constituent désormais clairement le modèle de développement économique par opposition avec le modèle économique communiste. Les Etats-Unis deviennent les premiers producteurs de pétrole, d'acier… du monde. En outre, ils concentrent près de 80 % des réserves en or du globe. Cette puissance économique et financière les amène à mettre en place le système de parité des monnaies par rapport au dollar. Dès lors, ce sont les Américains qui peuvent utiliser les jeux monétaires et combler leur déficit public de l'Etat-providence américain par la production de billets verts. Ce jeu permet le soutien à la reconstruction de « l' Europe libre » via le plan Marshall en 1947 puis l'implantation des entreprises multinationales en Europe, le financement de l'armement de dissuasion de même que les interventions militaires au Vietnam notamment.

En Belgique, les tentatives liées à la résistance d'instaurer un gouvernement communiste à la fin de la guerre sont rapidement repoussées. Le modèle américain peut dès lors se mettre en place d'autant que les entreprises belges n'ont pas fait l'objet d'importantes destructions. Mais la relance économique sera en partie freinée par la question royale puis la seconde guerre scolaire et enfin les rivalités entre communautés linguistiques qui vont détourner les forces vives d'une réelle action de modernisation.

a) La croissance économique

Le taux de croissance de l'économie mondiale atteint près de 5 % entre 1940 et 1970 en raison essentiellement de l'essor de la société de consommation dans les pays capitalistes et des sociétés transnationales.

En Belgique la relance économique est rapide en raison du peu de destructions d'industrie pendant la seconde guerre. Cette relance par des secteurs classiques se double de nouvelles activités comme la pharmacie ou l'automobile de même le secteur tertiaire. Ces activités se modernisent largement avec la chimie, les robots ou plus simplement le passage de la machine à écrire ou à calculer à l'ordinateur. Cette révolution technique affecte même les activités agricoles et sylvicoles avec la multiplication des tracteurs, des moissonneuses, des trayeurs... de même que les tronçonneuses font leur apparition afin de réduire le coût de production en limitant la main d'œuvre. Dès lors les rendements agricoles progressent fortement et corollairement la population active dans l'agriculture passe de 450.000 personnes avant la seconde guerre mondiale à 100.000 personnes en 1970. Enfin la Belgique attire sur son territoire nombre d'entreprises américaines qui cherchent à s'implanter en Europe pour tirer parti des nouveaux marchés de consommateurs mais aussi des jeux monétaires.

Pour faire face aux innovations techniques, l'enseignement est rendu obligatoire jusque 16 et puis 18 ans. Outre le secteur de l'enseignement qui est ainsi en plein développement, les soins de santé et plus généralement les infrastructures publiques deviennent un large secteur pourvoyeur d'emplois. Dès les années soixante l'Etat-providence engage un grand nombre de personnes afin de limiter les effets de la crise charbonnière.

b) La crise charbonnière et l'apogée pétrolière

La raréfaction du charbon et les difficultés d'extraction de plus en plus médiatisées notamment suite à des accidents miniers meurtriers (en 1956, l'accident au Bois du Cazier à Charleroi provoque la mort de plusieurs centaines de mineurs italiens) conduisent à revoir l'économie de ce secteur qui alimentait encore la sidérurgie mais aussi les machines à vapeur des chemins de fer, les centrales électriques et même le chauffage dans de nombreux bâtiments. Or, lors de cette phase de reconstruction et d'expansion économique la production d'acier est particulièrement soutenue ; il convient donc de réserver le charbon pour la production de coke.
Cette spécialisation de l'utilisation de charbon va induire une série de recomposition des territoires économiques sur laquelle nous reviendrons ci-après.

Si le secteur du charbon connaît ses dernières années, par contre l'économie du pétrole et du gaz entre dans sa phase d'apogée. Mais la crainte de nouvelles pénuries incite aux recherches en matière de nucléaire civil.
Le nucléaire apparaît dès les années cinquante comme la solution au problème de la production d'électricité. Promu au départ dans le cadre des recherches militaires lors de la seconde guerre mondiale puis en raison de l'opposition entre l'est et l'ouest, le nucléaire devient civil. Il se présente comme l'aboutissement de l'énergie propre, car l'on n'a pas encore posé clairement la question du traitement des déchets radioactifs. Les autres procédés de production d'électricité sont pratiquement abandonnés. Ainsi la production d'électricité à partir de la biomasse n'est mise en œuvre que dans certains pays confrontés à l'avenir d'importants massifs forestiers comme en Autriche.

B - L'économie du pétrole et les impacts sur le territoire

L'extraction de pétrole, le raffinage et l'ensemble de la chimie du pétrole constituent un secteur économique central en raison du recours de plus en plus régulier aux dérivés pétroliers.

Outre une nouvelle territorialité économique qui remplace celle du charbon, le pétrole aura trois impacts majeurs sur les rapports à l'espace et au temps et donc sur la recomposition des territoires vécus et institutionnels.
Le pétrole offre une capacité d'autonomie plus grande pour les usagers et une facilité de stockage. Contrairement au charbon qui était lourd et peu maniable, le pétrole en tant qu'énergie liquide permet un transport plus aisé. Si en outre ce combustible est associé avec l'automobile ou le camion il permet des déplacements individualisés, d'autant que les routes et les points de ravitaillement vont se multiplier. Enfin et surtout le pétrole s'impose aussi car son prix demeure peu élevé malgré l'augmentation de la consommation.

Cette économie pétrolière va conduire à la disparition progressive de pans entiers de notre économie comme le secteur du matériel roulant des transports en commun (Brugeoise et Nivelles, Acec...) mais aussi les épargnes-investissements effectuées par la bourgeoise et la classe moyenne dans le développement des tramways et autres métros à travers le monde. Inversement l'apogée de cette économie intervient lorsque le nombre de voitures particulières est multiplié par 10 au cours de cette seconde phase du processus d'urbanisation, passant de quelque 350.000 véhicules à 3.500.000 voitures, soit une voiture par ménage et qu'une économie globale est mise en place avec des garagistes, des compagnies d'assurance, de nombreuses entreprises de construction, d'assemblage et même de démolition...
L'économie du pétrole a aussi un impact notamment sur la localisation et le confort des logements avec l'essor du chauffage central. Le mazout permet un chauffage moderne même dans des régions retirées grâce à la distribution par camion-citerne et le stockage en tank tandis que le gaz permet le chauffage de grands ensembles en ville. La possibilité d'un chauffage dans l'ensemble de l'immeuble et d'un approvisionnement en tous lieux se concrétise chaque jour.

Les lendemains de la seconde guerre mondiale vont aussi connaître la généralisation des nouveaux matériaux à base de plastiques tant pour la construction que pour l'ameublement ou les ustensiles de la vie quotidienne. La combinaison de ces polyvinyles, polystyrènes, polyamides et autres polyéthylènes ou polyesters avec l'électricité permet leur distribution et leur utilisation au travers de multiples appareils qui vont révolutionner la vie quotidienne. Cette mutation liée aux électroménagers modifie par exemple les tâches ménagères en réduisant le temps de préparation et en allongeant le temps de conservation. La mutation aura donc un impact radical sur le rôle de la femme et sa possible émancipation, renforçant ainsi les dynamiques liées au processus d'urbanisation.

Le pétrole est donc directement lié avec la société de consommation de masse voire même avec l'essor de la culture de masse puisque ses dérivés permettent d'innover dans les supports d'enregistrements et les supports magnétiques. Cette culture de masse bénéficie en outre de l'électronique, du transistor qui jettent les bases des nouveaux médias comme la télévision après la radio. La société de consommation de masse est ainsi confortée en permettant la diffusion non seulement de biens standard, depuis Ford lors de la première phase du processus d'urbanisation, mais aussi des idées, c'est-à-dire d'une nouvelle perception du monde qui ira progressivement vers l'immédiateté et le village monde de Mac Luhan.

4.2.2.3. Les mutations culturelles

La seconde phase du processus d'urbanisation peut être caractérisée comme les années de certitude. On croit en la croissance illimitée et ininterrompue, qui conduit à faire émerger de nouveaux enjeux autour de la question du « bien-être » au travers des soins de santé, de l'éducation, de la nourriture et du logement.

A - Le modèle américain

Le modèle de vie s'inspire largement de l'extérieur en référence à l'Amérique, à la fois sur le plan des idées et de la culture de masse mais aussi sur le plan idéologique, en raison de l'aide apportée par les Américains à l'Europe lors de la seconde guerre mondiale et en raison de l'opposition structurante des deux blocs est et ouest.

Toutefois les années soixante signifient aussi la première remise en question de ce modèle américain notamment lors des oppositions à la guerre du Vietnam et lors des critiques contre la société de consommation.

B - Le modèle de l'indépendance

Dès le lendemain de la seconde guerre mondiale, les puissances coloniales sont confrontées à des mouvements indépendantistes avec notamment le Congo, les Indes néerlandaises, l'Indochine française ou le Pakistan et l'Inde. La fin des colonies sonne le glas des Etats impérialistes hérités du processus d'industrialisation et annonce l'avènement d'un nouveau rapport de force avec l'émergence d'abord des pays arabes puis des pays d'Asie. La fin des colonies, conjuguée aux effets de la seconde guerre mondiale, conduit à penser le territoire non seulement comme une totalité mais aussi comme une totalité non extensible. Les conquêtes et la possibilité de disposer de nouveaux terrains pour assurer le développement sont désormais révolues.

C - Le modèle de l'émancipation

Depuis la transition du processus d'industrialisation, l'émancipation des femmes est une question épineuse. La reconnaissance du suffrage universel pour les femmes est prévue par la constitution de 1919. Si elle est acquise pour les élections communales, il faudra attendre 1948 pour que les mouvements socialistes la leur accordent totalement.
Mais sans doute que l'émancipation des femmes vient-elle davantage de leur accès au monde du travail, à la formation, aux électroménagers et à la liberté sexuelle.

L'émancipation de l'homme et la femme fut accentuée par la maîtrise ou plus exactement la liberté de leur corps. L'adultère, l'homosexualité, la contraception et l'avortement figuraient, comme le rappelle X. Mabille, au registre des crimes et délits du code pénal. Les relations pré-conjugales et extra-conjugales sont socialement condamnées. Avec les années soixante, non seulement la pilule rend possible la planification des naissances mais plus fondamentalement un ensemble de révolutions culturelles ouvre un nouveau rapport au corps.
Plus fondamentalement, il apparaît que les relations entre hommes et femmes sont de plus en plus régies par un modèle permettant de recomposer les associations entre l'amour sentimental, les relations sexuelles, la procréation et la famille. De nouvelles tensions entre l'un

et l'autre s'instaurent car de facto les relations n'impliquent pas un même lien entre ces éléments. Ce découplage sera progressif et s'amplifiera tout au long du processus d'urbanisation.

Mai 68 exprime également une forme d'émancipation de la jeunesse vis-à-vis des générations héritées de l'entre-deux-guerres et de l'après-guerre. Un courant d'innovations intellectuelles et culturelles se manifeste, voulant s'émanciper par rapport aux normes de la société de papa. La reconnaissance de l'ascension sociale dans l'acquisition des biens matériels de même que la répartition des rôles selon les sexes sont largement remis en question. Il faudra cependant attendre le milieu des années septante pour que ces mouvements avant-gardistes puissent atteindre les sphères de diffusion (média, enseignement, politique, arts...).

4.2.3. Les recompositions territoriales

Dans cette partie nous abordons la question des recompositions territoriales autour de deux dimensions. La première est caractéristique du processus d'urbanisation. Il s'agit d'une gestion des tensions entre pôles au travers de l'Etat-providence. La seconde vise au contraire à reconnaître trois territorialités.

Tout d'abord, les territoires vécus vont se recomposer au travers d'une tension entre des lieux de plus en plus éclatés mais toujours sous l'angle de l'opposition entre centre et périphérie. Face à ces territoires vécus, l'Etat-providence va tenter de recomposer un territoire adéquat : l'arrondissement. Mais ce territoire de l'arrondissement apparaît d'emblée comme une territorialité complexe au sein de laquelle se mêlent notamment les rapports d'influence des trois piliers reconnus comme structurant la société belge. L'arrondissement est en effet l'échelle spatiale dans laquelle se tissent les territoires des mouvements pendulaires ou des relations entre la parcelle et les lieux de travail ou d'enseignement mais aussi le niveau d'action des syndicats, des mutuelles, des chambres de commerces, des soins de santé... bref des compétences réparties entre les trois familles socio-politiques de l'Etat-providence (catholiques, libéraux et socialistes).

Ensuite, le territoire institutionnel est lui-même pris dans une dynamique de tensions. L'une d'elles est précisément la perte d'adéquation entre le territoire communal et les territoires vécus ce qui nécessite de tendre à la recomposition d'un territoire supracommunal. Dans cette phase de recomposition, les territoires institutionnels hérités vont tenter de se moderniser et de limiter l'émergence de l'arrondissement promu comme territoire lors de la définition des plans d'affectation des sols. L'autre tension est liée à la nouvelle logique intégrative de l'Etat au travers de son rôle d'Etat-providence. La redistribution de la double croissance démographique et économique à travers l'Etat entre en tension avec l'émergence des revendications régionalistes. En Belgique en particulier ce sont les régions linguistiques qui vont progressivement être reconnues.

Enfin, le territoire de l'économie se recompose au sens des marchés de production. Déjà lors du processus d'industrialisation l'économie était devenue de plus en plus internationale. Néanmoins des liens fixaient les entreprises à proximité des ressources et des matières premières. La nation avait tenté d'encadrer ou de soutenir l'économie dans un territoire institutionnel car l'Etat était accaparé par la bourgeoisie. L'Etat-nation est donc recomposé en Etat impérialiste. Mais lors du processus d'urbanisation, avec l'émancipation de l'Etat au travers de l'Etat-providence et l'affirmation de son rôle de régulation socio-économique, la recomposition de l'Etat sera différente. Déjà lors de la première phase du processus d'urbanisation nous avons vu émerger des tentatives d'Etat-monde. Cette logique sera reprise lors de la seconde phase du processus d'urbanisation. Mais dans ce cadre, une double tension est à nouveau générée. L'une est fondée sur la régulation et la liberté de commerce tandis que l'autre est fondée sur l'opposition entre capitalistes et communistes.

Cette brève introduction nous voulons jeter quelques balises. Nous voulons aussi souligner notre approche dans cette section à travers les trois territoires (vécu, institutionnel et économique). Enfin nous voudrions souligner la distinction entre Etat au sens de niveau de territoire institutionnel et la logique de l'Etat-providence en tant que logique technocratique et régulatrice. Nous allons maintenant les aborder successivement en détail.

4.2.3.1. Le parcellaire entre attachement, rendement et charges

Au cours du processus d'urbanisation, le parcellaire va être recomposé selon la tension de l'échange entre cédant et acquérant. Le parcellaire est maîtrisé dans une perspective sociale ou économique, abandonnant ainsi progressivement la logique de l'héritage ou de la reconnaissance politique qui avait prévalu lors des processus antérieurs. Le parcellaire devient donc un produit auquel on attribue une finalité le plus souvent en fonction d'un projet de vie ou d'activité.

Marginalement, sous l'influence des processus antérieurs, il demeure une expression symbolique de la richesse.

A - La parcelle, un morceau du patrimoine à maîtriser et à valoriser

La recomposition du parcellaire dépend de la conjonction de plusieurs paramètres qui facilitent tant la cession du foncier que la volonté et la possibilité d'accession à la propriété.

a) L'accession à ma parcelle, la partie la plus maîtrisée de mon territoire

A travers le processus d'urbanisation, le terrain devient réellement parcellaire c'est-à-dire un morceau dont la caractéristique est d'être commercialisable au sens d'une acquisition désormais accessible à un grand nombre de personnes.

Toutefois, l'échange de ce bien répond à des règles particulières puisque les parcelles sont rares (le territoire est désormais borné aux frontières), peu interchangeables (un terrain n'est pas l'autre vu sa configuration, sa localisation...) et peu altérables. Dès lors la demande joue un rôle d'accélérateur des prix (le prix est fixé en fonction des revenus des acquéreurs potentiels et non d'une stricte adaptation en fonction de l'offre et de la demande ; la valeur minimum correspond au prix d'achat et en ce sens le foncier est devenu une valeur refuge). Seuls quelques cas de moins-value foncière peuvent conduire à une dépréciation du prix terrain, ce qui justifie des indemnisations sous l'effet de l'Etat-providence.

Le droit de propriété est devenu, depuis le processus d'industrialisation mais plus encore avec le processus d'urbanisation, un droit fondamental. Lors du processus d'urbanisation, la maîtrise de la parcelle s'apparente de plus en plus souvent à une maîtrise synonyme de l'accès à la propriété. Les autres modes de maîtrise des parcelles comme la location ou l'usufruit sont souvent perçus comme des palliatifs voire des situations temporaires ou des modes d'un autre âge. L'Etat-providence multiplie dans cette perspective des aides et des modes d'intervention visant à établir un lien entre parcellaire et droit de propriété. A l'inverse il n'entre pas dans la logique de l'Etat-providence d'établir une confiscation de la propriété notamment au travers d'une politique foncière au sens large du terme.

L'accès à la propriété résidentielle, comme l'acquisition d'une automobile, constitue une preuve de réussite et d'accession sociale. Ces deux éléments vont permettre de recomposer le territoire individuel articulant la résidence et la relation à la société.

Lors du processus d'urbanisation, l'idée prévaut que la conception de la maison peut être envisagée indépendamment de son lieu d'implantation. Les idées et les matériaux circulent davantage, ce qui permet d'introduire des pratiques novatrices et/ou standardisées dans le contexte local. Les moyens techniques permettent en outre d'adapter la configuration du terrain aux exigences. Enfin l'offre de terrains s'aligne sur des standard (taille, relief, accès à la parcelle). La quête de la maîtrise absolue de son territoire est ainsi réalisée.

Mais le territoire ne se définit pas uniquement en référence à la résidence. Le choix de localisation de la résidence relève également de la maîtrise de son territoire fondée sur un compromis entre le prix, la taille de la parcelle, son accessibilité depuis le lieu de travail, son environnement et la proximité-éloignement de certains services ou personnes.

Les capacités financières et de choix sont donc centrales dans cette quête de maîtrise. Sur le plan financier, outre l'emprunt hypothécaire et les aides à l'accès à la propriété, le marché immobilier vise à définir des parcelles commercialisables. De plus des techniques d'autoconstruction partielle ou totale se développent pour atteindre l'idéale propriété.

Enfin ces capacités dépendent aussi d'un sentiment de certitude et de stabilité (lieu de travail, salaire, stabilité des familles...) de même que de la conviction que la mobilité restera une facilité (construction des routes, carburants à faible prix) et que dans le même temps certains services et commerces se développeront non loin du lieu de résidence.

Le principe central du processus d'urbanisation est une relaxation de la contrainte de proximité. En effet, l'éloignement entre le lieu de résidence et le lieu de travail n'induit qu'une faible augmentation de la durée de déplacement alors qu'il permet d'accroître le volume et la diversité de l'offre de terrains. En outre, cet exode urbain est d'autant plus acceptable que la politique d'équité et d'équipement du territoire préconisée par l'Etat-providence conduit à la conviction de pouvoir disposer à terme dans les campagnes d'un taux d'infrastructures satisfaisant.

Cette conviction est encore renforcée par le fait que les pouvoirs publics désinvestissent dans les premières et secondes couronnes des villes. Ces couronnes correspondent pour l'essentiel aux extensions urbaines réalisées au cours du processus d'industrialisation, elles concentrent donc des usines et des cités de logements caractérisées comme relevant d'un autre âge (promiscuité, pollution...). En d'autres termes, le rapport à l'espace qui construit cette nouvelle territorialité est corroboré par l'organisation du territoire fondée sur le zonage tel que prévu dans les plans d'affectation des sols.

b) La cession des terrains et la production des parcelles

Plusieurs paramètres relatifs à la demande ont déjà été mis en évidence. Revenons donc maintenant un instant sur la dynamique de cession du foncier.

Avec le processus d'urbanisation, la cession des terrains par les grands propriétaires est encouragée de trois manières.

En premier lieu, la cession du foncier est encouragée par la perte de sa valeur socio-politique pour les propriétaires fonciers.

Deuxièmement, lors de la seconde phase du processus d'urbanisation, les rentes foncières liées à la production agricole et sylvicole sont davantage déterminées par des pratiques intensives en lien avec des marchés nationaux et internationaux. Les mauvaises terres agricoles et boisées n'assurent plus un profit suffisant. La recherche de valorisations alternatives en est la conséquence.

Enfin troisièmement, l'impact du régime des héritages et des droits de succession est de plus en plus difficilement contrecarré par les alliances entre familles. Les mariages organisés sont de plus en plus difficilement acceptables d'autant que le foncier ne constitue plus un intérêt socio-politique ni même économique.

B - Le morcellement et le remembrement

La cession des terrains est facilitée par la mise en place de procédures de reconfiguration du parcellaire. Outre les techniques d'aménagement et d'équipement, sur lesquelles nous reviendrons, un ensemble de dispositions juridiques prévoit la possibilité d'adapter le foncier soit en réduisant sa superficie soit au contraire en l'augmentant.

Ces deux interventions tendent à recomposer le parcellaire sur une base géométrique et en référence à des unités standard. Les techniques du remembrement sont utilisées lorsque le parcellaire devient capital. A l'inverse, lorsqu'il devient unité marchande, les terrains sont morcelés.

a) Le remembrement pour établir un parcellaire productif

Le remembrement du parcellaire est essentiellement réalisé dans le cadre de la maîtrise des terres pour l'agriculture, plus rarement pour la sylviculture ou encore pour la maîtrise en vue de l'urbanisation.

Sans détailler ici ces techniques, soulignons cependant que toutes visent à instaurer le regroupement foncier sur la base de critères économiques, c'est-à-dire de rentabilité. Les critères issus des processus antérieurs comme l'attachement sentimental, les conflits de voisinage... sont effacés au profit d'une recomposition fondée sur la spéculation et l'optimum de production. A la ville comme la campagne, cette logique d'appropriation s'impose.

Outre les acquisitions auprès de petits propriétaires notamment par des sociétés immobilières, des procédures visent à permettre l'expropriation d'utilité publique ou l'échange parcellaire.

L'expropriation d'utilité publique pour le développement des carrières ou même le développement de grandes zones industrielles dans le cadre de la loi d'expansion économique constitue une forme de remembrement.

Une autre procédure fut également mise en œuvre dans le cadre des plans particuliers d'aménagement lorsque le propriétaire détenait une majorité des superficies au sein d'un îlot. Dans ce cas il pouvait s'assurer la maîtrise des terrains restants. L'unicité foncière permettait alors la construction d'immeubles sur l'ensemble d'un îlot et sur plusieurs niveaux.
Enfin, le remembrement le plus couramment pratiqué est celui qui est réalisé dans les domaines agricoles. L'échange parcellaire et le regroupement volontaire sont établis sur la base de critères comme la qualité pédologique, d'accessibilité ... et les terres sont redécoupées en parcelles à valoriser. Des équipements et des voiries sont tracés pour assurer cette valorisation. Les agriculteurs peuvent ainsi maîtriser des parcelles agricoles plus vastes, sans obstacles (suppression des bosquets, nivellement des terres...) et adaptées aux nouveaux charrois agricoles.

b) La valorisation par morcellement

Le morcellement intervient même sur des petites parcelles, notamment en cas de succession familiale ou de valorisation de l'un ou l'autre hectare détenu par de petits propriétaires. Mais avec le processus d'urbanisation, les opérations de morcellement peuvent concerner de vastes étendues soit héritées des processus antérieurs soit après une phase de remembrement.

Ce sont généralement les terrains agricoles ou boisés de peu d'intérêt agronomique ou sylvicole qui feront l'objet d'une urbanisation par morcellement afin de profiter de l'exode urbain. Les terrains sont subdivisés en parcelles de superficie standard selon leur accès à la voirie existante. Dans certains cas des voiries sont créées. L'optimum économique est atteint en réduisant le plus possible les charges d'investissement, ce qui peut conduire à des équipements élémentaires.

Dans le cadre d'opérations urbaines, le morcellement peut être réalisé après la construction d'immeubles voire lors d'opérations couvrant un îlot, ce qui avait nécessité un remembrement préalable.

Enfin, le morcellement peut être aussi le résultat de la difficulté de valoriser économiquement le terrain. C'est notamment le cas lorsque les cessions sont réalisées pour réduire ou subvenir aux frais d'entretien voire même lorsque les droits de succession sont difficilement supportables par les héritiers.

L'urbanisme et l'aménagement du territoire fixeront les règles de cette urbanisation par commercialisation foncière. Par la suite, l'adoption des plans d'affectation des sols (voir ci-dessous) confirmera cette dynamique.

c) Les essais de dissociation entre le droit d'usage et le droit de propriété

Comme nous l'avons démontré ci-avant, la recomposition du parcellaire repose essentiellement, lors du processus d'urbanisation, sur la quête d'une maîtrise absolue de la parcelle. Cette quête passe presque de facto par l'accès au titre de propriété. Les alternatives au titre de propriétaire apparaissaient donc comme des palliatifs souvent dévalorisés. Dans ce contexte, l'Etat-providence est plus enclin à favoriser l'accès à la propriété qu'à mettre en place d'une politique foncière. Il existe cependant l'une ou l'autre commune en Belgique qui vont orienter le développement du processus d'urbanisation via l'instauration d'une régie foncière.

Cette politique visant à promouvoir des alternatives à la propriété privée absolue reste donc très limitée.

Quatre interventions de l'Etat-providence peuvent être évoquées comme modalités visant à permettre un remembrement foncier sans pour autant supprimer la détention du titre de propriété.

Il s'agit d'abord de la politique du logement déjà initiée lors de la première phase du processus d'urbanisation. Les sociétés publiques de logement liées aux trois piliers structurant de la société achètent ou exproprient des terres agricoles pour la réalisation de grands ensembles. Leurs interventions sont donc analogues à du remembrement et de la maîtrise foncière. L'Etat-providence va valoriser le foncier agricole en terrain à urbaniser ce qui permet de redistribuer la plus-value foncière en favorisant l'accès à la résidence pour les revenus modestes.

Deuxièmement, l'Etat-providence va progressivement généraliser le recours au zonage. Les plans d'affectation des sols peuvent en effet être considérés comme une forme de remembrement parce que la définition des zones non constructibles permet de réduire le mitage des espaces non bâtis et parce qu'ils réservent le droit de bâtir à certains types d'opérateurs.

Ensuite, lorsque la loi sur l'expansion économique est adoptée en Belgique en 1959, les intercommunales de troisième génération (voir ci-dessous) auront pour mission d'assurer le développement économique et l'aménagement du territoire dans chaque province. Leur intervention se limitera d'emblée aux expropriations, aux remembrements puis aux morcellements parcellaires pour permettre l'implantation d'entreprises. La cession du titre de propriété demeure la règle. Toutefois l'objectif fondamental est de réduire les contraintes foncières (prix bas, absence de contraintes urbanistiques, absence de mesures de voisinages, accessibilité routière assurée...). Dès lors l'Etat-providence cède les terrains sous forme d'aides à l'investissement.

Enfin selon la même logique, l'Etat-providence promulgue en 1969 la loi sur le bail à ferme qui vise à créer une distinction entre titre de propriété et exploitation agricole des terres. L'objectif est également de limiter la capitalisation dans le foncier tout en réduisant les aléas de la reprise des terres par le propriétaire. L'exploitant agricole dispose ainsi d'une sécurité foncière. Il bénéficie d'un bail de longue durée qui ne peut être modifié que pour des motifs majeurs et il bénéficie aussi d'un droit de préemption. La distinction ainsi introduite entre propriété et exploitation permet aux exploitants agricoles d'investir davantage dans les équipements et les engrais. Enfin l'exploitant peut transmettre à ses enfants les terres exploitées en bail sans être soumis aux droits de succession.

C - L'urbanisation des terres agricoles et des bois

Plusieurs paramètres ont déjà été mentionnés pour cerner la dynamique favorable à la cession des terres par les grands propriétaires.

Il convient de préciser que cette cession est largement fonction de deux logiques.

La première est liée à la pression radioconcentrique. Même si la contrainte de proximité est progressivement relâchée en raison des facilités de mobilité qui ne cesseront de s'accroître tout au long du processus d'urbanisation, la diffusion de l'urbanisation demeure liée à une logique allant du centre vers la périphérie. Dès lors les zones les plus éloignées dans les villes profitent proportionnellement moins de l'urbanisation tant sur un plan foncier que culturel.

La seconde logique est liée aux règles établies par l'Etat-providence pour réguler cette logique foncière à travers le territoire. Dans le cadre de la logique de répartition de la croissance à l'ensemble du territoire et du zonage, certaines mesures sont prises pour maintenir des étendues boisées ou agricoles dans les communes proches des villes. Cette logique peut être perçue comme la recomposition des ceintures vertes autour des villes promues lors du processus d'industrialisation. Toutefois, cette ceinture verte ne trouve sa légitimité que si deux autres critères viennent renforcer ces choix d'affectation. Les terres protégées doivent en effet être considérées comme un espace à vocation sociale ou comme un espace de grande valeur agricole. Les plans d'affectation des sols, sur lesquels nous reviendrons en détail ci-après, vont confirmer ces orientations et « sortir » ces terrains du marché des terrains à bâtir.

Mais dans l'attente de l'adoption des plans d'affectations des sols, la tension entre force centrifuge et reconnaissance d'intérêts agricoles et sociaux conduit par exemple au classement de certains bois comme la forêt de Soignes. Par contre les autres bois qui avaient une fonction économique importante au cours des processus agraire et industriel (voir ci-dessus) connaissent lors du processus d'urbanisation une perte de leur intérêt économique. En effet, le maintien des bois à proximité des villes ne se justifie plus pour des raisons d'approvisionnement en bois de chauffage, en bois pour les artisans... En somme, la forêt qui avait déjà perdu de sa multifonctionnalité lors du processus d'industrialisation est mise à mal dans sa vocation économique. En outre, le secteur du bois ne bénéficie pas d'un système foncier permettant de dissocier droits d'usages et droits de propriété du type de celui du bail à ferme. De même le marché du bois ne bénéficie pas non plus d'une protection douanière pour favoriser l'achat de bois issus du marché interne. Enfin le secteur n'est pas soumis à une reconversion dans le cadre d'une politique économique générale visant par exemple la production d'énergie.

Dans ces circonstances, la forêt qui demeure propriété privée en Wallonie sur pratiquement la moitié de ses étendues connaît une valorisation contrastée en fonction de sa localisation par rapport aux pressions urbaines.

A proximité des axes de circulation, des villes ou des vallées touristiques, les bois tout comme les mauvaises terres agricoles feront l'objet de projets de lotissement, de loisirs ou de plan d'équipements d'infrastructures collectives notamment dans les périphéries des villes (Braine-l'Alleud, Rixensart, Wavre, Sart-Tilman...).

A l'inverse, à l'écart des espaces soumis à la pression de l'urbanisation, une forme de déprise peut intervenir sur les étendues boisées et les mauvaises terres agricoles. Dès lors des effets de déprise vont se renforcer et une tendance cumulative s'instaure : les mauvaises terres agricoles sont boisées alors que les bois sont peu rentables, l'offre le plus souvent de produits de faible qualité s'accroît ce qui contribue à affaiblir encore davantage le secteur, dans le même temps les frais de succession favorisent un morcellement progressif ce qui va encore réduire la rentabilité et encourager des modes de gestion intensifs en favorisant la plantation dense d'épicéa à plus courte rotation.

Observons cependant que la déprise des bois et des terres agricoles en Wallonie n'est pas comparable avec d'autres situations européennes. L'héritage des processus antérieurs de même que la vitalité du processus d'urbanisation vont grandement limiter ces phénomènes de déprise.

4.2.3.2. La planification de l'aménagement du territoire

Dans ces années de certitude avec des taux de croissance économique et démographique élevés, la planification apparaît comme le mode de gestion adapté pour assurer le maintien de la croissance, répartir ses effets à travers le territoire national et permettre la reconversion industrielle afin de sortir de l'ère charbonnière et d'entrer pleinement dans l'ère du pétrole.

A - La planification, un mode d'intervention

La planification permet d'établir une recomposition de l'ensemble du territoire de l'Etat-providence par trois champs d'intervention.
Le premier champ d'intervention est le plus concret. Il vise à établir des plans d'équipement des communes selon leur niveau hiérarchique au travers le territoire national. Cette hiérarchisation permet de gérer la tension entre l'Etat-providence et les communes de même que la concurrence entre communes qui souhaitent bénéficier des fruits de la croissance économique et démographique.
Le second champ est relativement passif, mais néanmoins plus prospectif et plus anticipatif. L'Etat-providence va progressivement déterminer, dans le cadre de tensions successives entre les niveaux territoriaux, l'affectation du territoire. Cette détermination est réalisée depuis le niveau national jusqu'à chaque parcelle du territoire afin de limiter et d'orienter la délivrance des permis de bâtir. La tension est donc de rencontrer les revendications au développement des communes mais aussi les droits de propriété au sens de l'accession à la résidence individuelle (voir ci-dessus).
Enfin le troisième champ d'intervention vise à mettre en relation les différentes zones et communes grâce à la réalisation d'un nouveau réseau routier. L'intervention vise à moderniser les routes nationales existantes et à créer de nouvelles voies rapides. Les réseaux sont établis afin de permettre des liaisons entre le centre et la périphérie mais aussi de mettre en connexion les nouveaux sites industriels promus pour assurer la reconversion industrielle de même que désenclaver les communes rurales.

B - L'adoption d'une grille de répartition des équipements

La planification reposait à la fois sur une analyse fine des comportements et un modèle théorique établi notamment par Christaller dans les années trente.

La recomposition du territoire doit permettre de répartir la croissance et le développement sur l'ensemble du territoire de l'Etat-providence. En fonction de l'inventaire des équipements existants et de leur fréquentation, les communes sont classées dans une hiérarchie urbaine. Le processus d'urbanisation établit donc une armature urbaine à travers le territoire national dans laquelle chaque commune est classée comme ville principale, secondaire ou auxiliaire voire comme commune rurale. Cette classification n'est pas figée ; elle permet donc de gérer la tension entre l'Etat-providence et les communes de même qu'entre communes. Ces dernières, à l'image des individus et des entreprises, souhaitent se développer et se moderniser. Un jeu de concurrence régulée est donc instauré sous l'égide de l'Etat-providence qui négocie les règles de redistribution de la croissance.

Sur cette base, la répartition des équipements publics mais aussi l'établissement des interventions et la définition des plans d'affectation des sols sont réalisés selon les principes de rationalité et d'équité. L'accès au bien-être est désormais assuré car les populations peuvent disposer d'équipements et de réseaux de transport accessibles en un temps optimum. Cette logique est appliquée pour l'ensemble des services publics : services de secours, enseignements, cultures, sports, soins de santé... Mais cette logique oriente également le développement économique puisque chaque commune, en fonction de sa position dans la hiérarchie, bénéficie d'un soutien au développement économique et résidentiel notamment au travers de réserves foncières dans les plans d'affectation des sols.

C - L'adoption des plans d'affectations des sols

Les plans d'affectation des sols ont donc pour objectif de gérer la tension entre d'une part la phase de croissance économique portée essentiellement par des investissements extérieurs, l'accroissement de la population et les exigences de bien-être nécessitant d'anticiper les besoins et d'autre part un territoire désormais limité borné aux frontières. Il est désormais acquis que le développement des Etats ne peut se faire en maîtrisant et en annexant de nouveaux territoires. Cette tendance apparaît notamment dans le refus de conflits armés mais aussi dans la gestion des dommages de guerre qui ne seront plus effectifs qu'à la suite de la première guerre mondiale et selon une ampleur limitée (les cantons germanophones et les protectorats africains) en regard des volontés expansionnistes de certains belges qui souhaitaient reconstituer une grande Belgique en annexant le Limbourg hollandais, le Grand-Duché de Luxembourg... Cette tendance au territoire borné ira en se confortant lors de la seconde phase du processus d'urbanisation notamment en raison de l'absence de dommages de guerre après 1945 et du processus de décolonisation.

Outre ce principe général visant désormais à assurer le développement dans un territoire aux limites intangibles, l'élaboration et l'application répondent à des principes de rationalité et d'équité. A l'image des opérations de remembrement agricole, les choix d'affectations reposaient sur un examen par des experts visant à reconnaître la diversité et la spécificité des espaces sur la base de critères. En fonction de ces caractéristiques intrinsèques, l'espace est affecté sur le plan strictement juridique afin de répondre aux besoins économiques, sociaux et culturels.

La démarche est donc assez proche d'une mise en adéquation des ressources et des besoins, c'est-à-dire d'une planification urbaine reposant sur une logique économique tout en y associant l'intérêt général. L'équité qui est déjà exprimée dans la répartition des équipements et de la croissance selon la hiérarchie urbaine trouve ici une nouvelle dimension. La répartition de la croissance est établie sur la base de l'intérêt général c'est-à-dire dans une tension visant à reconnaître l'intérêt du plus grand nombre de personnes tout en veillant au respect du droit de propriété.

a) Le cadre de référence légal progressif

En Belgique, cette nouvelle politique de recomposition du territoire reprend les outils développés dès les lendemains de la première guerre mondiale : les plans d'affectations des sols au niveau des quartiers et des communes.

A la fin de la seconde guerre mondiale, en complément des plans particuliers d'initiative communale, l'Arrêté du Régent en 1947 prévoit l'obligation pour les communes de plus de 10.000 habitants de se doter d'un plan général d'aménagement.

Enfin en 1962, le cadre légal connaît une troisième évolution avec l'adoption par l'Etat-providence de la loi organique de l'aménagement du territoire. Cette loi confirme la volonté de l'Etat-providence d'établir une occupation du sol sur la base d'une évaluation technique et rationnelle. Cette loi implique aussi que cette tâche n'est plus confiée aux seules communes mais s'inscrit dans une planification hiérarchisée établie du niveau de l'Etat vers les communes et les quartiers.

La hiérarchie présuppose que les outils des niveaux territoriaux supérieurs soient généraux et qu'ils orientent les outils inférieurs dont le but est de les préciser et les affiner.

La hiérarchie prévoyait donc : un plan national, des plans régionaux (sans pour autant fixer les limites de ces territoires régionaux), des plans sous-régionaux couvrant les secteurs d'aménagement soit approximativement les territoires des arrondissements administratifs, les plans généraux d'aménagement qui couvrent une commune et enfin les plans particuliers d'aménagement au niveau du territoire d'un quartier.

Il faudra attendre les années septante pour que les procédures de la réalisation des plans d'affectation des sols soient définies. Cependant, comme nous l'avons déjà indiqué, les principes directeurs étaient désormais connus.

b) Une recomposition du territoire qui relègue l'urbanisme au second plan

L'urbanisme est pratiquement relégué au second plan lors de cette nouvelle gestion territoriale. L'essentiel est d'organiser le territoire de l'Etat-providence afin de répartir les fonctions et de réserver le sol. La composition et la structure des espaces bâtis n'est plus un enjeu central pour les pouvoirs publics. En somme l'urbanisme est recomposé dans une perspective juridique et fonctionnaliste.

Deux outils vont marquer cette relégation de l'urbanisme classique.

D'abord, l'urbanisme est désormais intégré aux plans d'affectations des sols au travers des plans particuliers d'aménagement qui vont contribuer à déterminer les affectations et les règles d'urbanisme au sens d'organisation des implantations, d'aménagement des voiries, de gabarits et de matériaux des constructions. Ces plans deviennent complémentaires aux règles d'urbanisme héritées des processus antérieurs ou aux nouvelles règles prises par les communes ou le pouvoir central.

Ensuite, l'urbanisme perd son rôle de composition pour devenir un ensemble de règles liées aux gabarits, matériaux, voire aux ouvertures qu'il convient d'appliquer au travers des permis de bâtir. Les permis de lotir ne feront que fort peu d'urbanisme et ils vont surtout se limiter à produire du terrain à bâtir par morcellement.

En réalité l'urbanisme n'est plus un acte collectif de création et de transformation des espaces bâtis, il est pris en tenaille entre l'aménagement du territoire visant à répartir les fonctions et la quête de maîtrise absolue des propriétaires sur leur parcelle.

c) Le zonage recompose la ville et les campagnes

Le zonage prévoit de répartir les fonctions en déterminant, les activités autorisées ce qui impose aux individus de joindre des lieux de plus en plus monofonctionnels.

Mais dans le même temps, le zonage va dans une certaine mesure orienter les usages du sol car certaines zones sont réservées à certains types d'opérateurs ou d'acteurs. De la sorte les plans d'affectation des sols « attribuent » des terres à certains groupes sociaux. Tel est notamment le cas des zones d'équipements communautaires qui ne peuvent être mises en œuvre que par les pouvoirs publics ou même des zones agricoles au sein desquelles seuls les exploitants agricoles peuvent obtenir un permis de bâtir. Dès lors une tension est mise en place entre le statut de propriété et le statut professionnel.
Toutefois en zone agricole une série de dérogations était envisagée : règles de comblement, agrandissement des immeubles existants non conformes à la destination de la zone, dérogations pour les équipements publics… En outre les terres agricoles, même si elles sont affectées juridiquement en zone agricole, subissent les pressions de l'urbanisation ou au contraire les déprises. Les dispositions juridiques prévoyaient donc la possibilité de convertir des terres agricoles en bois. De même certaines terres agricoles situées en zone agricole étaient occupées par des non-agriculteurs notamment à des fins de loisirs ou de petite agriculture. Enfin s'il y a protection des terres agricoles, il demeure que les plans d'affectation des sols classent de nombreuses terres utilisées par l'agriculture en zone à bâtir. La mutation progressive de l'occupation de ces terres agricoles vers la résidence, les équipements ou les activités économiques implique un double phénomène de hausse de prix des terres agricoles. En effet d'une part une certaine rareté intervient à court terme et d'autre part les exploitants agricoles ayant cédé les terres agricoles au prix des terrains à bâtir disposent de liquidités qui permettront d'augmenter leur capacité d'achat.

D - Le développement des zones résidentielles et leurs connexions

La production de lotissements résidentiels signifie pour l'essentiel un morcellement des terrains et la production de voiries par le privé. Les lotisseurs deviennent ainsi les principaux créateurs de voiries au niveau des territoires communaux. Ces parcelles et voiries résidentielles viendront se brancher sur les réseaux de chemins hérités des processus antérieurs. La commune aura dès lors pour mission principale de moderniser ce réseau hérité en adaptant son revêtement voire en l'élargissant. Rares seront les communes qui entreprennent le tracé de nouvelles voiries communales.

La production de lotissements dans des sites vierges de la périphérie est donc rendue possible par une action combinée des opérateurs privés et des communes. Ces dernières sont d'autant plus incitées à développer la résidence que les finances communales sont alimentées par les taxes sur les habitants, que leur niveau dans la hiérarchie urbaine peut progresser et que la base de représentation des hommes politiques est fondée sur le nombre d'électeurs en lien avec le lieu de domiciliation.

Dès avant la seconde guerre mondiale plusieurs chantiers visent à moderniser le réseau routier au départ des routes nationales. Mais aux lendemains de la guerre, alors que l'Allemagne hitlérienne avait déjà construit ses premières autoroutes et encouragé le développement de l'automobile notamment par la création de la Volkswagen, l'ensemble des pays européens entreprend la planification de son réseau autoroutier.

En Belgique, alors que de nombreuses villes possèdent un réseau de transports de tramways très performant ou que les campagnes sont largement desservies par les transports vicinaux, l'Etat-providence démantèle les infrastructures au profit de la constitution d'un nouveau réseau routier. Comme le signale C. Vandermotten, l'Etat-providence va systématiquement établir de nouveaux réseaux routiers rapides en parallèle avec les lignes de transports en commun dont principalement le chemin de fer.

Les réseaux routiers vont bénéficier d'importants investissements alors que la modernisation du rail est hésitante. Mais l'option visant à renforcer le réseau routier se justifie aussi pour trois raisons.

D'abord l'automobile constitue un nouveau secteur économique qui supplante progressivement les entreprises ferroviaires. Même si dès la première guerre mondiale les sociétés belges d'automobiles disparaissent, un nombre important d'entreprises étrangères s'installent en Flandre et à Bruxelles. L'Etat-providence soutient donc la consommation liée à ce secteur qui assure la reconversion économique.

Ensuite, le réseau routier rapide permet de mettre en connexion les zones d'urbanisation prévues par les plans d'affectation des sols : les nouveaux sites d'urbanisation résidentielle en périphérie, tertiaire au centre des villes ou industrielle dans les nouvelles zones d'activités économiques. Même si les routes sont tracées dans les vallées à proximité du réseau de chemin de fer on assiste aussi au développement de routes rapides sur les plateaux là où les terrains pour les activités économiques sont aménagés dans le cadre des lois d'expansion économique.

Enfin le réseau routier apparaît avec l'automobile comme offrant un nouveau gain de souplesse. Le réseau routier ne cesse de se renforcer car rares sont les routes qui sont abandonnées et les connexions deviennent dès lors multiples. Ces axes et ces mises en connexions sont d'autant plus performantes que contrairement au chemin de fer elles peuvent être utilisées et tissées individuellement.

Enfin le réseau routier donne la priorité à l'usager de la route et non plus aux riverains. En effet les routes sont configurées selon une logique linéaire. La largeur et les revêtements seront uniformes tout au long du tracé que la route traverse le centre des villes, des villages ou encore les campagnes.

4.2.3.3. Entre l'Etat et les communes, la recomposition des territoires intermédiaires

A - Le territoire vécu au niveau supra-communal

La recomposition de territoires supra-communaux répondait à une double nécessité.

D'abord, les communes n'avaient pratiquement pas connu de réforme administrative depuis la Révolution belge. A l'exception des lois linguistiques, les communes étaient confinées dans un mode de gestion et de services largement fondé sur les exigences du processus d'industrialisation alors que la logique de développement reposait désormais essentiellement sur la résidence et donc les services à la population.

Ensuite, le développement de certains services publics de même que la mobilité et la mise à distance des lieux de travail, d'enseignement et de résidence provoquaient des écarts entre contributeurs et usagers. Les villes centres devaient dès lors assurer davantage de services pour une population dispersée au-delà de leur territoire. L'équilibre entre ville et campagne qui était instauré au sein des provinces basculait résolument en faveur de la ville. La province devenait de la sorte le niveau que les villes allaient maîtriser pour rétablir l'équilibre vis-à-vis des campagnes.

La ville allait concentrer les équipements des services publics au plan de l'enseignement avec l'allongement de la scolarité qui impose de fréquenter l'enseignement secondaire et supérieur. Cette polarisation est également le fait d'un recours de plus en plus soutenu aux soins de santé via les établissements hospitaliers qui répondent comme l'enseignement à une hiérarchie de niveaux d'équipement. Cette fréquentation des centres de soins se marque dès la naissance.

Une même mise à distance entre le lieu de résidence et les services intervient également pour le commerce. Les marchés hebdomadaires et les magasins de proximité sont progressivement concurrencés par des chaînes d'épiciers nationaux qui se transforment en grandes et moyennes surfaces implantées dans les centres des villes ou dans les communes périphériques où les premiers centres commerciaux sont aménagés.

B - L'émergence de territoires supra-communaux

a) L'arrondissement un territoire pertinent ?

L'élaboration des plans d'affectation des sols par l'Etat a conduit à recomposer et à renforcer un territoire intermédiaire hérité du processus d'industrialisation : l'arrondissement.

Au sein du territoire institutionnel, l'Etat tend à faire reconnaître l'arrondissement comme un niveau de territoire pertinent pour quatre raisons.

D'abord, l'arrondissement peut être identifié comme la nouvelle territorialité au sein de laquelle les individus tissent leur territoire entre différents lieux éclatés. Les études de comportements d'achat, de scolarité, de travail voire de loisirs permettent d'établir ces territoires vécus. Généralement, ces territoires sont fondés sur les liens entre ville centre et périphérie. Mais dans le même temps, ils renvoient aussi au modèle de l'armature urbaine. Ils constituent donc la résolution de la tension entre le modèle d'aménagement fixé par l'Etat et le vécu.

Deuxièmement, le niveau de l'arrondissement est celui de l'action des organes des trois piliers. C'est en effet à ce niveau que s'affirment aussi les sections syndicales, mutualistes... Mais ce niveau n'est cependant pas aussi systématiquement mis en cohérence dans les différents piliers et organisations.

Par contre l'arrondissement est bien davantage reconnu comme le niveau territorial de l'articulation du champ de représentation des hommes politiques. En effet contrairement à la province et le sénat liés au processus d'industrialisation, au sein desquels les notables relayaient leurs intérêts industriels et fonciers, l'arrondissement devient le niveau électoral du suffrage universel. Ce territoire est ni trop éloigné du niveau communal ni trop assimilé à la province et il ouvre les portes à la chambre des députés qui progressivement supplante le sénat.

Enfin quatrièmement, l'arrondissement apparaît comme un territoire libre peu accaparé par l'un ou l'autre acteur. Sa force intégrative est faible puisqu'il joue un rôle totalement secondaire dans la territorialité institutionnelle. Mais cette faiblesse apparaît davantage comme un compromis et fait de l'arrondissement un espace neutre ou interstitiel.

Comme on le verra par la suite, les autres niveaux du territoire institutionnel comme la commune ou la province vont progressivement opposer sinon une résistance à l'émergence des arrondissements, du moins une capacité à se moderniser et ainsi éviter d'être mis à mal. L'arrondissement ne gagnera donc pas en capacité structurante, l'héritage des provinces de même que les opérations de fusion de communes ou la multiplication des intercommunales offriront des recompositions de territoires similaires et concurrentielles. Enfin, la réforme de l'Etat dans le cadre des revendications linguistiques réduira à cette dynamique de recomposition à un phénomène de courte durée.

b) Le territoire institutionnel et la troisième génération des intercommunales

Après les intercommunales d'infrastructures techniques nées au tournant du siècle pour assurer l'équipement des villes en eau, gaz, électricité puis les intercommunales liées à l'enseignement ou aux services publics comme les soins de santé, une troisième génération d'intercommunales apparaît.

Cette troisième génération d'intercommunales visera à intervenir d'une part dans le champ du développement économique et d'autre part dans celui des transports collectifs urbains.

Les lois d'expansion économique de 1959 suivies des lois sur la planification et la décentralisation économique de 1970 prévoient en Belgique que les intercommunales assureront l'aménagement de terrains pour l'implantation d'entreprises. Ces dernières sont généralement liées à des entreprises étrangères ou au contraire à des relocalisations d'entreprises locales mal situées par rapport aux nouveaux axes de transports routiers ou rencontrant des difficultés foncières pouvant freiner leur extension. L'objectif des intercommunales est d'aménager des zones industrielles sur des terres agricoles pour ensuite les céder aux entreprises en veillant à limiter les contraintes foncières.

Les territoires d'action de ces intercommunales sont issus de la tension entre les communes et l'Etat. Par la suite, ces territoires s'inscriront dans les stratégies économiques des conseils économiques régionaux et des sociétés de développement régional. Ces sociétés sont nées suite à des divergences de vues sur les orientations économiques entre Wallons, Flamands et Bruxellois. Pour Bruxelles, le développement économique était désormais fondamentalement orienté vers la tertiarisation internationale. La Flandre souhaitait tirer parti du développement des filiales des entreprises étrangères à proximité d'Anvers. Quant à la Wallonie, elle souhaitait davantage assurer la reconversion en attirant des entreprises en lien avec les secteurs traditionnels comme les constructions métalliques. La loi de 1970 prévoit que ces intercommunales relèvent davantage de sept sociétés de développement économique : une couvrant l'ensemble de la Wallonie, une à Bruxelles et cinq en Flandre. En Flandre les sociétés de développement couvrent chacune l'étendue d'une province tandis qu'en Wallonie, la société wallonne s'appuie sur une dizaine d'intercommunales : une pour l'arrondissement de Nivelles, une par province pour Liège, le Luxembourg et Namur mais cinq pour la province de Hainaut.

c) *Les intercommunales de transports urbains collectifs*

Dès 1954, les sociétés de transports urbains bruxellois sont regroupés dans une intercommunales : la Société des transports intercommunaux bruxellois. Les compagnies privées étaient donc regroupées avec les compagnies communales au sein d'une société au statut public.

Une même logique de regroupement des entreprises privées ayant des concessions de transports urbains intervient en Wallonie en vertu de la loi de 1961 visant à la création de sociétés de transports publics.

Ces sociétés intercommunales vont permettre de restructurer les réseaux, de favoriser l'usage du bus au détriment des tramways et d'unifier les tarifs au sein d'un nouveau territoire : l'agglomération.

Pour maîtriser cet espace d'urbanisation dispersé, les compagnies recourent de plus en plus systématiquement aux bus. Ces derniers ont en effet l'avantage de pouvoir desservir des communes éloignées sans devoir investir massivement dans l'implantation de lignes. En outre ils permettaient une circulation plus aisée en ville face à l'accroissement du trafic des voitures individuelles et la multiplication des chantiers urbains. Enfin le prix du gasoil était à cette époque relativement stable alors que les prix de l'électricité augmentaient. Dans ces conditions, à Liège les trolleybus introduits en 1930 et les tramways seront définitivement remplacés par les bus en 1970. Nous voyons donc à nouveau que le territoire recomposé fournir une réponse à de multiples enjeux.

C - *La fusion des communes et l'émergence des agglomérations*

La fusion des communes fut initiée par la loi unique de 1960. Toutefois elle ne sera concrétisée qu'une quinzaine d'années plus tard.

La fusion relève non seulement d'une nécessité d'adapter le territoire communal aux nouvelles territorialités vécues et d'éviter de la sorte l'émergence des arrondissements. Elle résulte aussi d'une volonté de modernisation des structures communales. Les entités communales héritées de la Révolution française étaient perçues comme peu performantes et largement sous-équipées. En raison de la localisation de l'impôt perçu en fonction du lieu de résidence, leur modernisation passait par le regroupement des petites entités afin d'atteindre un seuil de population permettant de fournir des recettes suffisantes afin que la commune puisse se doter d'une administration composée des personnes formées et assimilables aux fonctionnaires de l'Etat. Cette idée de modernité recomposait donc l'attachement ou la proximité entre citoyen et élu. En d'autres mots, la modernité passait par « atteindre un seuil de population ».

Le territoire communal en se modernisant tente donc de résister à l'émergence des arrondissements, mais dans le même temps cette modernisation conduit à autre niveau de résistance. En effet l'attachement aux anciennes communes s'exprime lors de débats parfois passionnels ou plus politiques. Si les populations ne furent pas directement consultées, par contre les élus communaux devaient ratifier les fusions proposées par le ministère de l'Intérieur. Ce double jeu de résistance et de modernisation impliquera qu'il fallut près de vingt-cinq ans pour que la fusion des communes soit ainsi menée à son terme.

La recomposition des communes fut possible non seulement parce que les territoires vécus s'élargissaient mais aussi parce que les nouveaux découpages permettront de nouveaux équilibres électoraux afin de renforcer les principaux partis et de neutraliser certaines petites composantes politiques. C'est ainsi par exemple que le parti communiste hérité de la seconde guerre mondiale fut marginalisé. Les bastions ouvriers en lien avec les mouvements de résistance étaient donc effacés tant par l'effet du changement d'échelle spatiale que par l'usure du temps. Toutefois, comme on le verra, la restructuration de l'économie offrira un nouveau terrain d'expression pour ce mouvement ouvrier lors de cette phase de développement endogène.

Par la suite, lors de la phase de développement intégré ces résistances évolueront encore et se marqueront autour des questions de maîtrise du voisinage face aux pressions extérieures ; ce fut notamment le cas avec la multiplication des associations locales, de quartiers ou de villages (voir ci-dessous).

La loi sur les fusions de commune de 1960 qui fut inscrite dans la constitution belge en 1970 prévoyait aussi la possibilité pour les communes de se fédérer en intercommunale et en agglomération ou en association supra-communale. Comme nous l'avons vu, certaines intercommunales de transports collectifs ont ainsi jeté les bases d'agglomérations, mais d'autres, comme les intercommunales de développement économique de troisième génération, relayant une politique d'aménagement du territoire, composaient un territoire supra-communal.

La recomposition des communes centre et de leur périphérie en agglomération n'a été envisagée réellement que pour Anvers et Bruxelles. Les autres projets laisseront place comme à Liège à une simple fusion de quelques communes avec le centre voire à une fusion d'une dizaine de communes à l'échelle de l'agglomération comme à Charleroi.

Cette recomposition par la fusion avait permis de passer, en 1977, de 2.359 entités belges à 596 communes. Les fusions entre petites communes ont dès lors permis d'atteindre un seuil de gestion approprié. Par contre le peu d'initiative à l'échelle des agglomérations ou des arrondissements n'a pas permis de mettre en adéquation territoire vécu et territoire institutionnel.

D - L'urbanisation des villes

Dans notre analyse de recomposition des territoires institutionnels, nous ouvrons ici une parenthèse. Il est en effet important de traiter en quelques lignes de la recomposition des villes sous l'effet du processus d'urbanisation. Lors de la phase précédente nous avions déjà abordé la question au travers du zonage. Dans le cadre de cette seconde phase du processus d'urbanisation nous avons déjà traité de l'urbanisation au niveau des parcelles avec le remembrement des îlots. Nous avons également abordé l'urbanisation des campagnes au travers des remembrements agricoles. Abordons donc maintenant la question de l'urbanisation des villes à l'échelle globale. Ces quelques lignes sont indispensables pour comprendre les phases ultérieures du processus d'urbanisation, notamment celle relative au développement intégré qui va remettre en question cette urbanisation de l'espace des villes et des campagnes.

Trois facettes nous permet de détailler cette recomposition notamment dans le cas de la transformation de Bruxelles.

En 1958, Bruxelles est le siège de l'Exposition universelle. Comme on l'a vu, les expositions universelles sont des occasions de moderniser les villes, de faire état des nouvelles technologies mais aussi de permettre le jeu de concurrence entre les grandes puissances.
L'exposition de 1958 traduit l'émergence d'une société tertiaire, de l'automobile, des médias... et elle fait planer le rêve d'un monde nouveau avec le début de la conquête de l'espace sur fond d'opposition entre les deux grands blocs est et ouest. La ville de Bruxelles va donc être adaptée pour accueillir les automobiles et les nouveaux immeubles de bureaux, de commerce et des médias. Les boulevards plantés d'arbres selon l'urbanisme haussmannien sont recomposés au profit d'autoroutes urbaines avec des tracés de voiries en viaduc ou en tunnel mais aussi avec l'aménagement de parkings à étages ou souterrains. Les compagnies de tramways sont intégrées dans une société intercommunale pour permettre l'allongement des lignes vers la périphérie dans laquelle s'implanteront les pavillons de l'architecture moderne et universelle. Un aéroport international est construit dans la périphérie avec un accès autoroutier mais aussi par le chemin de fer qui est en voie d'électrification.
Dans la ville, la structure en îlots est abandonnée au profit de la construction d'immeubles tours. Dans la foulée de cette recomposition urbaine on exproprie près de 20.000 personnes dans un quartier populaire pour y planifier un World Trade Center.
Cette transformation de Bruxelles est aujourd'hui reconnue sous la dénomination de « Bruxellisation ». La reconstruction de la ville sur la ville en complément de son étalement vers les périphéries va s'opérer pendant plus de trente ans.

L'incendie du grand magasin de l'Innovation de Bruxelles est un second élément pour expliquer la nécessité d'une nouvelle territorialité. Le magasin de l'Innovation construit par Horta à la fin du 19ème siècle et qui a connu plusieurs extensions est détruit par un violent incendie en 1967. Cet incendie qui fera plusieurs dizaines de morts pose le problème de la gestion des risques.
D'abord, la lutte contre l'incendie est difficile en raison de la configuration du bâtiment peu étudiée pour résister au feu. Les mesures contre l'incendie appliquées aux immeubles dans le cadre des règlements d'urbanisme devaient donc être adaptées et spécifiées. En outre la

taille de l'immeuble et la structure du magasin, composé de plusieurs bâtiments, rend la lutte contre l'incendie particulièrement complexe. Enfin les services de pompiers n'étaient que peu équipés et exercés pour faire face à ce type d'incendie. Les échelles étaient trop courtes et la pression d'eau insuffisante mais surtout le matériel des différents corps de pompiers communaux, qui s'étaient rendus sur les lieux en raison de l'ampleur du sinistre, étaient incompatibles.

Dès lors, si la destruction du bâtiment par le feu est l'occasion de reconstruire un centre commercial moderne tant sur le plan commercial que de la sécurité, elle est aussi l'occasion de jeter les bases de services intercommunaux de pompiers. Ce dernier point indique clairement que dès cette époque le territoire communal est trop étriqué et que des collaborations entre communes s'imposent.

Enfin, troisièmement, à partir des concepts de force centrifuge et centripète développés par J. Remy et L. Voyé on peut analyser les dynamiques de modernisation de Bruxelles. Si les populations et quelques industries sont prises dans une dynamique de périphérisation, par contre la modernisation de Bruxelles va induire progressivement son rôle de place internationale. La force centripète implique que dès 1958, Bruxelles sort de son cadre de capitale belge pour devenir la capitale de la Communauté économique européenne, le siège de l'Organisation du traité de l'Atlantique nord de même que celui de nombreuses multinationales étrangères.

4.2.3.4. La recomposition du territoire institutionnel : les revendications régionalistes

Lors de l'entre-deux-guerres, l'Etat belge est progressivement pris dans une tension d'éclatement suite aux revendications linguistiques. Comme on l'a vu lors de l'examen des mutations de la première phase du processus d'urbanisation que les effets de recomposition interviennent progressivement, d'autant que plusieurs facteurs convergent pour concrétiser un territoire intermédiaire entre l'Etat et la commune : la région.

Pour rappel, dès l'entre-deux-guerres les régions linguistiques sont reconnues sur la base non plus du bilinguisme à l'échelle nationale mais de la reconnaissance de régions unilingues, de Bruxelles bilingue de même que certains services nationaux comme l'armée ou les chemins de fer.

Jusqu'en 1961, la frontière entre les régions linguistiques était adaptée sur la base des déclarations de l'usage des langues lors des recensements décennaux. La reconnaissance des régions linguistiques peut être analysée sous l'angle de l'Etat-providence assurant la gestion de la tension de l'émancipation tout en consolidant son rôle grâce à sa force de redistribution de la croissance. A ce moment quatre événements vont se cumuler et conduire à la fixation définitive des frontières linguistiques et de l'émergence de régions et des communautés. X. Mabille fourni les pistes pour préciser cette recomposition territoriale.

En premier lieu, le mouvement flamand poursuit son émancipation culturelle. La lutte contre la présence de l'Université catholique de Louvain bilingue en Flandre devient un symbole de la quête d'une recomposition territoriale et culturelle unique et absolu. En 1969, après plu-

sieurs manifestations, la section francophone de l'Université est donc amenée à devoir quitter Leuven. Cette émancipation affectera aussi les institutions culturelles bilingues de Bruxelles comme l'Université libre de Bruxelles qui est également scindée en deux entités.
Ce premier évènement se double d'une pression de population francophone à Bruxelles. Les recensements décennaux confirment le passage de communes flamandes sous bannière francophone en raison de l'étalement de Bruxelles. Ainsi en 1954, les communes flamandes autour de Bruxelles deviennent bilingues en raison de l'étalement de Bruxelles qui se traduit par une présence de plus en plus forte de francophones dans la périphérie. La région bilingue de Bruxelles ne cesse donc de s'étendre au détriment de la région flamande. A ce moment l'agglomération de Bruxelles passe de 16 à 19 communes.
Le troisième événement correspond au basculement de la dynamique économique au sein de la Belgique. La Wallonie qui avait concentré une grande partie du processus d'industrialisation perd la reconversion économique. La Flandre connaît alors un essor qui va conduire à recentrer géographiquement le développement de la Belgique vers Bruxelles et la Flandre.
Enfin le quatrième événement concerne la séparation progressive des partis politiques en deux sections, l'une francophone et l'autre flamande. En outre, les élections font apparaître progressivement un clivage gauche-droite qui se superpose au clivage linguistique de même qu'un clivage entre catholiques au nord et laïcs au sud. Un pacte culturel sera conclu et inscrit dans la Constitution de 1970 pour reconnaître le droit aux minorités culturelles et philosophiques aux seins des régions. L'Etat-providence gère donc la tension en confirmant le double réseau des écoles libres catholiques et officielles acquis suite à la guerre et au pacte scolaire de 1959.

Ces quatre évènements cumulatifs vont conduire en 1962 à abandonner l'idée d'un Etat belge qui gère la tension en réajustant la frontière linguistique en fonction des évolutions démographiques. La solution adoptée vise donc à recomposer l'Etat sur la base d'une frontière intangible et de répartir les communes et des arrondissements de manière unilingue. Trois régions unilingues sont délimitées : la Flandre, la Wallonie et la région de langue allemande. Mais trois exceptions sont cependant introduites pour des communes. D'abord l'agglomération bruxelloise est considérée comme une région bilingue. Deuxièmement des communes comportant des minorités linguistiques sont déclarées à « facilités ». Les populations peuvent utiliser leur langue dans les relations avec les services publics. Enfin dernière exception, le maintien d'un statut spécial pour l'arrondissement de Bruxelles-Hal-Vilvorde composé de communes flamandes et bilingues de l'agglomération de Bruxelles. Ces derniers points feront l'objet des revendications flamandes lors du processus de métropolisation.

Observons à ce stade que l'émergence des régions linguistiques s'opère pratiquement sans jamais entrevoir un transfert de compétences des provinces ou des communes vers les nouvelles régions. La dynamique qui demeure à l'œuvre est donc essentiellement un transfert de compétences de l'Etat central vers les régions.

4.2.3.5. La recomposition de l'agriculture comme expression de l'imbrication des niveaux territoriaux de l'Etat-providence

Si certains découplages territoriaux interviennent progressivement lors du processus d'urbanisation notamment dans les matières culturelles avec la reconnaissance des spécificités régionales, par contre d'autres politiques sont caractérisées par une intégration forte. Tel est le cas de la recomposition de l'agriculture qui s'opère selon une même logique au départ d'orientations fixées par la politique agricole commune de la Communauté économique européenne. Sur cette base, une mise en cohérence générale de l'orientation et du soutien à l'agriculture s'instaure à chaque niveau territorial.

Dans nos pays, l'agriculture devient un secteur économique essentiellement alimentaire. Elle perd de plus en plus son rôle de production de matière première pour la transformation industrielle. L'intrusion de la chimie et le rôle du commerce mondial tendent à spécialiser la vocation des terres agricoles vers la production de biens alimentaires. La production de fibres est par exemple largement relocalisée vers d'autres régions à l'échelle mondiale. Les terres au sein du territoire national sont dès lors maîtrisées afin de satisfaire les besoins alimentaires en tenant compte des optimums agronomiques des sols. A l'échelle régionale, les productions se spécialisent tandis qu'à l'échelle locale, le remembrement agricole et les techniques agricoles visant à augmenter les rendements en céréale, fourrage, pomme de terre ou betterave consacrera cette vision du processus d'urbanisation au travers des campagnes.

Les agriculteurs quittent dès lors leur statut fermier au profit de celui de l'exploitant agricole et leur objectif est d'assurer l'autosuffisance alimentaire. Chaque niveau territorial est donc mobilisé.

A - Au niveau des parcelles : les stratégies des exploitants agricoles

Progressivement la terre comme les bâtiments ou les animaux perdent leur valeur d'héritage, ils deviennent du capital qu'il faut amortir et pour lequel le temps de production devient un facteur-clé.

Dans cette perspective, les terres agricoles vont être classées selon leur accessibilité depuis la ferme, la taille du parcellaire et l'intérêt pédologique. Les remembrements agricoles contribuent à concrétiser cette recomposition.

La logique d'exploitation agricole bascule progressivement dans une intensification visant à atteindre les normes standard (rendements, qualités, conformités) pour les produits spécifiques de chaque sous-région.

Au niveau des exploitations cette logique d'accroissement des rendements conduit à une réduction des superficies agricoles vu l'intensification, la taxation fondée sur la superficie exploitée, les facilités à mener d'autres valorisations comme l'urbanisation ou le boisement...

B - Au niveau des communes : l'inscription du monde agricole

La modernisation de l'agriculture trouve des relais au sein des communes, même si ces dernières constituent de moins en moins une échelle économique pertinente. Les exploitations s'agrandissant, les terres exploitées s'étendent désormais souvent sur plusieurs communes et le nombre d'exploitants diminue au sein de la population locale. La fusion des communes est donc une opportunité pour rétablir un lien entre territoire d'exploitation et territoire institutionnel. En outre dans ces communes en voie de rénovation, les exploitants agricoles qui investissent, se mécanisent et se spécialisent apparaissent comme les vecteurs de la modernité. A l'inverse ceux qui persistent dans les pratiques et techniques traditionnelles sont désavoués par les populations locales et le monde agricole.

C - Au niveau des sous-régions, la spécialisation des productions

Un réseau de conseillers et de commerciaux se tisse au niveau des sous-régions pour « aider » les exploitants agricoles à se moderniser. Des banquiers, des vétérinaires, des marchands de machines, d'engrais et de bestiaux mais aussi des ingénieurs agronomes de l'Etat-providence assurent des conseils de plus en plus personnalisés et un suivi de l'activité agricole. Outre l'instauration de comptabilités individuelles, les comices ou les coopératives aident à la formation. De plus, deux fois par an un recensement agricole est dressé pour suivre la progression des rendements, la taille des exploitations, la modernisation de leurs infrastructures et matériels... Chaque exploitant agricole et chaque région agricole peut ainsi être évalué.

Ces statistiques permettent, dans le même temps, un calcul du revenu moyen par hectare. Ce seuil standard permet de déterminer les revenus agricoles par sous-région, de tendre à leur parité avec les autres revenus et d'assurer la taxation forfaitaire.

Cette logique à l'échelle sous-régionale conduit à la constitution de territoires agronomiques reconnus par le ministère de l'agriculture. En Belgique l'Ardenne est l'une de ces régions agricoles qui va être progressivement spécialisée dans l'élevage bovin viandeux. Pour augmenter les rendements et les revenus, les exploitations ardennaises réduisent leur superficie de production de céréales ou encore de pommes de terre et s'investissent pleinement dans l'élevage de jeunes veaux dont les prix et la vente sont garantis. La suppression des activités secondaires se traduit donc par une perte de multifonctionnalité des activités agricoles, une généralisation des pâturages et l'abandon des mauvaises terres qui sont progressivement boisées ou plantées de sapins de Noël. Le paysage de la région agricole s'uniformise.

D - Au sein du territoire national et supranational : la division des phases de production

Si les exploitations agricoles de l'Ardenne se spécialisent dans l'élevage, dans le même temps d'autres régions vont s'orienter vers l'engraissement et l'abattage. L'Etat-providence va financer et organiser la création de marchés aux bestiaux aux portes de l'Ardenne afin de permettent aux éleveurs de vendre les animaux maigres aux engraisseurs qui viennent du centre et du nord de la Belgique.

Dans les régions agricoles du centre et du nord de la Belgique, les engraisseurs peuvent en effet bénéficier d'un triple avantage. Premièrement les exploitants de ces régions bien adaptées pour les cultures vont les valoriser dans l'alimentation du bétail. Deuxièmement étant proches des ports maritimes d'Anvers ou de Gand, ils vont recourir aux aliments de substitution acheminés depuis les autres continents. La pression urbaine qui affecte ces exploitations est contre-balancée une plus grande valeur ajoutée issue de l'engraissement. Un jeu de plus-value économique intervient en tension avec un jeu de plus-value immobilière. Mais contrai-

rement à la logique décrite par Von Thünen, la proximité des villes n'induit plus un lien de proximité avec les consommateurs. Au contraire, la production est telle que ces exploitants doivent exporter. Or précisément le nord de la Belgique bénéficie d'importants réseaux de distribution.
L'intégration du marché européen conduira à élargir ce principe à l'échelle de la Communauté européenne.

Cette recomposition par l'éclatement des phases de production à l'échelle nationale et européenne nécessite un système de transports performant.
La construction du réseau autoroutier permet d'acheminer les bestiaux chaque jour du sud du pays vers le nord puis les zones d'abattage. Enfin des convois par camions, trains ou même avions permettent de desservir les consommateurs européens.
Outre ces multiples réseaux qui se fondent partiellement sur une concurrence pour maintenir une tension sur les prix et l'offre, il y a à chaque phase de production une évolution des capacités de stockage, comme le rappelle F. Ascher. Les silos gagnent en taille alors que les frigos permettent d'entreposer les viandes, et plus radicalement l'association des techniques du froid et du transport permettent des exportations à de nouvelles échelles.

Cette recomposition résulte pour l'essentiel de l'objectif assigné aux agriculteurs européens aux lendemains de la seconde guerre mondiale : atteindre l'autosuffisance alimentaire pour que la population ne soit plus confrontée aux privations. La Communauté économique européenne se concentre sur la tension de l'Etat-providence vis-à-vis de la régulation économique. Cette régulation a naturellement pour effet de réduire les rivalités et les disparités économiques internes à l'Europe.
Les productions agricoles sont donc soutenues par les aides financières de la Communauté économique européenne qui garantit des prix mais aussi des revenus aux agriculteurs par l'achat de leur production. Cette politique nécessite pratiquement les deux tiers du budget de la Communauté. Un système de régulation des échanges est instauré aux frontières des pays membres. La logique vise à établir la préférence à la consommation de produits en interne au sein de l'Europe en pratiquant des prix faibles à la consommation tout en freinant les importations de biens alimentaires et au contraire en favorisant leur exportation.

Mais cette régulation du marché favorise la division des phases de production à l'échelle mondiale. C'est ainsi par exemple que l'Afrique devient notamment productrice de soja pour la fabrication de tourteaux destinés à l'alimentation du bétail européen. Mais elle induit aussi des rivalités commerciales vis-à-vis des Etats-Unis, de l'Amérique du sud et de l'Australie en ce qui concerne notamment le marché de la viande.

4.2.3.6. La recomposition des territoires institutionnels au niveau supranational

La création du Benelux lors des négociations des gouvernements belge, néerlandais et luxembourgeois en exil en Angleterre est déjà une première recomposition d'un territoire sur la base d'accords douaniers. Les liens entre les deux grands ports maritimes d'Anvers et de Rotterdam de même que les échanges commerciaux à partir de ces ports vers les industries des trois pays sont donc progressivement facilités. Le territoire des Pays-Bas avant l'indépendance de la Belgique ou le territoire de la Grande Belgique souhaité par certains à la fin de la première guerre mondiale réapparaissaient mais seulement sous l'angle de la territorialité économique.

Mais dès les lendemains de la première guerre mondiale, une autre forme de territoire mondial apparaît avec la constitution des Nations Unies. Il s'agit de la recomposition de la Société des Nations. Mais les recompositions se multiplient tant pour des raisons morales qu'idéologiques ou encore économiques.

Une recomposition des territoires entre Européens et Américains est initiée au travers du Traité de l'Atlantique nord et de l'Organisation européenne de coopération économique en lien avec le Plan Marshall. Mais cette recomposition se recentrera sur des liens militaires et induira une instance économique distincte avec l'Organisation de coopération et de développement économique qui rassemble au-delà de l'Europe, les Etats-Unis, le Japon, le Mexique... Son objectif demeure la création d'une vision mondiale dans l'organisation économique et sociale.
D'autres recompositions apparaissent en raison du processus d'indépendance des colonies qui marque l'émancipation de ces territoires sous l'effet de l'Etat-providence.
Enfin parmi les pays européens émergent le Conseil de l'Europe puis la Communauté économique européenne.

Ces recompositions s'opèrent à l'image du processus agraire selon des territorialités plus ou moins autonomes : les territoires militaires sont partiellement indépendants des territoires économiques. Ainsi même si une opposition est-ouest semble constituer une recomposition intégrative, il n'en demeure pas moins par exemple que les alliés occidentaux sont divisés sur les questions économiques ou de la décolonisation.
S'il paraît difficile de constituer un territoire mondial intégrateur, il semble par contre que la constitution de la Communauté européenne jette les bases d'une territorialité emboîtée depuis la parcelle jusqu'au niveau de l'Europe. Néanmoins cette force intégrative demeure sectorielle.

Dans les sections qui suivent nous tentons de montrer comment un processus analogue fut appliqué au secteur de l'énergie mais cette fois dans une perspective visant résolument à sortir de l'ère charbonnière et à affirmer un territoire économique centré sur le pétrole.

A - Le territoire économique du charbon et de l'acier

Le territoire de l'économie du charbon était encore largement régulé par les compagnies privées au sein des bassins charbonniers dont la trame s'est tissée lors du processus d'industrialisation. En Wallonie, la concentration des mines touche un territoire qui portera progressivement le nom de sillon industriel couvrant le nord de France, les vallées de la Haine, de la Sambre et de la Meuse pour se prolonger vers la Rhur allemande. Pratiquement l'ensemble de ce territoire minier va se renforcer en attirant les aciéries de même que des réseaux de chemins de fer et de voies navigables. L'examen du processus d'industrialisation nous a permis de détailler cette composition des bassins industriels.

Dans les années cinquante interviennent les premières fermetures de puits de mines. Face à la raréfaction du minerai et aux accidents mortelles, il est socialement de moins en moins acceptables de poursuivre l'extraction.

Ces cessations interviennent après le recours aux travailleurs forcés dans le cadre des compensations de guerre et à l'immigration économique. Mais rapidement, la bataille du charbon va impliquer un regroupement des puits qui étaient encore répartis entre plus de 150 petites et moyennes sociétés en Wallonie. En 1958, la création d'un territoire économique caractérisé par une « zone franche sociale » ne permet pas de retrouver la rentabilité. Face aux faibles rendements, plusieurs puits sont fermés dans le Borinage, à Charleroi et à Liège. A ce moment, l'Etat-providence reprend la gestion du territoire économique en déclarant le secteur comme d'intérêt national.

A défaut de pouvoir maintenir les puits à proximité des aciéries, il convient de les maintenir au sein du territoire national. La quête de l'unicité des territoires économique et institutionnel était donc toujours en vigueur. Au même titre que pour l'agriculture, les régions belges connaîtront une spécialisation géographique de leurs activités industrielles. Ainsi, la modernisation de l'extraction est encouragée avec le développement des mines dans le Limbourg flamand. Le minerai flamand alimenterait donc la sidérurgie wallonne.

Mais cette quête d'unité territoriale vole en éclat lorsque l'Arbed et Cockerill-Ougrée décident la création d'une nouvelle implantation sidérurgique à Gand : la SIDérurgie MARitime (SIDMAR) était né. Inversement l'Etat-providence gère la tension que représente cette nouvelle usine face aux bassins traditionnels en renforçant les capacités des voies d'eau et en assurant une faible tarification du transport par chemin de fer. La complémentarité économique entre régions instaurée dans le secteur agricole n'est donc pas applicable dans le secteur de l'acier qui est davantage concurrentiel. En effet la localisation maritime marque ainsi désormais la possibilité de délocaliser : c'est la fin du lien historique entre proximité des matières premières et industries de transformation. Désormais l'option est prise, les mines seront fermées en Belgique et l'approvisionnement en charbon comme en minerai s'effectuera via le marché international. L'option est désormais d'essayer de maintenir au minimum les aciéries au sein du territoire national. La création de la Communauté européenne du charbon et de l'acier contribuera à cet effort. Mais dans le même temps, cette contribution affaiblissait le territoire institutionnel belge unitaire car elle concentrait le développement économique en région flamande.

B - Le développement des régions portuaires grâce à l'économie pétrolière

Le port d'Anvers, qui fut lors de la phase de transition vers l'urbanisation la plaque tournante des importations de caoutchouc depuis le Congo belge pour la fabrication des pneus, devient progressivement avec Rotterdam la porte d'entrée sur le continent européen des importations de pétrole et secondairement de charbon.

Au sein de la Flandre, si Gand devient un pôle sidérurgique, par contre Anvers opte pour l'économie pétrolière. Le développement exogène s'effectuera donc au travers de matières premières importées mais aussi de nombreuses entreprises étrangères dans le secteur des compagnies pétrolières et de leurs activités de raffinage ou encore dans le secteur de l'automobile.

Une économie directement liée à ces importations se développe avec des compagnies pétrolières, des raffineries mais aussi un ensemble d'usines de montage de voitures (Opel, Ford, Volvo, Volkswagen, Renault, Citroën...) dans ce qui devient un nouveau territoire économique : la zone Bruxelles, Gand et Anvers et l'axe du canal Albert. La main d'œuvre se spécialise dans le montage des automobiles et progressivement de multiples sous-traitants s'implantent à proximité de ces grands constructeurs. Plus largement, les industries de l'ancien processus d'industrialisation comme les verreries de Charleroi se reconvertissent dans la production de pare-brise pour voitures. De même la sidérurgie wallonne se spécialise principalement dans la production de tôles inoxydables pour carrosseries. Bref un territoire économique se recompose sous l'influence mondiale avec des ancrages locaux. Cette recomposition conduit aujourd'hui à estimer que l'automobile représente en Belgique plus de 60.000 emplois directs et plus de 350 entreprises de sous-traitances.

Le processus d'urbanisation va permettre à l'économie du pétrole et de l'automobile d'atteindre son apogée : chaque échelle spatiale sera adaptée et recomposée en fonction de la maîtrise par l'automobile et le pétrole.

Lors de l'examen de la recomposition des territoires vécus et institutionnels sous l'effet de la planification, nous avons largement analysé la recomposition des villes mais aussi le zonage et la création de réseaux routiers. A contrario, l'Etat-providence va progressivement établir une nouvelle fiscalité fondée sur la vente des automobiles et des carburants. Cette nouvelle fiscalité vient donc compléter celle fondée sur la force de travail et les revenus mise en place lors de la première phase du processus d'urbanisation.

Cette territorialité économique se traduit aussi au niveau des parcelles avec l'émergence de territoires routiers régis par le code de la route. Enfin le nombre de relais pour automobile ne cesse de croître à travers l'espace. Les stations services s'implantent pratiquement sur l'ensemble du territoire. Même si elles sont prises dans une économie internationale avec quelques grandes compagnies, leur inscription territoriale se marque au quotidien.

4.2.4. Conclusions de la phase de développement endogène du processus d'urbanisation

Comme tout au long de cette thèse, nous avons examiné les mutations spatiales puis les recompositions territoriales. Toutefois pour cette seconde phase du processus d'urbanisation nous avons opté pour l'examen des trois grandes recompositions territoriales (territoire vécu, territoire institutionnel et territoire économique) sous l'effet du processus d'urbanisation lors de sa phase de développement exogène.

Nous avons démontré comment progressivement non seulement l'accès à la propriété, particulièrement à la résidence, et la planification spatiale conduisaient à la recomposition éclatée des territoires vécus. La proximité n'est plus valorisée, voire même n'est plus aussi aisée.

Cet éclatement des territoires vécus intervient alors que l'Etat-providence gagne en autonomie et se pose comme force régulatrice. Or pour maintenir cette capacité régulatrice, l'Etat-providence entreprend de recomposer sa territorialité institutionnelle. Cette recomposition ne vise plus à atteindre à un territoire intégrateur. Au contraire, la recomposition de la territorialité institutionnelle vise à maintenir une série de tensions qui justifient le rôle régulateur de l'Etat-providence. Cette dynamique de recomposition conduit à l'émergence de territoires institutionnels nouveaux mais qui dans le même temps n'impliquent pas l'effacement de ceux hérités des processus antérieurs. D'un côté la commune se modernise et évite ainsi d'être marginalisée sous l'effet des territoires supracommunaux émergents comme ceux des intercommunales ou encore des agglomérations. La fusion des communes constitue en Belgique une dynamique de modernisation dont les résultats sont variables. En effet cette technique fut appliquée dans certains cas précisément pour éviter l'émergence des agglomérations. De l'autre côté, l'Etat belge est pris dans une tension communautaire qu'il essaye de maintenir. Mais cette tension se double de l'émergence de territoires supranationaux. Tout au long de cette phase de développement exogène, le niveau territorial de l'Etat essaie de rester le niveau régulateur en ne déléguant pas de compétences aux régions linguistiques et en limitant les territoires supranationaux à certains champs.

Enfin, une troisième recomposition a été analysée au travers des territoires économiques agricoles largement en phase avec l'Etat-providence. Nous avons montré comment l'économie du charbon et de l'acier avait nécessité un rôle de « soins palliatifs » de la part l'Etat-providence alors que l'économie du pétrole et de l'automobile imposait sa territorialité émergente. Cette territorialité trouvait écho dans le processus d'urbanisation, notamment dans la recomposition des territoires au travers du zonage et du rôle du ministère des travaux publics, générateur du réseau routier aux côtés des opérateurs privés de lotissements résidentiels.

Le processus d'urbanisation sera par la suite confronté à plusieurs remises en cause économiques, sociales et politiques. La troisième phase du processus d'urbanisation conduit à une nouvelle tension pour l'Etat-providence : gérer le ralentissement puis la crise de croissance économique et démographique. Mais plus fondamentalement, l'Etat-providence va progressivement traverser une remise en cause de sa légitimité. Le processus d'urbanisation bascule donc progressivement dans une période d'ébranlement et d'incertitudes. Deux phases caractérisent cette période. Pour faciliter leur identification, nous nous référons au découpage par décennie. Ces phases de développement sont moins étendues car plus contemporaines ; nous tentons d'y trouver les éléments marquant la transition vers le processus de métropolisation.

4.3. La phase de développement intégré de l'urbanisation : 1970-1980

La phase de développement intégré correspond précisément à la manière adéquate de répondre aux effets des croissances démographique et socio-économique alors que plusieurs mutations conduisent à croire que ces croissances risquent d'être de plus en plus marquées par des essoufflements. Ainsi si l'automobile se démocratise et devient un moyen souvent indispensable pour joindre les lieux de résidences et les lieux d'activités, ce secteur est marqué par la première crise pétrolière. Dans le même temps, la progression démographique se traduit de plus en plus par des migrations entre communes.

4.3.1. Le contexte général de Court-Saint-Etienne

L'évolution de la commune de Court-Saint-Etienne dépend de plus en plus des dynamiques extérieures face à un contexte local qui se fragilise.

L'évolution de Court-Saint-Etienne dépend d'abord de la fragilisation du contexte local. La dynamique locale se fonde sur les héritages du processus d'industrialisation avec la présence des Usines Henricot mais aussi d'autres entreprises en voie de reconversion comme les filatures de Franquenies qui tombent en faillite en 1980. La situation des Usines Henricot est également fort incertaine. Les ouvriers immigrés engagés durant les années soixante sont de plus en plus nombreux au détriment des ouvriers belges qui hésitent d'ailleurs à l'embauche. En 1978, les premières difficultés financières sont rendues publiques. Les tentatives de reconversion ne portent définitivement pas leur fruit.

La phase de développement intégré sera marquée par le retour de la famille Goblet d'Aviella. En effet depuis les années soixante Jean Goblet d'Aviella est devenu un notable moderne tant sur la scène politique locale que sur le plan national au travers du parti libéral. En 1970, il devient bourgmestre de la commune. C'est lui qui va gérer la transition vers l'urbanisation généralisée de sa commune sous l'effet d'une population allochtone croissante. Sous certains aspects, on retrouve donc une transition analogue à celle vécue par la commune lors du début du processus d'industrialisation. Un personnage à l'image de Liboutton bénéficiant d'une grande légitimité locale et d'un certain paternalisme va gérer la transition. Comme le souligne E. Meuwissen, à sa mort le Centre public d'aide social de la commune voit soudain affluer des nécessiteux jusqu'alors inconnus. Ces villageois avaient en effet bénéficié de la générosité du comte.

Depuis la fin des années soixante, avec la démocratisation de l'automobile et la saturation progressive des communes plus proches de Bruxelles, la commune connaît une très nette augmentation de sa population. Cette augmentation par immigration n'est plus confinée à la vallée. Les lotissements se multiplient dans les hameaux et sur les versants, le plus souvent à distance du centre et de la vallée industrielle.

La population qui vient résider est très caractéristique puisqu'elle est essentiellement composée de familles avec enfants, ce qui a tendance à rajeunir l'âge moyen de la population.

La pression est telle qu'entre 1970 et 1980, la population passe de 5.500 à plus de 7.000 habitants. Si cette croissance est en partie à imputer à la fusion des communes intervenue en 1977, il n'en demeure pas moins qu'entre 1970 et 1977 la commune avait déjà enregistré un accroissement de près de 1.200 résidents. L'ampleur de cette croissance est historique.

A - Face à la périphérisation, le développement intégré

La phase de développement intégré correspond une forme de questionnement sur les impacts du processus d'urbanisation. L'augmentation de population causée par l'arrivé de nombreux résidents va-t-elle perdurer ? Quels sont les avantages et quels sont les problèmes de cette évolution ? Est-ce pour la commune une alternative face au déclin économique de la vallée ? Comment la population principalement ouvrière et agricole va-t-elle accepter l'arrivée de nouveaux résidents aux revenus plus élevés et aux modes de vie urbains ?

Ces interrogations fusent notamment lorsque la commune doit rendre son avis sur la fusion des communes, qui doit lui permettre d'atteindre un seuil de population pour pouvoir engager un personnel suffisant et compétent.

Accroître sa population et s'associer avec d'autres villages sont deux enjeux nouveaux pour la commune de Court-Saint-Etienne.
La commune tente d'orienter les projets de fusion établis par le Ministère de l'Intérieur. En 1973, le conseil communal refuse en effet la proposition de fusion avec Ottignies et Limelette. Les élus suggèrent plutôt la fusion avec Céroux-Mousty dont le caractère industriel correspondait mieux à celui de Court-Saint-Etienne. Par la suite ils proposent que une fusion avec Mont-Saint-Guibert, dont le caractère industriel et agricole était proche de celui de Court-Saint-Etienne. D'une certaine manière il s'agissait là de recomposer le territoire communal sur des bases proches de celles du processus agraire (voir plus haut) mais dans le même temps de se « protéger » contre la périphérisation.

En effet la phase du développement intégré est l'occasion de réaffirmer le caractère industriel mais aussi rural de l'entité. La fusion et l'intégration de nouveaux résidents doivent contribuer à renforcer ces spécificités. Cette réaction peut naturellement être perçue comme une forme de résistance. Toutefois, si on la replace dans le cadre de la phase de développement intégré, elle prend aussi un autre sens : réaffirmer le local face aux dynamiques extérieures, ce qui ne signifie pas de facto un immobilisme et un rejet de l'arrivée de nouveaux résidents. Il s'agit au contraire de renégocier les modes de recomposition.
En réalité la fusion est l'occasion d'essayer de se regrouper entre communes rurales pour atteindre un seuil suffisant et une capacité à gérer la périphérisation sans pour autant s'en exclure.

Finalement, la fusion est relativement limitée puisque seuls quelques hameaux ruraux sont rattachés à l'entité de Court-Saint-Etienne. La commune se trouve donc quelque peu isolée face à la pression de l'urbanisation.

B - *La périphérisation synonyme de projets de lotissements résidentiels*

L'évolution des demandes de permis de lotir et leur acceptation ou non par la commune permet peut-être de saisir cette volonté de contenir le processus d'urbanisation sous l'effet de la périphérisation.

Entre 1962 et la fin des années septante, plus de septante lotissements ont été autorisés, permettant la construction de quelques 500 maisons. Durant cette période, les demandes de permis de lotir répondaient à deux grandes logiques.
La première est en lien avec la population locale qui souhaitait diviser son bien en deux ou trois lots afin de pouvoir dégager un revenu complémentaire ou de valoriser un bien familial lors d'un héritage. Cette logique était très majoritaire puisque plus de 80 % des lotissements étaient de petite étendue.
La seconde logique était davantage le produit des grands propriétaires ou des sociétés immobilières. Cette autre logique ne représente donc que 20 % des permis mais 55 % des lots à bâtir mis sur le marché.

C - *Sur le plateau, le patrimoine selon la logique immobilière*

En 1977, Yves Boël persuade la famille de constituer une société anonyme suite aux droits de succession (2,5 millions d'euros) qui avaient déjà dû être payés.

Comme l'indique E. Meuwissen, il faut sept mois pour dresser l'inventaire des 2.212 ha du bien agricole et forestier. La famille décide alors de créer une société foncière. Le domaine du Chenoy est désormais synonyme de la société Domanoy dont l'objet est la propriété estimée à près de 2 milliards de francs belges.

4.3.2. Les facteurs de mutation comme clés structurantes

Le développement intégré couvre une période relativement courte, les mutations sont donc limitées à quelques aspects spécifiques.

4.3.2.1. Les mutations socio-démographiques

Trois éléments doivent être mis en avant pour cerner le contexte de mutation caractérisant la phase de développement intégré comme troisième période au sein du processus d'urbanisation.

A - *La fin du baby-boom*

L'évolution démographique connaît un tassement. Le baby-boom du milieu des années cinquante et soixante s'essouffle, le rajeunissement de la population belge dépend de plus en plus de la population immigrée de seconde génération.

La fin du baby-boom signifie donc la remise en cause de la croissance démographique qui était l'un des vecteurs du processus d'urbanisation car permettait d'accroître la consommation intérieure et favorisait notamment le secteur de la construction résidentielle. L'Etat-providence, qui en outre jouait le rôle de la répartition de la croissance démographique, doit progressivement faire face à la difficulté de maintenir une politique d'équité. Les périphéries concentrent davantage les jeunes couples en phase de consommation alors que les villes et certaines zones rurales concentrent des populations vieillissantes ou plus précaires socialement. Les disparités socio-démographiques deviennent criantes. Cette tension devient en outre d'autant plus exacerbée que l'Etat-providence ne peut combler les écarts sociaux entre néoruraux et ruraux ou entre populations des villes et spéculations immobilières. La spirale négative l'emporte. Le développement intégré sera alors mis en évidence pour tenter de restaurer un équilibre en lien avec ces tensions.

B - La fin de la politique d'immigration

Dans le cadre de ce développement intégré, un tournant décisif intervient vis-à-vis de la politique de l'immigration en 1974. Désormais l'Etat-providence entre dans une phase de stabilisation voire de fermeture des frontières. La perspective économique de court terme ne permet plus de rencontrer les exigences de long terme visant à accroître la population pour maintenir le système de sécurité sociale.

La progression du chômage en lien avec la crise économique limite l'immigration aux regroupements familiaux. Ces regroupements avaient déjà été réalisés pour les phases d'immigration antérieures, ils sont également autorisés pour les familles des travailleurs immigrés d'origine musulmane arrivés en Belgique depuis les années soixante.

En dehors de ces regroupements, la politique d'immigration est stoppée et seul le droit d'asile pour réfugiés politiques demeure une possibilité d'immigration en Belgique.

Concrètement, il est désormais socialement inacceptable de maintenir des écarts entre main d'œuvre autochtone bénéficiant d'avantages sociaux et populations immigrées confinées dans des conditions de travail proches de l'esclavage. L'accès à la résidence et à la propriété pour un grand nombre de citoyens conduit à rendre intolérables les cantonnements de baraquements. Plus fondamentalement, l'intégration ne s'apparente plus non plus à une acculturation. La force intégrative du territoire institutionnel change et recourt plus systématiquement à la reconnaissance des diversités des cultures et des composantes internes. Ainsi, si la loi de 1974 met un terme à l'immigration, dans le même temps, elle conduit à reconnaître officiellement le culte islamique. Comme l'indique X. Mabille, le principe qui préside est que la reconnaissance de la religion et les modes de pensée permet une meilleure intégration dans la société.

C - L'émergence de nouveaux courants sociaux

Le troisième facteur est lié à l'émancipation culturelle de la femme et des jeunes suite à mai 68. Les revendications pour l'avortement et la libération sexuelle conduisent à amplifier la question de la répartition des rôles selon les sexes, offrent une nouvelle capacité de maîtrise de son corps par la femme et poussent à revoir la référence à la jeunesse. Très concrètement, après qu'on ait accordé le droit vote aux femmes en 1948, désormais l'âge de l'électorat est abaissé de 21 à 18 ans.

Ces nouvelles reconnaissances interviennent alors que la dynamique démographique se ralentit et que le vieillissement de la population se marque progressivement. A nouveau une tension s'accroît au sein de l'Etat-providence.

Cette tension se marque par la constitution de nouveaux groupes sociaux comme les associations féministes, les associations de luttes urbaines contre l'expropriation des résidents en villes, le mouvement écologiste ou la multiplication des organisations non gouvernementales comme Oxfam. En d'autres mots, à côté des scènes traditionnelles des trois piliers et de la tension gérée dans le cadre de l'Etat-providence entre les groupes socio-politiques et économiques du processus d'urbanisation, apparaissent de nouveaux groupes. La société civile n'est désormais plus uniquement représentée par les syndicats, le patronat, les mouvements philosophiques.

4.3.2.2. Les mutations technico-économiques

Comme l'indique M. Beaud, l'économie va être confrontée à une crise fondée sur la convergence de multiples facteurs.

Lors de l'examen de la phase de développement exogène nous avons mis en évidence l'émergence d'une nouvelle territorialité économique fondée sur des relations de plus en plus importantes entre nations. La crise des années septante va se construire sur cette tension et sur un découplage entre les territoires régulateurs et économiques. Les interventions de l'Etat-providence vont renforcer la gestion de l'économie dans les limites des territoires nationaux ou supranationaux en gestation alors que l'économie tend à renforcer sa dynamique centrifuge.

A - La crise des années septante

Les innovations techniques conduisent à faire émerger de nouveaux postes de travail plus informatisés. Les machines-outils, les machines à écrire et à calculer sont progressivement remplacées par le numérique. De nouveaux capitaux et de nouvelles compétences sont donc requis. Cette intensification du travail conduit à une nouvelle hausse du chômage.

Ces innovations sont d'emblée utilisées pour accroître la productivité du travail face à l'augmentation des salaires. Au chômage issu de la reconversion du charbon et de l'acier s'ajoute désormais un chômage issu des entreprises de transformation mais aussi du secteur tertiaire.

a) Les revendications sociales et les services publics qui stimulent l'inflation

Une forme de spirale économique négative s'emballe sous l'action combinée des revendications salariales et du déficit de l'Etat-providence qui se creuse en raison de la perte de recettes fiscales et de l'augmentation des frais de solidarité (assurance chômage, soins de santé...). L'inflation caractérise cet effet boule de neige.

L'effet de l'inflation est d'autant plus important que, suite aux accords entre syndicats et patrons dans les années soixante, les salaires sont systématiquement augmentés en fonction de l'évolution des prix. Or le marché belge est principalement lié à une dynamique de consommation interne et aux exportations de produits traditionnels. La tension ne peut donc être maintenue car l'écoulement des produits traditionnels nécessite une réduction de leur prix vu la saturation des marchés et inversement la consommation interne est pénalisée par des augmentations des prix et des taxes. Mais paradoxalement, alors que l'Etat-providence semble être à l'origine de certains maux, c'est lui qui intervient de plus en plus au sein de négociations sociales. Comme l'indique X. Mabille, à partir de 1976, l'autonomie laissée aux interlocuteurs sociaux depuis la seconde guerre mondiale laisse systématiquement la place aux interventions de l'Etat pour fixer les salaires.

Enfin la dynamique inflationniste est alimentée par le rôle de l'Etat-providence qui tente de limiter l'aggravation du chômage en augmentant ses structures internes en lien avec une phase de modernisation. La concrétisation de la fusion des communes décidée dans les années soixante devient dès lors l'une des occasions pour accroître le personnel public. De même une série de commandes publiques et de grands chantiers sont lancés pour soutenir la demande. Ces grands chantiers répondent en outre au rôle redistributeur de l'Etat-providence qui en Belgique est pris dans des tensions communautaires de plus en plus vives. Cette logique et cette gestion des tensions conduisent à creuser le déficit public et à augmenter la ponction fiscale sur les revenus et sur les entreprises.

b) *La crise économique, une dynamique internationale*

Les Etats-Unis doivent gérer un déficit public américain historique. Pour surmonter la crise interne, les autorités américaines vont suspendre la convertibilité du dollar.
Face à cette dévaluation, les pays producteurs de pétrole augmentent drastiquement les prix du brut fixé en dollars. Après la décolonisation et la nationalisation des gisements en 1960, les pays producteurs de pétrole ne peuvent admettre que leur richesse soit déterminée de l'extérieur.
On voit de la sorte que des orientations prises au sein des Etats ont des effets contraires sur le marché mondial.

c) *Les impacts de la crise pétrolière*

La crise pétrolière qui conduit à une forte augmentation des prix du pétrole aura deux impacts majeurs.

D'abord cette poussée à la hausse des prix du pétrole favorise le recours à de nouvelles ressources énergétiques offrant plus d'indépendance aux principaux pays consommateurs. Ainsi par exemple, le gaz naturel dont le prix de transport et de traitement est plus élevé que le pétrole gagne en compétitivité. Les réseaux de distribution de gaz au sein des villes de moins en moins denses en raison du zonage trouvent de la sorte une capacité de développement. Mais surtout les Etats-Unis et certains pays européens peuvent désormais entreprendre l'exploitation de nouveaux gisements dont l'extraction est plus coûteuse notamment en mer et dans les régions du nord. On assiste aussi à l'essor du nucléaire dont les coûts de production sont incalculables. Le nucléaire est d'abord issu des programmes militaires, les recherches et les financements sont ensuite en partie liés à des dynamiques internationales. C'est ainsi que se crée l'EURATOM au sein de la Communauté économique européenne. L'indépendance énergétique s'opère donc à l'échelle d'un nouveau territoire mais la gestion des risques reviendra principalement au niveau des territoires nationaux.

Par contre, à court terme, l'ambiance de crise voire pratiquement de pénurie incite plusieurs gouvernements européens à interdire la circulation des voitures et camions pendant quelques dimanches. Les « dimanches sans voitures » vont permettre de retrouver les plaisirs de la ville : calme, boulevard réapproprié par les enfants, les vélos, les chevaux… Cette redécouverte d'une ville sans voiture intervient alors que le développement intégré incite à revoir la composition des villes selon les principes culturalistes à taille humaine.

La crise économique devient donc celle d'un débat énergétique au sein duquel le mouvement écologiste émerge sans pour autant fournir une alternative socio-économique globale. Le débat énergétique vient de la sorte compléter celui détaillé ci-dessus lors des mutations socio-démographiques. Il va encore s'élargir en raison d'une remise en cause du modèle urbain et plus généralement de la société de consommation de masse qui atteint une saturation en biens de première nécessité. En somme, on assiste progressivement à la construction non plus de revendications sectorielles ou ponctuelles mais au contraire d'une vision commune globale. Une phase de transition vers le processus de métropolisation est donc initiée.

d) *La crise de la société de consommation*

A la fin des années septante, l'équipement des ménages tend à être satisfait. Pratiquement l'ensemble des ménages a acquis une maison, une automobile, un réfrigérateur, une lessiveuse, une télévision… L'accroissement ne peut plus porter que sur un approfondissement de la baisse des prix et sur des équipements secondaires : après la lessiveuse, le sèche-linge, la seconde voiture, la chaîne hifi et la vidéo… Pour les entreprises des pays développés, l'accroissement ne peut être soutenu que par le développement du commerce extérieur.

Progressivement les entreprises nationales des pays capitalistes sont donc mises en concurrence sur un marché international. Pour ces entreprises, les exportations acquièrent de plus en plus d'importance. Les règles douanières sont donc décriées de plus en plus systématiquement entre les différents grands pays exportateurs : France, Allemagne, Etats-Unis, Japon…

Mais dans le même temps, les entreprises américaines et japonaises multiplient leurs filiales au sein des pays riches avec des produits de la nouvelle consommation : voitures moins chères ou nouveaux produits mieux maîtrisés comme les matériels hifi-vidéo, ordinateurs…

B - *La crise de l'Etat-providence comme organe régulateur*

La crise des années septante conduit plus largement à la crise de l'Etat-providence et des principes de planification qu'il mettait en œuvre pour soutenir la croissance économique et démographique.

L'Etat-providence se lance d'abord dans de nombreux grands chantiers notamment pour assurer la redistribution entre régions flamande et wallonne mais aussi entre villes et campagnes. Progressivement, le déficit public conduit à retarder ou suspendre la réalisation par exemple de grands projets autoroutiers ou de modernisation des voies d'eau.

Mais cette incapacité à mener à terme les projets résulte aussi de la perte de légitimité de l'Etat par la remise en cause de la notion de l'intérêt général qui prévalait depuis le début du processus d'urbanisation.

Une série d'émission de la télévision belge intitulée « les grands travaux inutiles » vont d'ailleurs mettre en exergue les chantiers abandonnés faute de moyens financiers, voire aussi en raison d'oppositions entre Wallons et Flamands. Cette émission va aussi souligner la réalisation d'opérations dont les finalités s'apparentent davantage à la mégalomanie, à la notoriété voire même à la magouille de quelques élus et partis politiques. L'ensemble de la légitimité de l'Etat-providence est ainsi malmené. Néanmoins certaines actions entreprises au nom de l'intérêt général demeurent bien acceptées. C'est notamment le cas des grands projets d'infrastructures hospitalières et d'enseignement.

4.3.2.3. Les mutations culturelles

Dans cette analyse des mutations culturelles nous reprenons certains points déjà détaillés ci-dessus notamment lors de l'examen des deux autres facteurs-clés de mutations.

A - La contestation de la modernité et le retour du culturalisme : le cas de Bruxelles

Il est opportun de revenir sur les réactions et les oppositions culturelles qui vont se manifester face à la dynamique de modernisation de Bruxelles.

La création de quartiers d'affaire au centre de Bruxelles ne devait pas se limiter à la destruction du quartier Nord. D'autres projets analogues planaient sur le quartier des Marolles. Ces opérations d'expropriation vont conduire à la multiplication des luttes urbaines notamment sous l'égide de deux associations qui se constituent au tournant des années soixante et septante : l'Atelier de recherche et d'actions urbaines et le Comité d'action des Marolles. En 1971, l'association Inter-environnement est également créée. Elles vont toutes trois entraîner une dynamique de réflexion sur la ville, ses modes de transformation et l'influence des dynamiques exogènes. Ensemble, elles vont inciter l'Etat-providence à élargir la réflexion sur la maîtrise de l'espace au-delà de la parcelle et à promouvoir une maîtrise nouvelle des espaces de voisinage en marge des institutions et des champs de représentation issus du suffrage universel et du territoire communal ; nous y reviendrons ci-après dans l'examen des recompositions territoriales.

B - L'émergence du courant culturaliste

A une autre échelle, c'est donc aussi la conception de l'urbanisation selon les modèles modernistes qui est remise en cause. Plusieurs auteurs, dont des sociologues et des architectes comme R. Venturi, rejettent le fonctionnalisme au profit d'une redécouverte des projets culturalistes exprimant le retour de la multifonctionnalité et la pluralité de sens dans une perspective contextualiste et environnementaliste. La recherche de composition urbaine va donc redécouvrir par exemple C. Sitte ou L. Mumford avant de s'affirmer au travers du post-modernisme. Le débat fut notamment lancé sous l'égide de F. Choay.

C - La reconnaissance et la valorisation des identités et des terroirs

a) La réaffirmation de l'urbain et du rural

Cette période est également marquée par la réaffirmation de la ruralité comme mode de vie en opposition avec l'urbain. La ruralité va perdre son caractère négatif et passéiste au profit d'une vision idéalisée fondée sur le bien-être en totale opposition avec la ville moderne.

La perspective culturaliste mais aussi localiste contribue à la reconnaissance des campagnes comme un milieu physique et social préservé et authentique face à une ville polluée, violente et inhumaine. Mais cette même lecture des campagnes met en garde contre l'urbanisation des campagnes. Une culture visant à restaurer une distinction entre ces deux mondes se développe. Un ensemble de publications et d'inventaires vont mettre en évidence la spécificité des campagnes et l'originalité de la ruralité. Des opérateurs spécifiques vont être chargés d'assurer le développement rural pendant que d'autres auront en charge les villes.

Comme on l'aura compris, notre lecture est quelque peu différente. Cette culture des terroirs et l'émergence du mouvement culturaliste répond selon nous à un phénomène plus général qui est précisément celui de la transformation du processus d'urbanisation vers le processus de métropolisation. La phase de développement intégré affecte donc autant les villes que les campagnes ; elle va recomposer et non pas restaurer, comme le souligne A. Bourdin. Mais nous y reviendrons.

b) La contre-culture comme mode alternatif

Face à la culture de masse se développe un courant alternatif qui, contrairement aux phases précédentes du processus d'urbanisation, ne se présente pas comme une avant-garde culturelle.

Au contraire, la contre-culture vise à promouvoir des modes d'habiter et des courants musicaux et littéraires en rupture avec le mode de vie standardisé. La contre-culture s'appuie sur la réactivation de visions idéalisées de la ville et de la campagne, notamment au travers des mouvements folks et hippies, la réactivation des patois, des fêtes locales, la revalorisation du petit patrimoine, la diversité croissante des courants musicaux issus du rock ou même sur des partis politiques de gauche ou autonomistes radicaux pouvant parfois s'assimiler à des mouvements révolutionnaires terroristes.

Il serait intéressant d'établir une analyse fine de la filiation entre ces mouvements et certaines élites et groupes politiques tels que l'on peut aujourd'hui les rencontrer dans le processus de métropolisation. Nous pourrions aisément faire l'hypothèse que certains membres de cette contre-culture occupent aujourd'hui des postes de décision alors que d'autres liens peuvent être envisagés avec les courants altermondialistes ou l'économie sociale et l'écologie.

4.3.3. Les recompositions territoriales

4.3.3.1. La recomposition résidentielle sous l'effet de la crise

A - La promotion de la rénovation

Le ralentissement de la croissance économique mais aussi les nouvelles perspectives culturelles favorables aux patrimoines hérités tendent à favoriser dans les années septante l'émergence de la rénovation résidentielle. Si les chantiers résidentiels correspondent encore en grande majorité à de nouvelles constructions, la rénovation d'immeubles est initiée. Les initiatives privées demeurent ponctuelles mais tant en ville que dans les villages ou les campagnes une chasse aux immeubles historiques est entreprise. Nombre de fermes cessent

leurs activités. Ces immeubles vendus souvent pour des prix peu élevés car jugés insalubres ou inadaptés sont rachetés par une classe moyenne issue de la génération d'après-guerre. Si ces bâtiments, souvent de petite taille, ne sont plus adaptés aux critères de la modernisation agricole, ni même aux critères de la maison moderne encore souhaités par un grand nombre, ils offrent un potentiel de transformation et de rénovation.
La rénovation touche aussi nombre de maisons dans les quartiers des villes encore préservées de l'urbanisation moderne. Les maisons disposant d'un jardin et généralement situées dans la seconde couronne sont particulièrement prisées. Cette réappropriation est d'autant plus soutenue qu'elle apparaît comme une forme de lutte contre la poursuite des constructions des grands ensembles résidentiels d'immeubles tours ou l'étalement urbain sous forme de lotissements résidentiels.

Comme nous l'avons mis en évidence tout au long de cette thèse, cette recomposition résidentielle apparaît comme une réponse à des questions multiples. Elle est promue comme une contre-culture qui fonde sa légitimité dans la tension avec la culture dominante, comme un moyen de création de richesse pour des personnes disposant souvent d'un capital culturel sans pour autant disposer d'un capital économique élevé, mais aussi comme un moyen de recomposer la quête de la communauté telle qu'elle fut déjà évoquée lors des périodes de transition de la modernité, notamment lors de la transition entre le processus agraire et le processus d'industrialisation au travers des familistères ou des cités-jardins.

B - La prise en compte de l'impact énergétique et ses effets multiples

La crise pétrolière a un impact direct sur la conception des maisons qui seront désormais plus économes en énergie. Cette recherche d'économie demeure cependant limitée à la conception spécifique des immeubles. Ainsi par exemple, l'utilisation des isolants devient systématique tant dans les nouvelles constructions que progressivement dans les immeubles rénovés. Pour la rénovation, l'isolation permet de réduire les problèmes d'humidité souvent rencontrés dans les anciennes bâtisses. Elle permet aussi de tirer parti de l'aménagement des combles. Notons au passage que ces techniques ont un effet indirect sur la vocation des pièces : les combles deviennent des chambres à coucher et le grenier traditionnel disparaît.

Plus fondamentalement, la taille des habitations va progressivement se réduire. Dans les nouvelles habitations ou constructions de bureaux ou commerciales les volumes seront réduits de même la rénovation de certains immeubles bourgeois du processus d'industrialisation induit à la pose des faux plafonds. Les grandes baies vitrées seront en partie abandonnées tant que les doubles vitrages ne permettront pas des surfaces importantes.
Enfin des nouvelles techniques de chauffage (chaudières, vannes thermostatiques...) vont permettre de réduire l'augmentation de la facture énergétique.

Cette nouvelle conception sera encadrée par l'Etat-providence qui organisera des campagnes de sensibilisation sur les pratiques économiques. Il édictera aussi des normes pour favoriser les économies d'énergie d'abord au niveau de l'isolation et puis du chauffage. A nouveau cette évolution a un effet indirect sur l'élaboration des normes et des règlements d'urbanisme : ceux évoluent du respecter des standards (configuration type ou typique) vers des objectifs de qualité à atteindre ou l'attribution de labels de qualité. En effet les normes fixées en matière d'isolation ouvrent une conception nouvelle de la règle d'urbanisme en fixant non pas des obligations de choix de matériaux, mais un objectif de qualité à atteindre.

Comme on le verra ci-après, la phase de développement intégré ne vise pas à abandonner les règles classiques mais au contraire à diversifier le champ et le type de règles. Cette phase de développement connaît en effet également l'adoption de règles visant à renforcer l'intégration des nouveaux bâtiments dans les sites bâtis.

4.3.3.2. Une recomposition des territoires vécus

A - Les impacts de la mutation énergétique

La crise énergétique qui se caractérise surtout par l'augmentation des prix des carburants n'a pas un impact direct sur la réduction des déplacements. En outre, le phénomène est trop récent pour induire déjà des recompositions territoriales d'autant que d'une part que le phénomène n'est pas perçu comme structurel et d'autre part une nouvelle génération d'automobiles moins consommatrices de carburant va apparaître sur le marché, ce qui limitera l'impact de l'augmentation des prix pétroliers.

Cette crise énergétique ne remet donc pas en question la dynamique de périphérisation des villes et l'éclatement des lieux de vie. Concrètement, ni la répartition des activités en fonction du zonage ni même la valorisation sociale de la mise à distance des lieux de vie ne sont remis en question.

Pratiquement ce sont l'ensemble des lieux et l'automobile individuelle qui sont modernisés afin de prendre en compte ces nouvelles exigences. Toutefois cette crise énergétique est cumulative à d'autres mutations, et ensemble elles induiront une nouvelle quête de maîtrise du voisinage.

B - La quête d'une nouvelle maîtrise du voisinage

La recomposition du territoire vécu est prise dans une tension entre certitudes et incertitudes. Ainsi si une certaine conviction demeure vis-à-vis des possibilités techniques d'atténuer l'impact de l'augmentation des prix pétroliers, il apparaît néanmoins que les incertitudes se multiplient notamment en raison de la hausse du chômage qui touche désormais aussi la classe moyenne. Les achats à long terme sont ainsi postposés avant d'être revus plus en profondeur. La construction résidentielle et le marché de l'automobile apparaissent comme les deux secteurs baromètres de cette capacité financière et de cette confiance en l'avenir.

Face aux incertitudes, une forme de quête de maîtrise de son territoire quotidien émerge. Cette quête se traduit par la multiplication des mesures de protection (clôtures, caméras, chiens...) mais elle répond aussi à une forme de remise en question des capacités de gestion de l'insécurité par l'action policière de l'Etat-providence.

Plus radicalement, les interventions de l'Etat-providence sont critiquées. C'est ainsi que les grands projets d'infrastructures vont susciter progressivement de plus en plus d'oppositions des riverains. De même, le développement de quartiers d'affaires en ville, de lotissements résidentiels dans la périphérie mais aussi d'équipements de tourisme dans les zones rurales deviennent des sujets de crispations et de conflits. Face à la crise s'opère aussi une tentative d'identification des causes et des facteurs de déstabilisation. L'étranger devient la cible et l'objet des critiques. Qu'il soit le travailleur immigré, le fonctionnaire européen venu de Bruxelles, l'investisseur immobilier, la famille de la ville qui vient s'installer dans le village ou au cœur du paysage ou encore ces « hordes de touristes qui dénaturent la campagne », tous sont l'expression d'un envahissement. Les associations de quartier, de village, du monde rural... se constituent pour faire face à cette atteinte de leur voisinage. Mais plus clairement, les élus qui siègent désormais dans des communes fusionnées ne sont plus considérés comme des dignes représentants.

Dans ce contexte, les manifestations et plus encore les pétitions permettent de se compter. Le suffrage universel n'apparaît donc plus comme un mode de représentation suffisant. Ces modes d'expression permettent en outre de formaliser la contestation. Les médias deviennent une caisse de résonance pour amplifier les revendications du voisinage auprès des niveaux territoriaux supérieurs.

Dans ce contexte, le champ du juridique devient aussi une scène d'expression. La notion d'expropriation pour cause d'utilité publique sera ainsi attaquée au Conseil d'Etat par plusieurs associations. Certains projets d'intérêt général sont contestés. Ainsi par exemple, le tracé du périphérique au sud de Bruxelles est contesté alors que certaines infrastructures comme des ponts et certaines expropriations sont en partie déjà réalisées. Cette suspension des travaux intervient alors que le budget de l'Etat-providence en déficit croissant impose lui aussi de postposer les travaux. En outre, les élus communaux et des régions linguistiques y voient une opportunité de mettre à mal l'autorité de l'Etat. La convergence des critiques est enfin couronnée par la réactivation de principes ancestraux : la protection de la forêt royale qui s'étend au sud de Bruxelles et qui devait être traversée par l'autoroute.

Mais cette quête d'une nouvelle maîtrise du voisinage n'est pas qu'un processus de refus. Progressivement, les terrains expropriés pour réaliser le tracé, les infrastructures réalisées ci et là sont réappropriés par des riverains, des promeneurs ou des associations. Ces espaces deviennent des nouveaux terrains d'aventure, de promenade voire même de nature. La maîtrise du voisinage conduit donc à modifier le statut précaire et temporaire de ces espaces qui étaient voués à la construction.

Le maintien de ces espaces nécessite de leur reconnaître un nouveau statut d'utilité collective. Le maintien des espaces semi-naturels mis en évidence par F. Ost et C. Schaut fera par exemple l'objet de vastes débats au début du processus de métropolisation. Cette nouvelle maîtrise des espaces ouverts aux portes des villes aura un impact analogue sur l'étalement des villes et le maintien de terres agricoles, nous y reviendrons ci-après.

C - La question de la participation citoyenne et de la scène politique

Les riverains vont donc se constituer en comité de quartier, en association villageoise voire même en association urbaine ou rurale. Progressivement, le développement intégré promu par le processus d'urbanisation conduit non pas à exclure cette nouvelle tension sur la scène politique mais au contraire à l'intégrer dans le processus décisionnel.

La reconnaissance de ces associations s'effectue petit à petit et ponctuellement. Toutefois la multiplication des oppositions aux différentes échelles spatiales allant du voisinage jusqu'aux villes et villages et même plus largement à la sous-région urbaine ou rurale dans le cadre d'associations comme Inter-environnement, qui fédère les associations locales, conduit à introduire des phases d'information, de consultation voir même de coproduction de projets.

Ces associations qui contestent les représentants de la scène politique de même que les décideurs technocratiques reconnus depuis le début du processus d'urbanisation vont tirer paradoxalement parti des recompositions territoriales opérées dans le cadre de la modernisation de l'Etat-providence. La fusion des communes, la question des agglomérations, la délégation de compétences aux régions linguistiques voire même l'émergence de l'Union européenne leur offrent des nouveaux territoires propices à leur reconnaissance. Ces territoires correspondent en effet aux tensions vécues au quotidien. Seule l'absence de reconnaissance des quartiers au sein des communes fusionnées apparaît comme un manquement au sein de territorialité institutionnelle.

Au sein des territoires de quartier, des commissions d'avis et de participation seront néanmoins reconnues dans le cadre d'opérations de rénovation urbaine. Au sein du territoire communal, l'institutionnalisation de la participation sera laissée dans un premier temps à l'appréciation des élus locaux tandis qu'au niveau du territoire régional la commission d'avis introduite dans le cadre de la concertation établie par l'Etat-providence est activée. Cette commission est cependant encore largement composée selon les principes de la représentation des piliers initiée aux lendemains de la seconde guerre mondiale, à l'image des autres organes de consultation et de partenariat. La composition et le fonctionnement de la Commission nationale d'aménagement du territoire prévue par la loi de 1962 est assez exemplaire sur ce point. Comme on le verra, la commission régionale wallonne sera établie en référence à cette pratique liée au développement exogène de l'Etat-providence. En somme les commissions sont davantage reconnues mais leur dynamique est assez différente selon les niveaux territoriaux, nous y reviendrons.

D - La recomposition sur la base du mythe de l'urbain et du rural

a) Une recomposition multipliant les outils d'intervention culturalistes

Après plusieurs dizaines d'années de promotion de la ville moderne, 1975 est marquée par l'année européenne de la cité suite à la déclaration d'Amsterdam qui vise à promouvoir le tissu urbain traditionnel.

Dans ce contexte de retour aux thèses culturalistes, plusieurs outils sont mis en place en Belgique et en Wallonie en particulier pour assurer la rénovation urbaine mais aussi la rénovation rurale et l'assainissement des sites industriels désaffectés (charbonniers et sidérurgiques). Nous traiterons plus en détail de l'assainissement ci-après en abordant le cas des Usines Henricot.

La recomposition des territoires du voisinage par l'assainissement et la rénovation, voire par l'adoption de règles d'urbanisme d'une nouvelle génération, intervient donc dans un contexte de crise mais aussi de recomposition de plus en plus structurée des territoires régionaux en Belgique et de l'Union européenne (voir ci-dessous). Le tableau ci-après permet de retracer la multiplication des outils en regard de leurs objectifs et du niveau territorial selon les trois dernières phases du processus d'urbanisation.

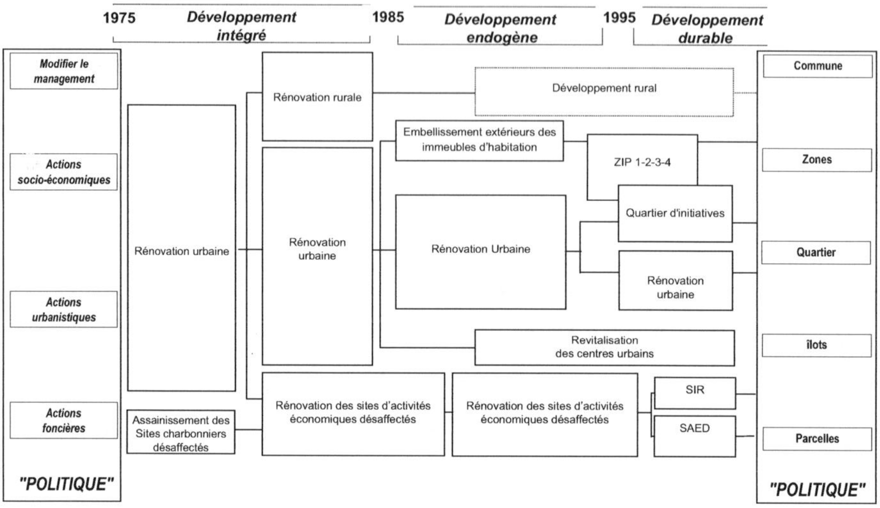

b) *La constitution d'une nouvelle génération de règles d'urbanisme*

En 1976, des règles d'urbanisme concernant les centres anciens et les sous-régions rurales sont adoptées par les autorités en voie de régionalisation. Ces deux règlements ont pour but de « restaurer » l'urbanisme et l'architecture traditionnelle en veillant à intégrer les nouveaux bâtis. Ces règles visent d'abord à l'identification de pratiques locales ou sous-régionales héritées en matière d'implantation, de gabarits et de matériaux. Ces identifications sont généralement opérées au sein de périmètres typiques reconnus comme spécifiques et épargnés par le processus d'urbanisation Ce dernier est défini comme une banalisation et comme la production d'un cadre chaotique. Bref le cadre de vie doit retrouver ses principes structurants ancestraux. Dès lors, dans un second temps, ces constances et ces principes sont édités sous forme de règles et imposés aux nouvelles constructions appartenant à des villages ou des quartiers à préserver.

Ces principes visent aussi à « restaurer » dans les villes la structure des réseaux de voiries afin de combattre la ville moderne fonctionnaliste issue du développement exogène avec ses immeubles tours, ses tracés d'autoroutes urbaines et la transformation des espaces publics en parkings. Un certain mythe de la ville traditionnelle est véhiculé, mettant en évidence les avantages des piétonniers et de la mixité des fonctions. La composition urbaine réintroduit également l'îlot comme structure du bâti fondée sur la reconnaissance de l'avant avec la façade et l'arrière avec les cours et jardins. La composition des villes relève ainsi d'un sentiment de maîtrise retrouvé, une manière de faire, d'utiliser et de transformer l'espace qui est propre à une collectivité.

La même dynamique apparaît dans les campagnes puisque des règles sont édictées selon chaque sous-région paysagère. La reconnaissance des terroirs sur la base du paysage mais aussi des liens existant entre ressources locales en matériaux, contexte climatique et activités conduit à déterminer ces sous-régions. En Wallonie, plusieurs études et publications vont conduire à sensibiliser les décideurs à cette nouvelle approche de l'urbanisme.

Cette recomposition des cités et des villages s'appuie sur une nouvelle classe moyenne soucieuse de préserver les spécificités locales et voulant réaffirmer les particularismes locaux. Mais comme le souligne A. Bourdin, il s'agit d'une « réinvention du patrimoine » plutôt que d'une restauration. Les espaces publics, les espaces non bâtis et bâtis voire même les ustensiles de la vie quotidienne sont recomposés selon des schémas classiques mais leur usage est souvent détourné et actualisé. Ainsi les espaces de recul entre le bâtiment de ferme et la rue qui existaient traditionnellement dans certains villages ne furent pas remis en question au nom d'un nouvel urbanisme voulant « restaurer » une composition façades à rue. Le règlement d'urbanisme autorise l'implantation des nouveaux immeubles en recul par rapport à la voirie, ce qui pour certains pouvait être assimilés à une implantation « moderne » issue du pavillonnaire. La tension entre le passé et le présent fut donc restaurée car la pratique de ces espaces ancestraux fut naturellement bien différente de celles des fermiers du siècle dernier et bien plus proche d'un jardinet pavillonnaire. Néanmoins, cette règle associée à d'autres permettent de créer un cadre général qui se donne comme cohérent. La tension ainsi établie par le développement intégré vise à produire un équilibre acceptable, nous y reviendrons lors du processus de métropolisation.

c) L'émergence de nouveaux outils d'aménagement du territoire

La rénovation urbaine incarne sans doute le mieux la modification des outils de l'aménagement du territoire lors de cette troisième phase du processus d'urbanisation.

Elle fut initialement liée à la rénovation rurale. Cette première nécessité de distinguer un mode d'intervention spécifique pour la ville et un autre pour la campagne démontre le nouveau souci de mieux prendre en compte le contexte d'intervention.

Mais rapidement cette distinction va entraîner des dynamiques propres. La rénovation rurale sera davantage orientée vers une aide de l'Etat à moderniser les communes rurales toujours perçues comme étant en retard de développement. La rénovation rurale connaîtra lors de la phase suivante du processus d'urbanisation une seconde évolution plus caractéristique.

La rénovation urbaine traduit d'emblée une innovation liée à la phase de développement intégré en voulant concrétiser les principes d'une conception urbaine fondée sur le culturalisme et non plus sur le fonctionnalisme ou sur l'urbanisme à l'américaine. Elle introduit une forme de retour de l'urbanisme au sein de la politique de l'aménagement du territoire. Ce retour est également largement couvert par l'établissement des règlements d'urbanisme relatifs aux centres anciens et aux bâtisses en site rural. Le retour de l'urbanisme s'entend essentiellement comme le retour de l'approche de composition urbaine fondée sur le culturalisme qui cherche à créer des ambiances urbaines en mêlant et en dosant les éléments constitutifs de la trame urbaine : mixité, densité, échange, proximité.... L'approche est donc largement inverse à celle du zonage qui visait à isoler pour réduire les problèmes de promiscuité.

Assez rapidement après avoir modifié la conception de la ville, la rénovation urbaine introduit une seconde innovation en recourant à la participation des comités de quartier. Cette seconde remise en question repose sur la perte de légitimité de l'Etat à intervenir au nom de l'intérêt général largement démythifié par les analyses des mouvements de gauche lors des luttes urbaines.

Même si au départ la rénovation urbaine recourt à un plan d'occupation des sols (plan particulier à l'échelle du quartier), elle va également innover en créant le schéma d'aménagement. Ce nouvel outil marque la remise en question de la planification sur deux points au moins : l'abandon technocratique avec la reconnaissance de la participation des acteurs privés (économiques, sociaux, culturels) et des acteurs des différents niveaux territoriaux (locaux, intermédiaires…) et l'abandon de la programmation à long terme au profit de négociation et de réajustements. Le projet n'est plus pensé une fois pour toute, il doit se construire progressivement.
Dans cette optique, le schéma est un outil de négociation, d'implication et de concertation ; il ne possède donc pas de valeur réglementaire.

Toutefois, l'introduction des schémas n'a pas induit l'abandon de la procédure des plans réglementaires d'occupation des sols. En Belgique, les plans particuliers d'aménagement et les plans de secteur ont donc été élaborés et adoptés.

Une double hiérarchie s'échafaudait avec d'un côté les plans à valeur réglementaire hérités des phases antérieures du processus d'urbanisation et de l'autre côté les schémas directeurs. La confusion survenait naturellement lorsque des liens étaient tissés entre ces deux outils comme par exemple quand l'adoption d'un schéma visait à abroger une partie du plan d'aménagement.
Mais concrètement le schéma directeur fut surtout introduit pour définir des lignes de principes et concrétiser un accord entre les parties (autorités locales-centrales, autorités-habitants, autorités-investisseurs). En tant qu'outils de négociation, les schémas directeurs pouvaient être d'initiative communale mais aussi venir des promoteurs, ce qui d'une certaine manière complétait ce caractère hybride.

E - La création des villes nouvelles pour restructurer les périphéries : le cas de Louvain-la-Neuve

Nous voudrions ici traiter des villes nouvelles au travers du cas de Louvain-la-Neuve. Ce choix s'explique non seulement parce qu'elle est la seule ville nouvelle de Wallonie à quelques kilomètres à peine de Court-Saint-Etienne, mais surtout parce que ce projet est l'expression du passage de la phase de développement exogène à la phase de développement intégré. Il est aussi l'une des solutions apportées dans le contexte de l'Etat-providence et du processus d'urbanisation à la remise en cause de l'Etat unitaire belge. Nous avons déjà abordé la question lors de la phase précédente lorsque nous avions fait état des options visant à accroître les équipements universitaires dans la logique de soutien de la croissance par l'Etat-providence. Les conditions de réussite sont multiples. Notons simplement à ce stade que le projet fut développé sur un plateau agricole à une trentaine de kilomètre de Bruxelles selon une conception influencée d'abord par le modèle fonctionnaliste puis par celui de la ville intégrée.

a) *Une conception alternative*

Jusqu'alors on assistait au développement des campus universitaires dans les périphéries des grandes villes selon le modèle américain-moderniste. Dans le même temps les villes nouvelles apparaissent en France comme une alternative moderniste face aux grands ensembles produits entre les années cinquante et septante.

Si ces campus furent développés afin de pouvoir répondre à l'accroissement du nombre d'étudiants en raison de la progression démographique et de la démocratisation des études (accès d'un plus grand nombre socialement et accès des filles), certains pouvaient aussi y voir un moyen de mettre la population étudiante qui avait mené mai 68 à l'écart des villes et des symboles du pouvoir.

b) Un projet révélateur du développement intégré

Louvain-la-Neuve fut progressivement envisagé sur la base du principe : une université dans une ville à l'image de son insertion historique au sein de Leuven.

Toutefois la conception du projet révèle des héritages modernistes comme les premières constructions ou même la séparation des flux (train, voiture, camion, piéton, bus...) en centre ville grâce à la construction d'une dalle. Le projet est en permanence en recherche de conception en tenant compte notamment de l'avis et des commentaires des premiers utilisateurs du site universitaire. Il fallait en effet réagir face à l'expression « béton – betteraves » qui fustigeait progressivement le site.

Ainsi l'avis des usagers et plus fondamentalement les logiques de perceptions et de réappropriation du projet deviennent des aspects centraux. Le développement intégré définit cette prise en compte comme une clé de la réussite. Il fallait donc comprendre ces critiques plutôt que les rejeter au nom de la modernité et de l'avant-garde. La ville nouvelle ne pouvait être un campus universitaire d'immeubles de béton et de verre implanté dans de vastes espaces de pelouses et de parking, le tout relié par de multiples routes. Louvain-la-Neuve sera dès lors une ville de conception intégrée, une université intégrée à une ville dont la conception sera à l'image de la ville traditionnelle, c'est-à-dire que les immeubles seront de taille et de gabarit à l'échelle humaine et recouverts de briques. Ils borderont des rues et des places piétonnes concentrant à la fois des commerces, des terrasses, des habitations et si possible un nombre limité de bâtiments académiques. La dalle permet à la fois de tirer parti des performances de la modernité en assurant la fluidité par la séparation des flux mais aussi de restaurer une convivialité en libérant les espaces publics en surface des automobiles. Cette articulation entre modernité et développement intégré relève d'une tension entre d'une part les façades de brique et les rues piétonnes en référence culturelle à Leuven et d'autre part les intérieurs des immeubles ou les dessous de la dalle où la modernité structure l'espace. Mais au-delà de cette que tension entre culturalisme et modernité, le projet est aussi construit sur la gestion la tension entre le connu et la découverte. Louvain-la-Neuve ne sera pas le pastiche de Leuven il faut « travailler » à d'autres échelles l'ambiance urbaine en créant un contexte équilibré permettant des rencontres impromptues dans un sentiment de sécurité et de mixité fonctionnelle fondée sur les principes de l'économie d'agglomération.

c) Un projet inspiré des modèles communautaires et utopistes

Si le projet semble donc clairement inscrit dans la dynamique des tensions de l'Etat-providence et du processus d'urbanisation traversant les phases de développement exogène et intégré, il s'inscrit aussi par contre dans les référents utopiques et historiques de

l'urbanisme avec les familistères ou autres cités-jardins. En effet Louvain-la-Neuve correspond à la création d'une ville au cœur de la campagne, de taille limitée et à l'initiative d'un opérateur gestionnaire qui est « patron » des étudiants et du personnel. Ces derniers sont appelés à résider dans la ville nouvelle. Autour de l'université s'articulent les logements du personnel et des étudiants de même que les infrastructures et les équipements complémentaires.
Si les étudiants et certains commerces s'y sont implantés, par contre le personnel a été plus réticent, préférant distinguer lieu de travail et lieu de résidence. Mais comme on le verra lors de la phase suivante du processus d'urbanisation, le développement endogène a conduit à stimuler l'offre résidentielle à l'attention de populations n'ayant pas de liens spécifiques avec l'université.

d) Un projet recourant à l'accès à la propriété via l'emphytéose

Les techniques foncières visant à neutraliser les jeux de plus-value foncière déjà mises en œuvre dans les cités-jardins furent également utilisées à Louvain-la-Neuve. Mais ces techniques furent réutilisées de manière stratégique ; elles ne sont donc pas simplement appliquées en référence au modèle des cités-jardins et des projets communautaires de processus d'industrialisation. En effet on pouvait craindre que l'accès à la propriété via l'emphytéose ne soit un frein au développement de la ville en raison de la logique du processus d'urbanisation valorisant l'accès à la propriété résidentielle et à la maîtrise foncière des parcelles. Le développement intégré offrait cependant un contexte nouveau qui rendait possible l'application de ces techniques et en faisait même un atout. A nouveau la solution fut pertinente car elle offrait des réponses multiples. D'abord la quête de maîtrise du territoire avait glissé de la parcelle vers le voisinage lors du processus de développement intégré. L'emphytéose, qui relativise le droit de propriété, n'était donc plus aussi névralgique que lors de la phase de développement précédente. Ensuite l'emphytéose permettait d'offrir sur le marché des terrains à un prix sensiblement plus bas que dans les communes voisines puisque le montant permettant d'avoir accès à la construction se chiffrait au canon emphytéotique. Enfin l'emphytéose fut présentée par les promoteurs comme ne posant les contraintes que dans le long terme alors que pour les résidents, la nécessité d'habiter relève du court terme face.

e) Un projet au cœur du territoire de l'université

Enfin, s'il est intéressant d'étudier les liens d'influence des modèles de développement dans la conception et la production de Louvain-la-Neuve, il faut aussi mettre en évidence trois aspects.

Tout d'abord la stratégie de localisation visait à rester à proximité de Leuven et de Bruxelles et en connexion par train et par route avec ces villes ; l'Université restait donc une université du Brabant.
Par cette localisation elle restait proche de sa clientèle traditionnelle tout en ne faisant pas concurrence aux autres universités des autres provinces (Namur, Hainaut et Liège). Cette logique de localisation démontre la répartition des aires d'influence au sein de l'Etat-providence et la perception, qui demeurait, d'un « marché de l'étudiant » à l'échelle nationale.

Cette localisation en périphérie de Bruxelles permettait aussi de rester dans le giron d'une ville de plus en plus internationale.

Ensuite la stratégie de localisation relève d'une relation étroite tant sur le plan politique que personnel à l'échelle communale. Les autorités de la commune d'Ottignies issues du parti catholique étaient ainsi confortées par l'arrivée d'une institution philosophiquement proche, même si comme on le verra cela n'a pas induit de facto une évolution commune.

Enfin, à l'échelle des parcelles, cette transformation des campagnes en une ville nouvelle peut s'opérer car le projet s'inscrit non pas dans la vallée de la Dyle à Ottignies mais sur le plateau, au sein d'un vaste domaine de l'aristocratie. Cette structure foncière aristocratique offre la possibilité de maîtriser une importante étendue sans devoir négocier et exproprier un grand nombre de propriétaires. A l'inverse, l'opération permet à l'aristocratie de valoriser des terres agricoles dont l'intérêt économique et social a, comme on l'a déjà vu, largement disparu.

L'exemple de Louvain-la-Neuve nous permet à la fois de souligner l'évolution des modèles de développement mais aussi la recomposition aux différentes échelles territoriales. Comme tout au long de cette étude, on peut mettre en évidence la conjonction de multiples facteurs. Ainsi à nouveau une opération d'urbanisme et d'aménagement n'est pas la réponse à un problème unique.

4.3.3.3. La recomposition des territoires régionaux

En Belgique, la régionalisation de l'Etat conduit à approfondir les compétences régionales en matière d'urbanisme et d'aménagement du territoire même si la fédéralisation n'intervient qu'en 1980. Les régions linguistiques disposaient de la sorte d'un transfert de compétences. La Belgique unitaire se recomposait en un Etat régionalisé et communautarisé.

A - Une recomposition sur la base de territorialités éclatées

Cette recomposition va induire deux territorialités spécifiques : le territoire des régions aux compétences socio-économiques et le territoire des communautés aux compétences culturelles. La séparation des compétences entre deux territorialités différentes mais aussi entre deux structures politiques pénalise les liens entre les deux matières pourrant proches. Cette recomposition éclatée offrait néanmoins le maintien d'une force intégrative de l'Etat qui gardait le rôle de mise en cohérence des territorialités inférieures. Elle marquait aussi l'hésitation entre un modèle territorial intégrateur absolu et au contraire un modèle territorial avec des territorialités spécifiques.

En Flandre le modèle intégrateur proche de la logique nationaliste conduit au rapprochement entre région et communauté. Du côté francophone l'idée prévaut que les territorialités peuvent être autonomes. La culture française n'est pas spécifique à la Wallonie d'autant que cette région comporte une communauté germanophone en raison des cantons allemands cédés après la première guerre mondiale. En outre le territoire de la Wallonie est radicalement distinct de celui de Bruxelles, pourtant à dominante culturelle francophone.

B - La difficile recomposition du territoire wallon

Trois aspects vont marquer la régionalisation : la mise en place d'une politique d'intervention au travers des opérations de rénovation urbaine et rurale dont nous avons fait état ci-avant, l'adoption définitive des plans de secteur comme plans d'affectation du sol et les premières études relatives au plan régional d'aménagement du territoire.

La régionalisation conduit à l'abandon pratiquement irrémédiable de l'élaboration et de l'adoption d'un plan national et inversement à la volonté de doter les régions d'un plan afin de renforcer leur cohérence et de s'affirmer vis-à-vis des communes comme de l'extérieur.
On peut toutefois penser qu'en l'absence du plan national, la politique menée par l'Etat lors de la phase de développement exogène fut partiellement orientée en ce sens notamment afin d'équiper le territoire en infrastructures routières, de soins de santé et d'enseignement. La régionalisation a par contre pour effet de mettre en place une Société de développement régional wallonne (SDRW) dont l'une des missions est d'établir le plan régional d'aménagement du territoire.

Dès ce moment, le territoire régional est défini comme celui de la Région wallonne. A l'inverse la Flandre va instaurer ses plans régionaux à l'échelle des provinces héritées de l'Etat national. Dans la foulée, la Flandre remplacera l'idée de plan national par le plan de structure de la Flandre. Ce dernier aura pour objet de coordonner les 5 plans régionaux flamands.

Le résultat le plus significatif des études relatives au plan régional wallon réside dans la structuration du territoire wallon selon deux axes : la polyville et les aires d'aménagement.

La polyville fut d'emblée envisagée pour combler l'absence de grande ville en Wallonie face à Bruxelles, Lille, Cologne, Anvers... Cette solution répond à l'héritage d'une région composée de villes moyennes et caractérisée par une dispersion historique de l'urbanisation. La polyville est aussi le fruit d'un équilibre entre la politique centralisatrice de la Wallonie et les rivalités entre les nombreuses villes moyennes qu'elle comporte.

La rivalité entre les villes du Hainaut est sans doute l'une des causes majeures à la fois du choix d'un plan régional pour l'ensemble de la Wallonie et non pas d'un double niveau de plans (wallon et provinciaux) comme en Flandre, mais aussi de la nécessité d'opter pour un polycentrisme afin de maintenir une tension entre Mons, La Louvière et Charleroi. Mais la polyville se justifie aussi par les rivalités au plan régional entre les villes du sillon industriel, qui conduisent à devoir arbitrer le choix de la nouvelle capitale de la Wallonie. Ces rivalités sont en outre particulièrement exacerbées en raison de la guerre des bassins industriels en pleine crise de la sidérurgie. La solution wallonne est dès lors d'opter pour la polyville au sens d'une capitale articulant plusieurs villes wallonnes : Mons, Charleroi, Namur, Liège et Verviers. Si certaines étaient issues du processus d'industrialisation (Verviers et Charleroi), les autres possédaient des origines liées au processus agraire avec des dynamiques parfois très différentes.

La polyville permettait de résoudre les rivalités tout en atteignant une taille en population permettant de s'affirmer comme grande ville européenne. Concrètement, de cette décision de structuration du territoire, il nous reste aujourd'hui la répartition des administrations relatives aux compétences régionales. Mons est reconnue comme capitale culturelle, Charleroi est la capitale sociale avec l'aide à l'emploi, aux personnes handicapées, au logement..., Namur est capitale politique avec les sièges du Gouvernement et du Parlement de même que les principaux ministères, Liège est la capitale économique avec le siège du conseil économique et social et enfin Verviers est capitale de l'eau en raison de la proximité des sources et des barrages en aval des Fagnes. Cette répartition des autorités et des fonctionnaires de la Région reflète aussi certaines pratiques issues des phases antérieures du processus d'urbanisation visant à répartir selon une hiérarchie les équipements de l'Etat-providence.

Enfin, cette structure du territoire conduit à promouvoir la réalisation d'infrastructures de transport pour relier ces capitales. Dans ce cadre l'autoroute de Wallonie et la modernisation de la dorsale ferroviaire du sillon wallon devaient être réalisées.

Le second axe de cette structure du territoire wallon repose sur l'identification de sous-régions en lien avec l'hinterland des villes moyennes.

A nouveau l'idée de hiérarchie urbaine réapparaissait. Néanmoins, une mutation était initiée puisque certaines sous-régions étaient identifiées en fonction de leurs caractéristiques naturelles et environnementales. Notons également que ces sous-régions prenaient soin d'effacer la référence territoriale des provinces héritées de l'Etat national ; en d'autres termes les logiques de recomposition déjà observées au cours des processus antérieurs retrouvent leur actualité.

4.4. La phase de transition vers la métropolisation : 1980-1990

4.4.1. Le contexte général de Court-Saint-Etienne

Depuis le début des années trente, la commune s'inscrivait dans une double dynamique : l'une liée à l'héritage du processus d'industrialisation avec la présence notamment des Usines Henricot, l'autre liée à la dynamique de périphérisation autour de Bruxelles

Pour rappel, la phase du développement intégré correspond à une vague d'incertitude et de question. La prise de conscience est évidente : l'avenir industriel de la commune est incertain. Comment l'élite locale peut-elle admettre que la dynamique locale est désormais principalement liée à la progression résidentielle et aux services à la collectivité, dont notamment l'intérêt pour les nombreuses écoles de l'entité ?

Mais la réflexion n'est que de courte durée car après les premiers problèmes financiers de 1978, les Usines Henricot font en 1981 pour la première fois aveu de faillite. A ce moment, il reste encore plus de 1.200 travailleurs à Henricot alors que le centre de l'entité compte 2.800 habitants. Même si l'intervention de la Région wallonne permet d'éponger les pertes et de réinvestir 5,5 millions d'euros, la fermeture ne peut être évitée en 1984. Les 700 derniers travailleurs sont alors licenciés. En 1985, les derniers ouvriers chargés de démanteler les Usines terminent leur travail.
La commune perd définitivement l'usine qui lui avait permis de devenir un petit centre industriel disposant d'écoles, de logements sociaux, de commerces, de salles de spectacle et de cinéma...
Face au déclin du centre, l'avenir du site des Usines va devenir une question cruciale pour l'entité. Que faut-il maintenir ou que faut-il démolir comme halls, et quelles activités faut-il y tenter d'attirer ?

Dans le même temps la population de l'entité ne cesse d'augmenter. La croissance est moindre que par le passé mais dès les années 1980 elle s'accélère pour atteindre 7.700 résidents en 1990. Le processus d'urbanisation supplante définitivement le processus d'industrialisation.

4.4.1.1. Le développement local et les influences de la métropole bruxelloise

A - La faillite des Usines Henricot, un impact amorti

Mais quel est l'impact réel de la fermeture des Usines sur le développement local ? Cette question est centrale au moment où les investisseurs étrangers se font rares et qu'il faut mobiliser les ressources locales pour sortir de la crise économique qui s'aggrave depuis le milieu des années septante. En d'autres mots, faut-il croire que les travailleurs de Court-Saint-Etienne devront chercher leur emploi ailleurs ?

Cette question est typiquement celle de la phase du développement endogène. Pour y répondre, il importe d'abord d'apprécier la dynamique locale : quelles sont à ce moment les alternatives d'emplois et d'entreprises locales et quels sont les liens de ces entreprises, en ce compris les entreprises Henricot, avec la population locale ?

Il faut d'emblée souligner qu'en 1980 les Usines Henricot représentaient encore plus d'un millier d'emplois dans la commune. Mais ce chiffre masque cependant qu'une majorité des habitants de Court-Saint-Etienne travaillaient déjà à l'extérieur de la commune et qu'inversement l'emploi local était pour moitié occupé par des navetteurs.

En réalité trois phénomènes sont à l'œuvre.

D'abord, et comme nous l'avons vu, le nombre d'ouvriers navetteurs dans les Usines Henricot n'a cessé d'augmenter tout au long du processus d'urbanisation. En d'autres mots la distance entre le lieu de travail et le lieu de résidence existait depuis les lendemains de la première guerre mondiale. L'impact de la fermeture n'a donc pas été totalement concentré sur la commune.

Ensuite, le déclin de l'usine a été progressif. Depuis les années cinquante, les tentatives de reconversion se succèdent sans grands succès. Dès lors les pertes d'emploi se sont étalées dans le temps. C'est sans doute un aspect nouveau ici mis en évidence du processus d'urbanisation : la dynamique lente des mutations qui freine les effets des crises en raison sans doute de l'Etat-providence.

Enfin, troisième phénomène est lié au processus d'urbanisation : l'émergence de nouvelles petites activités économiques de type péri-urbain. En effet, à côté des Usines Henricot, de nouvelles entreprises, des commerces, des activités tertiaires se sont progressivement développées. L'enseignement s'est ainsi progressivement développé indépendamment des usines locales. Il fournit à lui seul un nombre conséquent d'emplois dont l'avenir est relativement bien assuré vu la progression démographique dans la commune et encore plus dans les communes voisines en lien avec la périphérisation de Bruxelles.

B - La commune, une nouvelle dynamique économique

Globalement on enregistre près de 1.500 emplois en 1990 dans la commune. En d'autres termes la fermeture des Usines Henricot n'a pas plongé la commune dans une spirale de fermetures en cascade, même si certains commerces ont disparu. Dès lors même si le nombre d'emplois est moindre que dix ans plutôt, une dynamique nouvelle apparaît. Quels sont les facteurs de ce développement, et plus particulièrement en quoi la dynamique locale a-t-elle joué ?

Le site n°2 entre le chemin de fer et la route provinciale peut être en partie réaffecté aux activités économiques. Toutefois, l'espoir de retrouver un investisseur pour l'ensemble du site est faible vu la conjoncture économique générale. En outre les halls ne correspondent nullement aux exigences des nouvelles entreprises. Les Usines sont en effet constituées de multiples halls de conception souvent ancienne et qui sont hétéroclites. Certains sont parsemés de colonnades, d'autres pollués et en outre ils sont imbriqués les uns dans les autres. Certains atouts du site ne semblent plus être non plus d'actualité : tel est notamment le cas de la présence de la rivière et de la desserte du site par le chemin de fer. De même la localisation dans la vallée est désormais perçue comme une situation enclavée et difficilement accessible pour le transport routier. En somme la vallée semble être devenue trop étriquée pour permettre le développement d'une grande entreprise industrielle.

La curatelle décide donc le morcellement l'usine et la mise en vente des terrains, certains ateliers et bureaux pouvant être facilement valorisés. La crainte plane en effet que ne reste au cœur de la commune un chancre industriel. Par ailleurs la curatelle doit rapidement dégager des liquidités pour payer les primes de licenciement et rembourser les créanciers.

La valorisation du site dépend donc de la tension entre d'une part les contraintes liées au délabrement et à l'enclavement des halls et d'autre part la pression immobilière induite par la demande d'implantation de petites industries dans la périphérie sud de Bruxelles. La vente sur la base de prix souvent moindres que ceux pratiqués dans la région conduit plusieurs petites entreprises de la région à racheter l'un ou l'autre entrepôt. Certains vont tirer parti de la présence proche de la route et du centre pour ouvrir un commerce comme un drive-in, d'autres vont y développer leur artisanat et certains vont y entreposer des vieux fers. Le développement endogène trouve un terrain d'expression, les entreprises locales peuvent s'implanter et chaque citoyen peut devenir un nouvel industriel.
Dans le même temps, la province de Brabant reprend l'infrastructure du Foyer populaire pour y implanter le centre culturel régional. La salle de ce Foyer, également délabrée, fait partie de la mémoire culturelle de l'entité et offre des possibilités de réutilisation dans un contexte général de promotion de la culture.

Ainsi une reconversion économique largement initiée par des petits entrepreneurs locaux ou sous-régionaux s'opère mais dans des secteurs économiques différents de ceux présents auparavant. Ce sont principalement les entreprises du secteur de la construction résidentielle, du commerce, des services publics et de l'enseignement qui ont largement augmenté. Concrètement, en 1980, avant la faillite des Usines, le secteur primaire représentait près de 2 % de l'emploi, le secondaire 60 % et le tertiaire moins de 40 %. En 1990, le secteur primaire ne représente plus que 1 %, le secondaire 30 % et le tertiaire près de 70 % pour un nombre d'emplois pratiquement identique.

Mais il faut souligner que le développement endogène demeure une dynamique limitée et surtout complémentaire de la périphérisation. En effet la reconversion ne modifie pas la balance de la navette puisque les résidents travaillent de plus en plus en dehors de la commune et que dans le même temps les personnes travaillant à Court-Saint-Etienne sont de plus en plus souvent étrangères à cette commune. La navette s'amplifie donc et la mise à distance entre lieu de travail et lieu de résidence se généralise. Le désenclavement autoroutier de la commune a sans doute un effet stimulant sur ce point.

4.4.1.2. La création d'une voie rapide sur le plateau : la dualisation entre les hameaux et la vallée

A - La tentative de reconversion économique de la vallée concurrencée par l'essor des plateaux

Avec la fermeture des Usines Henricot, Court-Saint-Etienne n'est plus un pôle d'emplois dans l'arrondissement de Nivelles. L'implantation des quelques petites entreprises sur les sites des usines mais surtout la présence de plusieurs écoles et du centre culturel peuvent redonner vie au centre de l'entité. Le chemin de fer et le réseau de routes secondaires tracées vers vallée favorisent la convergence de flux à l'échelle du territoire vécu, dont les flux liés au commerce et à la fréquentation scolaire.

Définitivement, la vallée semble résolument peu adaptée pour le développement des entreprises, d'autant qu'elles bénéficient d'importantes facilités en s'implantant dans les nouvelles zones industrielles aménagées sur les plateaux à Nivelles, à Louvain-la-Neuve ou à Wavre.

La création d'une route rapide traversant l'arrondissement de Nivelles et reliant Wavre à Nivelles via le plateau n'influence que peu l'accès au centre de l'entité ; par contre les hameaux du plateau sont mieux reliés aux principaux pôles de la périphérie sud de Bruxelles et au réseau autoroutier. Cette nouvelle route permet aussi d'éviter la vallée sinueuse et fortement urbanisée mais dans le même temps de faciliter la connexion des nouveaux lieux d'emplois, de loisirs ou encore de commerces principalement situés sur les plateaux ou dans la périphérie des agglomérations.

Le territoire vécu peut dès lors se tisser entre la vallée offrant des services et les plateaux ou même les pôles extérieurs de grande distribution, d'emplois voire même de loisirs.

C'est en raison de cette dynamique que, malgré le déclin industriel et la crise économique générale, la population communale ne cesse de progresser.

B - La tentative de reconversion économique de la vallée et la poursuite de la croissance de population

A l'exception de la vallée, marquée par le déclin industriel, ou des cités ouvrières des années trente, cinquante et soixante, les autres secteurs statistiques comme les versants de la vallée de Dyle ou les villages implantés sur les plateaux continuent à voir augmenter leur population. La croissance observée dans ces « quartiers » est davantage marquée par l'effet de périphérisation de Bruxelles. Or on observe que lors de cette phase de développement endogène, c'est l'ensemble des communes de la région urbaine de Bruxelles qui connaissent une moindre augmentation en raison de l'approfondissement de la crise économique.

4.4.1.3. Les enseignements de la faillite des Usines Henricot

Au moment de la faillite, un audit commandé par la Région wallonne fut dressé pour comprendre la situation des Usines Henricot.

Le rapport conclut que les activités demeuraient liées au chemin de fer alors que ce secteur était en déclin, que les tentatives de reconversion industrielle étaient trop timides et peu structurées, que l'entreprise ne disposait pas d'une politique commerciale, que la gestion du personnel, des achats et des commandes n'était pas planifiée, que l'administration et la gestion informatique étaient lourdes et inappropriées, que l'entreprise ne disposait pas d'une comptabilité analytique permettant de comptabiliser les coûts par commande et par poste...

Notre objectif n'est pas ici de faire le procès de la gestion de l'entreprise mais de mettre en évidence la distance entre la situation héritée du processus d'industrialisation et les critères d'évaluation typiques du processus d'urbanisation. A l'inverse, le bureau de consultants soulignait que l'entreprise était apte à produire en grande série et pouvait compter sur un grand nombre d'ouvriers ayant un savoir-faire particulièrement pointu et élevé. Les atouts de l'entreprise demeurent donc ceux de ses débuts et de ses heures de gloire, entre 1880 et 1920.

A - Un projet de redéveloppement pour le centre de Court-Saint-Etienne

Dans la logique de l'Etat-providence, les autorités communales et régionales veulent rapidement assurer le redéploiement du centre de Court-Saint-Etienne. La commune peut compter sur l'appui de son bourgmestre qui possède de relais important au sein du parti libéral. En outre, la Région wallonne dispose de nouvelles compétences en matière de l'assainissement des friches industrielles. Or parmi les quelques ministres que compte ce nouveau niveau territorial figure un ministre socialiste issu de la commune voisine. Il va donc soutenir l'action de la Région wallonne pour initier un projet de redéveloppement et éviter que la curatelle ne compromette l'avenir en poursuivant la vente et le morcellement des installations.

La dynamique initiée sur le site n°2 en vue d'y implanter des entreprises sera poursuivie afin que Court-Saint-Etienne puisse retrouver son dynamisme industriel. Toutefois, comme on l'a vu, ce projet est largement concurrencé par les autres opportunités de développement économique offertes dans l'arrondissement de Nivelles.

Le site n°1, entre le chemin de fer et le cœur historique du village de Court-Saint-Etienne, bénéficie d'une moins bonne accessibilité routière. Il est de plus enclavé derrière des immeubles de commerce et d'habitation.

Les premières pistes visent à réaffecter les Usines du site n°1 pour tenter de tourner la page. Les autorités communales veulent promouvoir la jeunesse et résoudre le problème de traversée routière du centre de l'entité. L'étroitesse des rues et la présence du passage à niveau sont en effet peu propices au redéveloppement économique et commercial du centre.

Pour les autorités communales, il semble dès lors opportun de consacrer ce site situé entre le cœur historique et les commerces de la rue de Wisterzée à des fonctions sportives et commerciales de même que de créer un contournement avec la construction d'un pont au-dessus du chemin de fer.

Un hall provisoirement occupé par un drink drive-in pourrait être aménagé en hall des sports. D'autres bâtiments devraient être démolis vu leur vétusté et permettre l'aménagement d'un terrain de football de même que le tracé de la nouvelle voirie en direction d'un nouveau pont.

B - Lancement d'une double opération d'assainissement et de rénovation

En 1987, la Région wallonne prend un premier arrêté ministériel visant à la désaffectation du site n°1 et en 1989 elle fait de même pour le site n°2. La procédure d'assainissement et de rénovation des sites d'activité économique désaffectés peut être alors initiée.

Les bâtiments non vendus sur le site n°2 restent propriété des curateurs. L'assainissement et la réaffectation de ce site sont particulièrement complexes en raison de sa superficie de plus de 20 ha, de l'enchevêtrement de halls vendus, à démolir ou à maintenir de même que de la nécessité de dépolluer les sols et d'organiser de nouveaux cheminements internes. Le projet de l'arrêté de la Région wallonne prévoit de maintenir la fonction économique aux plans d'affectation des sols pour l'ensemble des terrains.

Le site n°1, de quelques 5 ha, est acquis par la commune avec l'aide des subventions régionales. Un schéma de rénovation doit alors être dressé par des auteurs de projets de Louvain-la-Neuve. La réflexion est lancée, et lors de l'élaboration du schéma un triple débat se fait jour.

D'abord, sur la base de plusieurs études démontrant le peu de possibilités de réutilisation des bâtiments, les auteurs de projet tentent de convaincre la commune que l'ensemble des halls doit être démoli. Ils démontrent par contre que le site est potentiellement intéressant pour y construire des commerces, des bureaux et des logements tout en envisageant la création d'un contournement routier et l'aménagement de terrains de sports, mais plus à l'écart. Pour eux, ce projet permettrait à la commune de répondre à l'accroissement de population mais aussi d'offrir à la population autochtone des logements à prix modérés.
Cette proposition apparaît radicalement nouvelle aux autorités qui assistent voire soutiennent et contribuent depuis près d'un siècle à une urbanisation résidentielle en direction des versants et des plateaux. Pour les autorités communales, le site est loin d'être adapté pour y implanter des logements vu l'humidité provoquée par la présence de la rivière, les nuisances liées au chemin de fer et généralement les aspirations des nouveaux résidents à pouvoir disposer d'une villa isolée à la campagne.

Ensuite, le schéma provoque la réaction de plusieurs habitants qui souhaitent conserver et protéger les bâtiments les plus anciens qui ont fait de Court-Saint-Etienne un important centre industriel. Une association de défense du patrimoine stéphanois s'était en effet créée dès la fermeture des Usines pour recueillir les pièces et contribuer à la mémoire locale. Cette perspective visant à maintenir les bâtiments les plus anciens n'avait été envisagée ni par les autorités communales ni par les auteurs de projet. Les avantages et les possibilités de réutilisation, par exemple afin d'abriter un musée, mais aussi les contraintes que peut induire la conservation de ces bâtiments devront dès lors être étudiées.

Enfin, si le schéma prévoit le tracé d'un contournement qui est unanimement souhaité tant par les autorités communales que par les habitants, en ce compris les membres de l'association du patrimoine et les commerçants, il convient d'étudier sa faisabilité. Rapidement, il apparaît que si le projet de contournement et de pont a le soutien de la société des chemins de fer, il relève du long terme : le financement est lourd et peu d'aides régionales seront accordées. Par ailleurs, certains commerçants commencent à s'interroger sur l'impact positif ou négatif de ce tracé qui permettra à la SNCB de fermer définitivement le passage à niveau.

Le processus d'urbanisation se termine donc sur un ensemble de questions qui ébranleront les autorités communales et les forces vives locales.

4.4.2. Les facteurs de mutation comme clé structurante

4.4.2.1. Les mutations socio-démographiques

A - La famille se fragmente, ses membres gagnent en autonomie et les logements se diversifient

La progression démographique des années cinquante et soixante est désormais vue comme un phénomène révolu et dans le même temps la politique de natalité semble relever d'un autre âge. Le soutien aux familles nombreuses évolue radicalement pour devenir une politique de la famille au sens large du terme.

La famille a sans doute atteint un nouveau stade d'autonomie de ses membres.
L'allongement de l'espérance de vie conduit à la multiplication des activités et des formes de solidarité et d'habitat pour les personnes âgées. On assiste alors au développement des associations, des soins de santé, bref de l'ensemble d'un marché avec notamment le secteur de la résidence pour les retraités. Ces derniers deviennent les « aînés » ou les « trois fois vingt » d'autant qu'ils sont de plus en plus nombreux avec des tranches d'âges de plus en plus diverses suite à une espérance de vie prolongée mais aussi à la multiplication des prépensionnés (voir ci-dessous).
A l'autre bout des générations, les parents recourent de plus en plus systématiquement à l'enseignement maternel voire à la crèche pour jeunes enfants. Le débat sur l'éducation ne cesse d'être au centre des préoccupations. Enfin, les adolescents trouvent aussi des formes d'émancipation. Certains d'entre eux ont toujours pour horizon une entrée rapide à l'usine, mais cet horizon est reporté par un nouveau prolongement de l'obligation scolaire de 16 à 18 ans. Dès lors, ils resteront plus longtemps au domicile de leurs parents, ce qui ne sera pas sans poser de nouveaux problèmes de relations familiales. Leur émancipation viendra alors par exemple de la fréquentation des clubs de sport, des maisons des jeunes... bref d'un ensemble d'activités situées entre la famille et l'école. Ces activités seront d'autant plus sélectives et éclatées qu'elles peuvent être accessibles grâce à l'acquisition d'un mode de transport personnel comme la moto, la mobylette ou motocyclette, qui offre depuis une quinzaine d'années une forme d'indépendance.
La construction de logement à prix standardisé (clé sur porte) va progressivement combler un vide suite notamment à la suspension de la construction de logements sociaux par l'Etat-providence. Une forme de dualisation sociale réapparaît notamment avec les sans domicile fixe et les garnis qui deviennent un marché de la précarité en matière de logement.

B - L'éclatement des lieux de vie et le renforcement de la maîtrise de son corps

L'émancipation des adolescents renforce la libération sexuelle des années soixante et septante. Pour les jeunes elle devient une évidence tout en étant un mode d'expression. Mais cette liberté se heurte au sida qui se révèle dès 1983. La maladie va permettre de médiatiser la question des relations sexuelles mais aussi la reconnaissance des groupes à risque. Ces deux dimensions seront systématiquement traitées sur la base d'une tension nouvelle entre banalisation et particularisme de même qu'une tension entre certitude et incertitude.

Le débat sur l'avortement depuis les années soixante et septante connaît une évolution radicale avec la loi dépénalisation de 1990. Ce sujet marque selon nous une mutation radicale dans les rapports au corps et dans la capacité offerte aux femmes de choisir pleinement le moment de la maternité. Il démontre aussi un retournement décisif dans les relations qui jusqu'à cette époque étaient encore largement régies par la société patriarcale. Enfin l'attitude du Roi Baudouin qui ne souhaite pas signer la loi sur l'interruption volontaire de grossesse est caractéristique selon nous du processus de métropolisation. L'attitude du Roi correspond pleinement à ce registre désormais socialement admis et même valorisé d'une capacité à découpler les rôles selon les temporalités et les lieux afin de conforter son intégrité ; nous y reviendrons en détail ci-après.

***C - Les nouveaux partis politiques,
porte-parole de nouvelles aspirations et de craintes structurelles***

Ces mutations vont se traduire aussi sur un plan plus politique car comme le souligne X. Mabille, les élections de 1981 marquent un tournant décisif avec le recul du parti chrétien qui occupait depuis plus d'un siècle une position charnière dans la politique belge puisqu'il gérait la tension entre la gauche et la droite. Le recul chrétien bénéficie aux écologistes, aux partis d'extrême droite notamment en Flandre et à un parti anti-fiscaliste. Ces partis constituent donc des formes d'institutionnalisation des mouvements participatifs ou contestataires. Certains sont innovants d'autres sont plus proches d'attitudes de résistance aux changements voire de déni des principes de l'Etat-providence.

Au niveau de la Belgique, les thèses des partis linguistiques sont progressivement reprises par les partis traditionnels et en partie par ces nouveaux partis. Sans aborder ici la question de la recomposition du territoire belge, la fracture entre la partie francophone et flamande du pays se renforce largement. La Flandre demeure chrétienne et de droite s'opposant ainsi notamment à l'avortement alors que la partie francophone du pays est davantage progressiste. Toutefois les partis socialistes francophone comme flamand vont traverser des « affaires » marquées par la corruption et les financements occultes.

4.4.2.2. Les mutations technico-économiques

Les années quatre-vingts sont marquées en Europe par un approfondissement de la crise économique et l'affirmation de la globalisation de l'économie.

A - Le redéploiement de la sidérurgie wallonne

En 1980, la sidérurgie européenne est déclarée en crise de surproduction. A l'image de l'agriculture qui atteint une surproduction dans le secteur du lait et du sucre, des quotas de production sont attribués aux pays membres puis répartis entre les entreprises.

Si la sidérurgie est encore un secteur national, sa régionalisation est programmée pour le milieu des années quatre-vingts.

En Wallonie, pour gérer ce droit à produire, la guerre des bassins que se livrent Charleroi et Liège doit laisser place en 1981 à la fusion des deux grandes entreprises sidérurgiques wallonnes, du moins ce qui l'en reste. L'Etat belge reprend le groupe Cockerill-Sambre et charge le Français J. Gandois de repositionner la sidérurgie wallonne sur le marché mondial. Certaines divisions dont les investissements sont à peine réalisés, comme Valfil à Seraing, sont démantelées. Il est en effet rapidement apparu que la production d'acier de bas de gamme au sein d'une entreprise largement automatisée ne génère plus de bénéfices. En d'autres mots l'intensification du travail n'apparaît plus dès cette époque comme la solution aux coûts élevés de la main d'œuvre, aux charges patronales et aux coûts d'approvisionnement des matières premières. La sidérurgie doit se repositionner sur des produits à haute valeur ajoutée comme l'inox tout en y associant une forte productivité et l'accès à des marchés spécifiques dont l'automobile ou l'ensemble des composants domestiques.

Dans le même temps, bien que la gestion du capital soit de plus en plus internationale, la Flandre souhaite la régionalisation des secteurs nationaux. La sidérurgie devient donc totalement wallonne à partir de 1984.

B - La perte de maîtrise de l'économie à l'échelle des pays et l'internationalisation

Le mouvement d'internationalisation de l'économie et du capital se marque en Belgique par la délocalisation de nombreuses filiales étrangères installées parfois depuis la phase de l'entre-deux-guerres comme dans l'automobile ou encore implantées plus récemment dans les années soixante et septante comme IBM.

Mais ce mouvement se marque aussi par une perte de maîtrise des leviers économiques historiques, dont l'offre publique d'achat sur la Société générale de Belgique est un exemple. La maîtrise de l'économie au sein de territoire institutionnel est désormais mise à mal. Les barons belges tentent d'établir un ancrage belge avec le soutien du groupe Suez face à la volonté d'acquisition du groupe de C. De Benedetti. Finalement la Société générale ne glisse pas entre les mains italiennes mais elle devient française via le groupe Suez. Les alliances de la bourgeoisie du processus agraire et d'industrialisation vont resurgir sur nombre d'entreprises belges lors du processus de métropolisation.

C - Un chômage vertigineux et une nouvelle conception du monde du travail

Depuis les années septante le chômage n'a cessé de croître, passant de quelques 100.000 personnes en 1975 à 550.000 en 1985.

La lutte contre le chômage va d'abord être marquée par des redéfinitions successives du statut des chômeurs et du droit au chômage. Cette mutation administrative permet de réduire la progression vertigineuse, de masquer le déclin tout en mettant mieux en évidence les initiatives ponctuelles de création d'emplois. Mais cette mutation n'est pas sans conséquences sociales avec notamment l'accroissement des pré-pensionnés dont les moyens financiers sont souvent fort inégaux. Certains jeunes pensionnés peuvent pratiquement se reconstruire une vie au soleil alors que dans le même temps un grand nombre d'entre eux se retrouvent démunis. Plus généralement une forme de dualisation sociale se construit progressivement. A l'autre extrémité des générations, les jeunes sont mis en stage d'attente avant de pouvoir disposer des premières allocations. Ces mutations ont des conséquences importantes sur la structure des familles qui, comme on l'a vu, est prise dans une dynamique d'autonomie croissante des enfants et des parents.

a) Les mutations dans les secteurs privés

Le contexte de chômage permet au patronat de dénoncer les avantages sociaux acquis et le système fiscal établi depuis le début du processus d'urbanisation. La globalisation de l'économie et les délocalisations des entreprises sont autant d'arguments pour accroître encore l'intensification du travail par un assouplissement des salaires mais aussi des conditions de travail notamment en renforçant la souplesse d'embauche.
Les conventions sociales entre syndicats et patronats conduisent durant cette période à la stabilisation des salaires sans pour autant affecter le système de leur indexation automatique. Mais rapidement certains patrons développent des rémunérations en nature (chèques-repas ou mise à disposition de voiture de société...). Dans certains cas les entreprises vont développer des offres complémentaires comme la mise à disposition de crèches pour les enfants. Bref l'autonomie tissée entre la vie privée et le monde du travail avec l'Etat-providence s'atténue. Ces avantages qui permettent d'éviter le poids de la fiscalité peuvent naturellement devenir des contraintes notamment parce que le contrôle social est accru ou lorsque le contrat d'embauche arrive à son terme. La perte des avantages est alors cruellement ressentie.

Les périodes creuses dans le cycle économique tant au quotidien, dans le commerce par exemple, que durant l'année, voire selon les phases de production, sont autant de nécessités d'ajustement du personnel. Dans ce contexte le statut de travailleur à durée déterminée laisse la place à celui des « faux » indépendants et à l'essor des sociétés d'intérimaires. En outre la concurrence sur le marché du travail conduit à des jeux de surenchère tant dans les relations entre travailleurs, ce qui fragilise les solidarités du monde du travail et favorise les jeunes loups, que dans la formation des travailleurs. La question de la formation devient centrale face aux innovations et aux changements de postes de travail ; elle ne peut se confiner à la formation scolaire. Cette dernière devient donc davantage une formation à l'apprentissage alors que la vie active est de plus en plus éclatée entre temps de formation continuée, reconversion et surcharge de travail.
Le travail dans les entreprises privées fait donc éclater la synchronisation des temps et des lieux sociaux. Cet éclatement ne cessera de s'accentuer avec l'émergence du processus de métropolisation. Les impacts notamment sur l'organisation de la vie personnelle et des entreprises auront des effets sur les lieux de vie de même que sur la mobilité. Les problèmes d'inadéquation des territoires deviendront de plus en plus criants et rendront nécessaire leur recomposition.

b) *Les mutations dans le secteur public*

L'emploi dans la fonction publique apparaît encore largement comme offrant une certaine stabilité. Globalement le secteur public conserve le rôle de vecteur de la redistribution économique promue par l'Etat-providence. La politique des services publics à travers l'ensemble du territoire conduit à une offre abondante mais qui n'est pas à l'abri de critiques notamment afin de mieux correspondre aux nouvelles exigences en termes de qualité, de personnalisation des conseils, d'étalement des horaires d'accès…

Lors de la crise des années septante, afin de réduire la progression du chômage, pratiquement l'ensemble des services publics sont renforcés. Les communes embauchent pour moderniser leurs services aux citoyens. La régionalisation de l'Etat belge mais aussi l'émergence de l'Union européenne s'opèrent autant par transfert que par nouveaux postes à pourvoir. Cette situation n'est pas que le propre des administrations puisque c'est pratiquement l'ensemble des services publics qui se développe : soins de santé, enseignement… à l'exception peut être de l'armée.

A côté des services publics au sein desquels les statuts vont progressivement évoluer vers la contractualisation, un vaste secteur économique subventionné ou dépendant des commandes publiques se structure. On estime ainsi qu'en Wallonie, en 1990, pratiquement un emploi sur deux dépend du secteur désormais dénommé non-marchand.

Si les statuts et les conditions de travail peuvent y être de plus en plus analogues avec ceux du secteur privé, la logique du secteur non-marchand se distingue progressivement de celle du secteur privé. L'ancrage territorial et la volonté de travailler en-dehors des exigences d'une rentabilité de court terme est au centre de cette distinction.

Mais face au déficit public, le développement endogène devient aussi la recherche d'une mise en complémentarité des deux secteurs privés et publics.

c) *Les mutations de la tension privé-public*

La phase de développement endogène au sein du processus d'urbanisation conduit à gérer une nouvelle tension : le partenariat privé-public. La distinction croissante entre les logiques privées de plus en plus souples et en dehors des ancrages locaux dans un contexte de crise économique va ébranler les modes d'intervention de l'Etat-providence.

En effet la capacité des pouvoirs publics à attirer les entreprises privées et à réduire leur volatilité est de plus en plus faible. Dès lors les pouvoirs publics tentent d'adapter les modes d'intervention. D'abord les aides à l'investissement vont être cautionnées notamment par des cofinancements, des critères sociaux ou des durées de localisation. L'autre mode d'intervention vise à affiner les contextes socio-économiques d'implantation des immobiliers ou des entreprises notamment travaillant le contexte spatial et plus largement en tirant les enseignements des districts marshalliens. Dans certains cas le secteur public établit ainsi des accords privilégiés avec certains partenaires privés dont la logique économique est davantage localisée ou de long terme. Les rapprochements entre certaines compagnies d'assurances-pensions et les pouvoirs publics permettent dès lors des montages en partenariat.

4.4.2.3. Les mutations culturelles

Divers aspects ont déjà été abordés ci-dessus notamment au travers de l'évolution des familles et du monde du travail.

S'il est difficile de prendre ici en compte les mouvements culturels caractérisant la phase de développement endogène, nous voudrions par contre souligner deux aspects.

Le premier concerne la tension de plus en plus soutenue entre des préoccupations et des perceptions articulant tantôt le local, tantôt le global et tantôt le court terme puis le long terme. Après la question des droits de l'homme, la question de l'environnement et des droits de la planète est ainsi progressivement celle qui permet le mieux de cerner la mutation culturelle qui est à l'œuvre.
La multiplication des réseaux associatifs et des organisations non gouvernementales voire l'émergence des mouvements écologiques sont autant d'aspects significatifs. L'ensemble de ces tensions s'établit en-dehors des formes habituellement générées par l'Etat-providence depuis le début du processus d'urbanisation ou sous des formes nouvelles.

Le second aspect est en partie lié au premier. Il concerne la mutation des modes de compréhension du monde. La rationalité s'est progressivement imposée tout au long du processus d'urbanisation avec notamment la planification, les scientifiques et les technocrates. Mais ces acteurs ne faisaient que reprendre le triomphe des ingénieurs lors de la seconde et troisième phases du processus d'industrialisation. Lors de la phase de développement endogène, une série de phénomènes conduisent au retour du subjectif, de la croyance, de la quête de sens mais aussi plus prosaïquement à la société de l'image. Cette société de l'image n'est pas pour autant la société du pastiche, même si certaines constructions post-modernes ou certains actes relevant du façadisme sont encore maladroits.

Ces deux mutations se renforcent mutuellement, car comment cerner le monde si ce n'est en s'appuyant sur l'information qui est progressivement validée en fonction des expériences personnelles ? La légitimité des savoirs scientifiques n'est donc plus qu'une référence parmi d'autres et est mise en tension avec le quotidien. Cette perception du monde apparaît donc bien comme celle d'un développement endogène, au sens d'être repris de l'intérieur.

4.4.3. Les recompositions territoriales

La recomposition du territoire lors de cette troisième phase du processus d'urbanisation va être caractérisée par la mobilisation des ressources locales, principe fondateur du développement endogène.

L'analyse que nous menons dans cette section vise non pas à montrer comment les territoires vécus ou économiques se recomposent. Nous nous centrons ici exclusivement sur la recomposition des territoires institutionnels au travers principalement de la politique d'aménagement du territoire. En effet la phase du développement endogène va marquer un tournant décisif dans cette politique qui fut, avec les travaux publics et les grands équipements collectifs, le « bras armé » de l'Etat-providence lors du processus d'urbanisation.

Face à la perte de légitimité de l'Etat-providence (avec notamment la mise en question de la notion d'intérêt général, les problèmes de finances publiques, la critique du zonage lors du processus de développement intégré, l'intervention de plus en plus systématique des résidents et des associations locales ou de protection de la nature...), comment les outils de l'aménagement du territoire et plus globalement comment le territoire institutionnel allait-il se recomposer ? Cette section va donc tenter d'apporter une série d'éclairages sur les évolutions et sur les impacts que les mutations détaillées ci-dessus vont connaître pour orienter cette recomposition.

A - La recomposition vers l'Europe des régions

a) La consolidation et l'élargissement de la Communauté européenne

Depuis la création de la Communauté économique européenne, la recomposition d'un territoire institutionnel européen n'a cessé de progresser avec d'abord des élargissements successifs pour passer à l'Europe des 15.

Mais surtout, ce territoire devient une réalité car une série de directives européennes orientent l'avenir non seulement de la sidérurgie mais aussi de l'agriculture. Les manifestations et les marathons en la matière font connaître l'institution sous un angle essentiellement de gestion de la crise du processus d'urbanisation et non pas d'un territoire porteur de projets.

Mais progressivement, de nouvelles compétences sont reconnues à la Communauté. Les années quatre-vingts sont marquées par les premières élections au parlement européen. Les décisions vont avoir un impact pour les citoyens avec les accords sur les libres échanges puis la libre circulation entre pays membres. Une politique favorisant les relations transfrontalières est progressivement mise en place.

Dans le même temps, au niveau des Etats-membres une politique de décentralisation s'instaure à travers l'Europe. Dès lors si les Etats sont toujours les moteurs de la construction européenne une forme de partenariat intervient entre la Commission et les régions notamment au travers de la multiplication des Fonds structurels.

b) La régionalisation de l'Etat belge

En Belgique, les réformes de la constitution en 1980 puis 1988 instituent un Etat fédéral reposant sur quatre niveaux territoriaux : l'Etat fédéral, les régions et les communautés, les provinces et les communes fusionnées depuis 1971. Durant les années quatre-vingts, les trois régions (Flandre, Wallonie et Bruxelles) et les trois communautés linguistiques (flamande, française et germanophone) sont ainsi instituées.

Cette réforme va induire une recomposition assez radicale des rapports entre niveaux territoriaux. En effet la fédéralisation de l'Etat n'induit plus des rapports hiérarchiques entre niveaux national et régionaux. Désormais, les régions et les communautés peuvent s'opposer aux décisions du niveau fédéral. Ce nouveau rapport de force va essentiellement s'exprimer lors des années nonante et deux milles. Il conduit au processus de métropolisation.

Mais cette recomposition est progressive car dans les années quatre-vingts, les régions n'avaient qu'une autorité limitée sur les provinces et les communes. Ces niveaux de pouvoirs sous-régionaux et locaux demeurent sous aussi sous la tutelle de l'Etat fédéral. De plus

comme nous l'avons vu l'articulation des territorialités culturelles (communautés) et socio-économiques (régions) n'est pas identique du côté flamand et du côté francophone.
Pour rappel, la Flandre va rapidement rassembler sous une même territorialité les compétences socio-économiques et culturelles. A l'inverse, la partie francophone va maintenir une division entre ces territorialités. La région flamande ne compte en effet qu'une référence linguistique : le flamand. A l'inverse, la Wallonie est divisée entre principalement la communauté de langue française et très marginalement de langue allemande tandis que Bruxelles l'est entre principalement la communauté française et secondairement la flamande. Progressivement Bruxelles va s'affirmer en tant que région en jouant sur ses spécificités et assurer sa recomposition comme région autonome dans une perspective multiculturelle et de capitale multiple (fédérale, européenne, atlantiste…).

Les compétences des régions concernent l'aménagement du territoire, le logement, l'environnement mais aussi l'économie et l'emploi. Ces deux dernières compétences seront progressivement attribuées dans leur totalité lors de la seconde réforme de la constitution en 1988. A ce moment les régions vont également se voir attribuer les compétences en matière de transport et de travaux publics.

Jusqu'alors l'émergence des régions linguistiques s'est opérée dans le cadre de l'Etat belge essentiellement par un transfert de compétences du territoire national.
Une fois la fédéralisation réalisée, la Wallonie va opérer une double politique de recomposition avec d'une part une décentralisation des compétences vers les communes mais aussi d'autre part la reprise progressive de compétences des agglomérations ou des provinces par la Région. A Bruxelles avec la régionalisation, ce niveau territorial reprend les compétences de l'agglomération bruxelloise née avec la fusion des communes. Enfin en Flandre les provinces demeurent des niveaux territoriaux assez actifs et transversaux à l'image d'un Etat national utilisant les niveaux intermédiaires comme relais vers les communes.

c) *L'affirmation du territoire wallon*

La recomposition du territoire wallon n'a pu compter sur un mouvement identitaire fort contrairement à la Flandre. Il existe plusieurs associations et leaders qui ont progressivement marqués les décennies. Néanmoins les particularismes locaux et sous-régionaux de même que la référence à la culture française voire pour certains à la France n'a pas permis de développement un référent territorial intégrateur. Dès lors la recomposition du territoire régional wallon va tenter d'effacer les sous-régionalismes et de profiter d'une dynamique de tension entre Région et communes. Les niveaux intermédiaires, s'ils demeurent, auront un rôle essentiellement technique et sectoriel.

Nous prenons pour exemple de la consolidation des compétences territoriales de la Région deux matières qui deviendront centrales : les transports en commun et la gestion de l'environnement.
En dehors des chemins de fer qui demeurent nationaux, les transports en commun étaient structurés selon deux niveaux avant la régionalisation : la société de chemins de fer vicinaux et les compagnies intercommunales des agglomérations de Liège, Verviers et Charleroi. La consolidation intervient en gommant la dynamique d'agglomération et celles des territoires ruraux caractérisés par le transport vicinal. La Région fusionne ces deux types de sociétés en

une société régionale comportant cinq sociétés d'exploitation. Les sociétés d'exploitations couvriront un territoire sectoriel même si on peut y retrouver certaines analogies avec les provinces : Brabant wallon, Namur et Luxembourg, Liège, Charleroi et Hainaut. Le transport en commun n'est donc plus une politique urbaine ou rurale mais une politique régionale exécutée par des sociétés sous-régionales.

La seconde consolidation régionale intervient vis-à-vis d'une matière nouvelle : l'environnement. Cette matière est relativement nouvelle, la Région va donc pouvoir innover même si certains aspects sont parfois proches de ceux des intercommunales voire des provinces (traitement des déchets, des eaux usées...). La Région va donc progressivement s'imposer à ces opérateurs sectoriels de niveau intermédiaire. Elle va également pouvoir bénéficier de la reprise des agents des Eaux et Forêts dont l'administration est relativement bien structurée et les fonctions reconnues depuis plusieurs décennies (voir ci-dessus). La politique environnementale sera donc dans un premier temps un enjeu et une compétence régionale, les communes apparaissent comme peu intéressées.

A l'inverse de cette centralisation vers la Région, des dynamiques de décentralisation apparaissent notamment en matière d'aménagement du territoire et d'urbanisme. En effet depuis le début du processus d'urbanisation, l'Etat avait supplanté les communes dans leur compétence en matière d'urbanisme en imposant l'aménagement du territoire comme nouvel outil. La reconstruction des villes détruites fut un cadre propice à cette centralisation et à l'affirmation de l'aménagement du territoire. En outre, comme nous l'avons vu, l'aménagement du territoire fut aussi pour le pouvoir central une mode de redistribution face à la croissance économique et démographique. Or lors de la régionalisation une nette tendance à la décentralisation de la compétence de l'aménagement du territoire vers les communes apparaît d'abord dans le cadre du développement intégré mais surtout du développement endogène.

B - La décentralisation de l'aménagement du territoire et de l'urbanisme

Face à la crise économique mais aussi à la crise de l'intérêt général porté par l'Etat central, la recomposition du territoire est désormais présentée comme relevant des acteurs locaux. En d'autres mots chaque individu, chaque groupe d'habitants, de forces vives, chaque commune... peut devenir un entrepreneur. Et le territoire peut jouer un rôle de mise en synergie en utilisant adéquatement les ressources locales et en jouant des complémentarités entre acteurs locaux.

Le développement endogène va être caractérisé par une lutte contre la crise en mobilisant l'ensemble des acteurs locaux autour de projets territoriaux. Le territoire avec ses différentes échelles depuis le quartier jusqu'à la Région est présenté comme un facteur à la fois de ressource mais aussi de synergies.

Pour traduire ce nouveau mode de développement, certains outils hérités comme les plans d'affectation des sols ou la rénovation urbaine seront transformés dans une optique de développement local intimement liée à une stratégie régionale.

Les plans d'affectation des sols furent progressivement établis et adoptés à l'échelle des arrondissements. L'arrondissement ne constitue pas un réel territoire institutionnel (niveau neutre entre la commune, la province et la région) mais par contre un territoire vécu pertinent

(bassin de vie) ce qui a sans doute permis son adoption. Mais il ne suffisait pas seulement de délivrer les permis de bâtir en référence aux plans d'affectation des sols, d'autant qu'en raison de la crise les demandes se raréfiaient. Une nouvelle dynamique permet de donner aux communes la capacité de préciser, de mettre en œuvre ce plan d'affectation des sols dans le cadre du schéma de structure communal présenté comme un outil de développement local à l'échelle de l'entité. Cet outil à valeur non réglementaire avait pour ambition d'être plus global que simplement aider à la délivrance des permis. En effet des options en matières de mobilité voire d'environnement pouvaient y être envisagées. Le développement du territoire communal était donc inscrit au-delà de prérogatives classiques de l'aménagement du territoire. Sur le fond, le schéma de structure communal traduit pleinement l'évolution des modes d'intervention en mettant en évidence que l'aménagement du territoire et l'urbanisme ne sont pas que la spatialisation d'un choix de développement. On quitte dès lors l'approche stricte de planification en vue de répondre aux besoins en s'interrogeant sur les impacts et les liens entre activités de même que sur les liens entre mobilités et localisation.
Dans le même temps, les outils comme la rénovation rurale ou la rénovation urbaine sont réorientés vers cette même perspective de développement local.

Mais si la décentralisation semble traduire l'émergence d'un nouveau processus, elle s'inscrit aussi dans la logique de l'urbanisation. En effet cette politique est également comprise comme une continuité visant à responsabiliser les acteurs communaux. La décentralisation ne serait dès lors rien d'autre qu'un renouvellement de la procédure existante depuis le lendemain de la seconde guerre mondiale. En effet depuis cette époque, les communes dotées d'un plan général d'aménagement pouvaient délivrer les permis d'urbanisme sans devoir recourir à l'autorité centrale représentée par le fonctionnaire délégué, descendant du commissaire royal à la reconstruction. Devant le faible nombre de communes ayant adopté des plans généraux, la politique de décentralisation visait donc à renouveler cette dynamique de responsabilisation communale dans un contexte de développement endogène peut-être plus propice. Le décret de décentralisation et participation fixait quatre conditions pour qu'une commune puisse bénéficier de la décentralisation. Premièrement, la commune doit être couverte par un plan d'affectation des sols, ce qui est le cas partout puisque la phase d'adoption de ces plans s'est conclue en 1987. Deuxièmement, ce plan doit être affiné et précisé par le schéma de structure communal. Dans ce cadre le schéma de structure se définit davantage comme outil subordonné au plan d'affectation des sols. La troisième condition est également héritière de la phase de développement intégré puisqu'elle consacre le retour de l'urbanisme en lien avec l'aménagement du territoire et ce après que la Région ait adopté les règlements sur les centres anciens et les bâtisses en site rural (voir ci-dessus). La commune est en effet incitée à se doter d'un règlement communal d'urbanisme faisant référence à des aires différenciées au sein de son territoire. Enfin la quatrième condition impose l'existence des commissions communales d'aménagement du territoire. Ces commissions furent initiées notamment dans le cadre du développement intégré lors d'opérations de rénovation urbaine. Les commissions communales encadrent l'élaboration et l'adoption du schéma et du règlement communal. Par la suite, elles seront aussi garantes de l'intérêt général notamment en rendant un avis lors de chaque demande de permis d'urbanisme dérogatoire au schéma ou au règlement.

De la sorte la décentralisation apparaît aussi comme une volonté de décentralisation sectorielle plutôt que comme une nouvelle démarche de développement local.

En fin de compte la politique de décentralisation reflète bien cette phase de transition puisque pour les uns le schéma et le règlement restent des outils d'urbanisme visant à spatialiser les projets et à faciliter la délivrance des permis alors que pour les autres il s'agit au contraire d'une réflexion globale de développement local au sein de laquelle le territoire devient un facteur de cohésion et support de projets.

C - Le développement local et la multiplication des outils le cas de Louvain-la-Neuve

Nous voudrions ici revenir sur l'exemple de Louvain-la-Neuve comme pratique de gestion novatrice au travers de l'émergence de la notion de développement endogène.

La ville nouvelle de Louvain-la-Neuve, dont la réalisation exprimait jusqu'alors clairement la combinaison d'un urbanisme exogène évoluant vers l'urbanisme intégré, ralentit son développement faute de nouveaux crédits de l'Etat-providence. Deux stratégies vont progressivement se mettre en place pour tenter de poursuivre le développement de la ville et ainsi atteindre l'objectif de bâtir une ville nouvelle dans laquelle l'université serait insérée.

La première stratégie, de type endogène, vise à tirer parti de la ressource spatiale de Louvain-la-Neuve et à la valoriser. Face à la dynamique de périphérisation et face à la raréfaction des moyens financiers de l'Etat-providence, la promotion de la construction résidentielle devient un atout pour atteindre les objectifs fixés. La ville nouvelle va alors jouer de son image (marketing urbain) en mettant en évidence les avantages, la qualité du cadre de vie, les équipements à proximité, les connexions avec Bruxelles, la garantie d'un maintien de cette qualité à terme par une sélection des investisseurs. Cette politique conduit à sélectionner les candidats bâtisseurs et à utiliser la gestion foncière de l'emphytéose non plus comme un handicap à l'accès à la pleine propriété mais comme un avantage. En ce sens l'emphytéose est désormais présentée comme un moyen de réduire le prix du foncier puisque celui-ci se limite au droit d'entrée et au canon annuel.

L'autre stratégie était à côté de l'Université, de diversifier les sociétés pourvoyeuses d'emplois afin de garantir la constitution d'une ville socialement et économiquement variée. Les liens entre l'université et les entreprises étaient assez ténus. L'idée était de pouvoir offrir des emplois aux anciens chercheurs afin que ceux-ci puissent travailler dans la ville nouvelle. La sélection des entreprises était limitée à des critères d'innovation et de qualité d'implantation au sein d'un parc d'activité économique à image scientifique. Ce parc scientifique (vaste espace vert ponctué d'œuvres d'art et d'entreprises non polluantes dont les bâtiments possédaient une réelle qualité architecturale) fut donc développé sous le modèle du développement exogène en attirant des entreprises internationales. Avec la crise, les implantations de nouvelles entreprises sont devenues plus rares. Plus fondamentalement, l'idée d'établir des liens structurels entre université et entreprises fut revue en établissant les liens non plus vers aval avec l'emploi mais vers l'amont avec la recherche et les innovations technologiques. En d'autres mots, l'université devenait un acteur de la reconversion économique par des découvertes scientifiques mais aussi en créant de nouvelles entreprises. La création des spin-off était ainsi initiée. Des entreprises nouvelles, généralement de petite taille, pouvaient se lancer dans la production de nouveaux produits (IBA, IRIS...). Trois objectifs étaient ainsi atteints. Premièrement, les autorités pouvaient démontrer l'efficacité de l'enseignement et la possibilité de lutter contre le chômage. Deuxièmement, l'idée d'une reconversion industrielle en Wallonie était initiée, mettant ainsi un terme à la longue sortie de l'ère charbonnière. Enfin troisièmement, l'université supprimait le principe de la permanence de l'emploi qui la caractérisait au même des autres entreprises publiques sous le régime de l'Etat-providence. Désormais la capacité à créer son propre financement puis sa propre entreprise devenait une règle.

D - Les nouvelles tentatives d'élaboration du plan régional wallon d'aménagement du territoire

Nous terminons cette analyse des recompositions par un bref examen de l'état de maturation du plan régional d'aménagement du territoire.

L'élaboration de ce plan va nous permettre de revenir sur la difficulté de la Région wallonne de s'établir comme territoire intégrateur, avec cependant une lente évolution dans cette direction.

Cette évolution de la recomposition passe comme par le passé essentiellement par des références socio-économiques, même si le tourisme ou la gestion du patrimoine monumental et plus largement du patrimoine bâti sont désormais aussi de compétence régionale. Sans détailler davantage, le rôle de ces deux compétences pourrait être à l'avenir une ressource pour renforcer la force intégrative de la Région. Ces compétences sont en effet des enjeux mais aussi des logiques de rapport à l'espace et au temps caractéristiques du processus de métropolisation.

Cette évolution de la recomposition au travers du plan régional nous permet aussi de revenir sur la question des relations entre privé et public de même que sur la relation entre commune et région. Le choix des intercommunales de développement économique et d'aménagement du territoire héritées de la phases de développement exogène s'inscrit dans cette perspective. L'élaboration du plan régional permet aussi de reposer la question des territoires intermédiaires au sein de la Région wallonne. Elle nous aide à percevoir la tentative de transposition de cette logique de développement territorial au niveau régional.

a) La seconde tentative confiée aux intercommunales : des innovations perçues comme partisanes

Le développement endogène de la Région conduit le Gouvernement à charger les intercommunales de développement économique créées dans les années cinquante d'établir le plan régional d'aménagement du territoire. Ce choix démontre la perte de légitimité des administrations comme la Société régionale wallonne de développement au profit d'opérateurs économiques locaux considérés comme plus proche des entreprises.

La nouvelle esquisse de plan régional réalisée par les intercommunales abandonnait l'idée de la polyville et mettait au contraire en évidence l'idée de projet territorial à l'échelle de la Wallonie mais aussi et surtout des sous-régions.

L'une des idées maîtresses était de doter chaque sous-région d'un projet territorial en mettant en place des projets de pays.

L'introduction d'un nouvel outil dans la panoplie de l'aménagement du territoire et d'un niveau territorial intermédiaire entre les communes et la Région fut sans doute à l'origine de l'échec de cette seconde tentative. La tension entre la complexification et la clarification des outils mais aussi entre les niveaux territoriaux conduira à cet abandon.

D'autres raisons peuvent naturellement être évoquées pour tenter d'expliquer ce second échec. Il peut être en effet paradoxal de confier à des opérateurs sous-régionaux la définition d'une stratégie de développement régionale. En outre, même si le résultat des travaux est beaucoup plus global, il apparaît rapidement que la dimension socio-économique l'emporte. En d'autres mots, les intercommunales ne pourront jamais effacer leurs origines.

b) *La troisième tentative, la reprise en main par l'administration régionale : une forme de résistance face aux mutations*

L'administration est alors chargée d'établir une nouvelle version du plan d'aménagement du territoire wallon. Elle opte pour une réaffirmation de sa compétence régionale de même que pour la portée réglementaire du plan. Cette tentative conduira essentiellement à lutter contre la désurbanisation qui apparaît comme l'impact de l'étalement et de la dispersion des entités bâties qui s'opère en réalité depuis le début du processus d'urbanisation. En somme l'administration régionale reprend comme clé de lecture la question qui est la sienne : gérer la répartition de la croissance économique et démographique à travers le territoire mais sous un angle restrictif en raison de la crise mais aussi incorporant les enseignements du développement intégré sur l'opposition entre ville et campagne, la perte de légitimité de la notion d'intérêt général et un certain retour à la mixité urbaine… C'est ainsi notamment que l'administration régionale va limiter le mitage des espaces ruraux, favoriser le retour de l'habitat en ville et promouvoir le développement du secteur tertiaire dans les grandes villes wallonnes. On retrouve aussi une recomposition autour de l'idée de la polyville et une intervention classique sur la gestion des demandes de permis d'urbanisme.

Cette troisième tentative va introduire dans le code de l'aménagement du territoire une notion clé : l'usage parcimonieux du sol. De même une série de principes veilleront à traduire cette répartition économique de l'urbanisation en supprimant par exemple certaines possibilités de déroger aux plans d'affectation des sols. Il ne s'agit pas strictement d'une attitude de résistance car même si l'optique demeure de gérer la répartition de l'urbanisation tant à l'échelle régionale qu'à travers le zonage, le contexte de ralentissement de l'urbanisation et la présence importante de friches industrielles conduisent aussi à renforcer les outils d'assainissement des sites d'activités économiques. Le code prévoit que désormais toute modification des plans d'affectation des sols visant à inscrire une nouvelle zone d'activité économique doit être compensée par l'assainissement d'une friche industrielle.

Cette troisième tentative de plan régional échoue à nouveau, mais comme mentionné certains principes seront rapidement adoptés par le Parlement et deviendront des règles d'aménagement du territoire.

Les motifs de cet échec sont selon nous directement liés au contexte historique.

D'abord la formulation est davantage le reflet du développement intégré, encore fondé sur la rénovation urbaine classique et la gestion des permis, que le reflet du développement endogène.
Ensuite, la proposition avec son caractère réglementaire est mal perçue en pleine crise économique. Les forces vives attendaient plus de souplesse pour faciliter la reconversion économique et ils ont le sentiment que le projet de plan régional est davantage un carcan supplémentaire.
Enfin, la formulation n'anticipe pas assez le processus de métropolisation émergent. Si nous ne citons que le cas du développement du secteur tertiaire, c'est parce qu'il est exemplaire. L'idée du troisième projet de plan régional était de confirmer la vocation des pôles de la polyville en évitant l'étalement des bureaux notamment vers les zones industrielles périphériques. Ce principe qui visait à localiser les bureaux dans les centres et de préférence à proximité des gares relevait déjà des principes de limitation des impacts d'une trop grande mobilité exclusivement automobile. Cependant c'était sans compter sur l'émergence du processus de métropolisation qui va placer les pôles wallons face à la concurrence de Bruxelles. Sans détailler déjà ici la métropolisation (voir ci-dessous), l'idée de réguler les implantations entre centre et périphérie ne portait déjà plus sur une échelle pertinente. Le secteur tertiaire commençait à se restructurer sur les grandes métropoles comme Bruxelles et à décliner en Wallonie où seul le tertiaire public se maintenait dans le cadre de la régionalisation. La dynamique de la métropolisation va en effet conduire de nombreuses banques et assurances à être intégrées dans des groupes internationaux. Cette étape nouvelle de mondialisation de l'économie propre au processus de métropolisation va induire une limitation des sièges régionaux. Les pôles tertiaires privés de Wallonie seront donc victimes de cette métropolisation émergente. Les années nonante et deux mille ne feront qu'entériner cette dynamique.

c) La quatrième tentative : l'élaboration d'un schéma régional de développement

La quatrième tentative de plan régional prendra acte de ces enseignements et de ces dynamiques nouvelles. Le plan régional sera définitivement adopté en 1998. Il devient un schéma de développement de l'espace régional (SDER). Outre les enseignements sur les principes et les mutations en cours, le document montre aussi une recomposition de la force intégrative du territoire régional en abandonnant l'idée d'un territoire fort de l'intérieur face aux concurrences externes. Désormais l'idée centrale n'est plus de former une polyville pouvant rivaliser avec Lille ou Bruxelles mais au contraire de promouvoir un équilibre entre les dynamiques des pôles wallons et les pôles proches comme Lille, Bruxelles, Aix-la-Chapelle et Maastricht de même que Luxembourg. Les pôles wallons ont donc autant à gagner de solidarités internes que de solidarités avec les villes proches même si celles-ci font parties d'Etats voisins. En d'autres termes la Wallonie se définit davantage dans un processus de recomposition de l'Europe que comme une région au sein de l'Etat fédéral belge. D'autres aspects du schéma de développement de l'espace régional vont s'inscrire dans cette perspective des régions d'Europe, notamment la référence aux eurocorridors, aux fonds structurels ou plus simplement à la dénomination du document qui renvoie explicitement au document d'orientation à valeur non réglementaire qu'est le schéma de développement de l'espace communautaire (SDEC). De la sorte le SDER formalise la transition vers le processus de métropolisation.

4.5. Conclusions et le mode de représentation du processus d'urbanisation

A - *Le zonage et la répartition fonctionnelle*

Tout au long du processus d'urbanisation, l'organisation du territoire a été planifiée en référence à un mode de représentation proche de celui de l'entreprise fordiste. A l'image de l'organisation interne de la division du travail et de la spécialisation des tâches, le territoire a été organisé tant à l'échelle des parcelles qu'à l'échelle internationale dans une spécialisation de l'espace.

Au sein des parcelles, les occupations furent précisées au détriment de la multifonctionnalité. C'est ainsi que les parcelles agricoles furent progressivement uniquement dévolues à la production alimentaire dans le cadre d'une maîtrise intégrative allant de la reconnaissance du statut d'exploitant agricole et des opérations de remembrement des terres agricoles jusqu'à la spécialisation géographique des spéculations d'abord à l'échelle des Etats puis à l'échelle mondiale. De même les parcelles destinées à la résidence ont perdu leurs multiples fonctions complémentaires au logement. La résidence est devenue progressivement un lieu de repos, les jardins se sont transformés en aire ornementale, les enfants ont été de plus en plus en souvent éduqués en dehors de la résidence, et ce depuis la crèche jusqu'aux maisons des jeunes en passant par les multiples centre scolaires. La résidence est en outre devenu le lieu du soir et du week-end, les centres de loisirs et de vacances offrant autant d'opportunités de se ressourcer ailleurs. Les lieux se sont multipliés et le territoire de la vie quotidienne s'est éclaté. La ville s'est étalée et étalée en raison de la politique d'accès à la propriété résidentielle, du zonage des fonctions et de l'essor de l'automobile.

Le territoire est recomposé par morceaux selon le zonage des fonctions : zones de logement, de travail, de loisirs, de soins, de traitement des déchets, zone agricole... La spécialisation permet à la fois de réduire les problèmes de promiscuité et d'offrir des cadres de vie, de travail ou de loisirs harmonieux, rationnels et débarrassés des éléments incompatibles. Cette logique évoluera de la séparation de l'habitat des usines polluantes et du contrôle patronal hérités du processus d'industrialisation vers des zones résidentielles de plus en plus unifonctionnelles et dans lesquelles le phénomène nimby se développe. Les oppositions aux activités s'y multiplient au point par exemple que la demande d'ouverture d'une crèche conduit à l'opposition des riverains.

Les zones d'activités comme celles destinées aux industries mais aussi celles de sports ou de commerces connaissent des rythmes de vie précis et collectivement déterminés. De même les réseaux routiers permettant de joindre ces lieux sont pris d'assauts aux mêmes heures par des milliers d'automobilistes. La multiplication des infrastructures permet encore de limiter la congestion. La planification ambitionnait ainsi d'isoler les fonctions incompatibles mais aussi de réserver le sol et de programmer les équipements et infrastructures en vue de faire face à la croissance démographique et économique.

Cette spécialisation de l'espace est rendue possible par le recours aux études sur la base de statistiques fondées sur les besoins d'un individu moyen et standard. En regard de ces besoins une clé de réparation des équipements renvoyait aux théories de l'armature urbaine fondée par Christaller. Le schéma présenté ci-dessous reprend cette modélisation en superposition aux modèles hérités.

Sur le plan quotidien la séparation des activités dans l'espace est rendue possible en partie par l'hégémonie de l'automobile. La voiture individuelle devient le mode de transport le plus utilisé, et ce même pour des distances courtes. Elle est fiable, peu coûteuse et disponible en temps et en lieu souhaités. Sur l'ensemble du territoire, les réseaux routiers et les parkings se multiplient depuis les maisons dont les rez-de-chaussée sont aménagés pour loger la puis les voitures jusqu'au cœur des îlots dont les espaces non bâtis sont progressivement occupés par des boxes de garages en passant par la ville qui abrite des aires de stationnement dans les rues, sur les places ou encore dans des immeubles.

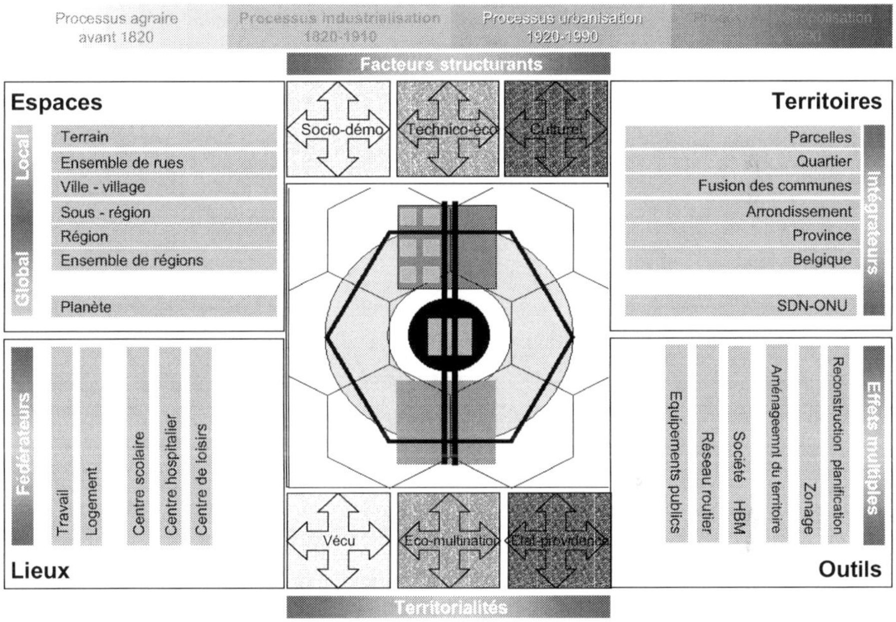

Cette spécialisation de l'espace ne se double pas encore d'une individualisation des rapports au temps. Lors du processus agraire, les temps collectifs étaient fortement marqués notamment par les saisons mais aussi par le rythme de la journée et de l'année établis par l'Eglise, puis ce temps collectif fut recomposé en fonction du temps de l'horloge qui permet de déterminer les heures de prestation à l'usine. Lors du processus d'urbanisation, les temps collectifs se recomposent en fonction des lieux. Ainsi même si la famille est de plus en plus « sur les routes » avec des horaires et calendriers spécifiques (horaires et congés d'école différents de ceux du travail), elle se retrouve le soir, les week-ends et lors des vacances. Les horaires de travail et de navettes entre les lieux de résidence et de travail restent assez communs, ce qui permet d'organiser un travail en équipe ou de maintenir certaines tâches à pauses. Les transports collectifs ne sont pas totalement obsolètes car même s'ils ont connu la fermeture de nombreux points d'arrêts et de lignes, ils offrent néanmoins des fréquences élevées aux heures de pointe à partir des axes traversant la périphérie vers les centres d'emplois. La combinaison des chemins de fer avec une voiture par ménage permet donc des choix résidentiels à la campagne. Mais au terme du processus d'urbanisation, les lieux de travail vont être de plus en plus éclatés et les horaires vont devenir largement flexibles. Cette métropolisation qui se caractérise également par d'autres mutations appelle donc de nouveaux modes d'organisation.

B - Le centre et la périphérie

Cette spécialisation de l'espace lors du processus d'urbanisation fut également rendue possible par une nouvelle distinction entre l'urbain et le rural. L'urbain s'impose face au rural défini comme passéiste et traditionaliste. La modernité s'impose dès lors de manière absolue en référence au centre. Plus concrètement, l'absolue modernité néglige le local et les lieux dans un processus d'uniformisation. La campagne disparaît face à la ville moderne urbaine. C'est ainsi par exemple que les routes sont de conception uniforme, qu'elles traversent les villes ou les campagnes. La nuit, les éclairages routiers et autoroutiers construisent un paysage continu. Le processus d'urbanisation se matérialise donc par l'affirmation de la ville moderne sur la ville et la campagne héritées. L'étalement urbain procède encore par tache d'huile mais aussi par excroissances linéaires ou en cités et autres zones monofonctionelles. Les éléments naturels, les lieux ne sont plus perçus comme des contraintes ou des référents structurants. Les techniques du génie civil et la modernité pensée au centre permettent de canaliser, de couvrir ou de déplacer les cours d'eau, les monuments... les tunnels et les ponts peuvent franchir des obstacles naturels importants.

Les plans d'occupation des sols sont élaborés dès la reconstruction des villes et des quartiers démolis par la première guerre mondiale puis lors des plans de construction des villes coloniales. Ils seront appliqués à l'ensemble du territoire après la seconde guerre mondiale. Dès ce moment le mode de représentation postule que l'espace est maîtrisé dans son ensemble et pour une longue durée.

Lors des dernières phases du processus d'industrialisation, ces techniques furent déjà mises en œuvre. Toutefois avec le processus d'urbanisation, leur utilisation se généralise, ce qui facilite l'étalement urbain. Dès lors la ville industrielle fragmentée en quartiers de vie laisse définitivement place à une ville continue dans l'espace. Les coupures que représentaient les remparts et les éléments naturels sont recomposées au travers des réseaux comme les chemins de fer puis les routes et autoroutes urbaines de même que les zones-tampons. En outre, des espaces essentiellement boisés sont progressivement maintenus sur la base de leur vocation sociale et des premières règles de protection des sites. L'ensemble des éléments forme une ville étalée dénommée ville-banlieue, agglomération, périphérie ou région urbaine. Cette extension physique de la ville doublée de la mise à distance entre lieu de travail et lieu de résidence reliés par des mouvements pendulaires a conduit à des recompositions des territoires institutionnels avec la création des agglomérations et la fusion des communes.

Cette représentation se fondait sur l'idée unanimement reconnue de l'extension possible de la ville et de la disparition progressive des activités agricoles ou sylvicoles aux abords de la ville. Selon cette perspective, le développement des villes ne peut en effet se faire qu'en repoussant la nature au profit de l'artificiel, du construit et de la culture.

Dans cette logique d'opposition et de substitution de la ville à la campagne, la nature, la sylviculture et les activités agricoles sont en sursis. Les occupations du sol qui résistent le mieux sont celles qui tirent parti de la proximité, même si ce n'est que temporaire : les parcs et autres jardins zoologiques, les forêts domaniales ou encore les activités maraîchères, horticoles ou de loisirs. Cette perception d'une progression irrémédiable fut en partie bornée par la modernisation voulue des campagnes au travers d'une agriculture productiviste et par la multiplication des rocades qui figuraient les nouveaux remparts de la ville. Cette idée renouvelée de la ceinture verte et des cités-jardins combinée avec la volonté politique d'assurer l'autosuffisance alimentaire allait conduire à protéger les terres agricoles via les plans d'affectation des sols. Toutefois cette volonté de réguler la dynamique de l'extension urbaine ne fut qu'une contrainte fort temporaire. Les plans d'affectation furent surdimensionnés en laissant ainsi davantage d'espace pour concrétiser une croissance économique et démographique qui s'est ralentie, permettant des modifications du zonage.

Au terme du processus d'urbanisation, l'aménagement du territoire qui apparaît désormais davantage non comme une réelle planification mais au contraire comme une forme de régulation va conduire à favoriser un étalement mais aussi et surtout un éclatement des fonctions et des centralités dans l'espace. La progression continue de la ville laisse la place à une progression dispersée comportant de nombreuses poches non bâties et l'émergence de centres à vocation spécifique à travers l'espace. Ainsi des configurations spatiales complexes apparaissent, qui ne s'apparentent ni à la ville mythique, ni à l'agglomération ni même à la campagne : l'espace métropolitain (voir ci-dessous).

La planification du territoire reposait non seulement sur la capacité d'intervention au nom de l'intérêt général mais aussi et surtout sur une représentation visant à reconnaître que l'innovation, la nouveauté, la modernité étaient issues du centre par opposition à la périphérie qui était traditionaliste, conservatrice voire même passéiste. Cette seconde influence supplante la force régulatrice de l'aménagement du territoire. Certaines études ont ainsi démontré, statistiques à l'appui, que le taux d'équipements des logements en sanitaire par exemple était supérieur dans les villes par rapport aux campagnes. Mais l'idée la plus communément répandue était que le centre détenait les pistes pour l'avenir. En outre, le centre était souvent extérieur à sa propre centralité. Ainsi le village était-il le centre des campagnes mais la périphérie du chef-lieu de province qui lui-même n'était qu'une ville périphérique de la capitale, elle-même périphérique de Paris et de Londres, périphéries des Etats-Unis… Cette représentation culturelle emboîtée et hiérarchisée conduit aussi à reconnaître le bien-fondé de l'extension du centre c'est-à-dire de la civilisation moderne dont les traits les plus manifestes s'expriment dans la progression physique de la ville. Même lors de la phase de résistance idéologique contre les Etats-Unis avec le communisme ou plus radicalement encore lors de la décolonisation et même lors des revendications rurales, cette lecture reste la logique d'organisation de l'espace : être en phase avec le centre puis pouvoir prétendre à l'émancipation par rapport au centre.

C - De l'étalement urbain à la métropolisation

Si lors du processus d'industrialisation, la ville bourgeoise avait progressivement englobé ses faubourgs, le processus d'urbanisation va se caractériser par l'émergence des périphéries liée à l'étalement de la ville et par la généralisation progressive de l'urbain malgré des tentatives de résistance du rural. Cet étalement de la ville et ce triomphe de l'urbain sur le rural se sont effectués selon quatre phases de développement.

Différentes études ont essentiellement explicité les étapes de cette mutation spatiale en établissant plusieurs notions comme la banlieue puis la région urbaine. Ces espaces sont tous définis en fonction des mouvements pendulaires suite à la dissociation entre le lieu de travail et le lieu de résidence. La banlieue caractérise surtout l'étalement de la ville lors de l'entre-deux-guerres alors que la périphérisation s'impose davantage après la seconde guerre mondiale. Jusqu'alors, la périphérisation se marquait essentiellement dans des déplacements de loisirs ou de tourisme. Ces deux étapes de l'étalement de la ville sont généralement envisagées selon un modèle radioconcentrique ; or l'héritage de l'armature urbaine en Belgique et la présence d'un important réseau de transport collectif mis en place lors du processus d'industrialisation ont conduit à des banlieues radioconcentriques tout comme linéaires. Les villes industrielles ou plus exactement les agglomérations industrielles formaient un troisième type de structure spatiale caractérisant l'étalement des villes.

L'automobile qui sera le vecteur principal de la périphérisation conduit à accroître cette structure spatiale peu dense et complexe formée de banlieues linéaires ou radioconcentriques et d'agglomérations industrielles en facilitant la construction de maisons puis de commerces en dehors des entités existantes, soit de manière isolée à travers les campagnes, soit de manière linéaire le long des nombreuses routes reliant les villes et les villages, soit enfin sous la forme de cités. Le lotissement fut pratiquement systématiquement utilisé comme mode de morcellement des terrains à bâtir pour offrir ces différentes formes.

Cet étalement de la ville bourgeoise, de la ville industrielle et des villages fut en partie remis en question par la rurbanisation. La rurbanisation apparaît lors du processus de développement intégré comme un courant composé essentiellement d'urbains (néoruraux ou ruraux ayant quitté puis étant revenus dans les villages et les campagnes) voulant réinventer les spécificités locales des campagnes et des villages tant sur le plan géographique, architectural ou urbanistique que sur le plan culturel. La ville et la campagne étaient mises en opposition non seulement parce que la ville envahissait la campagne mais surtout parce qu'elle était présentée comme anonyme, polluée et en déclin. A l'inverse la campagne était présentée comme conviviale et naturelle. Mais les campagnes évoluaient dans des sens opposés. Celles qui étaient proches des villes de provinces bénéficiaient progressivement d'équipements modernes grâce à la politique d'équité prônée par l'Etat-providence, alors que dans le même temps les plus reculées et en déprise connaissaient l'émergence des projets de parcs naturels.

Enfin, l'étalement des villes et des villages fut accentué par le développement et le recours pratiquement généralisé aux transports routiers. La voiture et les camions ont donc permis le développement des villes au-delà des régions urbaines. La configuration des villes repose alors à la fois sur les centres traditionnels, sur les zones résidentielles et sur les zones industrielles mais aussi sur les zones commerciales et de loisirs reliées tantôt par des rocades, tantôt par le réseau des autoroutes. Ainsi les plans d'occupation des sols, les projets routiers, l'ensemble de la politique de redistribution liée à l'Etat-providence tout comme la volonté de mise à distance du lieu de travail et du lieu de résidence ont conduit à un étalement de la ville et plus fondamentalement à un éclatement des territoires. On entend en effet poser comme hypothèse que les territoires se recomposent à la fin du processus d'urbanisation non plus en lien avec la proximité physique mais en fonction de multiples pôles avec lesquels les individus entretiennent des relations sélectives à partir de connexions spécifiques.

En Belgique, les campagnes reculées sont pratiquement inexistantes vu la densité des réseaux et la trame des villes et villages. Ainsi pratiquement l'ensemble des communes wallonnes sont à moins de 40 minutes en voiture d'un pôle d'emploi important, alors que dans le même temps, les banlieues et les périphéries plus proches des pôles d'emplois sont victimes de la congestion automobile. Face à cet étalement et à cet éclatement, outre les nouveaux modes de mise en relations liés à la métropolisation, il convient de s'interroger sur les recompositions territoriales.

L'hypothèse classique définissait l'espace périurbain comme un espace en sursis. L'agriculture avait pour vocation de disparaître sous l'effet de l'étalement des villes. Par ailleurs celui-ci imposait de densifier progressivement les espaces conquis. C'est ainsi que les faubourgs devenaient peu à peu des quartiers de villes.

Chapitre 5

PROCESSUS DE METROPOLISATION

La dernière phase du processus d'urbanisation offre déjà de nombreuses mutations et recompositions qui seront prolongées lors de la première phase du processus de métropolisation.

La métropolisation se marque par de nouvelles perceptions de l'espace notamment grâce à de multiples mutations depuis les rapports au corps jusqu'aux nouvelles technologies comme le téléphone portable, les systèmes géoréférencés, la société de l'information...

La première phase du processus couvre la période s'ouvrant à partir de 1990 ; elle est caractérisée par le discours du développement durable. Nous ne reprendrons pas ici le contenu de ce modèle de développement mais nous tâchons de cerner les recompositions qu'il préfigure.

La démarche adoptée dans cette dernière partie est proche de celle suivie tout au long de la thèse. Toutefois vu leur caractère essentiellement prospectif, même si l'on date le début du processus d'une dizaine d'années, notre analyse et notre mode de rédaction s'approchent plus souvent de l'essai que du traité scientifique. Les pages qui précèdent sont d'ailleurs déjà marquées par ce mode d'expression.

Comme tout au long de cette thèse nous traitons d'abord de notre cas d'école, Court-Saint-Etienne.

5.1. Le contexte général de Court-Saint-Etienne

Entre 1990 et 2000, Court-Saint-Etienne a vu sa population augmenter de 800 habitants, ce qui signifie donc une accélération de la croissance annuelle moyenne (80 habitants par an contre 50 habitants lors du processus d'urbanisation). Cette accélération est progressive puisque lors les années soixante, la croissance atteignait déjà en moyenne 75 nouveaux habitants par an. Mais comme on l'a dit plus, cette moyenne masque en réalité une évolution en dents de scie en raison de la crise économique des années 1970-1980 affectant la commune à la fois dans son centre avec la faillite des Usines Henricot et dans ses villages et nouveaux quartiers périphériques par le ralentissement de l'exode urbain de Bruxelles.

Depuis 1989, des projets étaient en discussion sur l'avenir du site n°1 des anciennes Usines Henricot. Celui-ci s'étend au centre de l'entité entre le chemin de fer et le village historique de Court-Saint-Etienne ; comme chaque centre, comme chaque point sensible, il suscite débats et passions. La classe politique se divise.

Alors que la commune traverse cette crise, en 1990 René Boël et Jean Goblet d'Aviella, les héritiers des familles emblématiques de l'histoire communale, décèdent.

Progressivement, un consensus se construit autour du projet de réaménagement du centre de Court-Saint-Etienne. En 1993, le Conseil communal adopte un plan particulier d'aménagement prévoyant le maintien d'un hall en bordure du site en raison de son intérêt patrimonial, mais aussi la construction de logements, de commerces et de bureaux de même que la remise à ciel ouvert de la Thyle et son déplacement. Ce plan réglementaire pose les jalons mais laisse de nombreuses possibilités. Un pas de plus qui n'est pas le dernier plan...
En 1994, les bâtiments de l'usine Henricot n°1 sont démolis. Le projet se peaufine. Sera longtemps débattue, notamment, l'opportunité de valoriser ou non la rivière. Mais en 1996 la dynamique est lancée et les premiers logements sont construits.

L'intérêt de ce projet réside dans la nouvelle dynamique à la fois à l'échelle locale mais aussi à l'échelle supracommunale.
A l'échelle locale, le projet vise à présenter une alternative à l'urbanisation en dehors des centres. En ce sens il s'inscrit à la suite des deux dernières phases du processus d'urbanisation. Mais, le projet s'inscrit aussi dans les mutations du processus de métropolisation en faisant la promotion de petits logements dans un ensemble urbanistique à l'image forte bénéficiant d'espaces publics, d'un parc et de la remise en valeur de la Thyle. Depuis 1897, la rivière était cachée sous l'usine et transformée en égout. Le projet vise à revaloriser la rivière en la remettant à ciel ouvert et en réaménagement les berges. Il prévoit aussi des plantations, un sentier et un petit pont. Avec lui, c'est une coulée verte qui s'inscrit au milieu de l'ancien site industriel.

Progressivement, un quartier presque mythique se recompose en articulant des petites maisons, une place, des immeubles ouverts vers une coulée de verdure en lien avec la rivière et le petit bois... La place est tantôt un parking, tantôt une aire de jeux ou encore l'esplanade du marché hebdomadaire.

Cette composition urbanistique tire donc parti du site mais aussi des mutations socio-démographiques en cours. Concrètement, alors qu'en 1990, la commune de Court-Saint-Etienne ne comptait que quelques 380 appartements résultant essentiellement de la subdivision de maisons unifamiliales, le projet génère près de 200 appartements supplémentaires. Le choix de ce type de logements en complément des quelques 150 petites maisons visait à attirer la population locale mais aussi une population métropolitaine : personnes âgées, familles monoparentales et célibataires.
Ces métropolitains trouvent à Court-Saint-Etienne un accès aisé aux commerces quotidiens, à plusieurs écoles de même qu'au centre culturel implanté dans l'ancien Foyer populaire des Usines Henricot. A côté du projet du site n°1, la commune bénéficie en effet d'une dynamique de redéveloppement basée sur les petites et moyennes entreprises, le secteur tertiaire et la création d'un hall culturel dans l'ancien parc à mitrailles des Usines Henricot. Dans ce hall, des manifestations socio-culturelles (festival forain, festival de blues...) sont organisées à l'intention d'un public local ou régional.
Cette population métropolitaine bénéficie aussi sur le site de plusieurs possibilités de modes de déplacements. D'abord la structure des chemins et sentiers a été établie afin de permettre

de joindre à pied les commerces, les écoles mais aussi les bois qui bordent la commune notamment sur le plateau de Franquenies. Le site est à proximité des lignes de bus et de la gare, ce qui permet de joindre Bruxelles en moins de 30 minutes. Certains projets prévoyaient d'ailleurs que la gare de Court-Saint-Etienne soit inscrit dans le futur RER ce qui augmenterait les fréquences vers Bruxelles. De plus, l'ancienne ligne en direction de Genappe et Nivelles permettrait de boucler le RER autour de Bruxelles. Même si ce projet est aujourd'hui abandonné en raison des difficultés budgétaires et de la perte de la maîtrise foncière sur le tracé, il démontre que Court-Saint-Etienne est désormais inscrit dans l'aire métropolitaine de Bruxelles.

En marge des mouvements pendulaires de la périphérie vers le centre de Bruxelles, il existe maintenant un grand nombre de mouvements transversaux de même que des mouvements de Bruxelles vers la périphérie. La RN25 qui traverse l'aire métropolitaine d'est en ouest et qui fut aménagée depuis 1989 absorbe largement ces flux. Les voitures mais aussi un nouveau service de bus express reliant Nivelles, Genappe, Louvain-la-Neuve et Ottignies empruntent cet axe. Ces mouvements transversaux démontrent que l'aire métropolitaine fonctionne sur la base d'un polycentrisme en termes d'emplois, de commerces, d'enseignement et de culture.

Mais la métropolisation ne se concrétise pas que dans la vallée sur les anciens sites industriels. En effet, depuis la fin des années quatre-vingts la production de lotissements a connu une évolution assez radicale. Le nombre moyen de lots par demande de permis a légèrement augmenté alors que les grands projets semblent plafonner. Lors du processus d'urbanisation, il y avait une réelle opposition entre les petits lotissements et les grands, ces derniers pouvant atteindre plus de 80 lots. A l'inverse depuis le processus de métropolisation, même s'il demeure des petits projets, les grands sont par contre moins vastes, avec en moyenne une trentaine de lots. Cette recomposition s'explique par la rareté des petits terrains mais aussi une nouvelle gestion du risque par les promoteurs et dans le même temps la convergence de vue entre la demande renouvelée et les riverains soucieux de maintenir des espaces ouverts. En effet, la production résidentielle s'est largement modifiée et diversifiée. Les professionnels réalisent davantage des projets selon deux modalités caractéristiques (voir plus loin). Cette évolution de la production résidentielle s'explique par les mutations socio-démographiques et économiques liées au processus de métropolisation.

5.2. La phase du développement durable

La phase du développement durable est la première période du processus de métropolisation.

D'emblée, il convient de signaler que les mutations et les recompositions observées conduisent à mettre en évidence un vaste débat entre tendance à l'uniformisation ou au contraire à la diversité. Pour notre part, nous observons l'une et l'autre car généralement cette appréciation renvoie à la question des échelles spatiales et temporelles. Tentons de préciser cette tension.

5.2.1. Les mutations des systèmes d'informations : diversité et homogénéité

Pour clarifier notre propos, nous prendrons un exemple simple, celui de l'évolution du secteur des médias. Lors du processus d'urbanisation, le cinéma, la presse écrite, la radio et la télévision furent des moyens de communication de masse. Progressivement, le nombre de titres de presse écrite n'a cessé de se réduire ; les journaux sont rachetés par quelques grands groupes. A l'inverse, les médias télévisuels étaient, lors du processus d'urbanisation, pratiquement systématiquement sous le contrôle des Etats qui imposait le monopole. Malgré cette situation, la famille nucléaire y trouvait ses programmes et payait sa radio-redevance. En Belgique, le monopole fut déjà relativisé par l'implantation du « câble » des intercommunales de télédistribution. Cette relativisation des frontières fut rendue possible non seulement par la maîtrise technique et la création d'un réseau commercial mais aussi par un accord sur les références culturelles extra-nationales, ce qui dans le cadre d'une Belgique de moins en moins unitaire pouvait être acceptable.

Les opérateurs de télédistribution ont également élargi leurs programmes afin de permettre aux communautés immigrées d'avoir accès aux programmes de leur pays d'origine : Italie, Espagne, Portugal... Cette perspective nouvelle est selon nous un second exemple de la relativisation de l'emprise du territoire intégrateur. En effet jusqu'alors l'immigrant se devait d'apprendre la langue, d'aller à l'école... bref de renoncer à ses origines et de se fondre dans le territoire. Avec la reconnaissance du droit à l'accès aux médias des pays d'origine s'ouvre une nouvelle politique des liens entre Etat et culture : le multiculturalisme.

Par la suite, le monopole de la télévision d'Etat est remis en question et rapidement, la télévision devient aussi commerciale. Le téléspectateur a dès lors le choix entre le service public et les chaînes commerciales. Dès ce moment, la question de l'uniformisation ou de la diversité réapparaît. Pour les uns, les télévisions de service public sont toutes peu attractives et trop technocratico-culturelles, pour les autres, les chaînes privées diffusent toutes les mêmes programmes de jeux et de séries télévisées. Le rapprochement fut même parfois possible puisque, faute de budget, l'Etat-providence cédait ses biens de famille ou ouvrait ses antennes à la publicité.

Mais rapidement, le magnétoscope fait son apparition. Face à la multiplication des programmes, le téléspectateur va pouvoir conserver les émissions qu'il ne peut regarder lors de leur diffusion. L'enregistrement permet de faire face à la multiplication des programmes et d'éviter de devoir choisir irrémédiablement. En outre, il permet de stocker et donc de choisir le moment de vision. Le magnétoscope ouvre aussi l'ère du programme à la carte grâce à la location de vidéos. Même si le programme n'est pas alléchant, l'écran peut remplir sa fonction.

A côté du magnétoscope, une nouvelle révolution intervient : la télécommande, objet dont l'usage va permettre au téléspectateur de changer définitivement de statut. Il devient zappeur. L'usage de cette petite boîte à boutons va favoriser l'individuation. Le détenteur de la zappette devient le surfeur du quand bon lui semble. Les autres membres de familles veillant sur l'écran sont dès lors déconnectés par ces passages d'une chaîne à l'autre. La zappette coupe et recoupe les morceaux indésirables, elle permet de survoler plusieurs émissions simultanément.

Au tournant des années nonante, le processus de métropolisation amplifie le phénomène avec la commercialisation des jeux vidéos et des images de synthèse. Dans le même temps, les antennes paraboliques sont commercialisées. Elles permettent de capter près d'une centaine de chaînes diffusant jour et nuit. Les téléviseurs se modernisent et entre les cibles des play-stations et celles de la guerre du Golfe, le téléspectateur découvre la vision des deux camps en temps direct sur CNN et Al-Jazira.

Face à cette abondance, le processus de métropolisation a marqué une nouvelle mutation : la création des chaînes à péage, des bouquets et autres programmes à la carte.

Enfin, les innovations technologiques du processus de métropolisation ont conduit à joindre l'informatique et le média en créant l'internet. Cette combinaison amplifie la mutation en permettant de se connecter à des centres d'information. Le téléspectateur devient un acteur grâce au zapping interactif. Chaque internaute devient ainsi un consommateur et un diffuseur d'informations.

Cette mutation pourrait être aussi importante que celle intervenue lors du processus agraire, lorsque les droits qui limitaient les transactions à certains furent abolis. Dans ce domaine, l'avenir du secteur du marché du disque sera très intéressant à suivre. La diffusion de la musique est en effet très instructive pour comprendre le processus de développement territorial. Après les concerts pour un public restreint, puis les enregistrements des vedettes des music-halls et autres opérettes, on a connu le triomphe de stars. Mais aujourd'hui, avec les échanges musicaux et de films sur le net, le secteur est en crise. Le monopole de l'échange fondé sur le commerce et les droits d'auteurs est ébranlé. Alors ne verra-t-on pas demain des auteurs-compositeurs se mettre en direct sur la toile et être accessibles à un grand nombre ?

Cette longue analyse permet de mettre en évidence que l'uniformisation ou la diversité n'est pas objective. On peut considérer aujourd'hui que dans le monde, le nombre absolu de langues ou de programmes se réduisent mais dans le même temps, aucun téléspectateur n'a jamais eu de toute l'histoire un aussi grand accès aux programmes. Plus fondamentalement, ce ne sont pas uniquement le nombre des programmes mais leur mode de diffusion, leur mode de vision… qui conduisent en réalité à la diversité.

Le processus de métropolisation est caractérisé par cette diversité qui résulte non seulement de l'offre, mais aussi de ma capacité à la consommer, voire même à la modifier. Il n'en demeure pas moins que cette diversité appelle à de nouveaux contrôles sociaux.

Enfin, soulignons que l'image n'est aujourd'hui plus le propre de la télévision ; les ordinateurs, les téléphones portables, les cours à l'université... bref l'ensemble des modes de communication deviennent visuels.
Cette société de l'image est enfin peut-être l'un des principaux facteurs de mutation. Quelles seront en conséquences les recompositions territoriale ? Dès lors, si la télévision tout comme la mobilité, le téléphone portable, le surgélateur et le micro-ondes existent et que nous les utilisons sans cesse davantage, c'est pour transcender des frontières héritées des processus antérieurs. La capacité à être accessible n'importe où et à n'importe quelle heure est le début de l'ubiquité. Nos rapports au temps et à l'espace sont pris dans de nouvelles mutations. Il convient de découvrir les clés de la recomposition. La société de l'image est sans doute l'une de ces clés.

5.2.2. Les facteurs de mutation comme clé structurante

5.2.2.1. Les mutations socio-démographiques

Parmi les mutations socio-démographiques, quatre aspects sont structurants au cours de cette première phase du développement durable.

A - Le paradoxe de l'espérance de vie

Le processus de métropolisation se caractérise par l'accroissement continu de l'espérance de vie. La sécurité alimentaire instaurée lors du processus d'urbanisation, les conditions de travail et de vie qui se sont largement améliorées et la démocratisation de l'accès aux soins de santé permettent aujourd'hui d'espérer vivre au-delà de quatre-vingts ans. Selon cette tendance, on estime que les nouveau-nés constituent une génération de futurs centenaires.
Mais au-delà du bonheur de vivre vieux, les démographes constatent que l'espérance de vie est aujourd'hui ramenée à septante ans car il faut prendre en compte trois causes de mortalité : les problèmes de santé liés aux habitudes alimentaires, les accidents de la route et les suicides. Ces causes de mortalité affectent principalement la tranche d'âge de 20 à 50 ans. Avant d'atteindre cet âge de l'espérance de vie encore faut-il faire face aux nouveaux aléas de la métropolisation... En effet, ces causes de mortalité sont toutes le reflet d'une période ; elles sont l'expression d'une société de stressés ou d'évincés.

B - La famille nucléaire éclatée et recomposée

Le processus de métropolisation est révélateur d'un approfondissement de l'individuation au travers de la nouvelle mutation qui affecte la famille. La famille nucléaire qui fut l'un des facteurs structurants du processus d'urbanisation est progressivement confrontée à des formes évolutives et d'instabilité : les familles se font plus tard, se défont plus tôt et se recomposent plus souvent.

C'est la composition de la famille qui est aujourd'hui interpellée avec une remise en cause de la répartition sexuelle des rôles. Les pères au foyer et la reconnaissance des couples homosexuels participent à cette recomposition qui ne se fonde plus sur la nature donnée des sexes. Les rôles sont choisis selon les capacités et le projet de vie. Ainsi, lors des divorces, alors que la « garde » des enfants était confiée « naturellement » aux mères lors du processus d'urbanisation, depuis que les pères ont revendiqué leur droit une nouvelle mutation apparaît avec le processus de métropolisation : la capacité à définir les modalités des responsabilités. S'il n'y a pas encore ici de pratique évaluative par objectifs, on n'en est pas loin. Désormais, il convient de négocier entre parents la charge et les avantages sans naturellement faire abstraction des principaux intéressés : les enfants. Il convient donc de faire de son divorce une opération visant à accroître la liberté de chacun.

Cette mutation conduit naturellement à multiplier les négociations, les lieux de référence et les temporalités. La mère et les enfants peuvent se retrouver une semaine sur deux pendant que le père réalise ses projets. La semaine suivante, la mère peut en faire de même et entretemps, les enfants s'organisent dans cette diversité.
Il n'en demeure pas moins que cette diversité conduit à maintenir certaines tendances générales comme la diminution du nombre d'enfants par couple.
Ces mutations ne semblent donc pas remettre en question certaines tendances démographiques. Les questions liées à l'avenir de l'Etat-providence réapparaissent avec le vieillissement de la population et à la réduction de la taille des ménages. Le maintien et la stabilité du régime des allocations publiques sont largement remis en question. En outre, si lors des années cinquante et soixante, ce déséquilibre avait été repoussé en recourant à une immigration massive, il semble qu'aujourd'hui que la crise économique et la remise en cause d'un Etat intégrateur fort renforcent le sentiment d'incertitude et le repli sur soi.

C - L'immigration et les solidarités refoulées

La question de l'immigration est un sujet sensible dans une société en mutation et dans laquelle les horizons sont brumeux. L'immigration s'opère dans un contexte de dualisation sociale et d'incertitudes alors que nos aires métropolitaines ne cessent de concentrer de la richesse.

L'attrait de nos régions riches est donc davantage une question économique que de droits de l'homme. La fermeture des frontières et l'échappatoire des réfugiés politiques ne pourront être maintenus encore longtemps. Ce thème ou plus exactement ces candidats au bonheur ne pourront être refoulés continuellement.

L'élargissement de l'Union européenne est peut-être une alternative à la politique d'immigration classique du processus d'urbanisation fondée soit sur les besoins économiques soit sur l'accueil humanitaire. L'élargissement de l'Union permet de reposer la question de la diffusion de l'économie, du multiculturalisme et des équilibres démographiques.

a) Le droit de vote des « étrangers »

Après le suffrage universel, le processus de métropolisation pourrait conduire à une nouvelle forme de représentation citoyenne. D'abord envisagé sous l'angle de l'intégration des populations immigrées, le droit de vote des résidents étrangers ouvre la porte à une modification plus fondamentale : le droit de vote en fonction des lieux d'activités.

Les héritages liés aux processus d'industrialisation et d'urbanisation nous conduisent à penser encore en termes de nation et résidence. Or, avec la métropolisation la mobilité va s'accroître et la question deviendra soit de définir des territoires toujours plus vastes et donc des instances toujours plus éloignées, soit au contraire de revoir le principe électoral sur la base de l'usage des lieux.

Si aujourd'hui la question de droit de vote lié aux lieux d'activités n'est pas encore reconnu par contre le débat est lancé sur la question de la réforme de lieu de taxation des revenus. Les villes centres souhaitent en effet revoir le principe issus du processus d'urbanisation établissant la taxation au lieu de résidence.

b) *Les solidarités inter et trans-générationnelles*

Le processus de métropolisation induit une modification radicale dans les principes de solidarité. En effet, lors du processus d'urbanisation, la solidarité devait être assurée entre groupes sociaux au temps présent. L'équité était de la sorte une forme de répartition des fruits de la croissance à l'égard des groupes faibles ou éloignés. Dans le cadre du processus de métropolisation caractérisé par la phase de développement durable, la solidarité est davantage marquée entre générations qu'au sein de la même génération.

Au sein d'une même génération les choix et les pratiques sont aujourd'hui plus individualisés en raison de la recherche d'un équilibre entre congestion et disponibilité de même qu'entre diversité et homogénéité. Les rapports au temps sont ainsi plus flexibles afin de réduire les effets de la congestion mais dans le même temps une forme d'intensification des rapports dans l'espace apparaît grâce aux nouvelles technologies de la communication. Ces nouvelles pratiques réduisent des solidarités de proximité mais dans le même temps multiplient les formes de solidarités dans des échelles spatiales et temporelles plus vastes. Pratiquement les générations actives actuelles cotisent davantage pour les générations de pensionnés (pensions, frais de santé mais aussi remboursement des déficits publics des années de l'Etat-providence) que pour les générations de chômeurs. Dans le même principe, les choix actuels privilégient des aides par des organisations non gouvernementales plutôt que via les services publics ou une politique d'immigration et de développement. Le développement durable s'inscrit dans cette même logique visant à promouvoir une solidarité vis-à-vis des générations futures.

5.2.2.2. Les mutations technico-économiques

A - Les innovations, un champ de plus en plus vaste

Nous ne pouvons ici traiter en détail des innovations en cours mais deux axes nous semblent essentiels.

D'un côté la révolution génétique ouvrira des portes insoupçonnées dès qu'une certaine maîtrise technique et éthique sera établie. Pour établir cette maîtrise, il convient de repenser la notion de création du monde sous l'angle sans doute d'une nouvelle modernité et de la quête d'un monde meilleur avec cependant le spectre du chaos.

D'un autre côté, la révolution technologique conduira à répondre aux questions de la miniaturisation qui accentueront les capacités de stockage des énergies comme de l'information de même que les capacités de déplacement (piles à combustible, batterie miniature...). La multimodalité et la diversité des sources d'énergie pourraient devenir la règle après près d'un siècle d'hégémonie du moteur à explosion.

Bref un dispositif de veille est nécessaire pour cerner les acquis de ces mutations.

B - La diversité des modes de vente

Le processus agraire avait établi une économie d'autosubsistance à côté de laquelle l'échange était organisé soit dans des formes de dépendance (les charbonniers fournissaient leur production aux verriers qui imposaient leur prix), soit sous forme de transparence par l'organisation des marchés.

Lors du processus d'industrialisation, les marchés ont quitté la sphère des relations de proximité et du vis-à-vis pour devenir des liens privilégiés sur la base de l'interconnaissance des notables ou au contraire de l'établissement de la bourse et de l'épargne. La place du marché fut progressivement complétée par les magasins, leurs étals puis leurs vitrines. Les produits sont de plus en plus réalisés en fonction de la clientèle : sur mesure pour l'un ou l'autre client ou sur mesure pour tel ou tel marché.

Lors du processus d'urbanisation, les marchés se sont largement ouverts au travers de la société de consommation de masse. Les produits se sont standardisés pour pouvoir être produits en grande série et largement échangés. Les supermarchés ont pris une place importante, mettant à mal les sociétés coopératives alimentaires et imposant aux petits commerçants de se repositionner sous peine de disparaître. Les publicités et le commerce par correspondance ont avancé les vitrines jusqu'au cœur des logements.

Avec le processus de métropolisation, de nouvelles formes de commerce s'affirment au travers de la vente à domicile via le call-center et l'internet mais aussi au travers des espaces commerciaux et de mobilités. Les nouveaux lieux de connexion entre modes comme les gares ou les stations de métro, les aéroports... deviennent des lieux de move-achat. L'alimentation par grignotage, la lecture et le travail en mouvement sont autant de formules de consommations-productions nouvelles. Enfin comme certains auteurs l'ont déjà démontré des lieux nouveaux comme les galeries commerçantes mais aussi les centres villes renouvelés voire même certaines zones commerciales (voir par exemple les hotels-dancings, les aménagements de terrains de sports par Décathlon...) permettent de combiner la flânerie, les achats et les loisirs. Ces nouveaux espaces doivent être résolument compris comme des lieux car l'ordre social y est fortement développé tout en laissant une part de réappropriation sélective : les clients membres.

C - Le marché de l'écologie

La prise en compte des coûts de gestion des pollutions, auparavant largement externalisés, va conduire à la multiplication des facturations depuis la taxe sur les poubelles individuelles jusqu'à celle sur la production de CO_2. Le principe du pollueur payeur implique l'émergence d'une nouvelle fiscalité qui pourrait remplacer celle qui avait contribué à l'intensification du travail lors du processus d'urbanisation. Mais cette nouvelle comptabilisation va au-delà de la fiscalité et de la facturation des coûts des déchets. L'économie du recyclage est en plein essor et s'élargit de plus en plus au point d'être désormais facturée dès l'achat du produit.

La prise en compte des pollutions va aussi induire de nouveaux rapports à l'espace.
D'abord la mobilité et la production des biens devront être plus écologiques pour limiter les coûts qui seront internalisés. Comment y arriveront-elles ? En réduisant classiquement la production de CO_2 par des moteurs et des processus de production moins gourmands en matière fossile. Cette quête sera en outre stimulée par des effets purement économiques de restriction de l'offre face à la multiplication des consommateurs au sein des pays émergents. La recherche sera donc doublement stimulée et des modes de transport mais aussi de logement moins énergétivores devront être commercialisés. Une autre piste réside peut-être aussi dans de nouvelles logiques de localisation. Certains pensent donc qu'après un processus agraire relativement centrifuge, puis un processus d'industrialisation plutôt centripète et enfin un processus d'urbanisation centrifuge, la métropolisation conduit à une nouvelle force centripète. En d'autres mots, la prise en compte de l'écologie au travers d'une comptabilisation des coûts aurait une force structurante au même titre que, par le passé, les chemins et sentiers puis chemin de fer et enfin la voiture.

Enfin le marché de l'écologie conduit à un nouveau rapport à l'espace qui s'établit à l'échelle de la planète voire au-delà. Ce marché permet de changer radicalement les rapports d'échelles spatiales en posant comme enjeu la planète et non plus échelles des pays. Les techniques d'observation à l'échelle planétaire permettent d'identifier les régions polluantes et celles qui au contraire produisent du CO_2. Jusqu'au début du processus de métropolisation, la région peu polluante était celle qui était en retard de développement parce qu'elle n'était pas industrialisée ou pas urbanisée. Lors du processus d'industrialisation, une politique d'exploitation des « sauvages » fut mise en œuvre au nom de la modernité. Ensuite, lors du processus d'urbanisation, c'est une politique d'assistance qui fut mise en œuvre. Maintenant, avec ce nouveau marché, les régions peu polluantes possèdent une ressource à négocier avec des pays pollueurs. La question est naturellement à quel prix le marché va se conclure. Mais la question préalable est de savoir s'il y a marché, question d'autant plus difficile à résoudre que les biens sont immatériels et leurs effets à long terme. La bataille fait donc rage pour reconnaître ou non la pertinence de ce marché émergent. Les Etats-Unis, principaux acteurs du processus antérieur, mènent une phase de résistance face à ces nouveaux critères, en remettant notamment en cause les constats relatifs aux gaz à effet de serre. Peu enclins à reconnaître le marché de l'écologie, ils poursuivent aussi les opérations militaires afin de s'assurer la maîtrise des matières premières. Si le marché se met en place, ne faut-il pas, comme par le passé, fixer un rapport de force qui incite à intervenir, au même titre que lorsque le foncier est devenu une contrainte mais aussi une ressource pour la bourgeoisie industrielle ? Comment reconnaître un nouveau pouvoir ou au contraire sanctionner ceux qui ne respectent pas les nouvelles donnes du marché émergent ? Le processus d'industrialisation nous fournit deux enseignements : il faut d'abord établir des référents de mesures communs (pas seulement techniques) et ensuite, sur la base de ce constat, établir une évaluation de la contribution du territoire émergent en production de durabilité. Cette technique est aujourd'hui partiellement mise en œuvre notamment lors de tests de pollution que l'on peut déjà établir envers ces pratiques (nombre de kilomètres parcourus, type de chauffage, alimentation...).

D - La globalisation et la mondialisation

Comme le signalent plusieurs auteurs, le capitalisme entre dans une phase qui se caractérise par la globalisation et la mondialisation de l'économie. Cette double dynamique marque une nouvelle étape liée aux entreprises multinationales.

La globalisation correspond à la concentration de plus en plus importante des entreprises au sein de groupes financiers sans pour autant conduire à leur intégration systématique. A l'opposé des sociétés multinationales développées lors du processus d'urbanisation qui centralisent de plus en plus les services de commandement, la globalisation vise à maintenir des entités autonomes. Mais, la globalisation vise surtout à renforcer non plus seulement les filiales comme lors des dernières phases du processus d'urbanisation mais surtout les sous-traitants et à éviter l'intégration des entreprises sous une même enseigne. Cette stratégie permet d'une part d'éclater les accords sociaux et de faciliter les adaptations des structures en cas de variation des commandes ou des potentialités de développement sous d'autres cieux. Elle permet d'autre part de favoriser une mise en concurrence entre les sous-traitants qui ne sont plus uniquement des fournisseurs mais doivent devenir de plus en plus des partenaires. La concurrence s'effectue donc sur la base de nouveaux critères de qualité voire même de cofinancement des investissements. Les sous-traitants entrent alors dans la chasse aux labels ou autres agréments de même que dans la recherche de capitaux pour couvrir les investissements.

La mondialisation correspond davantage à la répartition en réseau de ces activités dans le monde. Dans un premier temps, il s'agit naturellement de délocaliser certaines phases de production vers des pays à moindres coûts de production (coûts de la main-d'œuvre et contraintes de production : coûts fonciers, normes environnementales...). Les pays d'économie émergente, principalement en Asie, assurent ainsi des tâches de production dans des secteurs classiques (sidérurgie, automobile, électroménager, informatique...) mais aussi innovants comme la gestion de dossiers par télétravail. Mais dans un deuxième temps, il s'agit aussi de réduire le capital immobilisé et de restaurer une valeur à chaque étape du produit grâce à une comptabilité analytique et une revalorisation des sous-produits et des déchets.

Cette nouvelle répartition en réseau des activités induit une nouvelle géographie économique fondée sur les transports à l'échelle mondiale. La logistique devient dès lors un secteur prépondérant à la fois pour mettre en connexion l'ensemble des fournisseurs et supprimer l'entreposage de longue durée mais aussi pour établir des plates-formes de regroupement et de distribution.

Sur ce plan, la Belgique tire parti de trois avantages. Premièrement elle se situe géographiquement au centre de la banane bleue figurant le réseau des métropoles européennes. Cette banane bleue mise en évidence par la Datar est utile car d'une part, elle démontre une concentration de population, donc de main d'œuvre et de consommateurs, et d'autre part elle met en évidence la concentration des flux laissant à l'écart des régions à faible densité de flux. Deuxièmement, la Belgique peut tirer parti de la présence des ports d'Anvers et de Rotterdam de même que de plusieurs aéroports régionaux qui sont les uns et les autres en connexion avec les réseaux routiers et de chemin de fer en direction des autres pays de l'Union. Enfin troisièmement, la Belgique et plus largement le Benelux n'apparaissent pas comme des pays centralisateurs mais davantage comme des pays ouverts et distributeurs. L'emploi des langues, la taille assez modeste, la stabilité sociale, l'étalement urbain qui limite la congestion et facilite les extensions... sont autant d'atouts dans un monde mondialisé. Ces avantages conduisent dès lors à la multiplication des bases logistiques des sociétés mondiales. Les produits arrivent par bateaux ou avions cargos dans des conteneurs, ils sont assemblés ou plus simplement conditionnés puis acheminés à travers l'Europe. Les secteurs de l'habillement, de la chaussure, des composants électroniques, des fruits et légumes et plus classiquement du pétrole répondent à cette logique.

Les techniques propres au processus d'urbanisation mises en œuvre au sein des territoires nationaux comme la fluctuation de la monnaie ou des droits de douanes ne sont plus d'actualité.

E - L'Union européenne, la fin des services publics et des références nationales

L'Union européenne s'inscrit pleinement dans cette logique qui favorise la concentration du travail et des flux dans des aires.

Les interventions de l'Union notamment à travers les fonds structurels mais aussi la libéralisation ont tendance à élargir les aires de développement. La libéralisation de secteurs jusqu'il y a peu nationaux comme l'énergie, l'eau, les communications, les transports... pourrait en effet conduire à la création de réseaux plus concurrentiels et sans doute moins solidaires.

Deux conséquences majeures apparaissent. La première est la disparition de la notion de services publics. En effet, l'intégration européenne n'induit nullement l'émergence d'un nouvel Etat-providence à l'échelle de l'Europe. Il est en effet peu probable qu'un jour l'Union européenne rassemble en son sein les agents de chemin de fer de chaque état membre ou crée une compagnie européenne des eaux. La seconde conséquence est une répartition des activités peut-être plus équilibrée au sein de l'Union notamment en permettant des connexions transversales et en multipliant les pôles de connexion avec l'économie monde. Concrètement cela signifie que la production d'électricité par exemple répond aujourd'hui à un marché unique selon une bourse de demande établie à l'échelle européenne. La production est vendue et redistribuée à l'échelle européenne à un prix unique géographiquement mais variable en fonction des pics de consommation. Cette distribution peut naturellement induire une spécialisation des lieux de production surtout si l'énergie est issue de moyens centralisés comme le nucléaire. L'enjeu est donc aussi de promouvoir des nouvelles sources d'énergie moins centralisées et plus interconnectées. C'est sans doute là que la métropolisation aura le plus de nouveaux impacts si de nouveaux modes de production apparaissent.

F - Le post-fordisme

On ne peut faire état de cette nouvelle économie sans reprendre les thèses d'une mutation vers le post-fordisme. L'exemple de la télévision évoqué ci-dessus traduit pleinement le passage d'une société de consommation de produits standardisés à prix bas à une société de consommation personnalisée. Si les commerces continuent à regorger de produits standard à prix de plus en plus bas, il apparaît aussi que les clients ont de plus en plus une capacité à infléchir le mode et les normes de production. C'est là sans doute aussi l'une des fonctions des enquêtes de marketing que de cerner les aspirations des publics-cibles et d'adapter les produits en conséquence. Mais comme indiqué ci-dessus, le changement plus fondamental est que les producteurs comme les sous-traitants doivent désormais davantage répondre à des appels d'offre plutôt que d'assurer des productions standard et ensuite rechercher des clients. Le client peut aujourd'hui avoir des exigences éthiques, de délais, de qualité, de protection de l'environnement... Le prix peut naturellement être fonction de ce nouveau degré du « fait sur mesure ». Sans atteindre aujourd'hui une production qui s'effectue après la commande, on entre davantage dans une offre permettant des combinaisons multiples. Ainsi les éléments de base sont en partie industrialisés mais leur combinaison est originale, ce qui permet de produire des biens plus personnalisés.

Avec la métropolisation on glisse d'une économie régulée par l'offre à une économie régulée par la demande. Cette nouvelle exigence nécessite dès lors d'accroître les services commerciaux ainsi que les flux d'informations à chaque étape de production pour pouvoir adapter rapidement les processus et les produits en fonction de la demande. Ces flux ne s'arrêtent plus à la vente. En effet, la recherche de valorisation des sous-produits et la gestion des déchets nécessitent de créer des filières de revalorisation. Cette dynamique n'est pas que le résultat de normes environnementales. Ainsi à l'heure actuelle, le marché des ferrailles devient un fournisseur de premier plan pour la sidérurgie. Les ferrailleurs permettent de compenser les difficultés d'approvisionnement en minerais de fer mais aussi de créer un marché concurrentiel.

5.2.2.3. Les mutations socio-culturelles : le culte du corps, l'individuation, la multiculturalité et le droit d'ingérence

A - Le culte du corps

Dans un contexte général d'incertitude et de multiplication des lieux, le corps devient sans doute une échelle spatiale de recomposition. Outre l'émergence d'une sphère d'individuation qui permet aux individus de s'isoler au sein d'espace de congestion comme le métro, les bouchons automobiles... grâce à des techniques d'isolement (baladeur) mais aussi de connexion comme le téléphone et l'ordinateur portable, c'est réellement le corps qui devient l'expression de soi et de sa capacité à maîtriser l'espace. En ce sens le corps est devenu un espace avec le tatouage mais aussi en tant qu'univers personnel de plus en plus entretenu, modelé et peaufiné. Ce culte du corps va naturellement au-delà des soins de santé. Le viol est maintenant un crime reconnu. Le respect du corps d'autrui, c'est donc le respect du territoire ultime. Mais contrairement à ce qui prévalait lors du processus d'urbanisation le culte du corps va au-delà des canons et des standards. Maquillage, coiffure, lifting, piercing ... étaient jusqu'alors des modes de distinction et de contre-culture. Ces pratiques deviennent accessibles et de plus en plus utilisées par un grand nombre selon des choix et des motivations personnelles. Les mutations technologiques, la démocratisation de certains services, la libéralisation des mœurs les banalisent tout en les rendant adaptables aux aspirations personnelles.

Au sein du processus de métropolisation, la culture vestimentaire peut ainsi devenir personnelle en raison de techniques rendant possible les mesurages du volume et des moindres plis du corps. La couture redevient un art personnalisé mais largement automatisé, le post-fordisme peut ainsi devenir une réalité culturelle.

Mais le corps connaît aussi une révolution car le soin n'est plus une question de médecine conventionnelle. L'espace personnel à maîtriser implique qu'il faut « être bien dans sa peau ». La santé physique et mentale avec le sport, les régimes, le yoga et plus encore avec le retour du thermalisme, le développement de la chirurgie esthétique, des soins palliatifs et autres accompagnements psychologiques... forme un ensemble de pratiques qui visent à restaurer un équilibre interne, à gérer le stress, les contraintes des handicaps et de la vieillesse. Bref des modalités de recomposition d'un nouveau territoire, celui de l'intime.

Plus fondamentalement encore, les innovations technologiques en matière génétique et l'évolution du cadre moral modifient les rapports à la nature humaine tant au niveau de la reproduction que du rôle de sexes : changer de sexe mentalement (le sexe ne règle plus les rôles), socialement (homosexualité) ou physiquement (transsexuel) devient un choix personnel.

Sur certains points, les débats éthiques sont loin d'être clos ; néanmoins ils existent et ces pratiques ne sont plus de l'ordre du tabou ou du marginal.

B - L'individuation et la diversité

Les habitudes alimentaires peuvent être intéressantes car elles expriment des liens au temps et à l'espace.

De nos jours, les pratiques de consommation des repas se diversifient assez radicalement. Ce ne sont plus seulement les aliments qui sont importés mais désormais ce sont les lieux qui changent. Les repas de cantines aux usines ou aux écoles laissent place à de multiples formules depuis la collation et l'en-cas pris sur le pouce jusqu'aux diverses offres de restaurants et snack de plus en plus spécialisés : croissanterie, bars à soupe, pain quotidien, végétariens, chinois, japonais, périgourdin ou le déjà traditionnel resto grec ...

Le micro-ondes, le surgélateur et la cuisine équipées sont souvent présentés comme l'expression de cette individuation. Les plats congelés faits maison et achetés chez l'artisan-traiteur ou en grande surface entre deux trains sont réchauffés. Ils nous offrent cette capacité à gérer le contenu et le temps perdu.

Les repas familiaux qui remettaient le couvert en fin de journée ou le dimanche pour les parents, les enfants voire les grands-parents... laissent place à des menus taillés sur mesure et à l'heure souhaitée. Ainsi le brunch devient cette sorte de table ouverte que chacun peut rejoindre entre le matin et le midi et où il peut trouver un petit quelque chose à sa faim.

C'est l'ensemble des temps et des liens sociaux qui se recomposent. Les horaires flexibles facilitent les déplacements en évitant les heures de congestion et libèrent du temps pour mieux se consacrer à d'autres projets. Mais les horaires flexibles rendent encore plus inadéquate la performance des transports collectifs. Ils nécessitent aussi de revoir les temps de réunion et de planifier davantage.

Les temps et les lieux sociaux se recomposent sur des moments et des lieux forts ; telle est la fête de Noël passée en famille dans un gîte à la campagne, telles sont aussi les joggings urbains, les rollers parades ou encore les fêtes des moissons. Ces moments forts se déroulent dans des lieux structurants pour construire ma personnalité selon mes groupes sélectifs. Les rollers-parades sont autant de défis collectifs à la ville-voiture, les fêtes des moissons autant de manifestations d'appartenance à un paysage et les manifestations mondiales autant d'expressions d'une nouvelle citoyenneté.

C - *La multiculturalité et la multiappartenance*

La question du lien entre l'individuel et le collectif est au centre de toute société. Quels sont aujourd'hui les liens entre le territoire du soi et du collectif alors même que nous appartenons à des groupes de plus en plus multiples et sélectifs ?

Cette question est aujourd'hui reformulée alors que les mutations techniques permettent pratiquement d'inverser les rapports traditionnels. Les téléphones portables, les connexions internet et la multiplication des infrastructures de transports contribuent à asseoir des stratégies de maîtrise du territoire fondée sur la centralité individualisée. L'objectif est alors d'être accessible en tout lieux et à toutes heures. Toutefois comme indiqué, des recompositions réorganisent cet accès en recomposant des effets de frontières et de sélectivités.

Cette tendance à l'individuation fait face aux outils dont le territoire s'était doté pour articuler émancipation et l'assimilation au sein de la culture d'Etat. L'enseignement fut longtemps le moyen de l'intégration émancipative. Mais à côtés des institutions et des règles, jusqu'il y a peu le territoire national était jalonné de multiples dispositifs intégrateurs implicites. L'aménagement du territoire et l'urbanisme sont sur ce point deux vecteurs de la culture d'un territoire. Lors du processus d'industrialisation, l'architecture des gares a démontré ce rôle structurant. Lors du processus d'urbanisation la configuration du réseau routier est tout aussi exemplaire. Le passage aux frontières est souvent un excellent moyen de percevoir ces cultures des territoires. Ainsi tel pays se démarque-t-il de son voisin par ses autoroutes plus larges, plus éclairées à la signalétique massive, bref une structure imposante, expression d'une richesse, d'un savoir-faire, d'un choix modal. De même pour l'organisation d'un réseau routier qui renvoyait à des routes nationales numérotées en fonction de la desserte à la capitale. Cette numérotation de la nationale 7 fut d'ailleurs l'expression de certaines transhumances lors du processus d'urbanisation. Aujourd'hui, les autoroutes deviennent des « E » européennes s'affichant sur fond vert, un nouveau territoire s'affirme.

Cette expression intégrative du territoire est souvent implicite comme lorsque la Région flamande fait repeindre aux couleurs régionales ses poteaux de signalisation routière en jaune et noir ou encore lorsque la Région bruxelloise fait de même en adoptant un mobilier urbain spécifique. L'implicite se réveille parfois lorsqu'il devient désuet. C'est ainsi que la signalisation nationale est régulièrement taguée ou même qu'elle tombe dans l'oubli total. En effet qui voit encore qu'à chaque limite communale, l'Etat belge unitaire s'affiche et marque la dépendance communale à la nation par un panneau reprenant le nom de la commune aux couleurs noir, jaune, rouge ?

D - *Les flux comme nouvelle expression culturelle*

Une culture plus implicite caractérise aussi la métropolisation. La structuration des réseaux routiers en Wallonie ces dernières années relève de cette nouvelle maîtrise de l'espace et du

temps. Certes on peut y voir le geste d'ingénieurs, on peut aussi y voir une vision commune qui est en gestation sous l'effet d'influences le plus souvent étrangères. C'est de la sorte qu'il faut comprendre l'émergence des ronds-points « à la française » en Wallonie. Mais cette technique de recomposition n'est acceptable que si elle répond à de multiples problèmes. Comme tout au long de cette thèse, c'est pour nous la preuve d'un indice révélateur du processus. Comme en France, la Wallonie connaît une modification radicale de la hiérarchie des voiries. Lors des processus antérieurs, ce sont les axes qui structuraient le territoire. Les axes de niveau inférieur sont marqués d'un stop ou d'un « cédez le passage ». Les carrefours complexes sont régulés par des feux tricolores. Ces feux introduits lors du processus d'urbanisation sont binaires, éternels fondements des oppositions. Leur non-respect conduit au drame. Le processus d'urbanisation a aussi généré des carrefours qui s'ignorent en superposant les croisements ; l'axe triomphait mais il était gourmand financièrement et foncièrement.
Avec le processus de métropolisation, ce ne sont plus les axes mais les nœuds qui deviennent les éléments structurants. Le rond-point devient ce centre de distribution vers de nouveaux horizons.

E - Une culture des flux face à des références plus internationales

Au-delà de cette nouvelle culture, il faut constater que le territoire renvoie désormais non plus à un discours hiérarchisé mais au contraire à la culture de la mosaïque. Les centres des ronds-points sont éloquents de cette diversité des territoires : ici les bannières locales, là la nature qui rejaillit et là encore une œuvre d'art qui donne le tournis…

La constitution du territoire de la métropolisation, celui de l'Union, ne sera pas celui d'une culture dominante. Les pièces de monnaies européennes traduisent une nouvelle forme de mélange des cultures. Un « penser commun » se construit.

Cette question de la multiculturalité se pose tant au niveau des territoires institutionnels que des territoires vécus. Lors des processus antérieurs on appartenait à un ensemble de territoires emboîtés même si, comme nous l'avons vu, ces territoires étaient parfois multiples et non intégrés. La maîtrise et les particularismes s'effaçaient à mesure que le territoire s'élargissait. Aujourd'hui les rapports de référence à une centralité, qui remplaçaient déjà ceux de la proximité, laissent place à des références en réseau et en mosaïque. Comme nous l'avons déjà abordé en début d'analyse de ce processus émergent, l'information par internet constitue l'une des mutations importantes. Comme l'indique F. Ascher, les individus sont ainsi passés de l'information issue du voisinage à celle des leaders, des enseignants ou des patrons à celle des médias de masse pour aujourd'hui entrer dans l'information interactive basée sur les liens hypertextes. La bibliothèque devient virtuelle et accessible à toute heure, en tout lieu et en tout sens. Une nouvelle culture du repérage s'impose face à cette abondance. Mais dans cette culture ce n'est plus l'objet standardisé qui triomphe ni même celui de l'uniformité. La diffusion de la musique via internet est sur ce point également exemplative. Le téléchargement met à mal les sociétés américaines ou japonaises du disque au profit de nouvelles formes de promotion d'artistes inconnus et dont la notoriété repose à la fois sur l'information via la diffusion des mails et par les concerts ou de soirées plus ou moins sélects.

F - Le droit et les malheurs de l'ingérence ou la nouvelle culture des frontières

Enfin abordons maintenant une mutation culturelle qui affecte l'ensemble de nos rapports au temps et à l'espace : le droit voire le devoir d'ingérence.
Au travers de cette notion d'ingérence nous voudrions mettre en évidence le déplacement des frontières à la fois dans le temps et dans l'espace.

Cette mutation de la remise en question des frontières peut être présentée d'abord de manière assez classique en reprenant la notion juridique d'un droit d'ingérence. Au départ du devoir de porter assistance à une personne en danger, cette notion a été de plus en plus élargie, permettant ainsi des interventions d'organismes internationaux lors de conflits voire même plus récemment pour garantir les droits de l'homme dans un pays. En d'autres mots les frontières des Etats sont plus perméables aujourd'hui qu'hier au nom d'un droit universel. Nous reviendrons en détail sur cette mutation notamment en examinant si elle affecte d'autres niveaux de territoires voire même si elle induit une forme de recomposition des territoires.

Mais la notion d'ingérence traduit aussi les mutations liées aux innovations techniques comme le téléphone portable qui permet d'être accessible en tout lieu et à toute heure. Le téléphone portable efface les distances mais aussi les frontières d'autant qu'il s'inscrit dans une mutation économique de libéralisation et de globalisation des opérateurs. Mais on perçoit déjà qu'au-delà de cette nouvelle tendance à l'ubiquité, des formes de recomposition s'élaborent progressivement. Cette recomposition s'établit alors en référence au lieu en tant que combinatoire qu'espace et territoire. Ainsi dans certains lieux, pour des raisons techniques et économiques, le réseau n'est pas accessible. Tel est le cas des régions montagneuses et peu peuplées. Mais dans le même temps, dans certains lieux, un code de bonne pratique peut conduire à imposer la fermeture du téléphone, notamment au spectacle, en réunion ou dans les hôpitaux. Mais l'application de ce code du lieu n'est pas absolu, car certains au nom d'une nécessité, d'un rapport hiérarchique continuent à transcender ces nouvelles frontières.

Enfin, la notion de l'ingérence renvoie aussi la montée en puissance de modes de perception du temps et des espaces au travers des questions environnementales. La prise en compte de nuisances qui transcendent les limites de propriété (le bruit, les odeurs, les lumières, les ondes...) ou les limites temporelles comme les impacts sur les générations (la biodiversité, les déchets nucléaires...) est indubitablement liée au développement durable.
Le territoire classique est alors soumis à des ingérences qui jusqu'alors étaient plus ou moins gérées. C'est ainsi que le code civil veillait aux relations de voisinage, que les relations entre Etats étaient susceptibles de réduire les tensions lorsqu'une activité polluante ou dangereuse était implantée à la frontière. Mais aujourd'hui ces frontières et ces modes de gestion des nuisances sont remis en question. Une nouvelle carte semble être nécessaire. Il faut sortir des limites territoriales classiques pour faire apparaît la carte des nuisances avec la difficulté de l'objectiver. La difficulté de traiter des nuisances de bruits causées par les avions est éloquente sur ce point. Le survol de territoire privé ou de régions voisines, la fréquence des vols et leur ingérence au cœur de la nuit deviennent insupportables. Mais comment estimer l'insupportable, peut-on l'objectiver ? En effet, la sensibilité au bruit peut varier d'une per-

sonne à l'autre, même si dans certaines situations, les experts peuvent déterminer des niveaux d'incompatibilité. En outre, le bruit se joue des obstacles, même si à nouveau des techniques d'écrans sont parfois adaptées. Entre le vacarme et le calme, entre la nuit et l'heure de pointe, comment faut-il recomposer des moments et de lieux aux intensités appropriées ?

Mais l'ingérence peut aussi devenir un moyen notamment dans le cadre de la valorisation de la biodiversité ou des paysages. Cette nouvelle culture de l'environnement et de l'image transcende naturellement les limites de propriété ou de communes pour affirmer celles plus floues de territoires écologiques et paysagers. Les techniques visant à identifier et à évaluer les zones Natura 2000 ou les paysages pour sélectionner ceux qui seront classés comme remarquables sont multiples, allant de la méthode participative à celle de notoriété en passant par celle des experts. Or la biodiversité comme les paysages sont le résultat d'une multitude d'interactions sur l'espace. Ils s'affichent aussi comme un instantané, un moment donné de la dynamique de transformation de l'espace. C'est ainsi par exemple que certaines friches industrielles ou anciennes carrières deviennent des sites. La reconnaissance de cette nouvelle valeur écologique ou paysagère implique alors la mise en place d'un droit d'intervention sur la propriété. Ce nouveau droit va ainsi mettre à mal la forme de maîtrise que les individus entretenaient avec l'espace.

Au travers ce point, nous voulons démontrer comment des mutations techniques mais aussi culturelles induisent des ingérences c'est-à-dire l'affirmation de nouveaux rapports au temps et à l'espace qui conduisent à des recompositions. Nous avons déjà jeté certaines pistes de recompositions, nous les développons davantage dans la section suivante.

5.2.3. Les recompositions territoriales

5.2.3.1. La recomposition du territoire à l'échelle de la parcelle

Lors du processus d'urbanisation, la résidence était progressivement devenue le territoire de la maîtrise absolue, la référence et l'expression des individus. L'accès à la propriété résidentielle était la concrétisation du territoire et la parcelle en était l'implication foncière. Résidence, droit de propriété et parcellaire renvoyaient à diverses formes de logements mais le pavillonnaire induisait le plus souvent un projet de vie : construire ma maison pour la vie. L'emprunt hypothécaire était d'ailleurs l'expression de cette capacité mais aussi de cette durée : une maison pour la vie.

Mais depuis une quinzaine d'années, les mutations évoquées ci-dessus conduisent à faire émerger de nouvelles formes de maîtrise de l'espace personnel. Deux aspects sont essentiels dans la recomposition du niveau de territoire vécu : la maîtrise n'implique plus de facto le droit de propriété foncière et le territoire vécu n'est plus déterminé uniquement à partir de la résidence. En d'autres mots la résidence n'est plus le point central dans le territoire vécu.

A - Une multiplication des lieux de vie

Avec le processus de métropolisation, le territoire vécu se recompose par la mise en relation de multiples lieux : lieu de résidence, lieu de travail, lieu de relaxation... En outre il apparaît qu'il faut de plus en plus mettre ces lieux au pluriel en raison des mutations socio-démographique, technico-économiques et culturelles. Cette multiplicité peut être notamment observée en raison de la recomposition des familles Ainsi, le divorce ou plus exactement la flexibilité des couples peut conduire à ne plus faire référence à la maison familiale mais à multiplier les lieux de référence des enfants entre leur chambre chez la mère et chez le père. Cette multiplicité résulte aussi d'une maîtrise nouvelle de la mobilité ce qui peut conduire à faciliter les courts séjours et les loisirs et donc à multiplier les lieux de relaxation. Mais au quotidien la mobilité est aussi caractérisée par la congestion ou l'inadaptation des réseaux de transports en commun. La maîtrise de cette situation peut aboutir à dédoubler les lieux et les temps soit en instaurant les séminaires résidentiels soit en ayant un pied-à-terre en ville. La recomposition des lieux et des temps permet de travailler pendant plusieurs jours intensément et en contrepartie de réduire le nombre de jours de travail sur la semaine. Cette flexibilité du temps de travail mais aussi du temps hors travail diminue le stress et permet maîtriser le temps par la réorganisation de l'éclatement des lieux. Enfin il convient sans doute de s'interroger sur les modes de transport qui deviennent eux même une sorte de nouveau lieu. C'est ainsi que le temps passé dans les transports est de plus en plus valorisé grâce à l'adaptation du mode en un lieu de travail, de réunion, de grignotage...

B - Une maîtrise relative des lieux de vie, la perte de l'absolu territoire

La multiplication des lieux de vie conduit aussi à revoir la conception de la maîtrise de l'espace. Depuis le processus d'industrialisation, le territoire se définissait par une maîtrise absolue essentiellement au niveau de l'Etat-nation. Cette conception a été élargie au niveau du territoire vécu et personnel notamment en affirmant la résidence et la parcelle comme l'expression du territoire individuel au sens le plus souvent de la famille nucléaire. Avec le processus de métropolisation on assiste à des attitudes de résistance afin de maintenir cette conception. C'est ainsi notamment que l'on observe quotidiennement des pratiques de renforcement de la valeur refuge de la résidence avec par exemple la multiplication des éléments réaffirmant les limites de propriété (volet, porte blindée, caméra, le chien qui monte la garde...). Les éléments peuvent être clairement compris comme une réponse au sentiment d'insécurité et au besoin de marquage du territoire. Mais cette situation exprime sans doute davantage un profond changement qui conduit à ne plus pouvoir disposer d'un espace totalement et globalement constitutif du territoire vécu. La multiplicité des lieux de vie implique en effet l'absence ce qui implique la perte de contrôle mais dans le même temps cette multiplicité nécessitée de devoir maîtriser plusieurs lieux. L'intensité et la capacité à être maître absolu des lieux doivent laisser place à de nouveaux modes d'appropriation. La recomposition en cours conduit donc à l'émergence de maîtrises relativisées et à la gestion de l'incertitude. En somme les individus porteurs du processus de métropolisation deviennent de plus en plus les maîtres de ces lieux multiples et corollairement de moins en moins le maître absolu des lieux.

La résidence qui était jusqu'alors définie comme le territoire de l'absolu et l'expression de l'individu est de plus en plus souvent renégociée c'est-à-dire flexible dans le temps et dans

l'espace. Elle est ainsi adaptée, ou plus exactement recomposée, pour devenir en partie une extension du bureau. La flexibilité du lieu de travail induit de nouvelles stratégies de localisation. Enfin on observe de plus en plus que le logement évolue en fonction des étapes de la vie également dans sa localisation et sa conception.
Le choix de localisation résidentiel est désormais fonction d'un arbitrage entre les phases de la vie qui sont marquées par l'évolution de la structure familiale et les exigences professionnelles. Dès lors les jeunes couples optent pour une localisation à proximité des nœuds routiers en connexion avec des nœuds de transports publics dans l'aire métropolitaine. Mais la congestion des nœuds et des rocades incite aussi à devoir adapter ses horaires de travail pour se faufiler dans les rares heures creuses ou pour modifier ses itinéraires en fonction des aléas et de l'information accrue du réseau (info routes, GPS...). Si les connexions deviennent trop périlleuses, le changement de résidence laisse la place dans un premier temps à la multiplicité des lieux de résidence. De même avant de quitter leur logement les personnes âgées entreprennent de l'adapter et acceptent une maîtrise relativisée par la cession partielle ou la cohabitation. Les résidents âgés sont dès lors de plus en plus nombreux à reconfigurer leur logement lorsque les enfants ont quitté la maison familiale. Malgré que les logements ont le plus souvent été conçus selon des structures immuables, les propriétaires envisagent de les subdiviser pour accueillir des familles contraintes, partagés avec d'autres personnes âgées ou au contraire offrir du logement en location à la semaine pour les nouveaux métropolitains qui voyagent souvent d'une métropole à l'autre. Ces derniers y trouvent une alternative aux hôtels internationaux trop standard.

Cette question de la maîtrise relative est d'autant plus importante que les lieux sont pris dans une double contrainte de spécificité et de reconfiguration de la multifonctionnalité. Ainsi une partie du logement devient l'extension du bureau alors que dans le même temps, les individus sont sollicités pour devenir actionnaires de leur entreprise. L'internet et les connexions téléphoniques tendent à effacer les frontières et les spécificités des lieux et les résidences ne sont plus isolées de la sphère du travail. Les espaces flux et les modes de transports sont eux aussi transformés en lieu de travail, de réunion, du grignotage ou de la « base mobile » entre les lieux connectés.

C - Le lieu : un espace individuel mais culturellement marqué

Si le lieu fait l'objet d'une maîtrise relativisée, cette maîtrise doit néanmoins atteindre un équilibre de certitude permettant une certaine assurance.

Trois aspects peuvent être évoqués pour permettre ce lien entre individuel et collectif.

Le premier aspect vise à reconnaître désormais le corps comme le lieu de la maîtrise individuelle sous la forme d'une compensation par rapport à la perte de maîtrise de la résidence. Dès lors dans ce contexte de maîtrise généralisée mais surtout relativisée, la maîtrise du corps devient une expression à sa capacité d'être. A côté des autres lieux, le corps devient un espace maîtrisé car comme nous l'avons vu de nouvelles opportunités apparaissent au travers de l'esthétique du corps, de l'éthique d'individuation (droit à l'euthanasie, au suicide...), de la reconnaissance du mariage homosexuel et du droit de parenté assisté (insémination, enfants au sein des couples homosexuels,...). Cette nouvelle maîtrise du corps tend aussi par exemple à induire un nouvel intérêt et une modernisation des salles de bain (bain douche, bain bulle...), la multiplication des salles de gymnastique et de sports.

A la suite de ce premier aspect, une forme de recomposition pourrait intervenir à partir du corps comme centralité se substituant ainsi la résidence qui elle-même remplaçait les lieux collectifs lors du processus d'industrialisation. Les études de E. Hall sur la proxémique nous renseignent alors sur les codes de mise à distance. La sphère de l'intime n'est plus uniquement fixe et associée à la résidence, elle est présente lors des déplacements au sein de la foule tout comme elle est renégociée selon les lieux.
Cette capacité à redéfinir des limites entre les lieux est d'autant plus nécessaire que les techniques tendent à les effacer comme nous l'avons vu. Comme on l'a dit des codes nouveaux apparaissent afin de limiter par exemple l'usage du téléphone portable et son usage devient aussi l'expression du maître des lieux.

Le troisième aspect tend à renforcer la spécificité des lieux car les lieux sont de plus en plus choisis. L'uniformisation des lieux est dès lors combattue tout en favorisant une forme d'évolution par référence. Tel est notamment le cas des centres des villes qui sont de plus en plus vécus selon des références visuelles et des ambiances proches de la flânerie (piétonniers commerciaux, place avec terrasses de café...). Il s'effectue ainsi une forme de recomposition des lieux en fonction d'attentes mélangeant à la fois une certaine originalité et une certaine similitude. Aucun centre ville ne doit être identique à l'autre mais les logiques sous-jacentes sont les mêmes, ce qui garantit une forme d'appropriation et de respect collectif. La publicité, la société de l'image et la prise en compte de l'environnement sont les trois facteurs constitutifs de cette recomposition des lieux. Nous y reviendrons.
Dans ce contexte la voiture qui avait favorisé une uniformisation des lieux lors du processus d'urbanisation est elle-même interpellée. Elle devient un mode de transport parmi d'autres. Ainsi, l'hégémonie de l'automobile laisse place à un usage adapté ou en d'autres mots à une stratégie de relais en fonction des performances désormais aussi reconnues à d'autres modes selon les lieux. Les réseaux de transport en commun sont adaptés à certains déplacements (dans certaines directions et à certaines heures) ; le vélo, les rollers... sont autant d'alternatives en fonction des lieux à connecter. Les métropolitains établissent des stratégies de chaînes de déplacements tout au long de la journée. La connexion des lieux est établie sur la base de la connaissance de la multimodalité et des réseaux, de leurs interconnexions, des astuces pour échapper aux points noirs... Cette stratégie de mobilité par sauts de puce et par modes spécifiques permet de relier différents lieux au cours de la journée. Les centres scolaires et les pôles de transports en direction de la métropole, les lieux de travail, de sport, les centres commerciaux le soir sont autant de points relais. Sur chacun de ces lieux, une certaine maîtrise de l'espace est opérée. Ni totalement privative ni totalement impersonnelle, cette forme de familiarité facilite et rassure.

D - Une recomposition de l'accès à la propriété et à la citoyenneté

La résidence n'est donc plus un investissement absolu ni dans le temps ni dans l'espace. Des formes nouvelles de relation au logement doivent être développées. Non seulement les structures des immeubles devraient être plus souples mais il conviendrait aussi de revoir les modalités de financement et de taxation notamment pour réduire les freins aux transferts de

propriétés en diminuant par exemple les frais d'enregistrement ou les contrôles imposés par les notaires. Cette profession pourrait d'ailleurs davantage évoluer vers une forme de conseil immobilier et de garant de la certification des immeubles plutôt que de demeurer un agent de l'enregistrement des droits de propriété.
Sur le plan commercial, l'accès au logement devrait être simplifié et plus souple notamment en favorisant le développement de nouvelles formules comme le leasing immobilier surtout si les taux d'intérêt sont faibles. Même si actuellement cette formule commerciale est surtout promue dans le cadre des entreprises, elle pourrait permettre de transformer l'acquisition en option.

En somme, la métropolisation nécessite de revoir la perspective du droit à l'accession à la propriété résidentielle qui fut un élément structurant du processus d'urbanisation. En effet, il faut comprendre l'actuelle progression de l'accès à la propriété sous des jours nouveaux. Il convient aujourd'hui sans doute de découpler l'accès à la propriété, la maîtrise de son espace personnel compris comme le territoire du chez soi et la sécurité pour l'avenir. Pour certains, la propriété n'est plus qu'un acte temporaire en forme d'investissement financier d'autant plus que les primes à l'acquisition initiées lors du processus d'urbanisation demeurent, que les taux d'intérêt sont bas, que l'épargne bancaire ou mobilière est peu rémunératrice et qu'à long terme les incertitudes se multiplient face au recul des filets de protection qui étaient mis en place par l'Etat-providence (emplois, assurances soins de santé, pensions...).
Plus radicalement, dans l'aire métropolitaine, on pourrait imaginer que l'accès à la résidence n'est plus couplé à l'accès à la propriété ni même à la famille. Certains pourraient opter pour l'acquisition ou la location d'une résidence personnelle. Dans ce cas, les membres d'un couple ne résideraient plus de facto sous un même toit.

Cette recomposition se justifie car comme nous l'avons montré, il y a multiplicité des lieux et que la résidence devient un lieu parmi d'autres. Si lors du processus d'urbanisation, elle devait satisfaire toutes les étapes de la vie, elle devait aussi être le lieu de multiples activités quotidiennes. La multiplication des équipements à domicile de même que la maîtrise d'un vaste jardin permettait d'occuper ses temps libres. Cette logique fut déjà initiée avec les jardins ouvriers lors de la phase de transition vers le processus d'urbanisation. Les modalités visent aujourd'hui à pouvoir négocier dans le temps la charge de loisirs tout comme d'entretien qu'implique la maison. Le développement de loisirs nomades dont la ballade (à pied, à vélo, à cheval, en voiture...) et la multiplication des lieux de loisirs (salles de sport, fun shopping...) conduit à réduire le temps de loisirs passés à la maison. Cette tendance pourrait en outre augmenter si le domicile devient aussi pour partie un lieu de travail ou de formation vu la recomposition des temps de travail-loisir-formation.

Plus fondamentalement, la multiplicité des lieux implique de revoir le critère de citoyenneté fondé sur le lieu de résidence. Le citoyen est aujourd'hui davantage utilisateur d'équipements et d'infrastructures éclatées dans l'espace que de services à proximité de son lieu de résidence. Or sa participation à la gestion via le mode électoral demeure liée à cette territorialité. Il conviendrait dès lors de revoir l'expression de la citoyenneté en fonction des lieux fréquentés et plus seulement du lieu de résidence. Cette proposition est développée ci-après.

E - De nouvelles formes d'urbanisation résidentielle

Le processus d'urbanisation a été progressivement caractérisé par la maison mitoyenne, la villa pavillonnaire mais aussi les immeubles à appartements. Ces trois types de résidences avaient naturellement différentes formes et différents niveaux de standing. Mais l'accès à la propriété demeurait une forme d'idéal. Les dernières phases du processus d'urbanisation furent marquées par des alternatives d'habitat communautaire et plus largement par des résidences dont la forme et la localisation varient selon les étapes de la vie.

Nous avons vu que la division des logements, notamment en ville, répondait à la fois à une demande pour le logement des adolescents mais aussi pour des revenus faibles. La revalorisation des quartiers anciens permet d'attirer également des populations plus aisées dont la particularité est sans doute d'être structurées en petits ménages assez indépendamment des tranches d'âge. La reconfiguration des anciens immeubles voire même une offre de petits immeubles neufs tendent à répondre à cette demande de localisation au centre-ville.

La réduction des charges d'acquisition et d'entretien peuvent inciter à de nouvelles pratiques visant à réduire la surface et les équipements de la sphère privée au profit d'une mise en commun. Les jardins, les garages, les buanderies en copropriété peuvent ainsi induire une nouvelle forme de pratique d'habitat. Enfin, comme nous l'avions déjà montré pour le bien-être et l'équipement des salles de bain, la résidence est davantage comprise comme un lieu complémentaire à d'autres. Ainsi, certaines entreprises vont jusqu'à offrir des lieux complémentaires de stockage des équipements et objets dont l'usage est lié à certaines périodes de l'année ou tranches de vie. Dans ce dernier cas, le mythe des trésors cachés au grenier tend naturellement à disparaître... Mais il apparaît aussi une diversité de situations allant des maisons dans lesquelles la cuisine devient la pièce centrale nécessitant une forme de mise en scène jusqu'à ces appartements qui en sont pratiquement dépourvus. Mais l'équipement ne fait sans doute pas l'usage.

En marge de ce marché immobilier, le processus de métropolisation semble être notamment caractérisé par une recomposition de la production pavillonnaire.
Lors du processus d'urbanisation, deux aspects caractérisaient l'offre pavillonnaire. Il y avait tout d'abord l'accès à la propriété qui pouvait conduire à la production de maisons standardisées au sein de vastes lotissements. La quête résidentielle s'opère grâce à une démocratisation du prix et à une appropriation individuelle, ce qui n'exclut pas que dans certains cas des associations ou des formes de solidarités entre voisins apparaissaient. L'autre aspect concernait la possibilité de pouvoir disposer de calme voire même d'un paysage campagnard.
Avec le processus de métropolisation on assiste à une évolution de l'offre résidentielle dont l'innovation porte davantage sur le voisinage que sur la maîtrise individuelle de la résidence. Reprenant pour partie des formes d'habitat communautaire, le principe est d'offrir des ensembles résidentiels dont la force fédérative est élevée. Les formes rencontrées correspondent par exemple à la production de chantiers groupés de maisons autour d'espaces collectifs de haute qualité. Cette offre devient recomposition territoriale car elle répond à plusieurs problèmes pour la famille qui souhaite y emménager. D'abord le prix de résidence est souvent un peu moins élevé que dans les offres traditionnelles car la superficie des terrains et

des logements est moindre. Le prix est en outre comprimé parce que l'opérateur concentre et rationalise les opérations de production. Nous n'entrons pas ici dans les détails mais les parcelles plus petites sont donc plus nombreuses alors que les espaces réservés aux voitures sont réduits, les constructions sont réalisées sur la base d'économie d'échelles, la vente est réalisée sur plan avec personnalisation des aménagements intérieurs... Cette offre résidentielle est surtout attractive parce qu'elle se présente comme ségrégative dans ses formes. En d'autres mots, le mode d'habitat est tel que la population susceptible de venir y résider fait l'objet d'une sélection socio-économique et culturelle. Le type d'architecture, le prix, les réseaux de publicité... bref un ensemble de conditions visent à rassurer les résidents. Certains équipements peuvent en outre être partagés comme des espaces de jeux ou de loisirs. La particularité est donc d'offrir un lieu très structuré qui sera d'autant mieux accepté qu'il ne remplisse pas la totalité des relations sociales. Pour faire court et en étant sans doute fort caricatural, on pourrait assimiler la logique de ces lieux résidentiels à celle des villages de vacances. En ce sens, le lieu est sélectif et ce sont ces atouts spatiaux et temporels, ces spécificités qui sont recherchées et valorisées.

5.2.3.2. La recomposition des territoires du voisinage et du territoire communal

Les territoires du voisinage sont de plus en plus éclatés et ne se structurent plus dans un rapport de proximité. A l'image de la réaffirmation de certaines limites de propriétés on voit apparaître une gestion du voisinage devient plus sélective avec des formes souvent plus privatives. C'est ainsi que les cités sont de plus en plus présentées comme des ensembles dont l'accès est contrôlé soit par des groupes de meneurs (dans les cités HLM de la banlieue nord) soit par des sociétés privées de sécurité (dans les cités résidentielles de la banlieue sud).

Mais cette réaffirmation masque une forme de recomposition qui implique par exemple que la gestion des lieux publics est de plus en plus prise en charge par des groupements d'intérêt privés et non plus des autorités publiques. Le territoire institutionnel de la commune voit par exemple la privatisation d'infrastructures et d'équipement mais la maîtrise des voiries est désormais confié à des sociétés privées de gestion du stationnement (depuis la concession d'espaces jusqu'aux relevés des payements et des infractions, pour les horodateurs en voirie) ou d'entretien, voire parfois de surveillance. Ainsi récemment pour résoudre les problèmes de congestion automobile, l'association des constructeurs et des usagers de la route préconisait en Belgique la privatisation de l'entretien, de l'organisation et de la surveillance du réseau routier. Cette logique s'inscrit face à la perte de maîtrise du territoire institutionnel. Elle se concrétiserait par un contrat de gestion suite à un appel d'offre des autorités auprès des sociétés privées.

Cette privatisation des lieux interpelle donc directement la question de la citoyenneté au travers de la représentation et de la participation. Des associations nouvelles se mettent en place pour relayer l'avis des consommateurs ou des usagers en marge des sphères politiques ou des représentants socio-économiques reconnus dans le cadre de l'Etat-providence.

5.2.3.3. La recomposition des territoires dans l'aire métropolitaine : l'émergence des lieux fédérateurs

Le processus de métropolisation se caractérise donc par une recomposition des territoires vécus en fonction d'une multiplication de lieux mais aussi d'une plus grande spécificité de chacun d'eux.

Dans le cadre de notre thèse, nous identifions quatre types de lieux fédérateurs : les plaines ou les plateaux, les vallons, les coteaux et les bourgs. Nous entendons par fédérateur le fait qu'ils ne relèvent pas d'une logique intégrative initiée par un territoire institutionnel, mais qu'au contraire leur force résulte de leur structure et de la valorisation de cette structure.

La force fédératrice résulte de plusieurs paramètres. Elle vient d'abord, comme nous l'avons montré, d'un héritage des occupations issues des processus antérieurs. La structure du foncier ou les aménagements successifs ont conduit à doter l'espace de sens. Deuxièmement, les lieux apparaissent comme fédérateurs car le modèle de développement est de plus en plus lié au respect du site et à la prise en compte des impacts sur l'environnement. Troisièmement la manière de concevoir les lieux et de les aménager ou de les transformer s'effectue de plus en plus en concertation en raison de la perte de légitimité de l'Etat-providence mais aussi de la diminution de ses moyens ce qui rend nécessaire le partenariat. Quatrièmement, le lieu est de plus en plus maintenu dans ses caractéristiques car il est mis en relation avec d'autres lieux. La tendance est donc de rechercher la spécificité et d'assurer la compatibilité des lieux. La concurrence entre espaces conduit donc à réaffirmer les spécificités tout en s'inscrivant dans un langage commun. En effet la lecture de l'espace est de plus en plus fondée sur l'image des lieux véhiculée notamment par les médias mais aussi sur la part croissante des pratiques touristiques. L'intérêt de la force fédératrice conduit à observer des associations d'activités recomposant d'une certaine manière la notion d'économie d'agglomération. Elle permet donc d'avoir une vision commune et de réduire les sources de conflits.

La recomposition des lieux peut conduire à mettre en place des démarches innovantes quitte à déplacer les limites traditionnellement fixées entre les parcelles. C'est ainsi qu'au sein des bourgs la réaffirmation des lieux implique un travail sur la recomposition des espaces publics. Or l'espace public n'est pas limité au seul domaine public. Le retour de l'urbanisme conduit, depuis la phase de développement intégré, à classer les façades puis à accorder des primes à leur rénovation. Mais plus encore lors du processus de métropolisation il peut conduire à la dissociation du titre de propriété de la façade par rapport au reste de l'immeuble. La façade est alors rachetée par les pouvoirs publics et elle tombe dans le domaine public. Cette modification de la frontière peut être naturellement perçue comme une forme d'externalisation des coûts d'entretien de la façades. Toutefois nous y voyons aussi et surtout une forme de prise en charge par la collectivité de la plus-value des façades dans l'affirmation de la spécificité du bourg. Une démarche analogue existe, comme nous l'avons déjà rencontré au travers de la recomposition du droit de servitude mis en œuvre dans le cadre de la détermination et de la gestion des sites Natura 2000. En effet dans ces sites la collectivité reconnaît que certains sites ne sont plus productifs et que l'impôt foncier n'a plus de raison d'être. En ce sens la définition du parcellaire mis en application depuis la fin du processus agraire laisse place à une nouvelle forme de production : la biodiversité.

Pour les autres lieux, d'autres recompositions interviennent. Nous les abordons ci-après au travers de l'exemple de l'agriculture.

5.2.3.4. La recomposition des territoires institutionnels, les communautés urbaines et les projets de pays en Wallonie

A - La recomposition de la Wallonie dans le cadre de la Belgique fédérale

A la fin du processus d'urbanisation, pratiquement cinq niveaux territoriaux concernaient la Belgique sur le principe hiérarchique : l'Union européenne, l'Etat fédéral, les trois régions et les trois communautés, les provinces et les communes.

En Wallonie, les provinces étaient maintenues mais leur rôle devenait ambigu. La recomposition du territoire institutionnel allait à la dualisation des niveaux : régions-communes. Cette recomposition à deux niveaux tente de masquer en réalité des revendications de type sous-régionaliste mais aussi des dynamiques provinciales assez diverses. En effet le territoire wallon demeure assez jeune et tente de se conforter en marge de la guerre des bassins sidérurgiques ou de l'opposition ville-campagne. De même cette recomposition tente d'effacer les provinces liées si l'on ose dire à l'ancien régime national. Or comme lors des recompositions précédentes des héritages et des dynamiques sous-régionales demeurent. C'est ainsi que la province de Liège demeure très active car elle bénéficiait d'un chef-lieu important et était historiquement fondée sur la Principauté de Liège. Namur et le Luxembourg sont davantage marqués par les espaces non bâtis et les petites ou moyennes villes, dont la ville de Namur qui se renforce suite à sa reconnaissance comme capitale wallonne. Le Luxembourg est souvent associé à la province de Namur notamment dans la recomposition d'instances comme les transports collectifs (voir ci-dessus). L'arrondissement de Nivelles situé au sud de Bruxelles est désormais reconnu comme nouvelle province du Brabant wallon en raison de la séparation de la province de Brabant dans le cadre de la Belgique fédérale. Enfin le Hainaut qui fut historiquement un espace de frontière lors du processus agraire est soumis à des divisions internes entre Tournai, Mons, La Louvière, Charleroi et de nombreuses petites villes.

Comme nous l'avons déjà indiqué, du côté flamand le territoire se recompose assez différemment. Outre la question de l'intégration de la Communautés et de la Région au sein d'une même territorialité institutionnelle, ce qui marque une logique nationaliste classique, la Région flamande va restaurer le rôle des territoires sous-régionaux et intermédiaires entre la commune et la Région-Communauté. Ce niveau intermédiaire a en outre gagné en cohérence puisque lors de la dernière réforme de l'Etat fédéral, l'organisation des provinces fut confiée aux Régions.

Selon la logique wallonne, les niveaux intermédiaires s'adaptent selon leurs ressources propres ou deviennent purement des niveaux sectoriels et administratifs permettant une forme décentralisée des services régionaux. les secteurs d'aménagement, niveau territorial proche de l'arrondissement et qui fut considéré comme pertinent lors de l'élaboration des plans d'affectation des sols, furent par la suite abandonnés. Ces territoires ne disposaient en effet d'aucune structure de gestion ni d'acteurs mobilisés à ce niveau. Par contre les territoires sous-régionaux des intercommunales de développement économique et d'aménagement du territoire pouvaient devenir de réelles territorialités structurantes au niveau intermédiaire. Or comme nous l'avons vu les propositions formulées par ces opérateurs sont vite apparues comme concurrentielles face aux territoires régionaux et communaux. Cette approche fut jugée d'autant plus concurrentielle par la Région que ces intercommunales furent mobilisées pour établir le plan de niveau régional !

B - Les tentatives de recomposition de niveau intermédiaire en Wallonie

La recomposition des territoires institutionnels intervient dans de nombreux pays européens. L'émergence de l'Union mais aussi la métropolisation avec la multiplicité des lieux de vie peuvent expliquer la recherche d'un nouveau territoire pertinent au niveau supra-communal. Quels sont donc les nouveaux territoires institutionnels pertinents ?

Deux exemples peuvent nous aider à poser des jalons pour tenter de répondre à cette question.
Le premier cas est issu d'une démarche sur la question des communautés urbaines en Suisse, Belgique et France afin de dégager des pistes communes. L'autre cas est lié au développement rural dans le cadre d'un projet de pays dans le Pays de Herve, région située entre Liège, Maastricht, Aix-la-Chapelle et Verviers.

D'emblée il convient de souligner que l'un et l'autre cas s'appuient sur la définition d'un territoire en lien avec des références spatiales en pleine mutation (la ville au sens large et la campagne).

Certains points démontrent qu'il y a une recherche constante pour dépasser les référents classiques ville-campagne et urbain-rural, car les enjeux sont désormais autres. A ce titre les cas de projets d'agglomération ou de communauté urbaine démontrent la recomposition des territoires selon des formes très variables. En effet en Suisse et en Wallonie les territoires se cherchent. L'approche est donc autre qu'en France, où l'Etat a largement balisé cette recomposition en s'appuyant notamment sur les régions urbaines ou les bassins d'emplois ou de vie.

Il convient d'abord de souligner que dans les cas suisse et belge, à défaut d'un cadre prévu par le niveau territorial supérieur, il existe une dynamique d'acteurs et d'opérateurs. Ces acteurs et opérateurs définissent donc un territoire qui couvre très largement leurs problèmes et les enjeux de maîtrise de l'espace.

Toutefois on observe que cette recomposition des territoires institutionnels oscille entre deux enjeux et donc deux groupes d'acteurs.

La première vision vise à assurer la structuration de métropoles au sein de l'Union européenne. L'Europe devient progressivement un interlocuteur pour plusieurs politiques de même qu'un niveau territorial pour un ensemble des sociétés assurant traditionnellement des services (au) public ou aux collectivités locales : compagnie d'électricité, d'eau, d'épuration, de multimédia...
Ces activités étaient gérées par les communes lors du processus d'industrialisation puis reprises en intercommunale dès le processus d'urbanisation. Or récemment, ces intercommu-

nales ont été reprises en partie pas des groupes financiers européens (Lyonnaise de Eaux, Dexia...).

Dans ce contexte des métropoles d'Europe, les villes doivent atteindre une taille critique, être dotées d'infrastructures de niveau européen (TGV, université, aéroport...) ou faire valoir des atouts spécifiques. Dès lors la ville-centre et les opérateurs en place initient souvent la démarche en cherchant des alliances sous-régionales pour « remplir » et atteindre ces critères.

Un projet fédérateur facilite la constitution du territoire en raison du déclin économique de la sous-région ou d'un projet sous-régional comme le développement d'une filière. Dans ce cas, des associations autour d'une métropole ou l'association de plusieurs villes moyennes apparaît. L'Union européenne encourage ces associations, surtout si elles permettent de réduire les fractures liées aux frontières des Etats membres.

Lorsque nous évoquons l'intervention des acteurs en place, il convient d'être précis. En effet dans certains cas analysés il s'avère qu'une alliance entre des villes moyennes se structure. La pression de Maastricht envers Liège est sur ce point très claire. De même la pression de certaines villes allemandes vis-à-vis des villes alsaciennes l'est tout au tant. Ces pressions des acteurs extérieurs résultent d'une dynamique de polycentrisme et d'étalement urbain qui s'exerce sur des villes en reconversion industrielle. Il s'opère donc une alliance stratégique entre le groupe d'acteurs qui mènent la reconversion et celui de ceux qui gèrent l'expansion urbaine. La complémentarité est d'autant plus évidente qu'elle ne joue plus sur des questions de rivalité de villes frontalières mais au contraire dans le défi de la constitution d'une métropole de taille européenne.

La seconde vision vise à la création d'un territoire moins vaste car davantage lié aux enjeux des relations entre la ville-centre et les pôles secondaires de même qu'entre ces pôles secondaires. Cette logique existe également pour la constitution des projets de pays.

Les mouvements entre les multiples lieux de vie se renforcent et se complexifient au sein de l'aire métropolitaine. L'enjeu est double : d'une part la restructuration de l'offre d'infrastructures et le financement de ces infrastructures (transports en commun suburbain, hôpitaux, enseignements...) et d'autre part la gestion des espaces ouverts dans l'aire métropolitaine (éviter un étalement urbain et maintenir la qualité de l'aire métropolitaine).

Dans ce cas ce sont généralement des associations ou des opérateurs sectoriels et plus rarement des communes qui se retrouvent afin de résoudre l'inadéquation des services et de dépasser les concurrences entre centre et périphérie et entre communes urbaines et rurales.

Le territoire supra-communal vise donc à réorganiser la répartition des activités en fonction d'un projet collectif en renforçant les spécificités locales. Les thèmes généralement abordés sont le rôle de l'agriculture périurbaine, l'organisation des nœuds de transfert de mode et le tracé des axes de transports en commun, la localisation des nouveaux équipements ou leur modalité de gestion (heure, tarif, information) afin d'être accessibles à un grand nombre.

Enfin, ce nouveau territoire vise aussi à réduire le découplage entre un droit de citoyenneté fondé sur le lieu de résidence et des droits d'usagers fondés sur les lieux fréquentés. Le nouveau territoire est dès lors présenté comme la nouvelle aire de bassin de vie avec une forme relativement simplifiée de transfert de niveau de la commune vers le supracommunal. En d'autres mots la base électorale est simplement déplacée vers un territoire plus vaste recouvrant les principaux lieux de vie.

5.2.3.5. Le cas des mutations de l'agriculture et des recompositions agricoles

Cette logique affecte l'ensemble des activités en ce compris, par exemple, l'agriculture qui peut à tort être considérée comme un secteur classique et traditionnel. Lors du processus d'industrialisation, les grands propriétaires ont introduit le fermage et les fermiers, puis ces derniers furent progressivement modernisés en exploitants agricoles au cours du processus d'urbanisation. Avec le processus de métroplisation, de nouvelles mutations apparaissent non seulement en raison des innovations techniques mais aussi parce que l'agriculture s'inscrit dans cette mutation économique de globalisation, de marché de l'écologie, de mondialisation et de post-fordisme. De même on ne peut croire que la famille des exploitants agricoles restera à l'écart des mutations liées à la structure des ménages.

Enfin, il convient de se demander comment les agriculteurs vont mener leurs activités ou plus exactement la valorisation des terres au sein d'aires métropolitaines toujours plus vastes. Comment vont-ils s'inscrire face à une nouvelle perception culturelle de la campagne de plus en plus vécue comme un espace multifonctionnel et dont certaines étendues sont de plus en plus définies comme des lieux publics ?

A - Une agriculture issue du processus d'urbanisation

Brièvement, il convient de rappeler que depuis la réforme de la Politique agricole commune en 1992, le soutien à l'agriculture européenne a radicalement changé. Jusqu'à cette date les prix agricoles étaient garantis afin d'assurer la parité des revenus des exploitants agricoles avec les autres professions, tout en se fixant pour objectif d'atteindre l'autosuffisance alimentaire.

Ces orientations prises en 1957 en relayent d'autres plus anciennes, notamment celles détaillées à propos de Court-Saint-Etienne dans l'entre-deux-guerres. Dans les années quatre-vingts, à l'image de la sidérurgie, des quotas de production furent instaurés face aux excédents agricoles et aux difficultés d'écouler les produits sur le marché mondial. Les frigos regorgeaient de beurre et de viande et les stocks de sucre devenaient ingérables. Les quotas marquaient la réussite du processus d'urbanisation vis-à-vis des exploitants agricoles. Dès ce moment, des aides à la diversification des productions agricoles furent accordées notamment afin d'encourager la production de légumes ou de fruits selon des techniques nouvelles.

Comme on le sait, depuis la seconde guerre mondiale cette réussite a eu pour impact de faire perdre en Wallonie pratiquement 100.000 exploitants agricoles et 100.000 hectares de terres agricoles.

Le système des quotas eut des effets différents selon les spéculations. Alors que le secteur de la viande échappait en partie au quota, il fut progressivement frappé par une réduction de la consommation en raison des modifications des habitudes alimentaires. Les porcs et les volailles connaissent par contre une nette augmentation.

Les crises dans le secteur de la viande bovine se sont alors multipliées notamment en raison de la perte de crédibilité du secteur suite aux affaires des hormones de croissance.

Lors du processus de développement intégré, la population découvrait que l'agriculture n'était plus synonyme de verts pâturages, que la production hors-sol s'étendait dans les campagnes et jusqu'aux portes des villes, que les remembrements agricoles mais aussi les pratiques d'alimentation du bétail avaient radicalement fait évoluer les paysages et qu'en outre les campagnes si accueillantes n'étaient plus à l'abri des odeurs de lisier et du bruit des machines agricoles aux heures de détente. Bref les images bucoliques des boîtes de lait faisaient fausse note.

Lors du processus de développement endogène, la crise faisait rage dans l'Union européenne. Le budget de l'Union était affecté à plus de soixante pour cent à la politique agricole commune. Un double arbitrage est alors intervenu : réaffecter le budget agricole à la reconversion économique et placer l'agriculture européenne face à la concurrence des prix des marchés mondiaux dans le cadre des accords sur le commerce mondial.

La mutation de l'agriculture fut d'autant plus douloureuse que le monde agricole ne pesait plus très lourd en termes de population et que l'économie agricole avait été progressivement intégrée au sein de grands groupes économiques. Or, si les coopératives ou les filières traditionnelles étaient fondées sur des réseaux de proximité ou des réseaux à l'échelle des Etats-providence, par contre les groupes agro-alimentaires pouvaient recomposer les ancrages territoriaux à l'échelle européenne voire mondiale.

Cette perte de liens économiques varie naturellement selon les secteurs et les pays mais dans l'ensemble la mutation de la démographique, des structures d'exploitation et des liens économiques fut masquée par l'affirmation systématique de l'agriculture familiale. Référence type du processus d'urbanisation, le monde agricole renvoyait à l'agriculteur familial c'est-à-dire à un agriculteur statistique moyen et standard. Or la réalité était beaucoup plus complexe entre les petites exploitations et les grandes entreprises.

Cette référence aux exploitations familiales traduisait à la fois une réalité et un mythe.

Les exploitations ont été largement encadrées, orientées et poussées à la modernisation. Cette mutation a si bien réussi que le monde agricole pense aujourd'hui que ce fut un choix délibéré. Le soutien des prix était pratiquement oublié du monde agricole.

B - La réforme de la Politique agricole commune

Lorsque l'Union européenne décida de réduire le budget agricole au profit par exemple de projets comme Airbus ou Ariane et d'aligner les prix sur les cours mondiaux, il fut rapidement envisagé de compenser, même partiellement, la chute des prix agricoles par des aides directes au revenu des agriculteurs.

Même si la mise en place a été progressive et n'est à ce jour pas encore totalement réalisée (les secteurs du lait et du sucre doivent encore être réformés), les conditions d'octroi des aides furent rapidement liées à des clauses environnementales. Les aides incitaient à rétablir une relation entre la superficie exploitée, le volume de production régi par quota et les aides au revenu. La jachère qui était l'aspect le plus emblématique de la réforme occultait en réalité diverses mesures prônant un ralentissement de l'agriculture intensive et certaines formes d'agricultures extensives. L'Agenda 2000 a prolongé cette politique dans le cadre des accords mondiaux du commerce qui imposaient de découpler les aides du volume produit. Pour bénéficier de ces aides directes un système administratif et de contrôle assez complexe fut instauré. Les exploitations devaient faire l'objet d'un inventaire cadastral. L'agriculture devait pratiquement établir une comptabilité analytique des surfaces exploitées, des volumes produits, des apports en nitrate et engrais... Bref il convenait de tourner définitivement la page de la gestion traditionnelle.

Par ailleurs les aides à la diversification furent élargies pour concerner non seulement la diversification des productions alimentaires mais aussi le développement de nouvelles activités comme l'agritourisme et la gestion de l'environnement.

Une nouvelle mutation frappait donc l'agriculture dans un contexte peu favorable, car la crédibilité de la profession était encore amoindrie par les affaires de dioxine et autres « erreurs » dans la chaîne alimentaire.

Trois réactions furent généralement rencontrées. La première considérait que l'Union faisait fausse route et que rapidement le soutien des prix serait restauré. La seconde au contraire voyait dans les aides une étape transitoire avant l'abandon complet du secteur agricole par les pouvoirs publics. Enfin la troisième était plus curieuse et prête à prendre les aides directes, quitte à paraître des chasseurs de prime. Dans la réalité l'ensemble des exploitants a bénéficié des aides directes qui ne compensaient que partiellement la chute des prix.

C - Vers quatre types de recomposition de l'agriculture en Wallonie

D'emblée, il faut souligner que la recomposition de l'agriculture et de ses rapports au temps et à l'espace ne peuvent se voir que dans une temporalité relativement étendue. En effet, les exploitants sont majoritairement âgés ; de plus leur activité repose le plus souvent sur un projet d'exploitation qui est assez rigide et fixé pour une carrière en raison des compétences nécessaires, des capitaux investis et à amortir, des règlements en vigueur et de la pression des riverains.

Sans entrer ici davantage dans une sociologie du changement, il faut principalement souligner que le changement de politique agricole place le monde agricole face à deux types d'incertitude. La première est à court et moyen termes : comment gérer la transition ? La seconde est à long terme : comment passer d'une agriculture encadrée à une agriculture soumise aux aléas des marchés ? Les recompositions présentées ci-après sont donc des modes de gestion de l'incertitude, modes de gestion dont l'objectif est de réduire la perte de maîtrise induite par le processus de métropolisation.

La recomposition vise donc à pallier le découplage de plus en plus manifeste des territoires emboîtés. Comment et par quoi remplacer la cohérence héritée qui allait de la maîtrise physique de la parcelle jusqu'à la maîtrise du cadre communal en termes sociaux et jusqu'à la maîtrise du cadre national et international par des marchés garantis ? Pratiquement chaque niveau est remis en question et des découplages interviennent suite à la mise en œuvre de la réforme de la politique agricole ; comment dès lors recomposer un cadre de développement territorial ?

Préalablement aux pistes de réponse, il convient aussi de préciser que les recompositions ici développées se basent sur des observations et analyses menées dans les campagnes wallonnes. Ces campagnes se caractérisent pratiquement toutes comme des espaces périurbains c'est-à-dire d'une densité de population supérieure à 100 habitants par kilomètre carré ; la population agricole ne représente souvent que moins de 10 % de celle de ces communes. Il faut en outre rappeler que cette situation est le fruit de plusieurs processus territoriaux qui ont notamment permis d'attirer des agriculteurs flamands en Wallonie, de réduire l'exode rural et de maintenir à côté de la population agricole une population ouvrière puis d'accroître l'étalement des villes et la dispersion de l'habitat. Ainsi si les campagnes, au sens de terres de culture, de prairies et de vergers représentent quelque 55 % des occupations, les terres déclarées comme utilisées par les agriculteurs ne représentent que 45 % du territoire. Ces superficies déclarées par les agriculteurs ont progressivement augmenté en raison des contraintes liées à l'octroi des aides au revenu. Il n'en demeure pas moins qu'il existe en Wallonie d'importantes étendues de terres agricoles utilisées par des personnes n'ayant pas le statut d'agriculteur wallon. Plusieurs pistes peuvent être envisagées (exploitation par des agriculteurs ayant leur siège à l'extérieur de la Wallonie, parcelles occupées par des chevaux ou des moutons de particuliers, extensions de jardin ou de bords de route, terres agricoles en friche pouvant être en partie boisées...). Une étude plus minutieuse permettrait de préciser l'occupation et l'usage de ces quelques 10 % du territoire, ce qui équivaut pratiquement à la superficie résidentielle wallonne !

Schématiquement, quatre logiques de rapport au temps et à l'espace favorisant la recomposition des territoires agricoles peuvent être identifiées. Ces quatre profils sont construits sur le modèle des types idéaux. Dans les faits ils sont le plus fréquemment croisés et combinés selon des associations personnelles.

Les recompositions sont ici mises en regard avec les lieux fédérateurs évoqués ci-dessus.

La première logique est celle d'un avenir régulé par les prix des marchés mondiaux des aliments voire même par les nouvelles finalités des productions agricoles notamment via la chimie verte. Dans cette optique il faut rester concurrentiel en réduisant les coûts de production et en adoptant des méthodes plus flexibles permettant de réduire le capital immobilisé en machines, foncier et main d'œuvre. La taille de l'exploitation est alors généralement importante et les travaux peuvent être réalisés en direct ou par entreprise agricole. Le plan de culture et de production est généralement établi sous contrat. Dès lors, les prix, les volumes et la qualité à fournir sont fixés avant la production. Cette agriculture entretient généralement peu de contact avec les territoires locaux.
Certaines exploitations pourraient n'occuper les terres qu'à l'année en fonction des contrats obtenus. Les terres doivent être accessibles (juridiquement, physiquement, agronomiquement) et être d'une configuration optimale (taille, pente, obstacles). En somme cette agriculture se recompose, pour l'essentiel, sur de vastes espaces soit sur les plateaux soit dans les vastes plaines. Sur les plateaux, les cultures ou l'élevage sont généralement les plus pratiqués. La structure foncière, parfois consolidée par des remembrements, de même que la logique de modernisation constante sont en effet autant d'atouts issus des processus antérieurs. A l'inverse, dans les plaines, on trouve les cultures maraîchères, l'horticulture et l'engraissement. Le territoire de ces agriculteurs est donc éclaté, formé de parcelles variables dans le temps et dispersées au sein d'une aire géographique parfois très importante.

La seconde logique est radicalement inverse à la première. Elle est encore inspirée par les objectifs de la Politique agricole commune de 1957 : produire des céréales, de la viande et du lait en suffisance pour nourrir l'humanité. Les exploitations pratiquent donc plusieurs spéculations à une échelle modeste dans l'enceinte de la ferme familiale. Pour maintenir ses revenus jusqu'à la pension et permettre éventuellement au fils de reprendre l'exploitation, il faut accroître la taille de la ferme et travailler davantage pour produire plus. Les temps de loisir deviennent rares, les charges financières, administratives et réglementaires ne cessent d'augmenter. Certaines nouvelles pratiques sont d'autant plus facilement acceptées qu'elles permettent de réduire les coûts de production sans diminuer les rendements. Il ne s'agit pas de croire en effet que cette agriculture est figée ; au contraire depuis toujours elle se modernise. Cette modernité constante permet par exemple de réduire l'achat et l'utilisation d'engrais et de produits phytosanitaires. Elle peut aussi inciter à grouper des achats, à partager du matériel... pour faire des économies d'échelles grâce aux liens souvent familiaux entre exploitants agricoles. Mais ces adaptations permanentes ne peuvent empêcher les conflits de voisinage qui se multiplient en raison par exemple du travail nocturne et des week-ends ou a contrario des déprédations occasionnées par les non-agriculteurs lors de promenades, de versages sauvages.... Pour les agriculteurs, le sentiment qui prévaut est d'être soumis à un droit d'ingérence, à une perte de maîtrise de son projet de vie et de son territoire. Ce sentiment est d'autant plus ressenti que les élus locaux ne sont plus des propriétaires fonciers ni même des exploitants agricoles mais des personnes de plus en plus souvent venues résider ou s'établir pour travailler dans la commune. Pour ces agriculteurs, seul le syndicat agricole ou les conseillers techniques constituent encore réellement un relais et un soutien.
La ferme ancestrale à laquelle des bâtiments ont été progressivement ajoutés ou transformés est située dans ou à proximité du bourg ou du village. Les terres exploitées s'étendent au-delà des zones bâties qui s'étalent de plus en plus. Les quelques parcelles agricoles propriétés du fermier et situées en zone à bâtir ont été vendues afin de financer une partie des agrandissements de l'exploitation par la reprise des terres d'autres agriculteurs en fin de carrière. Le territoire de cette agriculture demeure généralement local même si la nécessité de s'agrandir l'étend de plus en plus souvent sur plusieurs communes. Le couplage établi lors du processus d'industrialisation entre la commune et le territoire des fermiers éclate donc de plus en plus.

La troisième logique est celle promue par des agriculteurs qui optent radicalement pour une gestion plus extensive et environnementale des terres souvent étendues et dont ils sont généralement propriétaires. Il est donc plus exact de souligner leur statut de propriétaire foncier. Sur cette base, la valorisation du patrimoine est replacée dans un temps long. Leur histoire parfois familiale démontre que les terres furent valorisées de façon assez diverse au cours des temps. Dans ce rapport au temps et à l'espace, les nouvelles perspectives de gestion patrimoniale, environnementale et paysagère sont prises avec prudence mais largement admises. Il convient donc d'étudier en profondeur les modalités et les répercussions de cette nouvelle période de l'histoire des campagnes. L'impact de Natura 2000 comme nouveau cadre d'orientation est alors examiné de près. Les aides au reboisement, aux pratiques paysagères, au gel des terres sur de longues périodes, aux tournières de conservation favorables au gibier sont autant de mesures adoptées. Cette nouvelle valorisation du foncier est souvent à

moindre rendement financier. Il convient dès lors de prendre des dispositions pour éviter les écueils des conceptions héritées pour lesquelles les terres devaient être productives. Le caractère peu productif doit être reconnu en instaurant des modalités en remplacement du précompte immobilier, des droits de succession... La constitution de sociétés foncières qui peuvent en partie être ouvertes à des apports en capitaux privés issus d'associations de protection de la nature voire même de compagnies financières n'est pas exclue. Les terres demeurent un placement à long terme même si elles ne permettent plus une reconnaissance politique comme lors du processus agraire et industriel. Leur rendement à long terme est alors peut-être celui de nouveaux liens entre ville et campagne. La campagne devient une forme d'espace ouvert ou à accès sélectif (golf, séminaires, rencontres nature, chasse, loisirs extrêmes...) et à l'entretien duquel la collectivité contribue financièrement (via le budget des collectivités mais aussi peut-être d'échanges entre personnes sur la base de la valeur financière de l'environnement : quota de pollution, quota de percolation pour les eaux de surface, quota de biodiversité...). A court terme les charges d'entretien seront réduites, quitte à supprimer les exploitants agricoles et à établir une gestion plus flexible par entreprise ou avec de nouveaux partenaires comme par exemple les associations de protection de la nature. Pour le moment, il semble évident que la chasse constitue la rentrée financière la plus importante.
Le territoire de ces agriculteurs grands propriétaires correspond à la structure foncière même si dans certains cas, ils ne sont plus détenteurs que d'une part du capital à travers une société foncière. Les terres sont alors souvent valorisées en fonction de leur valeur agronomique et de leur intérêt écologique : celles qui sont de faible qualité et peu rentables évoluent rapidement vers cette nouvelle valorisation patrimoniale alors que celles qui sont plus productives font l'objet de nouvelles pratiques de production adaptée intégrant des pratiques environnementales de production.

Enfin la quatrième logique est celle qui vise à faire évoluer l'agriculture vers un rôle social sur la base de contacts plus directs et personnalisés. Les activités traditionnelles sont orientées en fonction d'une clientèle propre, spécifique et que l'on essaye de fidéliser. Cette logique de la « commercialisation courte » peut prendre des formes multiples et intervenir sur des activités de plus en plus diversifiées (vente de produits fermiers, loisirs à la campagne comme le gîte, le manège ou les randonnées vélos et pédestres, les sports de plein air, les stages scolaires mais aussi les semaines de remise en forme grâce au travail à la ferme...). Outre les aides à la diversification, le montage financier et commercial prend des formes parfois inédites comme l'achat collectif ou individuel de produits avant leur fabrication (contrat avec des particuliers pour un approvisionnement hebdomadaire en lait, fromage, beurre... achat collectif d'un veau avant sa naissance...). Des liens sont recherchés avec la clientèle qui est aussi bien composée de restaurateurs, de marchands de produits du terroir, de collectivités locales que de particuliers. Cette technique s'applique aussi au gîte, ou à la pension pour chevaux voire même à l'élevage bovin pour lesquels les utilisateurs peuvent choisir entre des formules one shot ou au contraire une forme de fidélisation permettant d'avoir accès plusieurs fois l'année aux services rendus voire même le parrainage d'un animal. Ces fermes peuvent même offrir des services immatériels, comme la remise en condition, particulièrement recherchés face au stress quotidien.

Le territoire de cette agriculture n'est pas nécessairement celui de la proximité physique. Le réseau est sans doute l'élément le plus symptomatique. Il vise à tisser autour du point qui est généralement le bâtiment de ferme des liens entre de multiples lieux au sein d'une aire (l'accès aux lieux c'est-à-dire les prairies, les bois, les sentiers, la campagne, aux services de la région…). La capacité à tisser ces liens dépend de l'offre et des potentialités du terroir (diversité des espaces, diversité des services extérieurs…). Dans ce cas les lieux de vallons sont souvent bien adaptés car composés d'une diversité de milieux et bénéficiant souvent d'une bonne accessibilité. En outre les liens au territoire sont davantage sociaux et sélectifs, ils peuvent mettre en présence des personnes qui se connaissent préalablement et qui ont un projet commun quitte à le négocier avec les agriculteurs de service. A l'inverse ces derniers peuvent offrir un projet mobilisateur qui rassemblera des personnes issues d'origines géographiques et parfois sociales diverses.

Ces quatre logiques investissent l'espace agricole hérité selon les opportunités. Ainsi se recompose assez spontanément, en fonction des caractéristiques des lieux et des rapports de force entre les acteurs, une campagne nouvelle spécifique du processus de métropolisation. Cette transition se marque cependant par de nombreuses incertitudes et parfois des conflits au sein des familles d'agriculteurs, entre agriculteurs, entre agriculteurs et propriétaires et de manière plus évidente car souvent médiatisée entre agriculteurs et non-agriculteurs. Ces tensions sont celles de mutations et de recompositions territoriales.

La définition de l'agriculture est au centre de ces tensions. Pour certains, l'agriculture demeure une activité d'indépendant, mais l'a-t-elle jamais été ? Pour d'autres, l'agriculture est multifonctionnelle par essence, mais comment accorder ces pluralités de rôle ?

Pour aider à cette recomposition des territoires, les modes de perception et les modèles de représentation jouent à nouveau un rôle afin d'instaurer un dialogue et faire apparaître une vision commune.

5.3. Le mode de représentation du processus de métropolisation

Les mutations du processus de métropolisation sont marquées par trois oppositions structurantes. La première concerne la flexibilité accrue des référents traditionnels que sont la famille et l'entreprise. Cette flexibilité intervient alors que la durée de vie ne cesse d'être allongée ce qui induit une première tension entre le court terme et le long terme. La seconde opposition résulte des mutations technico-économiques qui favorisent l'émergence d'un système mondial mais nécessitent le maintien des avantages et des diversités locales. Enfin la troisième tension résulte de l'individuation accrue dans le temps présent et dans la proximité au profit de solidarités dans le temps long ou dans l'espace éloigné. Le développement durable apparaît comme discours de gestion de ces tensions.

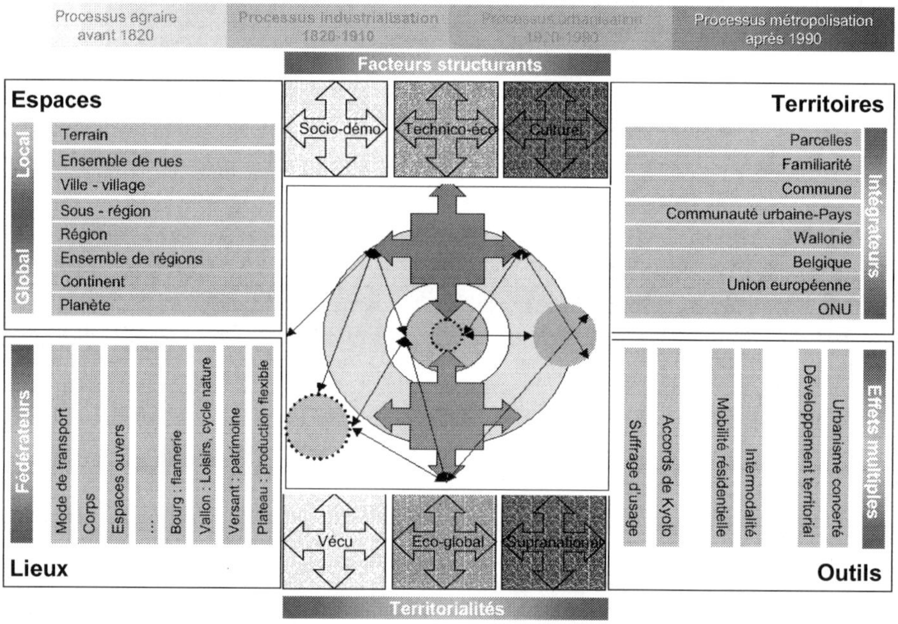

Ces mutations impliquent donc de nouveaux rapports à l'espace et au temps qui se caractérisent par l'émergence d'une nouvelle maîtrise plus relativisée et moins absolue. Le modèle intégrateur et hiérarchisé de l'Etat-nation et de l'Etat-providence laisse place à un modèle de connexions des lieux fondé sur la gestion de l'incertitude. Le postulat d'une maîtrise souveraine de la nature, de l'espace notamment par l'offre de techniques hégémoniques comme le moteur à explosion ou de modèles sociaux standards s'efface au profit de la diversité contenue. L'ordre nouveau renvoie en effet davantage aux références de la société de l'image, du droit d'ingérence et de la contrainte environnementale notamment à l'échelle planétaire. Cette nouvelle logique plus qualitative que quantitative nécessite de définir des nouvelles formes d'objectivisation. La prise de mesure concerne autant la biodiversité, l'évaluation des impacts dans des systèmes complexes, l'appréciation des paysages, la définition des critères de santé...

A ce stade de l'émergence du processus de métropolisation, la référence au modèle des réseaux s'impose car les territoires sont de plus en plus éclatés et composés de lieux multiples mis en connexion. La ville archipel apparaît comme emblématique de cette recomposition car l'urbanisation s'est généralisée tout en faisant fléchir les principes de l'étalement des villes face aux reculs des campagnes. La recherche du maintien de la spécificité des lieux devient une démarche générale qui ne peut se satisfaire d'outils classiques visant à morceler le territoire en parcelles et autres zonages. Le nouveau modèle ne peut se définir que par sa logique itérative et de réadaptations constantes. En outre, les images deviennent un référent paradigmatique. En ce sens il ne s'agit pas de l'imaginaire mais au contraire des vecteurs culturels et aussi d'une certaine possibilité de transcender la question de la limite et de la frontière qui furent les éléments fondateurs du territoire lors des processus antérieurs. Le paysage comme la mobilité véhiculent cette conception d'un territoire ni ouvert ni continu mais tissé sur une toile de fond.

Le schéma conceptuel construit tout au long de la thèse connaît de nouvelles transformations avec l'émergence plus structurantes des réseaux et des lieux sur la toile héritée des structures radioconcentrique et du zonage. Le polycentrisme s'appuie sur les lieux et sur autant de centralités potentielles en sens de lieux régulant leur accessibilité.

Conclusions

La thèse vise à rencontrer quatre objectifs principaux. A ce stade de la conclusion, quels sont les résultats engrangés et le chemin encore à parcourir ?

La thèse, une volonté de préciser un cadre méthodologique

Le premier objectif était d'ordre méthodologique : il s'agissait de proposer un schéma systématique permettant de saisir les éléments clés et leurs articulations afin de pouvoir comprendre le passé pour aborder l'avenir. Cette construction a visé à distinguer quatre notions et trois modalités d'articulation. Les notions de base distinguent l'espace et le territoire à l'image des travaux de J. Remy et L. Voyé mais aussi la question des outils d'intervention et de gestion et enfin la notion de lieu. Leurs articulations reposent sur les mutations des facteurs-clés (socio-démographiques, technico-économiques et culturels), les territorialités vécues, économiques et institutionnelles de même que les modèles de développement qui permettent de poser des phases de développement au sein de processus territoriaux.

Cet objectif méthodologique vise aussi à remettre en lumière les implicites et les réflexes sur le mode d'une prise de distance sociologique. Cet « exercice » s'avère d'autant plus nécessaire qu'à la suite notamment de F. Ascher, nous posons l'hypothèse que la période contemporaine est une transition vers une nouvelle phase du temps long de notre histoire de l'urbanisme.

Quatre processus sont identifiés pour tenter d'y découvrir les logiques spécifiques mais aussi récurrentes. La thèse est donc une tentative de retracer l'histoire des villes et des campagnes en quatre temps : agraire, industrialisation, urbanisation et métropolisation. Ces périodes du temps long sont utilisées par plusieurs auteurs dont notamment M. Bassand. La particularité a été de distinguer le processus d'industrialisation et d'urbanisation. Le rôle de l'Etat mais aussi les forces socio-démographiques, technico-économiques et culturelles ont induit selon nous des rapports à l'espace et au temps assez différents pour permettre l'identification de deux processus singuliers.

Chaque processus est caractérisé en outre par la définition d'une organisation ou d'une transformation des territoires. Ce second aspect a été dénommé recomposition des territoires. Il a également été déterminant pour identifier les quatre processus.

La thèse a donc tenté de faire état des principaux facteurs structurants et de leur mutation en regard des recompositions territoriales qu'ils suscitaient. Progressivement s'est aussi posée la question des liens entre trois territorialités évolutives dans le temps. Ainsi le processus agraire est-il caractérisé par une tension entre trois territoires : le religieux, le civil-marchand et le militaire-foncier. Cette tension se recompose dans le temps avec la quête du territoire absolu sous l'égide de l'Etat-nation lors du processus d'industrialisation. Puis, l'Etat-providence va recomposer cette quête de l'absolu en jouant sur des tensions entre autonomie et intégration. Le territoire civil et laïque organise le territoire institutionnel qui s'émancipe et s'affirme, sans pour autant effacer les territoires économiques et vécus. Enfin lors du processus de métropolisation, les recompositions semblent être encore en gestation. Mais la quête de l'absolue maîtrise de l'espace et du temps semble laisser place à une quête de la gestion de l'incertitude notamment en raison d'une multiplication des lieux de vie au sein des aires métropolitaines, du droit d'ingérence et de la société de l'image.

Dans le cadre de ce premier objectif, une seconde temporalité fut définie sous l'angle des phases de développement en tant que périodes au sein d'un processus. Ces phases sont caractérisées par un discours organisateur et orientant les outils d'intervention et de gestion contribuant à la recomposition des territoires. Nous avons tenté de réunir ici les conceptions mais aussi les forces intégratives. C'est ainsi qu'à la suite des réflexions développées par L. Mumford, nous sommes revenus sur l'idée de la ville européenne en rupture avec la campagne, qui fut si souvent mise en évidence lors du processus agraire. Par la suite nous avons fait état des recompositions des modèles de villes industrielles et bourgeoises, mais aussi des communes, lors du processus d'industrialisation. De même, lors du processus d'urbanisation nous avons, à l'image de P. Veltz, tenté de montrer les liens étroits qui peuvent exister entre la conception de l'économie fordiste, l'Etat-providence et la promotion de la résidence individuelle, de l'automobile et du zonage. Enfin, lors du processus de métropolisation nous avons tenté de montrer les liens entre la pensée écologique, néo-libérale et la culture de l'image et du corps au travers du rôle fédérateur des lieux.

Dans cette approche nous avons également tracé quelques pistes sur les liens entre mode de représentation-participation, foncier et fiscalité voire même mobilité comme mode de recomposition des territoires. Le mode de suffrage électoral est pour nous une question centrale car il est l'expression de la citoyenneté. Nous avons ainsi mis en évidence que la fin du processus agraire avait instauré la représentation sur la base de l'impôt foncier au travers du système censitaire et que celui-ci avait été adapté lors du processus d'industrialisation par l'instauration du suffrage capacitaire et plural. Le processus d'urbanisation voit l'instauration en deux temps du suffrage universel mais sa caractéristique principale demeure le droit de vote en fonction du lieu de résidence compris comme un lieu du territoire absolu. Face à la mobilité et à l'effacement de certaines frontières par les mutations technico-économiques de même que face à la mise en réseaux des lieux, ce mode de représentation devient peu pertinent et perd de sa légitimité. On assiste alors à des attitudes de résistance soucieuses de réaffirmer la résidence et l'origine comme la base identitaire, mais dans le même temps de nouvelles pratiques émergent, comme notamment la consultation des usagers. La résidence se définit de moins en moins comme le lieu de l'absolu et dans ce contexte les tentatives de recomposition des territoires institutionnels concernent la détermination de territoires supracommunaux au travers des agglomérations ou des projets de pays. Mais il semble que le processus de métropolisation nous pousse bien au-delà en raison notamment de la perte de légitimité de la classe politique. La confiance relative s'impose en multipliant les sphères d'avis. Les individus valorisent dès lors l'ensemble des consultations pour autant qu'elles portent sur des objets et des sujets qui font leur quotidien.

Dans cette approche, nous avons également mis en évidence la nécessité d'établir des outils de perception et de mesure communs. Ainsi si le processus agraire fut marqué par l'émergence des arpenteurs et du cadastre, garants de l'évaluation du foncier, il convient aujourd'hui de redéfinir des outils permettant une évaluation commune des atouts et faiblesses, notamment en matière de nuisances. La prise en charge des nuisances devient en effet un facteur de régulation. Mais plus largement les innovations en matière de systèmes d'information géographique et d'images de synthèse ouvrent une ère nouvelle dans les processus concertés de conception et d'évaluation. Elles nous permettent non seulement de visualiser mais aussi d'établir des perceptions à des échelles multiples allant du proche à la planète.

La thèse, une volonté de dresser un état des compréhensions du passé pour l'avenir

Le second objectif était de tenter de mettre en évidence des logiques constantes et des logiques nouvelles. Sur ce point trois aspects peuvent être synthétisés.

En premier lieu, il a été mis en évidence à plusieurs reprises que les modes d'intervention concrétisant les recompositions territoriales répondaient généralement à une logique que nous avons caractérisée comme celle de « la solution à des questions multiples ». Ainsi si nous mettons en évidence que les processus sont caractérisés par la convergence de différents facteurs-clés en mutation, il est démontré que la recomposition des territoires ne semble intervenir que si elle offre un cadre multidimensionnel, en d'autres mots que la recomposition est une forme d'économie et de convergence. La reconnaissance des territoires pour l'avenir nous incite donc à les définir comme des « réponses à des questions multiples ».

En second lieu nous avons à plusieurs reprises repris des approches analogues à celles d'une sociologie du changement marquée par des phénomènes d'innovation, d'incertitude et de résistance de même que par des perceptions exprimant tantôt la tendance à l'uniformité, tantôt au contraire à la diversité. Cette approche nous rappelle que les développements ne sont pas des phénomènes mécaniques et que les acteurs disposent de marges de liberté pour orienter les mutations. Ainsi si les éléments techniques possèdent leur propre logique d'inscription spatiale, les acteurs peuvent néanmoins infléchir leurs implantations. Nous avons largement démontré cette dynamique lors de l'examen de l'implantation du chemin de fer ou encore au travers des liens qui pouvaient exister entre les acteurs du processus d'urbanisation et l'essor de l'automobile.

Enfin en troisième lieu, nous avons tenté de distinguer les phénomènes liés à la question de niveau de recomposition des territoires, comme par exemple le niveau intermédiaire ou de l'ingérence qui conduit davantage à une recomposition de la conception du territoire. La notion de frontière et de positionnement fut dès lors utilisée.

La thèse, une volonté de renforcer l'apport pédagogique

Le troisième objectif visait à confronter notre schéma général à un cas concret. Le cas du développement de Court-Saint-Etienne nous a permis de mettre en situation une série de facteurs-clés et d'acteurs et de donner un cadre objectif à la recomposition des territoires. Les expériences d'enseignement nous montrent l'utilité d'établir cette liaison.

Cet exemple est également l'occasion de préciser les lectures que l'on peut faire de différentes évolutions, tantôt sous l'angle des forces intégratives des territoires ou du rôle des lieux comme composants des territoires, tantôt sous forme de lecture en termes d'impact ou de distinction de dynamiques entre plateaux, versants et vallées.

Cet exemple a été pour nous aussi une trame permettant de tisser une continuité et de marquer des ruptures dans l'histoire des espaces et des territoires.

Enfin rappelons que le cas de Court-Saint-Etienne reste un exemple dont certains traits peuvent être largement retrouvés dans d'autres situations locales. En ce sens Court-Saint-Etienne est surtout pour nous un cas idéal-typique. Mais dans nombre de situations, les professionnels comme les étudiants trouveront les formes spatiales et les lieux hérités. Les expériences multiples nous prouvent en effet que nombre de situations locales demeurent marquées par les tracés des processus agraire, industriel, d'urbanisation et dans certains cas de métropolisation. Retrouver les causes et les logiques fondatrices de même que les adaptations de l'histoire est un point d'apprentissage dans la politique d'intervention et de gestion de nos territoires.

La thèse, des pistes pour demain

Enfin la thèse est aussi l'occasion de relancer la recherche dès demain. A nouveau, nous ne croyons pas avoir dégagé des questions fondamentalement nouvelles, mais tout au plus confirmé l'ampleur des changements. Face à cette situation, un travail d'équipe s'impose.

Si effectivement nous sommes au tournant d'un processus, il convient de mettre en place des dispositifs de veille car la réappropriation des techniques par exemple nous conduira à de nouveaux rapports à l'espace et au temps. Une autre piste concerne l'observation du droit d'ingérence qui peut être un indicateur des recompositions territoriales. Nous avons déjà souligné leur expression notamment au travers des téléphones portables, de la mise en évidence des enjeux sur les paysages ou encore des problèmes inhérents à la mesure des impacts environnementaux à travers le temps et l'espace.

Dans cette perspective il conviendrait aussi de se départir des définitions attribuées trop vite ou trop classiquement aux espaces. A titre d'exemple, abandonnons la notion d'espace agricole ou de ville pour reprendre des notions moins connotées comme espaces bâtis et non bâtis ou ouverts. Mais dans le même temps, adoptons une lecture en fonction des conventions émergentes dans la reconnaissance des lieux. L'espace agricole devient alors multiple car il est diversité de lieux non bâtis et il offre une nouvelle capacité de projets.

Dans cette perspective il convient également de revenir sur nos modèles culturels d'approche radioconcentrique ou d'emboîtement des échelles. La piste des lieux est peut-être celle à suivre… nous verrons où elle nous mène !

Bibliographie

Bibliographie relative aux mutations

Beaud M., *Histoire du capitalisme 1500-1980*, Paris Seuil, 1981.

Bologne J.C., *Histoire du mariage en Occident*, J.C. Lattès, Paris, 1995.

Burgière A. et al., *Histoire de la famille, le choc des modernités* Arman Colin, Paris, 1994.

Caruso G., « La diversité des formes de périurbanisation en Europe » in *A qui appartient l'espace rural,* dir. Perrier-Cornet Ph., Ed. de l'Aube, La Tour d'Aigues, 2002.

Christians Ch., « Les paysages ruraux wallons jusqu'au milieu du XX ème siécle, tendances lourdes » in Actes du colloque *Gestion et réaffecattion du patrimoine rural en Wallonie,* Gembloux, 1996.

CPDT, « Mutations spatiales et structure territoriale », dir. Hanin Y., rapports d'études, Région wallonne, Namur, 2003.

Diry J-P., *Les espaces ruraux,* Sedes, Liège, 2000.

Diry J-P., *Campagnes d'Europe, des espaces en mutations,* La documentation française, Aubervilliers, 2000.

Donzelot J., La ville à trois vitesses : gentrification, relégation, périurbanisation, Revue Esprit, n°303, mars-avril 2004.

Donadieu P., *Campagnes urbaines,* Ecole nationale supérieure du paysage, Actes sud, Arles, 1998.

Durbiano C., « L'espace rural existe-t-il encore ? » in *Dynamiques sociales et recomposition des espaces*, UMR, Paris, 2001.

Feltz B., *La science et le vivant : introduction à la philosophie des sciences de la vie*, Ed. de Boeck, Bruxelles, 2003.

Flandrin, J.L., *Familles : parenté, maison, sexualité dans l'ancienne société,* Seuil, Paris, 1984.

Font E., *Les activités non agricoles dans la recomposition de l'espace rural*, L'Harmattan, Paris, 2002.

Hervieu B., « Espace multiple » in *A qui appartient l'espace rural*, Ed. de l'Aube, La Tour d'Aigues, 2002.

Hervieu B. et Viard J., *Au Bonheur des campagnes et des provinces*, Ed. de l'Aube, La Tour d'Aigues, 1996.

Kayser B., *La renaissance rurale,* Armand Colin, Paris, 1990.

Lacombe Ph., *L'agriculture à la recherche de ses futurs*, Ed. de l'Aube, La Tour d'Aigues, 2002.

Mer R., *Le paradoxe paysan, essai sur la communication entre agriculture et société,* L'Harmattan, Paris, 1999.

Mérenne B., *La localisation des productions agricoles*, Nathan, Paris, 1999.

Mormont M., « Le rural comme catégorie de lecture du social » in *L'Europe et ses campagnes,* dir. Jollivet M. et Eizner, Presses de Sciences-po, Paris, 1996.

Mormont M., « A la recherche des spécificités rurales » in *Vers un rural post-industriel*, dir. Jollivet M., L'Harmattan, Paris, 1997.

Perrier-Cornet Ph., *A qui appartient l'espace rural,* Ed. de l'Aube, La Tour d'Aigues, 2002.

Perrier-Cornet Ph., *Repenser les campagnes,* Ed. de l'Aube, La Tour d'Aigues, 2002.

Pinson D. et Thomann S., « Familles en périurbain et métropolisation : des territoires en éclats et des pratiques en tension », Plan Urbanisme Construction et Architecture, Ministère de l'Equipement, Paris, 2000.

Renard J., *Les mutations des campagnes*, Armand Colin, Paris, 2002.

Théry I. et al., *Les recompositions familiales aujourd'hui,* Nathan, Paris, 1993.

Thiébaut L., Les fonctions environnementales de l'agriculture périurbaine, in *Cahier Agricultures*, Volume 5, N°3, avril 1996.

Urbain, J-D., *Paradis verts : désirs de campagne et passions résidentielles*, Payot, Paris, 2002

Bibliographie relative aux processus territoriaux et aux notions

Ascher F., *Métapolis ou l'avenir des villes*, Ed. Odile Jacob, Paris, 1995.

Ascher F., *Les nouveaux principes de l'urbanisme : la fin des villes n'est pas à l'ordre du jour*, Ed. de l'Aube, La Tour d'Aigues, 2001

Bagnasco A., et Le Galès P., *Villes en Europe*, La découverte, Paris, 1997.

Barattuci C., « Du périurbain aux urbanisations dispersées, France-Italie », in *Urbanisme* n°329, mars-avril 2003, pp.77-81.

Bassand M., *Métropolisation et inégalités sociales*, Presses polytechniques et universitaires romandes, Lausanne, 1997.

Bassand M., « Métropoles et métropolisation » in *Enjeux de la sociologie urbaine*, dir. Bassand M. et al., Presses polytechniques et universitaires romandes, Lausanne, 2001.

Bourdin A., *Le patrimoine réinventé,* PUF, Paris, 1985.

Bourdin A., *La question locale,* PUF, Paris, 2000.

Bourdin A., *La gouvernance du local et la gouvernance territoriale,* notes, Paris, 2003.

Chalas Y., « Les figures de la ville émergente » in *La ville émergente*, dir. Dubois-Taine G. et Chalas Y., Ed. de l'Aube, La Tour d'Aigues. 1997.

Choay F., *L'urbanisme, utopies et réalités : une anthologie*, PUF, Paris, 1979.

Coffey W.J., Manzagol C., Shearmur R., « Centralités métropolitaines » in Cahiers de Géographie du Québec, volume 44, n°123, Montréal, 2000.

Daghini G., « Le devenir des villes », in Faces n°46, 1999.

De Jouvenel H., « La prospective : concept et démarches », in Futuribles n°179, 1993

Dematties G., « Représentations spatiales de l'urbanisation européenne » in *Villes en Europe*, dir. Bagnasco A, et Le Galès P., La découverte, Paris, 1997.

DesRoches S., *Les défis de l'agriculture périurbaine dans une société en métamorphose, étude comparative des transformations au Sud-ouest de Versailles et au Nord-est de Montréal,* Thèse de doctorat Université de Montréal, Montréal, 1999.

Donadieu P. et Fleury A., « De l'agriculture périurbaine à l'agriculture urbaine », in *Le courrier de l'environnement*, N°31, août 1997.

Dupuy G., *L'Urbanisme en réseaux*, Armand Colin, Paris, 1991.

Dupuy G., « Préface » in *La ville émergente*, dir. Dubois-Taine G. et Chalas Y., Ed. de l'Aube, La Tour d'Aigues. 1997.

Habermas J., *Après l'Etat-nation : une nouvelle constellation politique*, Fayard, Paris, 2000.

Hall E., *Proxémique* in « La nouvelle communication » Bateson, Birdwhistell, Goffman, Hall,Jackson, Scheflen, Sigman, Watzlawick, Ed. Seuil, Point, 1984.

Hanin Y., *La mobilité du processus d'urbanisation à la métropolisation*, in **Les territoires de la mobilité – L'aire du temps dir.** Vodoz L., Pfister B., Jemelin Ch., Lausanne, Presses polytechniques et universitaires romandes, 2004.

Hervieu B. et Viard J., *L'archipel paysan*, Ed. de l'Aube, La Tour d'Aigues, 2001.

Montulet B., « Les cadres sociaux du temps et de l'espace » in *Enjeux de la sociologie urbaine*, dir. Bassand M. et al., Presses polytechniques et universitaires romandes, Lausanne, 2001.

Moret F., « La ville éclatée : une approche historique de la France au 19ème siècle » in *La ville éclatée* dir. May N., Veltz P. et Landrieu J., Paris, 1998

Piaser A., *Les mouvements longs du capitalisme belge*, Ed. Vie ouvrière, Bruxelles, 1986.

Remy J. et Voyé L., *Ville, ordre et violence*, PUF, Paris, 1981.

Remy J. et Voyé L., *Vers une redéfinition de la ville*, L'Harmattan, Paris, 1992.

Remy J., « Penser maison – penser ville : à la recherche d'une cohérence dans les extensions urbaines », novembre 2002.

Ragon, M., *Histoire de l'architecture et de l'urbanisme modernes, de 1800 à 1991,*Trois tomes, Le Seuil, Paris, 1991.

Sansot, P., *Jardins publics*, Documents Payot, Paris, 1993.

Veltz P., *Mondialisation, villes et territoires : l'économie d'archipel*, PUF, Paris, 1996.

Veltz P., « Les villes européennes dans l'économie mondiale », in *Villes en Europe*, dir. Bagnasco A, et Le Galès P., La découverte, Paris, 1997.

Veltz P., *Des lieux et des liens, politique du territoire à l'heure de la mondialisation*, Ed. de l'Aube, La Tour d'Aigues, 2004.

Viard J., « Le triomphe de l'urbanité ou la ville perdue » in *La ville émergente*, dir. Dubois-Taine G. et Chalas Y., Ed. de l'Aube, La Tour d'Aigues. 1997.

Voyé L., « Ambiances urbaines et dynamiques des flux » in *Enjeux de la sociologie urbaine*, dir. Bassand M. et al., Presses polytechniques et universitaires romandes, Lausanne, 2001.

Watkin D., *Histoire de l'architecture occidentale,* Könemann, Cologne, 1999.

Bibliographie relative aux outils d'interventions et de gestion

Barlet A.V. et Van Reybroeck J.P., *Règles et permis d'urbanisme en Région wallonne : du passé composé au futur simple*, UGA, 2003.

Billen C., « Les jardins ouvriers » Actes séminaire « A la rencontre de l'agriculture urbaine », Institut de la Vie, ULB, Bruxelles, 2003.

Brunet R., *Les villes européennes*, RECLUS-DATAR, La documentation française, Paris, 1989.

Bryant C., « L'agriculture périurbaine : l'économie d'un espace innovateur », in *Cahier Agricultures*, Volume 6, N°2, avril 1997.

Castex J. et al. *Formes urbaines de l'îlot à la barre,* Dunod-Bordas, Paris, 1980.

Castex J. et al., *Lecture d'une ville : Versailles,* Ed. du Moniteur, Paris, 1980.

Crivelli R., « Territoires et management territorial, éléments pour une théorie des échelles » in, *Le management territorial*, Dir. Decoutère S. et al., Presses polytechniques et universitaires romandes, Lausanne, 1996.

CPDT, « Les coûts de la désurbanisation », dir. De Kersmaerker M-L. et Halleux J-M., in Etudes et documents, Région wallonne, Namur, 2001.

De Bot, *Architecture des gares de Belgique, 1835-1914.* Brepols, Turnhout, 2002.

Decoutère S., « Finalités et modalités du management territorial » in *Le management territorial*, dir. Decoutère S. et al., Presses polytechniques et universitaires romandes, Lausanne, 1996.

Dierkens-Aubry F. et al., *Art nouveau en Belgique*, Ed. Duculot, Paris, 1991.

Hanin Y., « De l'aménagement du territoire au développement territorial », in *Savoirs et jeux d'acteurs pour des développements durables*, dir. Debuyst F., Defourny P. et Gérard H., Bruylant-académia, Louvain-la-Neuve, 2001.

Hanin Y. et al., *Communauté urbaine en Wallonie*, dir. Vandermotten Ch., Plaquette de la CPDT n°1, Région wallonne, Namur, 2003.

Hanin Y. et Berthet Th., « Concevoir, produire et gérer les projets de lotissement » in Les cahiers de l'urbanisme, n° 43, décembre 2003, Région wallonne, Namur, 2003.

Hanin Y., « *La mise en œuvre des zones d'aménagement différé, quelles stratégies ?* » in les actes du colloque de la CPDT 2002-2003, Namur.

Jollivet M., *Pour une agriculture diversifiée,* L'Harmattan, Paris, 1988.

Kayser B. et al., *Pour une ruralité choisie,* Ed. de l'Aube, La Tour d'Aigues, 1994.

Lacaze J. P, *Les méthodes de l'urbanisme*, PUF, Paris,1990.

Lacaze J. P, *Paris, urbanisme d'Etat et destin d'une ville*, Flammarion, Paris,1994.

Larchier G., *La gestion des espaces périurbain,* Rapport de la Commission des affaires économiques et du plan n°415, Sénat, Paris, 1998.

Lassalle Th., *Cartographie, quatre mille ans d'aventures et de passion,* IGN-Nathan, Paris, 1990.

Mumford L., *La cité à travers l'histoire*, Seuil, Paris, 1964.

Ost F. et al., *Entre ville et nature, les sites semi-naturels,* Publications des Facultés universitaires Saint-Louis, Bruxelles, 1993.

Passet R et Theys J., *Héritiers du futur*, Ed. de l'Aube, La Tour d'Aigues, 1994.

Ruegg J., « Champ du management territorial, in *Le management territorial*, dir. Decoutère S. et al., Presses polytechniques et universitaires romandes, Lausanne, 1996.

Wachter S. et al., *L'aménagement en 50 tendances*, Ed. de l'Aube, La Tour d'Aigues, 2002.

Bibliographie relative au développement de Court-Saint-Etienne et de la Wallonie

Duboisdenghein M., *Ciel orange Henricot... une usine, une école*, Ed. Les capucines, Limelette, 1995.

De Bueger F., « La traversée du site de l'Abbaye de Villers-la-Ville par la voie de chemin de fer : étude de la ligne de Charleroi-Louvain » in Villers, n°21, 2002.

De Bueger F., « La traversée du site de l'Abbaye de Villers-la-Ville par la voie de chemin de fer : tracé, réactions et conséquences » in Villers, n°22, 2002.

Fauchèrre N., *Places fortes : bastion du pouvoir*, Desclée de Brouwer, Bruxelles, 1991.

Fourcaut A., *La banlieue en morceaux, la crise des logements défectueux en France dans l'entre-deux-guerres*, Créaphis, Paris, 2000.

Génicot L-F. et al., *Pays de Herve, Architecture rurale de Wallonie*, Ed. Mardaga, Liège, 1987.

Génicot L-F. et al., *Pays de Soignies et de Nivelles, Architecture rurale de Wallonie*, Ed. Mardaga, Liege, 1992.

Govaerts P. et al., *Espace wallon, évolutions et mutations*, Ed. Ciaco, Louvain-la-Neuve, 1985.

Halleux R., *Cockerill*, Ed. du Péron, Liège, 2002.

Hanin Y., et al., « Stratégies des agriculteurs wallons face à la réforme de la Politique agricole commune » rapports d'études 4 volumes, Union européenne et Région wallonne, Bruxelles, 1993-1996.

Hanin Y., « Quel avenir pour les espaces agricoles, forestiers et naturels wallons ? » in Les cahiers de l'urbanisme, n° 34, juin 2001, Région wallonne, Namur, 2001.

Hasquin H., *La Wallonie, le pays et les hommes*, Ed. Renaissance du Livre, Bruxelles, 1975.

Hasquin H., « La Wallonie : d'où vient-elle ? » in *Wallonie, atouts et références d'une Région*, dir. Joris F., Namur, 1995.

Haumont F., *Urbanisme*, Tome XIV droit public et administratif, livre XIV, Larcier, Bruxelles, 1988.

Laffut M., « Les chemins de fer belges (1830-1913) : genèse du réseau et présentation critique » in *Histoire quantitative et développement de la Belgique au 19ème siècle*, Tome 8, vol. 1, Bruxelles, 1998.

Mabille X., *Histoire politique de la Belgique*, CRISP, Bruxelles, 1986.

Mabille X., *La Belgique depuis la seconde guerre mondiale*, CRISP, Bruxelles, 2003.

Mérenne B. et al., « Actualisation de la hiérarchie urbaine en Belgique » in Bulletin du Crédit communal, Bruxelles, 1997.

Mertens J., « Voies romaines en Belgique » in Histoire et Archéologie, n°67, 1982

Meuwissen E., *Les grandes fortunes du Brabant ; seigneurs de la terre et capitaines d'industrie,* Ed. Quorum, Ottignies, 1994.

Mougenot C., « Une sœur aînée de la SNT : la ligue du Coin de terre et du Foyer insaisissable », in Les cahiers de l'Urbanisme, n°9, Région wallonne, Liège, 1991.

Pilloy-Cortvriendt P., *1218 Curtis Sancti Stephani, Guide inventaire de Court-Saint-Etienne,* Ed. Philsteph, Court-Saint-Etienne, 1995.

SDER, *Schéma de Développement de l'Espace Régional*, Gouvernement wallon, Namur, 1998.

Tarlier J. et Wauters A., *La Belgique ancienne et moderne, géographie et histoire des communes belges : province de Brabant, arrondissement de Nivelles,* Culture et civilisation, Bruxelles, 1964.

Trickels A.M., *125 ans de transports en commun en Wallonie : sociétés, réseaux et matériels roulant.* Ministère wallon de l'Equipement et des Transports, Verviers, 1996.

Van der Herten B., « Les chemins de fer vicinaux et le désenclavement des campagnes belges (1865- 1913) » in Bulletin du Crédit communal, trimestriel, 53 année, N°209, pp. 19-39, 1999/3.

Vandermotten C., « Réflexions sur l'aménagement du territoire en Wallonie », in Revue de l'Institut de Sociologie, 3/4, pp. 543-565, 1984.

Van Reybroeck J.P., « Aménagement du territoire et forêt en Wallonie », in Les Cahiers de l'Urbanisme, Namur, 1988.

TABLE ANALYTIQUE

Achevé d'imprimer sur les presses de l'imprimerie CIACO
(Louvain-la-Neuve, Belgique, tél +32.10.47.55.35)
Octobre 2004